History
of
Quantum
Mechanics

全新版 量子物理史話

上帝擲骰子嗎？

曹天元Capo／著

自 序

$\alpha\pi\delta\kappa\phi o\varepsilon\varepsilon\phi\lambda;\gamma\lambda\sigma$

如果要評選物理學發展史上最偉大的那些年代，那麼有兩個時期是一定會入選的——17 世紀末和 20 世紀初。前者以牛頓《自然哲學之數學原理》的出版為標誌，宣告了近代經典物理學的正式創立；而後者則為我們帶來了相對論和量子論，並徹底地推翻和重建了整個物理學體系。所不同的是，今天當我們再次談論起牛頓的時代，心中更多的已經只是對那段光輝歲月的懷舊和祭奠，而相對論和量子論卻仍然深深地影響和困擾著我們至今，就像兩顆青澀的橄欖，嚼得越久，反而更加滋味無窮。

我在這裡要說的是量子論的故事。這個故事更像一個傳奇，由一個不起眼的線索開始，曲徑通幽，漸漸地落英繽紛，亂花迷眼，正在沒個頭緒處，突然間峰迴路轉，天地開闊，如河出伏流，一瀉汪洋。然而還未來得及一覽美景，轉眼又大起大落，誤入白雲深處不知歸路……量子力學的發展史是物理學上最激動人心的篇章，我們會看到物理大廈在狂風暴雨下轟然坍塌，卻又在熊熊烈焰中得到了洗禮和重生。我們會看到最革命的思潮席捲大地，帶來了讓人驚駭的電閃雷鳴，同時卻又展現出震撼人心的美麗。我們會看到科學如何在荊棘和沼澤中艱難地走來，卻更堅定了對勝利的信念。

量子理論是一個極為複雜又難解的謎題。她像一個神祕的少女，我們天天與她相見，卻始終無法猜透她的內心世界。今天，我們的現代文明，從電腦到鐳射，從核能到生物技術，幾乎沒有哪個領域不依賴量子論。但量子論究竟意味著什麼？這個問題至今依然難以回答。在自然哲學觀上，量子論帶給我們前所未有的衝擊和震動，甚至改變了整個物理世界的基本思想。它的觀念是如此具革命性，乃至最不保守的科學家都在潛意識裡對它懷有深深的懼意。現代文明的繁盛是理性的勝利，而量子論無疑是理性的最高成就之一，但是它被賦予的力量太過強大，以致連它的創造者本身都難以駕馭，以致量子論的奠基人之一——波耳

（Niels Bohr）都要說：

「如果誰不為量子論而感到困惑，那他就是沒有理解量子論。」

掐指算來，量子概念的誕生已經超過整整一百年，但不可思議的是，它的一些基本思想卻至今不為普通的大眾所熟知。那麼，就讓我們再次回到那個偉大的年代，去回顧一下那場史詩般壯麗的革命吧！我們將沿著量子論當年走過的道路展開這次探險，我們將和 20 世紀最偉大的物理天才們同行，去親身體驗一下他們當年曾經歷過的那些困惑、激動、恐懼、狂喜和震驚。這注定會是一次奇妙的旅程，我們將穿越幽深的森林和廣袤的沙漠，飛越迷霧重重的峽谷和驚濤駭浪的狂潮。你也許會感到暈眩，可是請務必跟緊我的步伐，不要隨意觀光而脫隊，否則很有可能陷入沼澤中無法自拔。請記住我的警告。

不過現在，已經沒時間考慮這麼多了。請大家坐好，繫好安全帶，我們的旅程開始了。

目錄
CONTENTS

CHAPTER **01**
黃金時代

一

我們的故事要從西元 1887 年的德國小城──卡爾斯魯厄（Karlsruhe）講起。美麗的萊茵河從阿爾卑斯山區緩緩流下，在山谷中輾轉向北，把南方溫暖濕潤的風帶到這片土地上。它本應是法德兩國之間的一段天然邊界，但 16 年前，雄圖大略的俾斯麥在一場漂亮的戰爭擊敗了拿破崙三世，攫取了河對岸的阿爾薩斯和洛林，也留下了法國人的眼淚和我們課本中震撼人心的《最後一課》的故事。和阿爾薩斯隔河相望的是巴登邦，神祕的黑森林從這裡延展開去，孕育著德國古老的傳說和格林兄弟那奇妙的靈感。卡爾斯魯厄就安靜地躺在森林與大河之間，無數輻射狀的道路如蜘蛛網般收聚，指向市中心那座著名的 18 世紀宮殿。這是一座安靜祥和的城市，據說，它的名字本身就是由城市的建造者卡爾（Karl）和「安靜」（Ruhe）一詞所組成。對科學家來說，這裡實在是一個遠離塵世喧囂，可以安心做研究的好地方。

現在，海因里希・魯道夫・赫茲（Heinrich Rudolf Hertz）就站在卡爾斯魯厄大學的一間實驗室裡，專心致意地擺弄他的儀器。那時候，赫茲剛剛 30 歲，新婚燕爾，也許不會想到他將在科學史上成為和他的老師亥姆霍茲（Hermann von

Helmholtz）一樣鼎鼎有名的人物，不會想到他將和汽車大王卡爾・賓士（Carl Benz）一起成為這個小城的驕傲。現在他的心思，只是完完全全地傾注在他的那套裝置上。

赫茲替他的裝置拍了照片，不過在 19 世紀 80 年代，照相的網目銅版印刷技術才剛發明不久，尚未普及，以致連最好的科學雜誌如《物理學紀事》（Annalen der Physik）都沒能把它們印在論文裡面。但是我們今天已經知道，赫茲的裝置是很簡單的：它的主要部分是一個電火花發生器，有兩個大銅球作為電容，並通過銅棒連接到兩個相隔很近

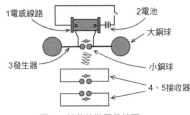

圖 1.1 赫茲的裝置及簡圖
（Schleiermacher 1901）

的小銅球上。導線從兩個小球上伸展出去，纏繞在一個大感應線圈的兩端，然後又連接到一個梅丁格電池上，將這套古怪的裝置連成了一個整體。

赫茲全神貫注地注視著那兩個幾乎緊挨在一起的小銅球，然後合上了電路開關。頓時，電的魔力開始在這個簡單的系統裡展現出來。無形的電流穿過裝置裡的感應線圈，並開始對銅球電容進行充電。赫茲冷冷地注視著他的裝置，在心裡想像電容兩端電壓不斷上升的情形。在電學的領域攻讀了那麼久，赫茲對自己的知識是有充分信心的。他知道，當電壓上升到 2 萬伏左右，兩個小球之間的空氣就會被擊穿，電荷就可以從中穿過，往來於兩個大銅球之間，從而形成一個高頻的振盪回路（LC 回路）。但是，他現在想要觀察的不是這個。

果然，過了一會兒，隨著細微的「啪」地一聲，一束美麗的藍色電花爆開在兩個銅球之間，整個系統形成了一個完整回路，細小的電流束在空氣中不停地扭動，綻放出幽幽的螢光來。火花稍縱即逝，因為每一次的振盪都伴隨著少許能量的損失，使得電容兩端的電壓很快又降到擊穿值以下。於是這個怪物養精蓄銳，繼續充電，直到再次恢復飽滿的精力，開始另一場火花表演為止。

赫茲更加緊張了。他跑到視窗，將所有的窗簾都拉上，同時又關掉了實驗室

的燈，讓自己處在一片黑暗之中。這樣一來，那些火花就顯得格外醒目而刺眼。赫茲揉了揉眼睛，讓它們更為習慣黑暗的環境。他盯著那串間歇的電火花，還有電火花旁邊的空氣，在心裡想像了一幅又一幅的圖景。他不是要看這個裝置如何產生火花短路，他這個實驗的目的，是為了求證那虛無飄渺的「電磁波」的存在。那是一種什麼樣的東西啊？它看不見，摸不著，到那時為止誰也沒有見過、驗證過它的存在。可是，赫茲對此卻堅信不疑，因為它是麥克斯威（Maxwell）理論的一個預言，而麥克斯威理論……哦，它在數學上簡直完美得像一個奇蹟！彷彿是上帝之手寫下的一首詩歌。這樣的理論，很難想像它是錯誤的。赫茲吸了一口氣，又笑了：不管理論怎樣無懈可擊，它畢竟還是要通過實驗來驗證的呀！他站在那裡看了一會兒，又推想了幾遍，終於確定自己的實驗無誤。如果麥克斯威是對的話，那麼每當發生器火花放電的時候，在兩個銅球之間就應該產生一個振盪的電場，同時引發一個向外傳播的電磁波。赫茲轉過頭去，在不遠處，放著兩個開口的長方形銅環，在介面處也各鑲了一個小銅球，那是電磁波的接收器。如果麥克斯威的電磁波真的存在的話，那麼它就會飛越空間，到達接收器，在那裡感生一個振盪的電動勢，從而在接收器的開口處也同樣激發出電火花來。

實驗室裡面靜悄悄地，赫茲一動不動地站在那裡，彷彿他的眼睛已經看見那無形的電磁波在空間穿越。當發生器上產生火花放電的時候，接受器是否也同時感生出火花來呢？赫茲睜大了雙眼，他的心跳得快極了。銅環接受器突然顯得有點異樣，赫茲簡直忍不住要大叫一聲，他把自己的鼻子湊到銅環的前面，明明白白地看見似乎有微弱的火花在兩個銅球之間的空氣裡躍過。是幻覺？還是心理作用？不，都不是。一次，兩次，三次，赫茲看清楚了：雖然它一閃即逝，但上帝啊！千真萬確，真的有火花正從接收器的兩個小球之間穿過，而整個接收器卻是一個隔離的系統，既沒有連接電池也沒有任何的能量來源。赫茲不斷地重複著放電過程，每一次，火花都聽話地從接收器上被激發出來，在赫茲看來，世上簡直沒有什麼能比它更加美麗了。

良久，終於赫茲揉了揉眼睛，直起腰來。現在一切都清楚了，電磁波真真實實地存在於空間之中，正是它激發了接收器上的電火花。他勝利了，成功地解決

了這個八年前由柏林普魯士科學院提出懸賞的問題 [1]；同時，麥克斯威的理論也勝利了，物理學的一個新高峰——電磁理論終於被建立起來。偉大的法拉第（Michael Faraday）為它打下了地基，偉大的麥克斯威建造了它的主體，而今天，他——偉大的赫茲——為這座大廈封了頂。

赫茲小心地把接受器移到不同的位置，電磁波的表現和理論預測的分毫不差。根據實驗資料，赫茲得出了電磁波的波長，把它乘以電路的振盪頻率，就可以計算出電磁波的前進速度。這個數值在可容許的誤差內恰好等於 30 萬公里／秒，也就是光速。麥克斯威驚人的預言得到了證實。原來電磁波一點都不神祕，我們平時見到的光就是電磁波的一種，只不過普通光的頻率正好落在某一個範圍內，而能夠為我們的眼睛所感覺到罷了。

無論從哪一個意義上來說，這都是一個了不起的發現。古老的光學終於可以被完全包容於新興的電磁學裡面，而「光是電磁波的一種」的論斷，也終於為爭論已久的光本性的問題下了一個似乎是不可推翻的定論（我們馬上就要去看看這場曠日持久的精彩大戰）。電磁波的反射、繞射和干涉實驗很快就做出來了，這些實驗進一步地證實了電磁波和光波的一致性，無疑是電磁理論的一個巨大成就。

赫茲的名字終於可以被閃亮地鐫刻在科學史的名人堂裡。雖然他英年早逝，還不到 37 歲就離開了這個奇妙的世界，但就在那一年，一位在倫巴底度假的 20 歲義大利青年讀到了他這篇關於電磁波的論文。兩年後，這個青年已經在公開場合進行無線電的通訊表演，不久他的公司成立，並成功地拿到了專利證。到了西元 1901年，赫茲死後的第七年，無線電報已經可以穿越大西洋，實現兩地的即時通訊了。這個來自義大

圖 1.2 赫茲

---

1. 不過顯然赫茲沒有領到獎金。由於問題太難而無人挑戰，這個懸賞於西元 1882 年就失效了。

利的年輕人就是古格列爾莫・馬可尼（Guglielmo Marconi），與此同時俄國的波波夫（Aleksandr Popov）也在無線通訊領域做了同樣的貢獻。他們掀起了一場革命的風暴，把整個人類帶進了一個嶄新的「資訊時代」。如果赫茲身後有知，他又將會做何感想呢？

但仍然覺得赫茲只會對此置之一笑。他是那種純粹的科學家，把對真理的追求當作人生最大的價值。恐怕就算他想到了電磁波的商業前景，也不屑去把它付諸實踐吧？也許，在美麗的森林和湖泊間散步，思考自然的終極奧祕；在秋天落葉的校園裡，與學生探討學術問題，這才是他真正的人生吧！今天，他的名字已經成為「頻率」這個物理量的單位，被每個人不斷地提起，而說不定他還會嫌我們打擾他的安寧呢！

無疑的，赫茲就是這樣一個淡泊名利的人。西元 1887 年 10 月，克希何夫（Gustav Robert Kirchhoff）在柏林去世，亥姆霍茲強烈地推薦赫茲成為那個教授職位的繼任者，但赫茲卻拒絕了。或許在赫茲看來，柏林的喧囂並不適合他。亥姆霍茲理解自己學生的想法，寫信勉勵他說「一個希望與眾多科學問題搏鬥的人最好還是遠離大都市。」

只是赫茲沒有想到，他的這個決定在冥冥中忽然改變了許多事情。他並不知道，自己已經在電磁波的實驗中親手種下了一顆幽靈的種子，而頂替他去柏林任教的那個人，則會在一個命中注定的時刻把這個幽靈從沉睡中喚醒過來。在那之後，一切都改變了。在未來的三十年間，一些非常奇妙的事情會不斷地發生，徹底地重塑整個物理學的面貌。一場革命的序幕已經在不知不覺中悄悄拉開，我們的宇宙也即將遭受一場暴風雨般的洗禮，從而變得更加神祕莫測、光怪陸離且震撼人心。

但是，我們還是不要著急，一步一步地走，耐心地把這個故事從頭講完。

二

上次我們說到，西元 1887 年，赫茲的實驗證實了電磁波的存在，也證實了光其實是電磁波的一種，兩者具有共同的波的特性。這就為光的本性之爭畫上了

一個似乎已經是不可更改的句號。

說到這裡，我們的故事要先回一回頭，穿越時空去回顧一下有關於光的這場大戰。這也許是物理史上持續時間最長，程度最激烈的一場論戰。它不僅貫穿光學發展的全部過程，更使整個物理學都發生了翻天覆地的變化，在歷史上燒灼下了永不磨滅的烙印。

光，是每個人見得最多的東西（「見得最多」在這裡用得真是一點也不錯）。自古以來，它就理所當然地被認為是這個宇宙最原始的事物之一。在遠古的神話中，往往是「一道亮光」劈開了混沌和黑暗，於是世界開始了運轉。光在人們的心目中，永遠代表著生命、活力和希望，由此演繹出了數不盡的故事與傳說。從古埃及的阿蒙（也叫拉 Ra），到中國的祝融；從北歐的巴爾德（Balder），到希臘的阿波羅；從凱爾特人的魯（Lugh），到拜火教徒的阿胡拉·瑪茲達（Ahura Mazda），這些代表光明的神祇總是格外受到崇拜。哪怕在《聖經》裡，神要創造世界，首先要創造的也仍然是光，可見它在這個宇宙中所占的獨一無二的地位。

可是，光究竟是一種什麼東西呢？雖然我們每天都要與它打交道，但普通人似乎很少會去認真地考慮這個問題。如果仔細地想一想，我們會發現光實在是一樣奇妙的事物，它看得見，卻摸不著，沒有氣味也沒有重量。我們一按電燈開關，它似乎就憑空地被創造出來，一下子充滿整個空間。這一切，都是如何發生的呢？

有一樣事情是肯定的：我們之所以能夠看見東西，那是因為光在其中作用的結果，但人們對具體的作用機制則在很長一段時間內都迷惑不解。在古希臘時代，人們猜想，光是一種從我們的眼睛裡發射出去的東西，當它到達某樣事物的時候，這樣事物就被我們所「看見」了。比如恩培多克勒（Empedocles）就認為世界是由水、火、氣、土四大元素組成的，人的眼睛則是女神阿芙洛狄忒（Aphrodite）用火點燃的。當火元素（也就是光，古時候往往光、火不分）從人的眼睛裡噴出到達物體時，我們便得以看見事物。

但顯而易見，單單用這種解釋是不夠的。如果光只是從我們的眼睛出發，那

麼只要我們睜開眼睛，就應該能看見。但每個人都知道，有些時候，我們即使睜著眼睛也仍然看不見東西（比如在黑暗的環境中）。為了解決這個困難，人們引進了複雜得多的假設。比如柏拉圖（Plato）認為有三種不同的光，分別來源於眼睛、被看到的物體以及光源本身，視覺只是三者綜合作用的結果。

這種假設無疑是太複雜了。到了羅馬時代，偉大的學者盧克萊修（Lucretius）在其不朽著作《物性論》中提出，光是從光源直接到達人的眼睛，但是他的觀點卻始終不為人們所接受。對光成像的正確認識直到西元 1000 年左右才被著名的伊斯蘭科學家阿爾・哈桑（al-Haytham，也拼作 Alhazen）所最終歸納成型：原來我們之所以能夠看到物體，只是由於光從物體上反射進我們眼睛裡的結果[2]。哈桑從多方面有力地論證了這一點，包括研究了光進入眼球時的折射效果，以及著名的小孔成像實驗。他那阿拉伯語的著作後來被翻譯並介紹到西方，並為羅杰爾・培根（Roger Bacon）所發揚光大，這給現代光學的建立打下了基礎。

關於光在運動中的一些性質，人們也很早就開始研究了。基於光總是走直線的假定，歐基里德（Euclid）在《反射光學》（Catoptrica）一書裡面就研究了光的反射問題。托勒密（Ptolemy）、哈桑和開普勒（Johannes Kepler）都對光的折射作

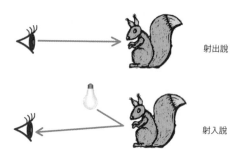

射出說

射入說

圖1.3 視覺成像的兩種理論

了研究，而荷蘭物理學家斯涅耳（Willebrord Snell）則在他們的工作基礎上於西元 1621 年總結出了光的折射定律。最後，光的種種性質終於被有「業餘數學之王」之稱的費爾馬（Pierre de Fermat）所歸結為一個簡單的法則，那就是「光總是走最短的路線」。光學作為一門物理學科終於被正式確立起來。

但是，當人們已經對光的種種行為瞭若指掌的時候，我們最基本的問題卻依

---

2. 在他之前，畢達哥拉斯等人也已經有過類似的想法，不過比較原始粗糙。

然沒有得到解決，那就是：「光在本質上到底是一種什麼東西？」這個問題看起來似乎並沒有那麼難以回答，沒有人會想到，對於這個問題的探究居然會那樣地曠日持久，而這一探索的過程，對物理學的影響竟然會是那麼地深遠和重大，其意義超過當時任何一個人的想像。

古希臘時代的人們總是傾向於把光看成是一種非常細小的粒子流，換句話說，光是由一粒粒非常小的「光原子」所組成的。這種觀點一方面十分符合當時流行的元素說，另外一方面，古代的人們除了粒子之外對別的物質形式也了解得不是太多。這種理論，我們把它稱之為光的「微粒說」。微粒說從直觀上看來是很

圖 1.4 光的微粒說和波動說

有道理的，首先它就可以完美地解釋為什麼光總是沿著直線前進，為什麼會嚴格而經典地反射，甚至折射現象也可以由粒子流在不同介質裡的速度變化而得到解釋。但是粒子說也有一些顯而易見的困難：比如人們當時很難說清為什麼兩道光束相互碰撞的時候不會互相彈開，人們也無法得知，這些細小的光粒子在點上燈火之前是隱藏在何處的，它們的數量是不是可以無限多等等。

當黑暗的中世紀過去之後，人們對自然世界有了進一步的認識。波動現象被深入地了解和研究，聲音是一種波動的認識也進一步深入人心。人們開始懷疑：既然聲音是一種波，為什麼光不能夠也是波呢？17 世紀初，笛卡兒（René Descartes）在他《方法論》的三個附錄之一《折光學》中率先提出了這樣的可能：光是一種壓力，在媒質裡傳播。不久後，義大利的一位數學教授格里馬第（Francesco Maria Grimaldi）做了一個實驗，他讓一束光穿過兩個小孔後照到暗室裡的螢幕上，發現在投影的邊緣有一種明暗條紋的圖像。格里馬第馬上聯想起了水波的繞射（這個大家在中學物理的插圖上應該都見過），於是提出：光可能是一種類似水波的波動，這就是最早的光波動說。

波動說認為，光不是一種物質粒子，而是由於介質的振動而產生的一種波。我們想像一下足球場上觀眾掀起的「人浪」，雖然每個觀眾只是簡單地站起和坐

下，並沒有四處亂跑，但那個「浪頭」卻實實在在地環繞全場運動著，這個「浪頭」就是一種波。池塘裡的水波也是同樣的道理，它不是一種實際的傳遞，而是沿途的水面上下振動的結果。如果光也是波動的話，我們就容易解釋投影裡的明暗條紋，也容易解釋光束可以互相穿過互不干擾。關於直線傳播和反射的問題，人們後來認識到光的波長是極短的，在大多數情況下，光的行為就如同經典粒子一樣，繞射實驗則更加證明了這一點。但是波動說有一個基本的難題：既然波本身是介質的振動，那它必須在某種介質中才能夠傳遞，比如聲音可以沿著空氣、水乃至固體前進，但在真空裡就無法傳播。為了容易理解這一點，大家只要這樣想：要是球場裡空無一人，那「人浪」自然也就無從談起。

光則不然，它似乎不需要任何媒介就可以任意地前進。舉一個簡單的例子：星光可以從遙遠的星系出發，穿過幾乎是真空的太空來到地球而為我們所見，這對波動說顯然是非常不利的。但是波動說巧妙地擺脫了這個難題，它假設了一種看不見摸不著的介質來實現光的傳播，這種介質有一個十分響亮而讓人印象深刻的名字，叫做「以太」（Aether）。

就在這樣一種奇妙的氣氛中，光的波動說登上了歷史舞臺。我們很快就會看到，這個新生力量似乎是微粒說的前世冤家，它命中注定要與後者開展一場長達數個世紀之久的戰爭。他們兩個的命運始終互相糾纏在一起，如果沒有對方，誰也不能說自己還是完整的。到了後來，他們簡直就是為了對手而存在著。這齣精彩的戲劇從一開始的伏筆，經過兩個起落，到達令人眼花撩亂的高潮。最後絕妙的結局則更讓我們相信，他們的對話幾乎是一種可遇而不可求的緣分。17 世紀中期，正是科學的黎明將要到來之前那最後的黑暗，誰也無法預見這兩朵小火花即將引發一場熊熊烈火。

📢 **名人軼聞：說說「以太」**

正如我們在上面所看到的，以太最初是作為光波媒介的假設而提出的。但「以太」一詞的由來則早出現在古希臘：亞里斯多德（Aristotle）在《論天》一

書裡闡述了他對天體的認識。他認為日月星辰圍繞著地球運轉，但其組成卻不同於地上的四大元素水火氣土。天上的事物應該是完美無缺的，它們只能由一種更為純潔的元素所構成，這就是亞里斯多德所謂的「第五元素」——以太（希臘文的 $\alpha\eta\theta\eta\rho$）。而自從這個概念被借用到科學裡來之後，以太在歷史上的地位可以說是相當微妙的。一方面，它曾經扮演過如此重要的角色，以致成為整個物理學的基礎；另一方面，當它榮耀不再時，也曾受盡嘲笑。雖然它不甘心地再三掙扎，改頭換面，賦予自己新的意義，卻仍然逃脫不了最終被拋棄的命運，甚至有段時間幾乎成了偽科學的專用詞。

但無論怎樣，以太的概念在科學史上還是占有地位。它曾經代表的光媒及絕對參考系，雖然已經退出了舞臺中央，但畢竟曾經擔負過歷史的使命。直到今天，每當提起這個名字，似乎仍然能夠喚起我們對那段黃金歲月的懷念。它就像是一張泛黃的照片，記載了一個貴族光榮的過去。今天，以太作為另外一種概念用來命名一種網路協定（以太網 Ethernet），生活在 e 時代的我們每每看到這個詞的時候，是不是也會生出幾許慨嘆？

當路過以太的墓碑時，還是讓我們脫帽，向它表示致敬。

三

上次說到，關於光本質上究竟是什麼的問題，在 17 世紀中期有了兩種可能的假設：微粒說和波動說。

然而在一開始的時候，雙方的武裝都是非常薄弱的。微粒說固然有著悠久的歷史，但是它手中的力量是很有限的。光的直線傳播問題和反射折射問題本來是它的傳統領地，但波動方面軍在發展了自己的理論後，迅速就在這兩個戰場上與微粒平分秋色。波動論作為一種新興的理論，格里馬第的光繞射實驗是它發跡的最大法寶，但它卻拖著一個沉重的包袱，就是光以太的假設。這個憑空想像出來的媒介，將在很長一段時間裡成為波動軍隊的累贅。

兩支力量起初沒有發生什麼武裝衝突。在笛卡兒的《方法論》裡，他們依然心平氣和地站在一起供大家檢閱。導致歷史上「第一次波粒戰爭」爆發的導火線

是波義耳（Robert Boyle，中學裡學過波馬定律的朋友一定還記得這個叫你頭痛的愛爾蘭人吧！）在西元 1663 年提出的一個理論——他認為我們看到的各種顏色，其實並不是物體本身的屬性，而是光照上去才產生的效果。這個論調本身並沒有關係到微粒波動什麼事，但是卻引起了對顏色屬性的激烈爭論。

在格里馬第的眼裡，顏色的不同，是因為光波頻率的不同所引起的。他的實驗引起了羅伯特・胡克（Robert Hooke）的興趣。胡克本來是波義耳的實驗助手，當時是英國皇家學會的會員（FRS），同時也兼任實驗管理員。他重複了格里馬第的工作，並仔細觀察了光在肥皂泡裡映射出的色彩，以及光通過薄雲母片而產生的光輝。根據他的判斷，光必定是某種快速的脈衝，於是他在西元 1665 年出版的《顯微術》（Micrographia）一書中明確地支持波動說。《顯微術》是一本劃時代的偉大著作，它很快為胡克贏得了世界性的學術聲譽，波動說由於這位大將的加入，似乎也在一時占了上風。

然而不知是偶然，還是冥冥之中自有安排，一件似乎無關的事情改變了整個戰局的發展。

在西元 1672 年初，一位叫做以撒・牛頓（Isaac Newton）的年輕人因為製造了一台傑出的望遠鏡而當選為皇家學會的會員。牛頓當時才 29 歲出頭，年輕氣盛，正準備在光學和儀器方面大展拳腳。我們知道，早在當年鄉下老家躲避瘟疫的時候，牛頓已經在光學領域做出了深刻的思考。在寫給學會秘書奧爾登伯格（Henry Oldenburg）的信裡，牛頓再一次介紹了他那關於光和色的理論，其內容是關於他所做的光的色散實驗。2 月 8 日，此信在皇家學會被宣讀，這也可以說是初來乍到的牛頓向皇家學會所提交的第一篇論文。它在發表後受到了廣泛的關

圖 1.5 牛頓在做色散實驗
（原畫 John Houston 1870）

注，評論者除了胡克之外，還包括惠更斯、帕迪斯（I.G. Pardies），以及牛頓後來的兩個眼中釘——弗拉姆斯蒂德（John Flamsteed）和萊布尼茲（Gottfried Leibniz）。

　　色散實驗是牛頓所做的最為有名的實驗之一。實驗的情景在一些科普讀物裡被渲染得十分 impressive：炎熱難忍的夏天，牛頓卻戴著厚重的假髮待在一間小屋裡。窗戶全都被封死了，所有的窗簾也被拉上，屋子裡面又悶又熱，一片漆黑，只有一束亮光從一個特意留出的小孔裡面射進來。牛頓不顧身上汗如雨下，全神貫注地在屋裡走來走去，並不時地把手裡的一個三稜鏡插進那個小孔裡。每當三稜鏡被插進去的時候，原來的那束白光就不見了，而在屋裡的牆上，映射出了一條長長的彩色寬帶，顏色從紅一直到紫。這當然是一種簡單得過分的描述，不過正是憑藉這個實驗，牛頓得出了白色光是由七彩光混合而成的結論。

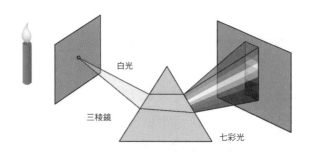

圖 1.6 光的色散

　　然而在牛頓的理論裡，光的複合和分解被比喻成不同顏色微粒的混合和分開。他的文章被交給一個三人評議會審閱，胡克和波義耳正是這個評議會的成員，胡克對此觀點進行了激烈的抨擊。胡克聲稱，牛頓論文中正確的部分（也就是色彩的複合）是竊取了他西元 1665 年的思想，而牛頓「原創」的微粒說則不值一提，僅僅是「假說」而已。這個批評雖然不能說是全無道理，但很可能只是胡克想給牛頓來一個下馬威。作為當時在光學和儀器方面獨一無二的權威，胡克顯然沒把牛頓這個毛頭小子放在眼裡，他後來承認說，自己只花了 3 到 4 小時來閱讀牛頓的文章。不過胡克顯然沒有意識到，這次的對手是如此與眾不同。

牛頓大概有生以來都沒見過這樣直截了當的批評。他勃然大怒，花了整整四個月時間寫了一篇洋洋灑灑的長文，在每一點上都進行了反駁。胡克慘遭炮轟，他的名字出現在第一句裡，也出現在最後一句裡，在中間更出現多達 25 次以上。韋斯特福爾（R.S.Westfall）在那本名揚四海的牛頓傳記《決不停止》（Never at Rest）中描述道：「（牛頓）實際上用胡克的名字串起了一首疊句詩。」而且越到後來，用詞越是尖刻難聽。就這樣，胡克大言不慚在前，牛頓惡語相譏在後，兩個人都格外敏感且心胸狹窄，最終不可避免地成為畢生的死敵。牛頓的狂怒並沒有就此平息，他對每一個批評都報以挑釁性的回覆，包括用詞謹慎的惠更斯在內。他撤回了所有原本準備在皇家學會發表的文章，到了西元 1673 年 3 月，他甚至在一封信裡威脅說準備退出學會。最後，牛頓中斷與外界的通信，讓自己在劍橋與世隔絕。

其實在此之前，牛頓的觀點還是在微粒和波動之間有所搖擺的，並沒有完全否認波動說。西元 1665 年，胡克發表他的觀點時，牛頓還剛剛從劍橋三一學院畢業，也許還在蘋果樹前面思考他的萬有引力問題呢！在牛頓最初的理論中，微粒只是一個臨時的方便假設而已，根本不是主要論點，即使在胡克最初的批評之後，牛頓還是作出了一定的妥協，給波動說提出了一些非常重要的改進意見。但在此之後，牛頓與胡克的關係進一步惡化，他最終開始一面倒地支持微粒說。這究竟是因為報復心理，還是因為科學精神，今天已經無法得知了，想來兩方面都有其因素吧！至少我們知道牛頓的性格是以小氣和斤斤計較聞名的，這從以後他和萊布尼茲關於微積分發明的爭論中也可見一斑。

不過，一方面因為胡克的名氣，另一方面也因為牛頓的注意力更多地轉移到了別的方面，牛頓當時仍然沒有正式地全面論證微粒說（只是在幾篇論文中反駁了胡克）。而胡克被牛頓激烈的言辭嚇了一跳，也暫且鳴金收兵[3]。在胡克的文稿中我們可以發現一些反駁意見，其中描述的一個實驗幾乎就是一百五十年後菲涅耳實驗的原型。不過這封信很可能並沒有寄出，即使牛頓讀到了，也顯然沒有

---

3. 不過兩人相安無事的時間並不長，到了西元 1675 年他們又在光的問題上大吵了一架。

因此改變任何看法。在牛頓和胡克都暫時沉寂下去的時候，波動方面軍在另一個國家開始了他們的現代化進程——用理論來裝備自己。荷蘭物理學家惠更斯（Christiaan Huygens）登上舞臺，成為了波動說的主將。

惠更斯在數學理論方面是具有十分高的天才的，他繼承了胡克的思想，認為光是一種在以太裡傳播的縱波，並引入了「波前」等概念，成功地證明和推導了光的反射和折射定律。他的波動理論雖然還十分粗略，但是所取得的成功卻是傑出的。當時隨著光學研究的不斷深入，新的戰場不斷被開闢，在西元 1669 年，丹麥的巴塞林那斯（E.Bartholinus）發現當光通過方解石晶體時，會出現雙折射現象。而到了 1675 年，牛頓在皇家學會報告說，如果讓光通過一塊大曲率凸透鏡照射到光學平玻璃板上，會看見在透鏡與玻璃平板接觸處出現一組彩色的同心環條紋，也就是著名的「牛頓環」（對圖像和攝影有興趣的朋友一定知道）。惠更斯將他的理論應用於這些新發現上面，發現他的波動軍隊可以容易地占領這些新闢的陣地，只需要作小小的改制即可（比如引進橢圓波的概念）。西元 1690 年，惠更斯的著作《光論》（Le Monde, ou Traité de la Lumiére）出版，標誌著波動說在這個階段到達了一個興盛的頂點。

不幸的是，波動方面暫時的得勢看來注定要成為曇花一現的泡沫，因為在他們的對手那裡站著一個光芒四射的偉大人物：以撒·牛頓先生（而且很快就要被授予爵士的頭銜）。這位科學巨人——不管他是出於什麼理由——已經決定要給予波動說的軍隊以毫不留情的致命打擊。牛頓對胡克恨之入骨，只要胡克還在皇家學會一天，基本上他就不去那裡開會。胡克終於在西元 1703 年眾叛親離地死去了——所有的人都鬆了一口氣。這也為牛頓不久後順理成章地當選為皇家學會主席鋪平了道路，他今後將用鐵腕手段統治這個協會長達二十四年之久。

胡克死後第二年，也就是西元 1704 年，牛頓終於出版了他的煌煌巨著《光學》（Opticks）。在時間上這是一次精心的戰術安排，因為其實這本書早就完成了。牛頓在介紹中寫道：「為了避免在這些事情上引起爭論，我延遲了這本書的付梓時間，而且要不是朋友們一再要求，還將繼續推遲下去。」任誰都看得出胡克在其中扮演的角色。

《光學》是一本劃時代的作品，幾乎可以與《原理》並列的偉大傑作，在之後整整一百年內，它都被奉為不可動搖的金科玉律。牛頓在其中詳盡地闡述了光的色彩疊合與分散，從粒子的角度解釋了薄膜透光、牛頓環，以及繞射實驗中發現的種種現象。他駁斥了波動理論，質疑說如果光和聲音同樣是波，為什麼光無法像聲音那樣繞開障礙物前進。他也對雙折射現象進行了研究，提出了許多用波動理論無法解釋的問題。粒子方面的基本困難，牛頓則以他的天才加以解決。他從波動對手那裡吸收了許多東西，比如將波的一些有用的概念如振動、週期等引入微粒論，進而解答了牛頓環的難題。在另一方面，牛頓把微粒說和他的力學體系結合一起，於是使得這個理論頓時呈現出無與倫比的力量。

這完全是一次摧枯拉朽般的打擊。那時的牛頓，已經不再是那個可以被人隨便質疑的青年；那時的牛頓，已經是出版了《數學原理》的牛頓、已經是發明了微積分的牛頓。那個時候，他已經是國會議員、造幣局局長、皇家學會主席，已經成為科學史上神話般的人物。在世界各地，人們對他的力學體系頂禮膜拜，彷彿見到了上帝的啟示。而波動說則群龍無首（惠更斯也早於西元 1695 年去世），這支失去了領袖的軍隊還沒有來得及在領土上建造幾座堅固一點的堡壘，就遭到了毀滅性的打擊。他們驚恐萬分，潰不成軍，幾乎在一夜之間喪失了所有陣地。這一方面是因為波動自己的防禦工事有不足之處，它的理論仍然不夠完善，另一方面也實在是因為對手的實力過於強大；牛頓作為光學界的泰斗，他的才華和權威是不容置疑的 [4]。第一次波粒戰爭就這樣以波動的慘敗而告終，戰爭的結果是微粒說牢牢占據了物理界的主流。波動被迫轉入地下，在長達整整一個世紀的時間裡都抬不起頭來。然而，它卻仍然沒有被消滅，惠更斯等人所做的開創性工作使得它仍然具有頑強的生命力，默默潛伏以待東山再起的那天。

---

4. 不丹皮爾在《科學史》裡說牛頓只是把粒子的假設放在書後的問題（Query）裡，並沒有下結論，所以不能把粒子說的統治歸結到牛頓的權威頭上，這似乎說不過去。不談牛頓一向的態度和行文中明顯的傾向，就算在《光學》正文裡，也有多處隱含了粒子的假設。

名人軼聞： 胡克與牛頓

胡克和牛頓在歷史上也算是一對歡喜冤家。兩個人都在力學、光學、儀器等方面有著偉大的貢獻。兩人互相啟發，但是也無需諱言，他們之間存在著不少的激烈爭論，以致互相仇視。除了關於光本性的爭論之外，他們之間還有一個爭執，那就是萬有引力的平方反比定律（ISL）究竟是誰發明的問題，在科學史上也是一個著名的公案。

胡克在力學與行星運動方面花過多年心血，提出過許多深刻的洞見。西元1679—1680 年，胡克與牛頓進行了一系列的通信，討論了引力問題。牛頓雖然早年就已經在此領域取得過一些進展，但不知是荒廢多年還是怎麼地，這次卻是大失水準，他竟然把引力看成不隨距離而變化的常量，並認為物體下落是一個圓螺線。胡克糾正了他的錯誤，並在 1 月 6 日的信中假設引力大小是與距離的平方成反比的，雖然說得比較模糊[5]。胡克把牛頓的錯誤捅到了皇家學會那裡，這使得牛頓極為火大，他認定胡克是存心炫耀，並有意讓他出洋相。於是乎兩人間波粒的舊怨未癒，引力的新仇又起，成為終生的對手[6]。

胡克與牛頓的這次通信是科學史上極為重要的話題。牛頓後來雖然打死也不肯承認胡克對其有所幫助，但多數科學史家都認為胡克在這裡提供給了牛頓關鍵性的啟發。沒有胡克的糾正，牛頓一直錯誤地以為行星運動是在兩個平衡力——向心力和離心力同時作用下進行的。到了西元 1684 年，胡克和牛頓分別試圖證明平方反比的引力導致橢圓軌道（也就是 ISL 定律）。胡克吹噓說他證明了，但從未拿出結果；牛頓也說他早就證明過——同樣沒有任何證據。不過幾個月後，牛頓重寫了一份手稿，也就是著名的《論運動》（De Motu），這成為後來《原理》的前身。

《原理》發表後，胡克要求牛頓承認他對於平方反比定律發現的優先權，在

---

5. 原文是「……my supposition is that the Attraction always is in a duplicate proportion to the Distance from the Center Reciprocal」。當然，牛頓十多年前就已經有了類似的概念，但兩人當時都無法給出（橢圓）運動軌道的證明，不能算作「發現了平方反比定律」。

6. 近來，科學史家們更傾向於認為，胡克並非有意難為牛頓。胡克是以皇家學會的名義與牛頓通信的，而討論問題並在學會朗讀交流結果本來就是他當時的本職工作，胡克後來仍舊不斷地給牛頓寫信討論，完全不知道對手已經怒不可遏（可見 Koyre 和 Inwood 的論述）。

胡克的原始畫像全部佚失了，只有這幅 Mary Beale 的作品據說畫的是胡克，但仍有爭議。西元 2003 年，為紀念胡克誕辰三百周年，曾舉行了一次對其畫像的徵集活動。

圖 1.7 胡克

前言裡提及一下。牛頓再次狂怒，他暴跳如雷，從《原理》裡面刪掉了絕大多數有關胡克的引用，剩下不多的，用詞也從「非常尊敬的胡克先生」變成了簡單的「胡克」兩個字。他是如此怒氣衝天，甚至拒絕出版《原理》第三卷。在牛頓眼中，胡克完全是個江湖騙子，靠猜想和碰運氣來沽名釣譽。許多科學史家也曾以為胡克猜想的成分居多，不過加州大學桑塔克魯茲分校的 Michael Nauenberg 教授從胡克的一幅最近披露的圖稿中得出結論，胡克在這個問題上的認識要比人們傳統認為的深刻得多，他所採用的幾何證明手法和牛頓後來在《原理》中所使用的是類似的，所差的只是胡克不懂微積分而已 [7]。ISL 定律的發明權仍應歸於牛頓，可是胡克顯然在其中佔有重要，甚至於達到關鍵的地位。

應該說胡克也是一位偉大的科學家。他曾幫助波義耳發現波義耳定律，用自己的顯微鏡發現了植物的細胞，《顯微術》更是 17 世紀最偉大的著作之一。他是最傑出的建築設計師和規畫師，親自主持了西元 1666 年倫敦大火後的城市重建工作，如今倫敦城中的許多著名古蹟，都是從他手中留下的。在地質學方面，胡克的工作（尤其是對化石的觀測）影響了這個學科整整三十年。他發明和製造的儀器（如顯微鏡、空氣唧筒、發條擺鐘、輪形氣壓錶等）在當時無與倫比。他所發現的彈性定律是力學最重要的定律之一。在那個時代，胡克在力學和光學方面是僅次於牛頓的偉大科學家，可是似乎他卻永遠生活在牛頓的陰影裡。今天的牛頓名滿天下，但今天的中學生只有從課本裡的胡克定律（彈性定律）才知道胡克的名字。胡克的晚年相當悲慘，他雙目失明，幾乎被所有人拋棄（其侄女兼情

---

7. 見 Nauenberg1994、1998，以及他 2003 年在胡克紀念會議上的報告。

人死了多年），西元 1688 年之後，胡克就再沒從皇家學會領過工資。他變得憤世嫉俗，字裡行間充滿了挖苦。胡克死後連一張畫像也沒有留下來，據說是因為他「太醜了」，但也有學者言之鑿鑿地聲稱，正是牛頓利用職權有意毀棄了胡克的遺物，作為對他最後的報復。

從 90 年代中期開始，胡克逐漸迎來了翻身的日子，他的名字突然成為科學史界最熱的話題之一。西元 2003 年是胡克逝世三百周年，科技史學者們雲集於胡克畢業的牛津和他生前任教的格雷夏姆（Gresham），以紀念這位科學家。許多人都呼籲，胡克的科學貢獻應當為更多的世人所知。

四

上次說到，在微粒與波動的第一次交鋒中，以牛頓為首的微粒說戰勝了波動說，取得了在物理界被普遍公認的地位。

轉眼間，近一個世紀過去了。牛頓體系的地位已經是如此崇高，令人不禁有一種目眩之感覺，而他所提倡的光是一種粒子的觀念也已是如此地深入人心，以致人們幾乎都忘了當年它那對手的存在。

然則在西元 1773 年的 6 月 13 日，英國米爾沃頓（Milverton）的一個教徒的家庭裡誕生了一個男孩，取名為湯瑪斯‧楊（Thomas Young）。這個未來反叛派領袖的成長史是一個典型的天才歷程。他 2 歲的時候就能夠閱讀各種經典，6 歲時開始學習拉丁文，14 歲就用拉丁文寫過一篇自傳，到了 16 歲時他已經能夠說 10 種語言。在語言上的天才使得楊日後得以破譯埃及羅塞塔碑上的許多神祕的古埃及象形文字，並為埃及學的正式創立作了突出的貢獻（當然，埃及學的主要奠基者還是商博良）。不過對於我們的史話來說更為重要的是，楊對自然科學也產生了濃厚的興趣，他學習了牛頓的《數學原理》以及拉瓦錫的《化學綱要》等科學著作，為將來的成就打下了堅實的基礎。

楊 19 歲的時候，受到他那當醫生的叔父的影響，決定去倫敦學習醫學。在以後的日子裡，他先後去了愛丁堡和哥廷根大學攻讀，最後還是回到劍橋的伊曼紐爾學院終結他的學業。在他還是學生的時候，楊研究了人體眼睛的構造，開始

接觸到了光學上的一些基本問題，並最終形成了他那光是波動的想法。楊的這個認識，是來源於波動中所謂的「干涉」現象。

我們都知道，普通的物質是具有累加性的，一滴水加上一滴水一定是兩滴水，而不會一起消失。但是波動就不同了，一列普通的波，它有著波的高峰和波的谷底，如果兩列波相遇，當它們正好都處在高峰時，那麼疊加起來的這個波就會達到兩倍的峰值，如果都處在低谷時，疊加的結果就會是兩倍深的谷底。但是，等等，如果正好一列波在它的高峰，另外一列波在它的谷底呢？

答案是它們會互相抵消。如果兩列波在這樣的情況下相遇（物理上叫做「反相」），那麼在它們重疊的地方，將會波平如鏡，既沒有高峰，也沒有谷底。這就像一個人把你往左邊拉，另一個人用相同的力氣把你往右邊拉，結果是你會站在原地不動。

湯瑪斯·楊在研究牛頓環的明暗條紋時，被這個關於波動的想法給深

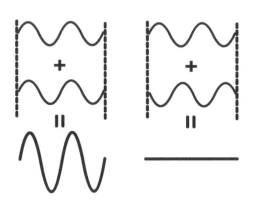

圖 1.8 波的疊加

深打動了。為什麼會形成一明一暗的條紋呢？一個思想漸漸地在楊的腦海裡成型。用波來解釋不是很簡單嗎？明亮的地方，那是因為兩道光正好是「同相」的，它們的波峰和波谷正好相互增強，結果造成了兩倍光亮的效果（就好像有兩個人同時在左邊或右邊拉你），而黑暗的那些條紋，則一定是兩道光處於「反相」，它們的波峰波谷相對，正好互相抵消了（就好像兩個人同時在兩邊拉你）。這一大膽而富於想像的見解使楊激動不已，他馬上著手進行了一系列的實驗，並於西元 1801 年和西元 1803 年分別發表論文報告，闡述了如何用光波的干涉效應來解釋牛頓環和繞射現象。甚至通過他的實驗資料，計算出了光的波長應該在 1/36000 至 1/60000 英寸之間。

在西元 1807 年，楊總結出版了他的《自然哲學講義》，裡面綜合整理了他在光學方面的工作，並第一次描述了他那個名揚四海的實驗——光的雙縫干涉。

後來的歷史證明，這個實驗完全可以躋身於物理學史上最經典的前五個實驗之列，而在今天，它已經出現在每一本中學物理的教科書上。

楊的實驗手段極其簡單：把一支蠟燭放在一張開了一個小孔的紙前面，這樣就形成了一個點光源（從一個點發出的光源）。現在在紙後面再放一張紙，不同的是第二張紙上開了兩道平行的狹縫。從小孔中射出的光穿過兩道狹縫投到螢幕上，就會形成一系列明、暗交替的條紋，這就是現在眾人皆知的干涉條紋[8]。

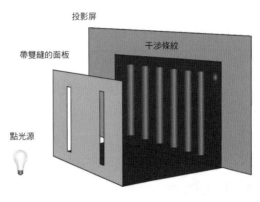

圖 1.9 光的雙縫干涉

楊的著作點燃了革命的導火線，物理史上的「第二次波粒戰爭」開始了。波動方面軍在經過了百年的沉寂之後，終於又回到了歷史舞臺上來。但是它當時的日子並不是好過的，在微粒大軍仍然一統天下的年代，波動的士兵們衣衫襤褸，缺少後援，只能靠遊擊戰來引起人們對它的注意。楊的論文開始受盡了權威們的嘲笑和諷刺，被攻擊為「荒唐」和「不合邏輯」，在近二十年間竟然乏人問津。楊為了反駁專門撰寫了論文，但是卻無處發表，只好印成小冊子，但是據說發行後「只賣出了一本」。

不過，雖然高傲的微粒仍然沉醉在牛頓時代的光榮之中，一開始並不把起義的波動叛亂分子放在眼裡。但他們很快就發現，這些反叛者雖然人數不怎麼多、服裝不整，但是他們的武器卻今非昔比。在受到了幾次沉重的打擊後，干涉條紋這門波動大炮的殺傷力終於驚動整個微粒軍團。這個簡單巧妙的實驗所揭示出來的現象證據確鑿，幾乎無法反駁。無論微粒怎麼樣努力，也無法躲開對手的無情轟炸，它就是難以說明兩道光疊加在一起怎麼會反而造成黑暗。而波動的理由卻是簡單且直接的，兩條縫距離螢幕上某點的距離會有所不同。當這個距離差是波

---

8. 我在這裡描述的是較大眾化的版本。楊最早的實驗是用一張卡片把光束分割成兩半以達到同樣效果，實際上並未用到「雙縫」。

長的整數倍時，兩列光波正好互相加強，就在此形成亮帶。反之，當距離差剛好造成半個波長的相位差時，兩列波就正好互相抵消，這個地方就變成暗帶。理論計算出的明暗條紋距離和實驗值分毫不差。

在節節敗退後，微粒終於發現自己無法抵擋對方的進攻，於是它採取了以攻代守的戰略。許多對波動說不利的實驗證據被提出來以證明波動說的矛盾，其中最為知名的就是馬呂斯（Étienne Louis Malus）在西元 1809 年發現的偏振現象，這一現象和已知的波動論有牴觸的地方。兩大對手開始相持不下，但是各自都沒有放棄自己獲勝的信心。楊在給馬呂斯的信裡說：「……您的實驗只是證明了我的理論有不足之處，但沒有證明它是虛假的。」

決定性的時刻在西元 1819 年到來了。最後的決戰起源於西元 1818 年法國科學院的一個懸賞徵文競賽，競賽的題目是利用精密的實驗確定光的繞射效應以及推導光線通過物體附近時的運動情況。競賽評委會由許多知名科學家組成，這其中包括比奧（J.B.Biot）、拉普拉斯（Pierre Simon de Laplace）和帕松（S.D.Poission），都是積極的微粒說擁護者。從這個評委會的本意來說，他們或許是希望通過微粒說的理論來解釋光的繞射以及運動，以打擊波動理論。

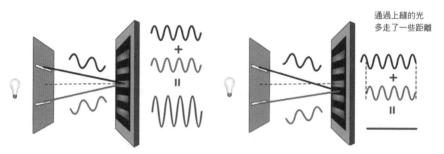

亮帶：與雙縫的距離相差整數個相位的地方光波互相加強　　暗帶：與雙縫的距離相差半整數個相位的地方光波互相抵消

圖 1.10 用波動來解釋干涉條紋

但是戲劇性的情況出現了！一個不知名的法國年輕工程師——菲涅耳（Augustin Fresnel，當時他才 31 歲）向評委會提交了一篇論文。在這篇論文裡，菲涅耳採用了光是一種波動的觀點，並以嚴密的數學推理，極為圓滿地解釋

了光的繞射問題。他的體系洋洋灑灑，天
衣無縫，完美無缺，令委員會成員深深為
之驚歎。帕松並不相信這一結論，對它進
行了仔細的審查，結果發現當把這個理論
應用於圓盤繞射的時候，在陰影中間將會
出現一個亮斑。這在帕松看來是十分荒謬
的，影子中間怎麼會出現亮斑呢？這差點

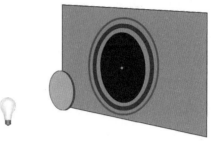

圖 1.11 圓盤繞射與帕松亮斑

使得菲涅耳的論文中途夭折。但菲涅耳的同事，評委之一的阿拉果（François
Arago）在關鍵時刻堅持要進行實驗檢測，結果發現真的有一個亮點如同奇蹟一
般地出現在圓盤陰影的正中心，位置亮度和理論符合得相當完美。

菲涅耳理論的這個勝利成了第二次波粒戰爭的決定性事件。他獲得了那一屆
的科學獎（Grand Prix），同時一躍成為了可以和牛頓、惠更斯比肩的光學界傳
奇人物。圓盤陰影正中的亮點（後來被相當誤導性地稱作「帕松亮斑」）成了波
動軍手中威力不下於干涉條紋的重武器，給了微粒勢力以致命的一擊，起義者的
烽火很快就燃遍了光學的所有領域。但是，光的偏振問題卻仍舊沒有得到解決，
微粒依然躲在這個掩體後面負隅頑抗，不停地向波動開火。為此，菲涅耳不久後
又作出了一個石破天驚的決定。他革命性地假設光是一種橫波（也就是類似水波
那樣，振子作相對傳播方向垂直運動的波），而不像從胡克以來所一直認為的那
樣，是一種縱波（類似彈簧波，振子作相對傳播方向水平運動的波）。西元
1821 年，菲涅耳發表了題為《關於偏振光線的相互作用》的論文，用橫波理論
成功地解釋了偏振現象，攻占了戰役中一個最難以征服的據點。

大反攻的日子已經到來。微粒說在偏振問題上失守後，已經是捉襟見肘，節
節潰退。到了 19 世紀中期，微粒說挽回戰局的唯一希望就是光速在水中的測定
結果了。因為根據粒子論，這個速度應該比真空中的光速要快，而根據波動論，
這個速度則應該比真空中要慢才對。

然而不幸的微粒軍團終於在西元 1819 年的莫斯科嚴冬之後，又於西元 1850
年迎來了它的滑鐵盧。這一年的 5 月 6 日，傅科（Jean-Bernard-Léon Foucault，

他後來以「傅科擺」實驗而聞名）向法國科學院提交了他關於光速測量實驗的報告。在準確地得出光在真空中的速度之後，他也進行了水中光速的測量，發現這個值小於真空中的速度，只有前者的 3/4。這一結果徹底宣判了微粒說的死刑，波動論終於在一百多年後革命成功，推翻了微粒王朝，登上了物理學統治地位的寶座。在勝利者盛大的加冕典禮中，第二次波粒戰爭隨著微粒的戰敗而塵埃落定。

但菲涅耳的橫波理論卻留給波動一個尖銳的難題，就是以太的問題。光是一種橫波的事實已經十分清楚，它傳播的速度也得到了精確測量，這個數值達到了 30 萬公里/秒，是一個驚人的高速。通過傳統的波動論，我們不難得出它的傳播媒介的性質，這種媒介必定是一種異常堅硬的固體！它比最硬的物質金剛石還要硬上不知多少倍，然而事實是從來就沒有任何人能夠看到或者摸到這種「以太」，也沒有實驗測定它的存在。星光穿越幾億公里的以太來到地球，這些堅硬無比的以太卻不能阻擋任何一顆行星或彗星的運動，哪怕是灰塵也不行！

波動對此的解釋是以太是一種剛性的粒子，但它卻是如此稀薄，以致物質在穿過它們時幾乎完全不受到任何阻力，「就像風穿過一小片叢林」（湯瑪斯·楊語）。以太在真空中也是絕對靜止的，只有在透明物體中，可以部分被拖曳（菲涅耳的部分拖曳假說）。

這個觀點其實是十分牽強的，但是波動說並沒有為此困惑多久，因為更加激動人心的勝利很快就到來了。偉大的麥克斯威於西元 1856、1861 和 1865 年發表了三篇關於電磁理論的論文，這是一個開天闢地的工作，它在牛頓力學的大廈上又完整地建立起了另一座巨構，而且其輝煌燦爛絕不亞於前者。麥克斯威的理論預言，光其實只是電磁波的一種。這段文字是他在西元 1861 年的第二篇論文《論物理力線》裡面特地用斜體字寫下的。而我們在本章的一開始已經看到，這個預言是怎樣由赫茲在西元 1887 年用實驗予以證實了。波動說突然發現，它已經不僅僅是光領域的統治者，而是業已成為了整個電磁王國的最高司令官。波動的光輝到達了頂點，只要站在大地上，它的力量就像古希臘神話中的巨人那樣，是無窮無盡而不可戰勝的。它所依靠的大地，正是麥克斯威不朽的電磁理論。

名人軼聞： 阿拉果的遺憾

　　阿拉果一向是光波動說的捍衛者，他和菲涅耳在光學上其實是長期合作的。菲涅耳的參賽得到了阿拉果的熱情鼓勵，菲涅耳關於光是橫波的思想，最初也是來源於湯瑪斯・楊寫給阿拉果的一封信。他和菲涅耳共同作出了對於相互垂直的兩束偏振光線的相干性的研究，明確了來自同一光源但偏振面相互垂直的兩支光束，不能發生干涉。但在雙折射和偏振現象上，菲涅耳顯然更具有勇氣和革命精神。在兩人完成了《關於偏振光線的相互作用》這篇論文後，菲涅耳指出只有假設光是一種橫波，才能完滿地解釋這些現象，並給出了推導。然而阿拉果對此抱有懷疑態度，認為菲涅耳走得太遠了。他坦率地向菲涅耳表示，自己沒有勇氣發表這個觀點，並拒絕在這部分論文後面署上自己的名字。於是最終菲涅耳以自己一個人的名義提交了這部分內容，引起了科學界的震動。

　　這大概是阿拉果一生最大的遺憾，他本有機會和菲涅耳一樣成為在科學史上大名鼎鼎的人物。當時的菲涅耳雖然嶄露頭角，畢竟還是無名小輩，可他在學界卻已經聲名顯赫，被選入法蘭西研究院時，得票甚至超過了著名的帕松。其實在光波動說方面，阿拉果做出了許多傑出的貢獻，不在菲涅耳之下，許多還是兩人互相啟發而致的。在菲涅耳面臨帕松的質問時，阿拉果仍然站了菲涅耳一邊，正是他的實驗證實了帕松光斑的存在，使得波動說取得了最後的勝利。但關鍵時候的遲疑，卻最終使得他失去了「物理光學之父」的稱號。這一桂冠如今戴在菲涅耳的頭上。

五

　　上次說到，隨著麥克斯威的理論為赫茲的實驗所證實，光的波動說終於成為了一個鐵一般的事實。

　　波動現在是如此地強大。憑藉著麥氏理論的力量，它已經徹底地將微粒打倒，並且很快就拓土開疆，建立起一個空前的大帝國來。不久後，它的領土就橫跨整個電磁波的頻段，從微波到 X 射線，從紫外線到紅外線，從 γ 射線到無線電波⋯⋯普通光線只是它統治下的一個小小的國家罷了。波動君臨天下，振長策

而禦內，四海之間莫非王土。而可憐的微粒早已銷聲匿跡，似乎永遠也無法翻身了。

赫茲的實驗同時也標誌著經典物理的頂峰。物理學的大廈從來都沒有這樣地金碧輝煌，令人歎為觀止。牛頓的力學體系已是如此雄偉壯觀，現在麥克斯威在它之上又構建起了同等規模的另一幢建築，它的光輝燦爛讓人幾乎不敢仰視。電磁理論在數學上完美得難以置信，麥克斯威最初的理論後來經赫茲等人的整理，提煉出一個極其優美的核心，也就是著名的麥氏方程組。它剛一問世，就被世人驚為天物，其表現出的簡潔、深刻、對稱使得每一個科學家都陶醉在其中。後來波茲曼（Ludwig Boltzmann）情不自禁地引用哥德的詩句說：「難道是上帝寫的這些嗎？」一直到今天，麥氏方程組仍然被公認為科學美的典範，許多偉大的科學家都為它的魅力折服，並受它深深的影響，有著對於科學美的堅定信仰，甚至認為對於一個科學理論來說，簡潔優美要比實驗資料的準確來得更為重要。無論從哪個意義上來說，電磁論都是一種偉大的理論。羅杰·彭羅斯（Roger Penrose）在他的名著《皇帝新腦》（The Emperor's New Mind）一書裡

圖 1.12 麥克斯威

毫不猶豫地將它和牛頓力學相對論和量子論並列，稱之為「Superb」的理論。

物理學征服了世界。在 19 世紀末，它的力量控制著一切人們所知的現象。古老的牛頓力學城堡歷經歲月磨礪、風吹雨打，始終屹立不倒，反而更加突顯出它的偉大和堅固。從天上的行星到地上的石塊，萬物都畢恭畢敬地遵循著它制定的規則運行。西元 1846 年海王星的發現，更是它所取得的最偉大的勝利之一。在光學的方面，波動已經統一了天下，新的電磁理論更把它的光榮擴大到了整個電磁世界。在熱的方面，熱力學三大定律已經基本建立（第三定律已經有了雛

形），而在克勞休斯（Rudolph Clausius）、范德瓦爾斯（J.D. Vander Waals）、麥克斯威、波茲曼和吉布斯（Josiah Willard Gibbs）等天才的努力下，分子運動論和統計熱力學也被成功地建立起來了。更令人驚奇的是，這一切都彼此相符而互相包容，形成了一個經典物理的大同盟。經典力學、經典電動力學和經典熱力學（加上統計力學）形成了物理世界的三大支柱。它們緊緊地結合在一塊兒，構築起了一座華麗而雄偉的殿堂。

這是一段偉大而光榮的日子，是經典物理的黃金時代。科學的力量似乎從來都沒有這樣地強大，這樣地令人神往。人們也許終於可以相信，上帝造物的奧祕被他們所完全掌握了，再也沒有遺漏的地方。從當時來看，我們也許的確是有資格這樣驕傲的，因為所知道的一切物理現象，幾乎都可以從現成的理論裡得到解釋。力、熱、光、電、磁……一切的一切都在人們控制之中，而且所用的居然都是同一種手法。它是如此地行之有效，以致物理學家們開始相信，這個世界所有的基本原理都已經被發現了，物理學已經盡善盡美，它走到了自己的極限和盡頭，再也不可能有任何突破性的進展了。如果說還有什麼要做的事情，那就是做一些細節上的修正和補充，更加精確地測量一些常數值罷了。人們開始傾向於認為，物理學已經終結，所有的問題都可以用這個集大成的體系來解決，而不會再有任何真正激動人心的發現了。一位著名的科學家說：「物理學的未來，將只有在小數點第六位後面去尋找」[9]。普朗克的導師甚至勸他不要再浪費時間去研究這個已經高度成熟的體系。

19 世紀末的物理學天空中閃爍著金色的光芒，象徵著經典物理帝國的全盛時代。這樣的偉大時期在科學史上是空前的，或許也將是絕後的。然而，這個統一的強大帝國卻注定了只能曇花一現。喧囂一時的繁盛，終究要像泡沫那樣破滅凋零。今天回頭來看，赫茲於西元 1887 年的電磁波實驗的意義應該是複雜而深遠[10]。它一方面徹底建立了電磁場論，為經典物理的繁榮添加了濃重的一筆；在

---

9. 據說這話是開爾文勳爵說的，不過實際上麥克斯威在此之前也說過類似的話，雖然他本人對這種看法是持反對態度的。

10.當然，準確地說，是他於西元 1886—1888 年進行的一系列實驗。

另一方面，它卻同時又埋藏下了促使經典物理自身毀滅的武器，孕育出了革命的種子。

我們還是回到我們故事的第一部分那裡去。在卡爾斯魯厄大學的那間實驗室裡，赫茲銅環接收器的缺口之間不停地爆發著電火花，明白無誤地昭示著電磁波的存在。但這個火花很黯淡，不容易觀察，於是赫茲把它隔離在一個黑暗的環境裡。為了使效果盡善盡美，他甚至把發生器產生的那些火花光芒也隔離開來，不讓它們干擾到接收器。

這個時候，奇怪的現象發生了！當沒有光照射到接受器的時候，接收器電火花所能跨越的最大空間距離就一下子縮小了。換句話說，沒有光照時，我們的兩個小球必須靠得更近才能產生火花。假如我們重新讓光（特別是高頻光）照射接收器，則電火花的出現就又變得容易起來。

赫茲對這個奇怪的現象百思不得其解，不過他忠實地把它記錄了下來，並寫成一篇論文，題為《論紫外光在放電中產生的效應》。這是一個神祕的謎題，可是赫茲沒有在這上面做更多的探尋與思考。他的論文雖然發表，但在當時也並沒有引起太多人的注意。那時候，學者們在為電磁場理論的成功而歡欣鼓舞，馬可尼在為了一個巨大的商機而激動不已，沒有人想到這篇論文的真正意義。連赫茲自己也不知道，他已經親手觸摸到了量子這個還在沉睡的幽靈，雖然還沒能將其喚醒，卻已經給剛剛到達繁盛的電磁場論安排下了一個可怕的詛咒。

不過，也許量子的概念太過爆炸性，太過革命性，命運在冥冥中規定了它必須在新的世紀中才可以出現，而把懷舊和經典留給了舊世紀吧！只是可惜赫茲走得太早，沒能親眼看到它的誕生，沒能目睹它究竟將要給這個世界帶來什麼樣的變化。

終於，在經典物理還沒有來得及多多享受一下自己的盛世前，一連串意想不到的事情在 19 世紀的最後幾年連續發生了，彷彿是一個不祥的預兆。

西元 1895 年，倫琴（Wilhelm Konrad Rontgen）發現了 X 射線。西元 1896 年，貝克勒爾（Antoine Herni Becquerel）發現了鈾元素的放射現象。

西元 1897 年，居禮夫人（Marie Curie）和她的丈夫皮埃爾・居禮研究了放

射性，並發現了更多的放射性元素：釷、釙、鐳。

西元 1897 年，J.J.湯姆生（Joseph John Thomson）在研究了陰極射線後認為它是一種帶負電的粒子流。電子被發現了。

西元 1899 年，拉塞福（Ernest Rutherford）發現了元素的嬗變現象。

如此多的新發現接連湧現，令人一時間眼花撩亂。每一個人都開始感覺到了一種不安，似乎有什麼重大的事件即將發生。物理學這座大廈依然聳立，看上去依然那麼雄偉、那麼牢不可破，但氣氛卻突然變得異常凝重起來，一種山雨欲來的壓抑感覺在人們心中擴散。新的世紀很快就要來到，人們不知道即將發生什麼，歷史將要何去何從。眺望天邊，人們隱約可以看到兩朵小小的烏雲，小得那樣不起眼。沒人知道，它們即將帶來一場狂風暴雨，將舊世界的一切從大地上徹底抹去，而我們也即將衝進這暴風雨的中心，去看一看那場天崩地裂的革命。

但是，在暴風雨到來之前，還是讓我們抬頭再看一眼黃金時代的天空，作為最後的懷念。金色的光芒照耀在我們的臉上，把一切都染上了神聖的色彩。經典物理學的大廈在它的輝映下，是那樣莊嚴雄偉，溢彩流光，令人不禁想起神話中宙斯和眾神在奧林匹斯山上那恆古不變的宮殿。誰又會想到，這震撼人心的壯麗，卻是斜陽投射在龐大帝國土地上最後的餘暉。

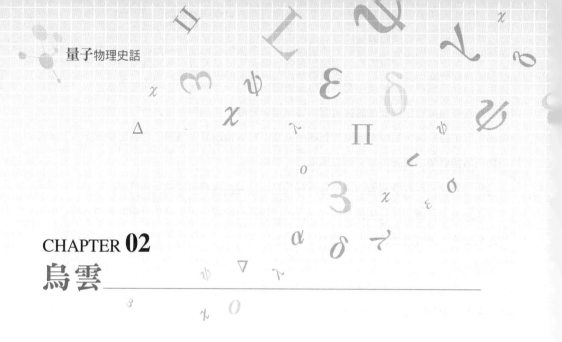

CHAPTER **02**
烏雲

一

西元 1900 年的 4 月 27 日，倫敦的天氣還是有一些陰冷。馬路邊的咖啡店裡，人們興致勃勃地談論著當時正在巴黎舉辦的萬國博覽會。街上的報童在大聲叫賣報紙，那上面正在討論中國義和團運動最新的局勢進展，以及各國在北京使館人員的狀況。一位紳士彬彬有禮地扶著貴婦人上了馬車，趕去聽普契尼的歌劇《波希米亞人》。兩位老太太羨慕地望著馬車遠去，對貴婦帽子的式樣大為讚歎。但不久後，她們就找到了新的話題，開始對拉塞爾伯爵的離婚案品頭論足起來。看來，即使是新世紀的到來，也不能改變這個城市古老而傳統的生活方式。

相比之下，在阿爾伯馬爾街皇家研究所（Royal Institution, Albemarle Street）舉行的報告會就沒有多少人注意了。倫敦的上流社會好像已經把他們對科學的熱情在漢弗來‧大衛爵士（Sir Humphry Davy）那裡傾注得一乾二淨，以致在其後幾十年的時間裡都表現得格外漠然。不過，對科學界來說，這可是一件大事。歐洲有名的科學家都趕來這裡，聆聽那位德高望重，然而卻以頑固出名的老頭子——開爾文男爵（Lord Kelvin，本名 William Thomson）的發言。

開爾文的這篇演講名為《在熱和光動力理論上空的 19 世紀烏雲》。當時已經 76 歲，白髮蒼蒼的他用那特有的愛爾蘭口音開始了發言，他的第一段話是這麼說的：

「動力學理論斷言，熱和光都是運動的方式。但現在這一理論的優美性和明晰性卻被兩朵烏雲遮蔽，顯得黯然失色了⋯⋯」（The beauty and clearness of the dynamical theory, which asserts heat and light to be modes of motion, is at present obscured by two clouds.）

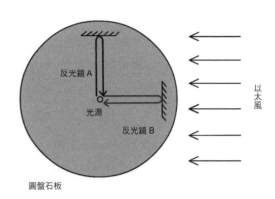

邁克生－莫立實驗：如果存在地球與以太的相對速度，則兩束光返回的時間會有微小差別，但實驗中並未發現任何時間差。

圖 2.1 邁克生－莫立實驗簡圖

這個「烏雲」的比喻後來變得如此出名，以致於在幾乎每一本關於物理史的書籍中都被反覆地引用，成了一種模式化的陳述。但由於當時人們對物理學大一統的樂觀情緒，許多時候這個表述又變成了「在物理學陽光燦爛的天空中飄浮著兩朵小烏雲」。這兩朵著名的烏雲，分別指的是經典物理在光以太和麥克斯威－波茲曼能量均分學說上遇到的難題。再具體一些，指的就是人們在邁克生－莫立實驗和黑體輻射研究中的困境。

我們首先簡單地講講第一朵烏雲，即邁克生－莫立實驗（Michelson-Morley Experiment）。這個實驗的用意在於探測光以太對於地球的漂移速度。在人們當時的觀念裡，以太代表了一個絕對靜止的參考系，而地球穿過以太在空間中運動，就相當於一艘船在高速行駛，迎面會吹來強烈的「以太風」。邁克生在西元 1881 年進行了一個實驗，想測出這個相對速度，但結果並不十分令人滿意。於是他和另外一位物理學家莫立合作，在西元 1886 年安排了第二次實驗。這可能是當時物理史上進行過的最精密的實驗了，他們動用了最新的干涉儀，為了提高系統的靈敏度和穩定性，他們甚至多方籌措弄來了一塊大石板，把它放在一個水銀槽上，這樣就把干擾的因素降到了最低。

　　然而實驗結果卻讓他們震驚和失望無比：兩束光線根本就沒有表現出任何的時間差。以太似乎對穿越於其中的光線毫無影響。邁克生和莫立不甘心地一連觀測了四天，本來甚至想連續觀測一年以確定地球繞太陽運行四季對以太風造成的差別，但因為這個否定的結果是如此清晰而不容質疑，這個計畫也被無奈地取消了。

　　邁克生－莫立實驗是物理史上最有名的「失敗的實驗」。它當時在物理界引起了轟動，因為以太這個概念作為絕對運動的代表，是經典物理學和經典時空觀的基礎。而這根支撐著經典物理學大廈的樑柱竟然被一個實驗的結果而無情地否定，那馬上就意味著整個物理世界的轟然崩塌。不過，那時候再悲觀的人也不認為，剛剛取得了偉大勝利，到達光輝頂峰的經典物理學會莫名其妙地就這樣倒臺，所以人們還是提出了許多折衷的辦法。愛爾蘭物理學家費茲傑惹（George FitzGerald）和荷蘭物理學家洛倫茲（Hendrik Antoon Lorentz）分別獨立地提出了一種假說，認為物體在運動的方向上會發生長度的收縮，從而使得以太的相對運動速度無法被測量到。這些假說雖然使得以太的概念得以繼續保留，但業已對它的意義提出了強烈的質問。因為很難想像，一個具有理論意義的「假設物理量」究竟有多少存在的必要。果不其然，當相對論被提出後，「以太」的概念終於光榮退休，成為一個歷史名詞，不過那是後話了。

　　開爾文所說的「第一朵烏雲」就是在這個意義上提出來的。不過他認為長度收縮的假設無論如何已經使人們「擺脫了困境」，所要做的只是修改現有理論以更好地使以太和物質的相互作用得以相符罷了。這朵烏雲最終會消失的。

　　至於「第二朵烏雲」，指的是黑體輻射實驗和理論的不一致。它是我們故事的一條主線，所以我們會在後面的章節裡仔細地探討這個問題。在開爾文發表演講的時候，這個問題仍然沒有任何能夠得到解決的跡象，不過開爾文對此的態度倒也樂觀，因為他本人就並不相信波茲曼的能量均分學說。他認為要驅散這朵烏雲，最好的辦法就是否定波茲曼的學說，而且說老實話，波茲曼的分子運動理論在當時的確還是有著巨大的爭議，以致於這位罕見的天才苦悶不堪，精神出現了問題。當年波茲曼嘗試自殺未成，但他終於在六年後的一片小森林裡親手結束了

自己的生命，留下了一個科學史上的大悲劇。

　　年邁的開爾文站在講臺上，台下的聽眾對於他的發言給予熱烈的鼓掌。然而當時，他們中間卻沒有一個人（包括開爾文自己）了解，這兩朵小烏雲對於物理學來說究竟意味著什麼。他們絕對無法想像，正是這兩朵不起眼的烏雲馬上就要給這個世界帶來一場前所未有的狂風暴雨、電閃雷鳴，並引發可怕的大火和洪水，徹底摧毀現在的繁華美麗。舊世界的一切將被徹底地洗滌乾淨，曾經以為可以高枕無憂的人們將被拋棄到荒野中去，不得不在痛苦的探索中過上三十年艱難潦倒、顛沛飄零的生活。他們更無法預見的是，正是這兩朵烏雲，終究會給物理學帶來偉大的新生，在烈火和暴雨中實現涅槃，並重新建造起兩幢更加壯觀美麗的城堡來。

　　第一朵烏雲，最終導致了相對論革命的爆發。

　　第二朵烏雲，最終導致了量子論革命的爆發。

　　今天看來，開爾文當年的演講簡直像一個神祕的讖言，似乎在冥冥中帶有一種宿命的意味。科學在他的預言下打了一個大彎，不過方向卻是完全出乎開爾文意料的。如果這位老爵士能夠活到今天，讀到物理學在新世紀裡的發展歷史，他是不是會為他當年的一語成讖而深深震驚，在心裡打一個寒噤呢？

📢 名人軼聞： 偉大的「意外」實驗

　　我們今天來談談物理史上的那些著名的「意外」實驗。用「意外」這個詞，指的是實驗未能取得預期的成果，可能在某種程度上，也可以稱為「失敗」實驗吧！

　　我們在上面已經談到了邁克生－莫立實驗，這個實驗的結果是如此地令人震驚，以致於它的實驗者在相當的一段時期裡都不敢相信自己結果的正確性。但正是這個否定的證據，最終使得「光以太」的概念壽終正寢，使得相對論的誕生成為了可能。這個實驗的失敗在物理史上卻應該說是一個偉大的勝利，科學從來都是只相信事實的。

近代科學的歷史上，也曾經有過許多類似的具有重大意義的意外實驗。也許我們可以從拉瓦錫（Antoine Laurent Lavoisier）談起。當時的人們普遍相信，物體燃燒是因為有「燃素」離開物體的結果。但是西元 1774 年的某一天，拉瓦錫決定測量一下這種「燃素」的具體重量是多少。他用他的天平稱量了一塊錫的重量，隨即點燃它。等金屬完完全全地燒成了灰爐之後，拉瓦錫小心翼翼地把每一粒灰爐都收集起來，再次稱量了它的重量。

結果使得當時的所有人都瞠目結舌。按照燃素說，燃燒是燃素離開物體的結果，所以顯然燃燒後的灰爐應該比燃燒前要輕。退一萬步，就算燃素完全沒有重量，也應該一樣重。可是拉瓦錫的天平卻說灰爐要比燃燒前的金屬重，測量燃素重量成了一個無稽之談。然而拉瓦錫在吃驚之餘，卻沒有怪罪自己的天平，而是將懷疑的眼光投向了燃素說這個龐然大物。在他的推動下，近代化學終於在這個體系倒臺的轟隆聲中建立了起來。

到了西元 1882 年，實驗上的困難同樣開始困擾劍橋大學的化學教授瑞立（J.W.S Rayleigh）。他為了一個課題，需要精確地測量各種氣體的比重。然而在氮的問題上，瑞立卻遇到了麻煩。事情是這樣的，為了保證結果的準確，瑞立採用了兩種不同的方法來分離氣體。一種是通過化學家們熟知的辦法，用氨氣來製氮，另一種是從普通空氣中，盡量地除去氧、氫、水蒸氣等別的氣體，這樣剩下的就應該是純氮氣了。然而瑞立卻苦惱地發現兩者的重量並不一致，後者要比前者重了千分之二。

雖然是一個小差別，但對於瑞立這樣講究精確的科學家來說是不能容忍的。為了消除這個差別，他想盡了辦法，幾乎檢查了他所有的儀器，重複了幾十次實驗，但是這個千分之二的差別就是頑固地存在那裡，隨著每一次測量反而更加精確起來。這個障礙使得瑞立幾乎要發瘋，在百般無奈下他寫信給另一位化學家拉姆塞（William Ramsay）求救。後者敏銳地指出，這個重量差可能是由於空氣裡混有了一種不易察覺的重氣體所造成的。在兩者的共同努力下，氬氣（Ar）終於被發現了，並最終導致了整個惰性氣體族的發現，成為了元素週期表存在的一個主要證據。

　　另一個值得一談的實驗是西元 1896 年的貝克勒爾做出的。當時 X 射線剛被發現不久，人們對它的來由還不是很清楚。有人提出太陽光照射螢光物質能夠產生 X 射線，於是貝克勒爾對此展開了研究。他選了一種鈾的氧化物作為螢光物質，把它放在太陽下曝曬，結果發現它的確使黑紙中的底片感光了。貝克勒爾得出初步結論，陽光照射螢光物質的確能產生 X 射線。

　　但是，正當他要進一步研究時，意外的事情發生了。天氣轉陰，烏雲一連幾天遮蔽了太陽。貝克勒爾只好把他的全套實驗用具，包括底片和鈾鹽全部放進了保險箱裡。然而到了第五天，天氣仍然沒有轉晴的趨勢，貝克勒爾忍不住了，決定把底片沖洗出來再說。鈾鹽曾受了一點微光的照射，不管如何在底片上應該留下一些模糊的痕跡吧？

　　然而，在拿到照片時，貝克勒爾的腦中卻是一片暈眩。底片曝光得是如此徹底，上面的花紋是如此地清晰，甚至比強烈陽光下都要超出一百倍。這是一個歷史性的時刻，元素的放射性第一次被人們發現了，雖然是在一個戲劇性的場合下。貝克勒爾的驚奇，終究打開了通向原子內部的大門，使得人們很快就看到了一個全新的世界。

　　在量子論的故事後面，我們會看見更多這樣的意外。這些意外，為科學史添加了一份絢麗的傳奇色彩，也使人們對神祕的自然更加興致勃勃。那也是科學給我們帶來的快樂之一啊！

二

　　上次說到，開爾文在世紀之初提到了物理學裡的兩朵「小烏雲」。其中第一朵是指邁克生－莫立實驗令人驚奇的結果，第二朵則是人們在黑體輻射的研究中所遇到的困境。

　　請諸位做個深呼吸，因為我們的故事終於就要進入正軌。歸根究底，這一切的一切，原來都要從那令人困惑的「黑體」開始。

　　大家都知道，一個物體之所以看上去是白色的，那是因為它反射所有頻率的光波；反之，如果看上去是黑色的，那是因為它吸收了所有頻率的光波的緣故。

物理上定義的「黑體」，指的是那些可以吸收全部外來輻射的物體，比如一個空心的球體，內壁塗上吸收輻射的塗料，外壁上開一個小孔。那麼，因為從小孔射進球體的光線無法反射出來，這個小孔看上去就是絕對黑色的，即是我們定義的「黑體」。

在 19 世紀末，人們開始對黑體模型的熱輻射問題發生了興趣。其實，很早的時候，人們就已經注意到對於不同的物體，熱和輻射頻率似乎有一定的對應關聯。比如說金屬，有過生活經驗的人都知道，要是我們把一塊鐵放在火上加熱，那麼到了一定溫度的時候，它會變得暗紅起來（其實在這之前有不可見的紅外線輻射），溫度再高些，它會變得橙黃，到了極度高溫的時候，如果能想辦法不讓它汽化了，我們可以看到鐵塊將呈現藍白色。也就是說，物體的輻射能量、頻率和溫度之間有著一定的函數關係（在天文學裡，有「紅巨星」和「藍巨星」，前者呈暗紅色，溫度較低，通常屬於老年恆星；而後者的溫度極高，是年輕恆星的典範）。

問題是，物體的輻射能量和溫度究竟有著怎樣的函數關係呢？

最初對於黑體輻射的研究是基於經典熱力學的基礎之上的，而許多著名的科學家在此之前也已經做了許多準備工作。美國人蘭利（Samuel Pierpont Langley）發明的熱輻射計是一個最好的測量工具，配合羅蘭凹面光柵，可以得到相當精確的熱輻射能量分布曲線。「黑體輻射」這個概念則是由偉大的克希何夫提出，並由斯特凡（Josef Stefan）加以總結和研究的。到了 19 世紀 80 年代，波茲曼建立了他的熱力學理論，種種跡象也表明，這是黑體輻射研究的一個強大理論武器。總而言之，這一切就是當威廉・威恩（Wilhelm Wien）準備從理論上推導黑體輻射公式的時候，物理界在這一課題上的一些基本背景。

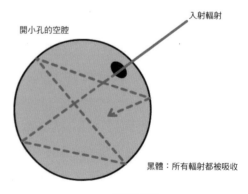

入射輻射

開小孔的空腔

黑體：所有輻射都被吸收

圖 2.2 黑體

　　威恩於西元 1864 年 1 月 13 日出生於東普魯士，是當地一個農場主的兒子。在海德堡、哥廷根和柏林大學度過了他的學習生涯並取得博士學位之後，威恩先是回到故鄉，繼承父業，一本正經地管理起了家庭農場。眼看他從此注定要成為下一代農場主人，西元 1890 年的一份 offer 改變了他和整個熱力學的命運。德國帝國技術研究所（Physikalisch Technische Reichsanstalt，PTR）邀請他加入作為亥姆霍茲的助手，擔任亥姆霍茲實驗室的主要研究員。考慮到當時的經濟危機，威恩接受了這個合約。就是在柏林的這個實驗室裡，他準備一展自己在理論和實驗物理方面的天賦，徹底地解決黑體輻射這個問題。

　　威恩從經典熱力學的思想出發，假設黑體輻射是由一些服從麥克斯威速率分布的分子發射出來的，然後通過精密的演繹，他終於在西元 1894 年提出了他的輻射能量分布定律公式：

$$\rho = b\lambda^{-5}e^{-\frac{a}{\lambda T}}$$

　　其中 ρ 表示能量分布的函數，λ 是波長，T 是絕對溫度，a,b 是常數。當然，這裡只是給大家看一看這個公式的樣子，對數學和物理沒有研究的朋友們大可以看過就算，不用理會它具體的意思。

　　這就是著名的威恩分布公式。很快，另一位德國物理學家帕申（Friedrich Paschen）在蘭利的基礎上對各種固體的熱輻射進行了測量，結果確實符合了威恩的公式，這使得威恩取得了初步勝利。

　　然而，威恩卻面臨著一個基本的難題。他的出發點似乎和公認的現實格格不入，換句話說，他的分子假設使得經典物理學家們十分地不舒服。因為輻射是電磁波，而大家已經都知道電磁波是一種波動，用經典粒子的方法去分析，似乎讓人感到隱隱地有些不對勁，有一種南轅北轍的味道。

　　果然，威恩在帝國技術研究所（PTR）的同事很快就做出了另外一個實驗。盧梅爾（Otto Richard Lummer）和普林舍姆（Ernst Pringsheim）於西元 1899 年報告，當把黑體加熱到 1000 多 K 的高溫時，測到的短波長範圍內的曲線和威恩

公式符合得很好，但在長波方面，實驗和理論出現了偏差。很快，PTR 的另兩位成員魯本斯（Heinrich Rubens）和庫爾班（Ferdinand Kurlbaum）擴大了波長的測量範圍，再次肯定了這個偏差，並得出結論：能量密度在長波範圍內應該和絕對溫度成正比，而不是威恩所預言的那樣，當波長趨向無窮大時，能量密度和溫度無關。在 19 世紀的最末幾年，PTR 這個由西門子和亥姆霍茲所創辦的機構似乎成為了熱力學領域內最引人矚目的地方，這裡的這群理論與實驗物理學家，似乎正在揭開一個物理界最大的祕密。

威恩定律在長波內的失效引起了英國物理學家瑞立（還記得上次我們名人軼事裡的那位苦苦探究氮氣重量，並最終發現了惰性氣體的爵士嗎？）的注意，他試圖修改公式以適應 ρ 和 T 在高溫長波下成正比這一實驗結論。瑞立的做法是拋棄波茲曼的分子運動假設，簡單地從經典的麥克斯威理論出發，最終他也得出了自己的公式。後來，另一位物理學家京士（James . H . Jeans）計算出了公式裡的常數，最後他們得到的公式形式如下：

$$\rho = \frac{8\pi\upsilon^2}{c^3}kT$$

這就是我們今天所說的瑞立—京士（Rayleigh-Jeans）公式，其中 υ 是頻率，k 是波茲曼常數，c 是光速。同樣，沒有興趣的朋友可以不必理會它的具體義涵，這對於我們的故事沒有什麼影響。

這樣一來，就從理論上證明了 ρ 和 T 在高溫長波範圍內成正比的實驗結果。但是，也許就像俗話所說的那樣，瑞立—京士公式是一個拆東牆補西牆的典型。因為非常具有諷刺意義的是，它在長波方面雖然符合了實驗資料，但在短波方面的失敗卻是顯而易見的。當波長 λ 趨於 0，也就是頻率 υ 趨向無窮大時，我們從上面的公式可以明顯地看出：能量將無限制地呈指數式增長。這樣一來，黑體在它的短波，也就是高頻段就將釋放出無窮大的能量來！

這個戲劇性的事件無疑是荒謬的，因為誰也沒見過任何物體在任何溫度下這樣地釋放能量輻射（如果真是這樣的話，那麼我們何必辛辛苦苦地去造什麼原子

彈？）。該推論後來被奧地利物理學家埃侖費斯特（Paul Ehrenfest）加上了一個聳人聽聞的、十分適合在科幻小說裡出現的稱呼，叫做「紫外災變」（ultraviolet catastrophe）。顯然，瑞立—京士公式也無法給出正確的黑體輻射分布。

我們在這裡遇到的是一個相當微妙而尷尬的處境。我們的手裡現在有兩套公式，但不幸的是，它們分別只有在短波和長波的範圍內才能起作用。這的確讓人們非常地鬱悶，就像你有兩套衣服，其中的一套上衣十分得體，但褲腿太長；另一套的褲子倒是合適了，但上衣卻小得無法穿上身。最要命的是，這兩套衣服根本沒辦法合在一起穿，因為兩個公式推導的出發點是截然不同的！

正如我們已經描述過的那樣，在黑體問題上，如果我們從粒子的角度出發去推導，就得到適用於短波的威恩公式。如果從經典的電磁波的角度去推導，就得到適用於長波的瑞立—京士公式。長波還是短波，那就是個問題。

這個難題就這樣困擾著物理學家們，有一種黑色幽默的意味。當開爾文在臺上描述這「第二朵烏雲」的時候，人們並不知道這個問題最後將得到一種怎麼樣的解答。

然而，畢竟新世紀的鐘聲已經敲響，物理學的偉大革命就要到來。就在這個時候，我們故事裡的第一個主角，一個留著小鬍子的德國人——馬克斯·普朗克登上了舞臺，物理學全新的一幕終於拉開了。

三

上次說到，在黑體問題的研究上，我們有了兩套公式。可惜，一套只能對長波範圍內有效，而另一套只對短波有效。正當人們為這個 dilemma 頭痛不已的時候，馬克斯·普朗克登上了歷史舞臺。命中注定，這個名字將要光照整個 20 世紀物理史。

普朗克（Max Carl Ernst Ludwig Planck）於西元 1858 年 4 月 23 日出生於德國基爾（Kiel）的一個書香門第。他的祖父和兩位曾祖父都是神學教授，他的父親則是一位著名的法學教授，曾經參與過普魯士民法的起草工作。1867 年，普

朗克一家移居到慕尼黑，小普朗克便在那裡上了中學和大學。在俾斯麥的帝國蒸蒸日上時，普朗克卻保留著古典時期的優良風格，對文學和音樂非常感興趣，也表現出了非凡的天才來。

不過，很快他的興趣便轉到了自然方面。在中學的課堂裡，他的老師給學生們講述一位工人如何將磚頭搬上房頂，而工人花的力氣儲存在高處的勢能裡，一旦磚頭掉落下來，能量便又隨之釋放出來……能量這種神奇的轉換與守恆極大地吸引了好奇的普朗克，使得他把目光投向了神祕的自然規律中去，這也成為了他一生事業的起點。德意志失去了一位優秀的音樂家，但是失之東隅收之桑榆，它卻因此得到了一位開天闢地的科學巨匠。

不過，正如我們在前一章裡面所說過的那樣，當時的理論物理看起來可不是一個十分有前途的工作。普朗克在大學裡的導師祖利（Philippvon Jolly）勸他說，物理學的體系已經建立得非常成熟和完整了，沒有什麼大的發現可以做出了，不必把時間浪費在這個沒有多大意義的工作上面。普朗克委婉地表示，他研究物理是出於對自然和理性的興趣，只是想把現有的東西搞清楚罷了，並不奢望能夠做出什麼巨大的成就。諷刺地是，由今天看來，這個「很沒出息」的表示卻成就了物理界最大的突破之一，成就了普朗克一生的名望。我們實在應該為這一決定感到幸運。

圖 2.3 普朗克

西元 1879 年，普朗克拿到了慕尼黑大學的博士學位，隨後他便先後在基爾大學、慕尼黑大學任教。西元 1887 年，克希何夫在柏林逝世，他擔任的那個教授職位有了空缺。亥姆霍茲本來推薦赫茲繼任這一職位，但正如我們在第一章所敘述的那樣，赫茲婉拒了這一邀請，他後來去了貝多芬的故鄉——波恩，不久後

病死在那裡。於是幸運之神降臨到普朗克的頭上，他來到柏林大學[1]，接替了克希何夫的職位，成為了理論物理研究所的主任。普朗克的研究興趣本來只是集中於經典熱力學的領域，但是西元 1896 年，他讀到了威恩關於黑體輻射的論文，並對此表現出了極大的興趣。在普朗克看來，威恩公式體現出來的這種物體的內在規律——和物體本身性質無關的絕對規律——代表了某種客觀的永恆不變的東西。它獨立於人和物質世界而存在，不受外部世界的影響，是科學追求的最崇高的目標。普朗克的這種偏愛正是經典物理學的一種傳統和風格，對絕對嚴格規律的一種崇尚。這種古典而保守的思想經過了牛頓、拉普拉斯和麥克斯威，帶著黃金時代的全部貴族氣息，深深滲透在普朗克的骨子裡。然而，這位可敬的老派科學家卻沒有意識到，自己已經在不知不覺中走到了時代的最前端，命運已在冥冥之中，給他安排了一個離經叛道的角色。

讓我們言歸正傳。在那個風雲變幻的世紀之交，普朗克決定徹底解決黑體輻射這個困擾人們多時的問題。他的手上已經有了威恩公式，可惜這個公式只有在短波的範圍內才能正確地預言實驗結果。另一方面，雖然普朗克當時不清楚瑞立公式[2]，但他也知道，在長波範圍內，ρ 和 T 成簡單正比關係這一事實。這是由他的好朋友，PTR 的實驗物理學家魯本斯（上一章提到過）在 1900 年的 10 月 7 號的中午告訴他的。到那一天為止，普朗克在這個問題上已經花費了六年的時光[3]，但是所有的努力都似乎徒勞無功。

現在，請大家肅靜，讓我們的普朗克先生好好地思考問題。擺在他面前的全部事實，就是我們有兩個公式，分別只在一個有限的範圍內起作用。但是，如果從根本上去追究那兩個公式的推導，卻無法發現任何問題。而我們的目的，在於找出一個普遍適用的公式來。

十月的德國已經進入仲秋。天氣越來越陰沈，厚厚的雲彩堆積在天空中，黑夜一天比一天來得漫長。落葉繽紛，鋪滿了街道和田野，偶爾吹過涼爽的風，便

---

1. 就是如今的洪堡大學。
2. 實際上，準確來說，瑞立-京士公式的完整形式是到了西元 1905 年才最終總結型的。
3. 西元 1894 年，在普朗克還沒有了解到威恩的工作的時候，他就已經對這一領域開始了考察。

沙沙作響起來。白天的柏林熱鬧而喧囂，入夜的柏林靜謐而莊重，但在這靜謐和喧囂中，卻不曾有人想到，一個偉大的歷史時刻即將到來。

在柏林大學那間堆滿了草稿的辦公室裡，普朗克為了那兩個無法調和的公式而苦思冥想。終於有一天，他決定，不再去做那些根本上的假定和推導，不管怎麼樣，我們先嘗試著湊出一個可以滿足所有波段的普遍公式出來。其他的問題，之後再說吧！

於是，利用數學上的內插法，普朗克開始玩弄起他手上的兩個公式來。要做的事情，是讓威恩公式的影響在長波的範圍裡盡量消失，而在短波裡「獨家」發揮出來。普朗克嘗試了幾天，終於遇上了一個 Eureka Moment，他無意中湊出了一個公式，看上去似乎正符合要求！在長波的時候，它表現得就像正比關係一樣，而在短波的時候，它則退化為威恩公式的原始形式。這就是著名的普朗克黑體公式：

$$\rho = \frac{c_1 \lambda^{-5}}{e^{\frac{c_2}{\lambda T}} - 1}$$

（其中 C1 和 C2 為兩個常數）[4]

10 月 19 號，普朗克在柏林德國物理學會（Deutschen Physikalischen Gesellschaft）的會議上，把這個新鮮出爐的公式公諸於眾。當天晚上，魯本斯就仔細比較了這個公式與實驗的結果。結果，讓他又驚又喜的是，普朗克的公式大獲全勝，在每一個波段裡，這個公式給出的資料都十分精確地與實驗值相符合。第二天，魯本斯便把這個結果通知了普朗克本人，在這個徹底的成功面前，普朗克自己都不由得一愣。他沒有想到，這個完全是僥倖拼湊出來的經驗公式居然有著這樣強大的威力。

---

4. 對於長波，愛好數學的讀者只需簡單地把 $e^{\frac{c_2}{\lambda T}}$ 按照級數展開一級便可得到正比關係。對於短波，只需忽略那個-1就自然退化為威恩公式。

當然，他也想到，這說明公式的成功絕不僅僅是僥倖而已。這說明了，在那個神祕的公式背後，必定隱藏著一些不為人們所知的祕密。必定有某種普適的原則假定支持著這個公式，這才使得它展現出無比強大的力量來。

普朗克再一次地注視他的公式，它究竟代表了一個什麼樣的物理意義呢？他發現自己處於一個相當尷尬的地位──知其然，卻不知其所以然。是的，他的新公式管用！但為什麼呢？它究竟是如何推導出來的呢？這個理論究竟為什麼正確，它建立在什麼樣的基礎上，它到底說明了什麼？這些卻沒有一個人可以回答，連公式的發現者自己也不知道。

普朗克閉上眼睛，體會著興奮、焦急、疑惑、激動、失望混雜在一起的那種複雜感情。到那時為止，他在黑體的迷宮中已經跌跌撞撞地摸索了整整六年，現在終於誤打誤撞地找到了出口。然而回頭望去，那座迷宮卻依然神祕莫測，大多數人們依然深陷其中，茫然地尋找出路，就連普朗克自己也沒有把握能夠再次進入其中而不致迷失。的確，他只是僥倖脫身，但對於這座建築的內部結構卻仍然一無所知，這叫普朗克怎能甘心「見好就收」？不，他發誓要徹底征服這個謎題，把那個深埋在公式背後的終極奧祕挖掘出來。他要找到那張最初的設計藍圖，讓每一條暗道，每一個密室都變得一目了然。普朗克並不知道他究竟會發現什麼，但他模糊地意識到，這裡面隱藏的是一個相當重要的東西，它可能關係到整個熱力學和電磁學的基礎。這個不起眼的公式只是一個線索，它的背後一定牽連著一個沉甸甸的祕密。突然之間，普朗克的第六感告訴他，他生命中最重要的一段時期已經到來了。

多年以後，普朗克在給人的信中說：

「當時，我已經為輻射和物質的問題奮鬥了六年，但一無所獲。但我知道，這個問題對於整個物理學相當重要，我也已經找到了確定能量分布的那個公式。所以，不論付出什麼代價，我必須找到它在理論上的解釋。而我非常清楚，經典物理學是無法解決這個問題的……」[5]

---

5. 見普朗克在西元 1931 年給 R. W. Wood 的信。

在人生的分水嶺上，普朗克終於決定拿出他最大的決心和勇氣，來打開面前的這個潘朵拉盒子，無論那裡面裝的是什麼。為了解開這個謎團，普朗克頗有一種破釜沉舟的氣概。除了熱力學的兩個定律他認為不可動搖之外，甚至整個宇宙，他都做好了拋棄的準備。不過，即使如此，當他終於理解了公式背後所包含的意義之後，他還是驚訝到不敢相信和接受所發現的一切。普朗克當時做夢也沒有想到，他的工作絕不僅僅是改變物理學的一些面貌而已，事實上，大半個物理學和整個化學都將被徹底摧毀和重建，一個神話時代即將拉開帷幕。

西元 1900 年末的柏林上空，黑體這朵飄在物理天空中的烏雲，內部開始翻滾動盪起來。

名人軼聞： 世界科學中心

在我們的史話裡，我們已經看見了許許多多的科學偉人，從中我們也可以清晰地看見世界性科學中心的不斷遷移。

現代科學創立之初，也就是 17、18 世紀的時候，英國是毫無爭議的世界科學中心（以前是義大利）。牛頓作為一代科學家的代表自不用說，波義耳、胡克、一直到後來的大衛、卡文迪許、道爾頓、法拉第、湯瑪斯楊，都是世界首屈一指的大科學家。但是很快，這一中心轉到了法國。法國的崛起由白努利（D.Bernoulli）、達朗白（J.R.d'Alembert）、拉瓦錫、拉馬克（J.B Lamarck）等開始，到了安培（A.M Ampere）、菲涅耳、卡諾（N.Carnot）、拉普拉斯、傅科、帕松、拉格朗日（J.L.Lagrange）的時代，已經在歐洲獨領風騷。不過進入19 世紀的後半，德國開始迎頭趕上，湧現出了一大批天才：高斯（C.F.Gauss）、歐姆（G.S.Ohm）、洪堡（Alexander von Humboldt）、沃勒（F.Wohler)、亥姆霍茲、克勞休斯、波茲曼、赫茲、希爾伯特（D.Hilbert）⋯⋯雖然英國連出了法拉第、麥克斯威、達爾文這樣的偉人，也不足以搶回它當初的地位。到了 20 世紀初，德國在科學方面的成就到達了最高峰，成為了世界各地科學家心目中的聖地。柏林、慕尼黑和哥廷根成為了當時自然科學當之無愧的世

界性中心。我們在以後的史話裡，將會看到越來越多德國人的名字。

西元 1918 年，德國在第一次世界大戰戰敗，隨即簽署了「根本不是和平，而只是 20 年停戰」的《凡爾賽條約》。在這個極為屈辱的條約下，德國損失了 14% 的本國領土、10% 的人口、全部海外殖民地和海外資產、75% 的鐵礦、超過一半的煤炭、絕大多數的火車頭和機動車輛、全國一半的乳牛、1/4 的藥品和化工製品、90% 的戰艦，加上當時尚未決定上限的巨額賠款。沉重的賠償負擔使得國內發生了極為可怕的通貨膨脹。西元 1919 年 1 月，8.9 馬克可兌 1 美元，到了西元 1923 年底一路狂跌至 4,200,000,000,000 馬克兌 1 美元。新建立的威瑪共和國在政治、軍事、經濟上都幾乎瀕於殘廢。

然而，德國的科學卻令人驚異地始終保持著世界最高的地位。哪怕大學的資源嚴重不足，教授的薪水甚至不足以養家活口，哪怕德國科學家在很長時間內被排斥在國際科學界之外：在西元 1919 到 1925 年間舉行的 275 個科學會議中，就有 165 個沒有邀請德國人。儘管如此，但德國科學卻在如此艱難的境地中仍然自強不息。量子力學在此發源，相對論在此壯大，在材料、電氣、有機化學、製藥及諸多的工程領域，德國都取得了巨大的成就。美國雖然財大氣粗，但他們最好的人才──包括歐本海默和鮑林──也不得不遠涉重洋，來到哥廷根和慕尼黑留學。在驕傲的德國人眼中看來，科學技術的優勢不僅僅是戰後振興國家的一種手段，更是維護國家光榮和體現德意志民族尊嚴的一個重要標誌。普朗克於西元 1918 年在普魯士科學院發言時說：「就算敵人剝奪了我們祖國的國防力量，就算危機正在我們眼前發生，甚至還有更嚴重的危機即將到來，有一樣東西是不論國內或國外的敵人都不能從我們手上奪走的──那就是德國科學在世界上的地位……（學院的首要任務）就是維護這個地位，如果有必要的話，不惜一切代價來保衛它。」

不僅僅是自然科學，威瑪共和國期間，德國的整個學術文化呈現出一片繁榮景象。海德格爾（Martin Heidegger）在哲學史上的地位無需贅述，馬克思·威伯（Max Weber）名震整部社會科學史，施密特（Carl Schmitt）是影響現代憲政最重要的人物之一。心理學方面，格式塔（Gestalt）學派也悄然興起。在文學

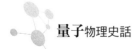

上，霍普特曼（Gerhart Hauptmann）和湯瑪斯·曼（Thomas Mann）兩位諾貝爾獎得主雙星閃耀，雷馬克（E.M. Remarque）的《西線無戰事》是本世紀最有名的作品之一。戲劇、電影和音樂亦都迅速進入黃金時代，風格變得迷人而多樣化。德國似乎要把它在政治和經濟上所失去的，從科學和文化上贏回來。對於威瑪這樣一個始終內外交困，十四年間更迭了 20 多次內閣的政權來說，這樣的繁榮也算是一個小小的奇蹟，引起了眾多歷史學家的興趣。不幸地是，納粹上臺之後，德國的科技地位一落千丈，大批科學家逃到外國，直接造成了美國的崛起，直到今日。

只不知，下一個霸主又會是誰呢？

四

上次說到，普朗克在研究黑體的時候，偶爾發現了一個普遍公式，但是，他卻不知道這個公式背後的物理意義。

為了能夠解釋他的新公式，普朗克已經決定拋去他心中的一切傳統成見。他反覆地咀嚼新公式的含意，體會它和原來那兩個公式的聯繫以及不同。我們已經看到了，如果從波茲曼運動粒子的角度來推導輻射定律，就得到威恩的形式，要是從純麥克斯威電磁輻射的角度來推導，就得到瑞立－京士的形式。那麼，新的公式，它究竟是建立在粒子的角度上，還是建立在波的角度上呢？

作為一個傳統保守的物理學家，普朗克總是盡可能試圖在理論內部解決問題，而不是顛覆這個理論以求得突破。更何況，他面對的還是有史以來最偉大的麥克斯威電磁理論。但是，在種種嘗試都失敗了以後，普朗克發現，他必須接受他一直不喜歡的統計力學立場，從波茲曼的角度來看問題，把熵和機率引入到這個系統裡來。

那段日子，是普朗克一生中最忙碌，卻又最光輝的日子。二十年後，1920年，他在諾貝爾得獎演說中這樣回憶道：

「……經過一生中最緊張的幾個禮拜的工作，我終於看見了黎明的曙光。一個完全意想不到的景象在我面前呈現出來。」

什麼是「完全意想不到的景象」呢？原來普朗克發現，僅僅引入分子運動理論還是不夠的。在處理熵和機率的關係時，如果要使得我們的新方程成立，就必須做一個假定：假設能量在發射和吸收的時候，不是連續不斷，而是分成一份一份的。為了引起各位聽眾足夠的注意力，我想我應該把上面這段話重複再寫一遍，而且必須盡可能地把字體加大加粗：

必須假定，能量在發射和吸收的時候，不是連續不斷，而是分成一份一份的。

在了解它的具體意義之前，不妨先了解一個事實。正是這個假定，推翻了自牛頓以來二百多年，曾經被認為是堅固不可摧毀的經典世界。這個假定及它所衍生出的意義，徹底改變了自古以來人們對世界最根本的認識。極盛一時的帝國，在這句話面前轟然土崩瓦解，倒坍得是如此乾乾淨淨，就像愛倫・坡筆下厄舍家那間不祥的莊園。

好，回到我們的故事中來。能量不是連續不斷的，這有什麼了不起呢？

很了不起。因為它和有史以來一切物理學家的觀念截然相反（可能某些偽科學家除外，呵呵）。自從伽利略和牛頓用數學規則馴服了大自然之後，一切自然的過程就都被當成是連續不間斷的。如果你的中學物理老師告訴你，一輛小車沿直線從 A 點行駛到 B 點，卻不經過兩點中間的 C 點，你一定會覺得不可思議，甚至開始懷疑該教師是不是和校長有什麼裙帶關係。自然的連續性是如此地不容置疑，以致幾乎很少有人會去懷疑這一點。當預報說氣溫將從 20 度上升到 30 度，你會毫不猶豫地判定，在這個過程中間氣溫將在某個時刻到達 25 度、到達 28 度、到達 29 又 1/2 度、到達 29 又 3/4 度、到達 29 又 9/10 度……總之，一切在 20 度到 30 度之間的值，只要它在那段區間內，氣溫肯定會在某個時刻，精確地等於那個值。

對於能量來說，也是這樣。當我們說，這個化學反應總共釋放出了 100 焦耳的能量時，我們每個人都會下意識地推斷出，在反應期間，曾經有某個時刻，總體系釋放的能量等於 50 焦耳、等於 32.233 焦耳、等於 3.14159……焦耳。總之，能量的釋放是連續的，它總可以在某個時刻達到範圍內任何可能的值。這個觀念

是如此直接地植入我們的內心深處，顯得天經地義一般。

這種連續性、平滑性的假設，是微積分的根本基礎。牛頓、麥克斯威那龐大的體系，便建築在這個地基之上，度過了百年的風雨。當物理學遇到困難的時候，人們縱有懷疑的目光，也最多盯著那巍巍大廈，追問它是不是在建築結構上有問題，卻從未有絲毫懷疑它腳下的土地是否堅實。而現在，普朗克的假設引發了一場大地震，物理學所賴以建立的根本基礎開始動搖了。

普朗克的方程式倔強地要求，能量必須只有有限個可能態，它不能是無限連續的。在發射的時候，它必須分成有限的一份份，必須有個最小的單位。這就像一個吝嗇鬼無比心痛地付帳，雖然他盡可能地試圖一次少付點錢，但無論如何，他每次最少也得付上 1 分錢，因為就現鈔來說，沒有比這個更加小的單位了。這個付錢的過程，就是一個不連續的過程。我們無法找到任何時刻，使得付帳者正好處於「付了 1.005 元」這個狀態，因為最小的單位就是 0.01 元，付的帳只能這樣「一份一份」地發出。我們可以找到他付了 1 元的時候，也可以找到他付了1.01 元的時候，但在這兩個狀態中間，不存在別的狀態，雖然從理論上說，1 元和 1.01 元之間，還存在著無限多個數字。

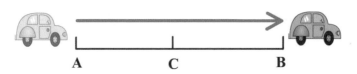

連續性：小車從 A 點行駛到 B 點，一定經過 A 和 B 之間的任意點 C。

圖 2.4 連續性

能量的傳輸是量子化的

最小單位 hν

圖 2.5 貨幣式的量子化傳輸

普朗克發現，能量的傳輸也必須遵照這種貨幣式的方法，一次至少要傳輸一個確定的量，而不可以無限地細分下去。能量的傳輸，也必須有一個最小的基本單位。能量只能以這個單位為基礎一份份地發出，而不能出現半個單位或1/4單位這種情況。在兩個單位之間，是能量的禁區，我們永遠也不會發現，能量的計量會出現小數點以後的數字。

西元 1900 年 12 月 14 日，人們還在忙碌於準備歡度耶誕節。這一天，普朗克在德國物理學會上發表了他的大膽假設。他宣讀了那篇名留青史的《黑體光譜中的能量分布》的論文，其中改變歷史的是這段話：

為了找出 N 個振子具有總能量 Un 的可能性，我們必須假設 Un 是不可連續分割的，它只能是一些相同部件的有限總和……

（die Wahrscheinlichkeit zu finden, dass die N Resonatoren ingesamt Schwingungsenergie Un besitzen, Un nicht als eine unbeschränkt teilbare, sondern als eine ganzen Zahl von endlichen gleichen Teilen aufzufassen…）

這個基本單位，普朗克把它稱作「能量子」（Energieelement），但隨後很快，在另一篇論文裡，他就改稱為「量子」（Elementarquantum），英語就是 quantum。這個字來自拉丁文 quantus，本來的意思就是「多少」，「量」。量子就是能量的最小單位，就是能量裡的一美分，一切能量的傳輸，都只能以這個量為單位來進行。它可以傳輸一個量子，兩個量子，任意整數個量子，但卻不能傳輸 1 又 1/2 個量子。那個狀態是不允許的，就像你不能用現錢支付 1 又 1/2 美分一樣。

那麼，這個最小單位究竟是多少呢？從普朗克的方程裡可以容易地推算出答案。它等於一個常數乘以特定輻射的頻率。用一個簡明的公式來表示：

$$E = h\upsilon$$

其中 E 是單個量子的能量，υ 是頻率。那個 h 就是神祕的量子常數，以它的發現者命名，稱為「普朗克常數」。它約等於 6.626×10^{-27} 爾格・秒，也就是 6.626×10^{-34} 焦耳・秒。這個值正如我們以後將要看到的那樣，原來竟是構成整個宇宙最為重要的三個基本物理常數之一（另兩個是引力常數 G 和光速 c）。

利用這個簡單公式，哪怕小學生也可以做一些基本的計算。比如對於頻率為 10 的 15 次方赫茲的輻射，對應的量子能量是多少呢？那麼就簡單地把 10^{15} 乘以 $h = 6.6 \times 10^{-34}$，算出結果等於 6.6×10^{-19} 焦耳，也就是說，對於頻率為 10^{15} 赫茲的輻射，最小的「量子」是 6.6×10^{-19} 焦耳，能量必須以此為基本單位來發送。當然，這個值非常小，也就是說量子非常精細，難以察覺。因此由它們組成的能量自然也十分「細密」，以致於我們通常看起來，能量的傳輸就好像是平滑連續的一樣。

請各位記住西元 1900 年 12 月 14 日這個日子，這一天就是量子的誕辰。量子的幽靈從普朗克的方程中脫胎出來，開始在歐洲上空遊蕩。幾年以後，它將爆發出令人咋舌的力量，把一切舊體系徹底打破，並與聯合起來的保守派們進行一場驚天動地的決鬥。我們將在以後的章節裡看到，這個幽靈是如此地具有革命性和毀壞性，以致於它所過之處，最富麗堂皇的宮殿都在瞬間變成了斷瓦殘垣。物理學構築起來的精密體系被毫不留情地砸成廢鐵，千百年來亙古不變的公理被扔進垃圾箱中不得翻身。它所帶來的震撼力和衝擊力是如此地大，以致於後來它的那些偉大的開創者們都驚嚇不已，紛紛站到了它的對立面。當然，它也決不僅僅是一個破壞者，它更是一個前所未有的建設者。科學史上最傑出的天才們參與了它成長中的每一步，賦予了它華麗的性格和無可比擬的力量，人類理性最偉大的構建終將在它的手中誕生。

一場前所未有的革命已經到來，一場最為反叛和徹底的革命，也是最具有傳奇和史詩色彩的革命。暴風雨的種子已經在烏雲的中心釀成，只等適合的時候，便要催動起史無前例的雷電和風暴，向世人昭示它的存在。而這一切，都是從那個叫做馬克斯・普朗克的男人那裡開始的。

名人軼聞： 連續性和悖論

古希臘有個學派叫做愛利亞派，其創建人名叫巴門尼德（Parmenides）。這位哲人對運動充滿了好奇，但在他看來，運動是一種自相矛盾的行為，它不可能

是真實的，而一定是一個假相。為什麼呢？因為巴門尼德認為世界上只有一個唯一的「存在」，既然是唯一的存在，它就不可能有運動。因為除了「存在」就是「非存在」，「存在」怎麼可能移動到「非存在」裡面去呢？所以他認為「存在」是絕對靜止的，而運動是荒謬的，我們所理解的運動只是假相而已。

巴門尼德有個學生，就是大名鼎鼎的芝諾（Zeno）。他為了幫他的老師辯護，證明運動是不可能的，編了好幾個著名的悖論來說明運動的荒謬性。我們在這裡談談最有名的一個，也就是「阿基里斯追龜辯」，這裡面便牽涉到時間和空間的連續性問題。

阿基里斯（Achilles）是荷馬史詩《伊利亞特》裡的希臘大英雄，以「捷足」而著稱。有一天他碰到一隻烏龜，烏龜嘲笑他說：「別人都說你厲害，但我看你如果跟我賽跑，還追不上我。」

阿基里斯大笑說：「這怎麼可能。我就算跑得再慢，速度也有你的 10 倍，哪會追不上你？」

烏龜說：「好，那我們假設一下。你離我有 100 米，你的速度是我的 10 倍。現在你來追我了，但當你跑到我現在這個位置，也就是跑了 100 米的時候，我也已經又向前跑了 10 米。當你再追到這個位置的時候，我又向前跑了 1 米，你再追 1 米，我又跑了 1/10 米……總之，你只能無限地接近我，但你永遠也不

這段距離只能不斷逼近而永遠無法超過？

圖 2.6 芝諾追龜悖論

能追上我。」

阿基里斯怎麼聽怎麼有道理，一時丈二金剛摸不著頭腦。

這個故事便是有著世界性聲名的「芝諾悖論」（之一），哲學家們曾經從各種角度多方面地闡述過這個命題。這個命題令人困擾的地方，就在於它採用了一種無限分割空間的辦法，使得我們無法跳過這個無限去談問題。雖然從數學上，我們知道無限次相加可以限制在有限的值裡，但是數學方法的前提已經預設了問題是「可以解決」的，從本質上來說，它只能告訴我們「怎麼做」，而不能告訴我們「能不能做到」。

但是，自從量子革命以來，學者們越來越多地認識到，空間不一定能夠這樣無限分割下去。量子效應使得空間和時間的連續性喪失了，芝諾所連續無限次分割的假設並不能夠總是成立。這樣一來，芝諾悖論便不攻自破了。量子論告訴我們，「無限分割」的概念是一種數學上的理想，而不可能在現實中實現。一切都是不連續的，連續性的美好藍圖，也許不過是我們的一種想像。

芝諾還有另一些悖論，我們在史話後面講到量子芝諾效應的時候再來詳細探討。

五

我們的故事說到這裡，如果給大家留下這麼一個印象，就是量子論天生有著救世主的氣質，它一出世就像閃電劃破夜空，引起眾人的驚歎及歡呼，並摧枯拉朽般地打破舊世界的體系。如果是這樣的話，那麼筆者表示抱歉，因為事實遠遠並非如此。

我們再回過頭來看看物理史上的偉大理論。牛頓的體系閃耀著神聖不可侵犯的光輝，從誕生的那刻起便有著一種天上地下唯我獨尊的氣魄；麥克斯威的方程組簡潔深刻，傾倒眾生，被譽為上帝譜寫的詩歌；愛因斯坦的相對論雖然是平民出身，但骨子裡卻繼承著經典體系的貴族優雅氣質，它的光芒稍經發掘後便立即照亮了整個時代。這些理論，雖然也曾有磨難，但它們最後的成功都是近乎壓倒性的，天命所歸，不可抗拒。偉人們的個人天才和魅力，則更加為其抹上了高貴

而驕傲的色彩。但量子論卻不同，量子論的成長史，更像是一部艱難的探索史，其中的每一步，都充滿了陷阱、荊棘和迷霧。量子的誕生伴隨著巨大的陣痛，它的命運注定了將要起伏而多舛，甚至一直到今天，它還在與反對者們不懈地搏鬥。量子論的思想是如此反叛和躁動，以致於它與生俱來地有著一種對抗權貴的平民風格；可它顯示出來的潛在力量又是如此地巨大而近乎無法控制，這一切使得所有的人都對它懷有深深的懼意。

在這些懷有戒心的人們中間，最有諷刺意味的就要算量子的創始人——普朗克自己了。作為一個老派的傳統物理學家，普朗克的思想是保守的。雖然在那個決定命運的西元 1900 年，他鼓起了最大的勇氣做出了量子的革命性假設，但隨後他便為這個離經叛道的思想而深深困擾。在黑體問題上，普朗克孤注一擲想要得到一個積極的結果，但最後導出的能量不連續性的圖像卻使得他大為吃驚和猶豫，變得畏縮不前起來。

如果能量是量子化的，那麼麥克斯威的理論便首當其衝站在應當受置疑的地位，這在普朗克看來是不可思議、不可想像的。事實上，普朗克從來不把這當做一個問題，在他看來，量子的假設並不是一個物理真實，純粹是一個為了方便而引入的假設而已。普朗克壓根兒沒有想到，自己的理論在歷史上將會有著多麼大的意義，當後來的一系列事件把這個意義逐漸揭露給他看時，他簡直不敢相信自己的眼睛，並為此惶恐不安。有人戲稱，普朗克就像是童話裡的那個漁夫，他親手把魔鬼從封印的瓶子裡放了出來，自己卻反而被這個魔鬼嚇了個半死。

有十幾年的時間，量子被自己的創造者所拋棄，不得不流浪四方。普朗克不斷地告誡人們，在引用普朗克常數 h 的時候，要盡量小心謹慎，不到萬不得已千萬不要胡思亂想。這個思想，一直要到西元 1915 年，當波耳的模型取得了空前的成功後，才在普朗克的腦海中扭轉過來。量子論就像神話中的英雄海格力斯（Hercules），一出生就被拋棄在荒野裡，命運更為他安排了重重枷鎖。他的所有榮耀，都要靠自己那非凡的力量和一系列艱難的鬥爭來爭取。作為普朗克本人來說，他從一個革命的創始者而最終走到了時代的反面，沒能在這段振奮人心的歷史中起到更多的積極作用，這無疑是十分遺憾的。在他去世前出版的《科學自

傳》中，普朗克曾回憶過他那企圖調和量子論與經典理論的徒勞努力，並承認量子的意義要比那時他所能想像的重要得多。

不過，我們並不能因此而否認普朗克對量子論所做出的偉大而決定性的貢獻。有一些觀點可能會認為普朗克只是憑藉了一個巧合般的猜測，一種胡亂的拼湊、一個純粹的運氣才發現了他的黑體方程，進而假設了量子的理論。他只是一個幸運兒，碰巧猜到了那個正確的答案而已，不過這個答案究竟意味著什麼？這個答案的內在價值卻不是他能夠回答和挖掘的。但是，幾乎所有關於普朗克的傳記和研究都會告訴我們，雖然普朗克的公式在很大程度上是經驗主義的，可一切證據都表明，他已經充分地對這個答案做好了準備。西元 1900 年，普朗克在黑體研究方面已經浸淫了六年，做好了理論上突破的一切準備工作。其實在當時，他自己很清楚，經典的電磁理論已經無法解釋實驗結果，必須引入熱力學解釋。這樣一來，輻射能量的不連續性就勢必成為一個不可避免的推論。這個概念其實早已在他的腦海中成形，雖然普朗克本人可能沒有清楚地意識到這一點，或者不肯承認這一點，但這個思想在他的潛意識中其實已經相當成熟，呼之欲出了。正因為如此，他才能在導出方程後的短短時間裡，以最敏銳的直覺指出蘊含在其中的那個無價的假設。普朗克以一種那個時代非常難得的開創性態度來對待黑體的難題，他為後來的人打開了一扇通往全新未知世界的大門。無論從哪個角度來看，這樣的偉大工作，其意義都是不能低估的。

普朗克的保守態度也並不是偶然的。實在是量子的思想太驚人，太過於革命。從量子論的成長歷史來看，有著這樣一個怪現象——科學巨人們參與了推動它的工作，卻終於因為不能接受它驚世駭俗的解釋而紛紛站到了保守的一方去。在這個名單上，除了普朗克，更有閃閃發光的瑞立、湯姆生、愛因斯坦、德布羅意，乃至薛丁格。這些不僅是物理史上最偉大的名字，好多更是量子論本身的開創者和關鍵人物。量子就在同它自身創建者的鬥爭中成長起來，每一步都邁得艱難而痛苦不堪。我們會在以後的章節中，詳細地去觀察這些激烈的思想衝擊和觀念碰撞。不過，正是這樣的磨礪，才使得一部量子史話顯得如此波瀾壯闊、激動人心，也使得量子論本身更加顯出它的不朽光輝來。量子論不像牛頓力學或愛因

斯坦相對論，它的身上沒有天才的個人標籤，相反，整整一代菁英共同促成了它的光榮。

作為老派科學家的代表，普朗克的科學精神和人格力量無疑是可敬的。在納粹統治期間，正是普朗克的努力，才使得許多猶太裔的科學家得到保護，得以繼續工作。但是，量子論這個精靈跳躍在時代的最前緣，它需要最有銳氣的頭腦和最富有創見的思想來啟動它的靈氣。20 世紀初，物理學的天空中已是黑雲壓城，每一升空氣似乎都在激烈地對流和振盪。一個偉大的時代需要偉大的人物，有史以來最出色和最富激情的「黃金一代」物理學家便在這亂世的前夕成長起來。

西元 1900 年 12 月 14 日，普朗克在柏林宣讀了他關於黑體輻射的論文，宣告了量子的誕生。那一年他 42 歲。

就在那一年，一個名叫阿爾伯特・愛因斯坦（Albert Einstein）的青年從蘇黎世聯邦工業大學（ETH）畢業，正在為將來的生活發愁。他在大學裡曠了無窮多的課，以致他的教授閔考斯基（H.Minkowski）憤憤地罵他是「懶狗」。沒有一個人肯留他在校做理論或者實驗方面的工作，一個失業的黯淡前途正等待著這位不修邊幅的年輕人。

在丹麥，15 歲的尼爾斯・波耳（Niels Bohr）正在哥本哈根的中學裡讀書。波耳有著好動的性格，每次打架或爭鬥，總是少不了他。學業方面，他在數學和科學方面顯示出了非凡的天才，但是他笨拙的口齒和慘不忍睹的作文卻是全校有名的笑柄。特別是作文最後的總結（conclusion），往往使得波耳頭痛半天。在他看來，這種總結只不過是無意義的重複而已。「作文總結難題」困擾波耳終生，後來有一次他寫一篇關於金屬的論文，最後乾脆總結道：「In conclusion, I would like to mention uranium（總而言之，我想說的是鈾）。」

埃爾文・薛丁格（Erwin Schrödinger）比波耳小兩歲，當時在維也納的一間著名的高級中學 Akademisches Gymnasium 上學。這間中學也是物理前輩波茲曼、著名劇作家施尼茨勒（Arthur Schnitzler）和齊威格（Stefanie Zweig）的母校。對於剛入校的學生來說，拉丁文是最重要的功課，每週要占 8 個小時，數學

和物理卻只有 3 個小時。不過對薛丁格來說一切都是小菜一碟，他熱愛古文、戲劇和歷史，每次在班上都是第一。小埃爾文長得非常帥氣，穿上禮服和緊身褲，儼然是一位翩翩小公子，這也使得他非常受到歡迎。

馬克斯・波恩（Max Born）和薛丁格有著相似的教育背景，經過了家庭教育，高級中學的過程進入了布雷斯勞大學，這也是當時德國和奧地利中上層家庭的普遍做法。不過相比薛丁格來說，波恩並不怎麼喜歡拉丁文，甚至不怎麼喜歡代數，儘管他對數學的看法後來在大學裡得到了改變。他那時瘋狂地喜歡上了天文，夢想著將來成為一個天文學家。

路易士・德布羅意（Louis de Broglie）當時 8 歲，正在他那顯赫的貴族家庭裡接受良好的幼年教育。他對歷史表現出濃厚的興趣，並樂意把自己的時間花在這上面。

沃爾夫岡・恩斯特・包立（Wolfgang Ernst Pauli）才出生八個月。可憐的小傢伙似乎一出世就和科學結緣──他的 middle name「Ernst」，就是因為他父親崇拜著名的科學家恩斯特・馬赫（Ernst Mach）才給他取的，後者同時也是他的教父。

而再過十二個月，維爾茲堡（Würzburg）的一位希臘哲學教師就要喜孜孜地看著他的寶貝兒子小海森堡（Werner Karl Heisenberg）呱呱墜地。稍早前，羅馬的一位公務員把他的孩子命名為恩里科・費米（Enrico Fermi）。二十個月後，保羅・狄拉克（Paul Dirac）誕生於英國的布里斯托爾港。而漢諾威的帕斯卡・約爾當（Pascual Jordan）也緊隨著來到人間。

好，演員到齊。那麼，好戲也該上演了。

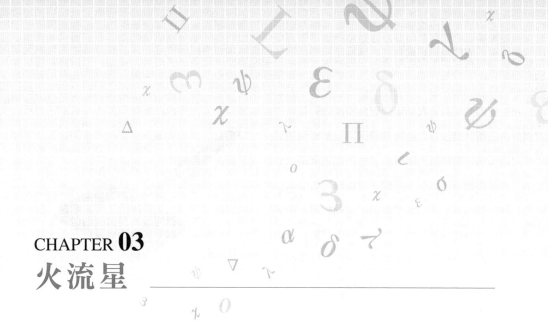

CHAPTER **03**
火流星

一

在量子初生的那些日子裡，物理學的境遇並沒有得到明顯的改善。這個叛逆的小精靈被他的主人所拋棄，不得不在荒野中顛沛流離，積蓄力量以等待讓世界震驚的那一天。在這段長達四年多的慘澹歲月裡，人們帶著一種鴕鳥心態來使用普朗克的公式，卻掩耳盜鈴般地不去追究那公式背後的意義。不過在他們的頭上，濃厚的烏雲仍然驅之不散，反而有越來越逼人的氣勢，一場洗滌世界的暴雨終究無可避免。

預示這種巨變到來的，如同往常一樣，是一道劈開天地的閃電。在混沌中，電火花擦出了耀眼的亮光，代表了永恆不變的希望。光和電這兩種令神祇也敬畏的力量糾纏在一起，便在瞬間開闢出一整個新時代來。

說到這裡，我們還是要不厭其煩地回到第一章的開頭，再去看一眼赫茲那個意義非凡的實驗。正如我們已經提到過的那樣，赫茲接收器上電火花的爆躍，證實了電磁波的存在，但他同時也發現，一旦有光照射到那個缺口上，那麼電火花便出現得容易一些。

赫茲在論文裡對這個現象進行了描述，但沒有深究其中的原因。在那個激動

人心的偉大時代，要做的事情太多
了，而且以赫茲的英年早逝，他也沒
有閒暇來追究每一個遇到的問題。但
是別人隨即在這個方面進行了深入的
研究[1]，不久事實就很清楚了。原來
是這樣的，當光照射到金屬上的時
候，會從它的表面打出電子來。原本
束縛在金屬表面原子裡的電子，不知

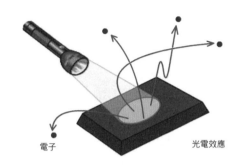

電子　　　　　　　　　　　　光電效應

圖 3.1 光電效應

是什麼原因，當暴露在一定光線之下的時候，便如同驚弓之鳥紛紛往外逃竄，就
像見不得光線的吸血鬼家族。對於光與電之間存在的這種饒有趣味的現象，人們
給它取了一個名字，叫做「光電效應」（The Photoelectric Effect）。

　　很快，關於光電效應的一系列實驗就在各個實驗室被作出。雖然在當時來
說，這些實驗都是非常粗糙和原始的，但種種結果依然都表明了光和電現象之間
的一些基本性質。人們不久便知道了兩個基本的事實：首先，對於某種特定的金
屬來說，光是否能夠從它的表面打擊出電子來，這只和光的頻率有關。頻率高的
光線（比如紫外線）便能夠打出能量較高的電子，而頻率低的光（比如紅光、黃
光）則一個電子也打不出來。其次，能否打擊出電子，這和光的強度無關。再弱
的紫外線也能夠打擊出金屬表面的電子，而再強的紅光也無法做到這一點。增加
光線的強度，能夠做到的只是增加打擊出電子的數量。比如強烈的紫光相對微弱
的紫光來說，可以從金屬表面打擊出更多的電子來。

　　總而言之，對於特定的金屬，能不能打出電子，由光的頻率說了算。而打出
多少電子，則由光的強度說了算。

　　但科學家們很快就發現，他們陷入了一個巨大的困惑中。因為……這個現象
沒有道理，它似乎不應該是這樣的啊！

　　我們都已經知道，光是一種波動。對於波動來說，波的強度便代表了它的能

1. 如 W . Hallwachs，J.J. Thomson，P . Lenard 等。

量。我們都很容易理解，電子是被某種能量束縛在金屬內部的，如果外部給予的能量不夠，便不足以將電子打擊出來。但是，照道理說，如果我們增加光波的強度，那便是增加它的能量啊！為什麼對於紅光來說，再強烈的光線都無法打擊出哪怕是一個電子來呢？而頻率，頻率是什麼東西呢？無非是波振動的頻繁程度而已。如果頻率高的話，便是說波振動得頻繁一點，那麼照理說頻繁振動的光波應該打擊出更多數量的電子才對！然而所有的實驗都指向相反的方向：光的頻率，而不是強度決定它能否從金屬表面打出電子來；光的強度，而不是頻率，則決定打出電子的數目。這不是開玩笑嗎？

　　想像一個獵人去打兔子，兔子都躲在地下的洞裡，輕易不肯出來。獵人知道，對於狡猾的兔子來說，可能單單敲鑼打鼓不足以把牠嚇出來，一定要採用比如說水淹的手法才行。就是說，採用何種手法決定了能不能把兔子趕出來的問題。再假設本地有一千個兔子洞，那麼獵人有多少助手，可以同時向多少洞穴行動這個因素便決定了能夠嚇出多少隻兔子的問題。但是，在實際打獵中，這個獵人突然發現，一切都翻了個遍，兔子出不出來不在於採用什麼手法，而是在於有多少助手同時下手。如果只對一個兔子洞行動，哪怕天打五雷轟都沒有兔子出來。相反，有多少兔子被趕出來，這和我們的人數沒關係，卻莫名其妙地只和採用的手法有關係。哪怕我有一千個人同時對一千個兔子洞敲鑼打鼓，最多只有一隻兔子跳出來。而只要十個人一起灌水，就會有一千隻兔子四處亂竄。要是畫漫畫的話，這個獵人的頭上一定會冒出一顆很大的汗珠。

有多少隻兔子跳出來，只和採用的方法有關？

圖 3.2 獵兔人的奇遇

科學家們發現，在光電效應問題上，他們面臨著和獵人一樣的尷尬處境。麥克斯威的電磁理論在光電上顯得一頭霧水，它不斷地揉著自己的眼睛，卻總是啼笑皆非地發現實驗結果和自己的預言正好相反。搞什麼鬼，難道上帝無意中把兩封信裝錯了信封？

問題絕不僅僅是這些而已。種種跡象都表明，光的頻率和打出電子的能量之間有著密切的關係。每一種特定頻率的光線，它打出的電子的能量有一個對應的上限。打個比方說，如果紫外光可以激發出能量達到 20 電子伏的電子來，換了紫光可能就最多只有 10 電子伏。這在波動看來，是非常不可思議的。根據麥克斯威理論，一個電子的被擊出，如果是建立在能量吸收上的話，它應該是一個連續的過程，這能量可以累積。也就是說，如果用很弱的光線照射金屬的話，電子必須花一定的時間來吸收，才能達到足夠的能量進而跳出表面。這樣的話，在光照和電子飛出這兩者之間就應該存在著一個時間差。但是，實驗表明，電子的躍出是暫態的。光一照到金屬上，立即就會有電子飛出，哪怕再暗弱的光線，也是一樣，區別只是在於飛出電子的數量多少而已。

咄咄怪事。

對於可憐的物理學家們來說，萬事總是不遂他們的願。好不容易有了一個基本上完美的理論，實驗卻總是要搞出一些怪事來攪亂人們的好夢。這個該死的光電效應正是一個令人喪氣和掃興的東西。高雅而尊貴的麥克斯威理論在這個小泥塘前面大大地犯難，如何跨越過去而不弄髒自己那華麗的衣裳，著實是一椿傷腦筋的事情。

然而，更加不幸的是，人們總是小看眼前的困難。有著潔癖的物理學家們還在苦思冥想著怎樣可以把光電現象融入麥克斯威理論之中而不損害它的完美，他們卻不知道這件事情比他們想像的要嚴重得多。很快人們就會發現，這根本不是袍子乾不乾淨的問題，這是一個牽涉到整個物理體系基礎的根本性困難。赫茲當年所無意安排下的那個神祕的詛咒，現在已經從封印的瓶子裡飛出，降臨到了麥克斯威理論的頭上。不過在當時，對於物理學家們來說，麥克斯威的方程組仍然像黃金刻出的《聖經》章句一樣，每個字母都顯得那樣神聖而不可篡改。沒有最

天才和最大膽的眼光，又怎能看出它已經末日臨頭？

可是，無巧不成書。科學史上最天才和最大膽的傳奇人物，恰恰生活在那個時代。

西元 1905 年，在瑞士的伯恩專利局，一位 26 歲的小公務員，三等技師職稱，留著一頭亂蓬蓬頭髮的年輕人把他的眼光在光電效應的這個問題上停留了一下。這個人的名字叫做阿爾伯特・愛因斯坦。

於是在一瞬間，閃電劃破了夜空。

暴風雨終於要到來了。

二

位於伯恩的瑞士專利局如今是一個高效和現代化的機構，為人們提供專利、商標的申請和查詢服務。漂亮的建築和完善的網路體系使得它也和別的一些大公司一樣，呈現出一種典型的現代風格。作為純粹的科學家來說，一般很少會和專利局打交道，因為科學無國界，也沒有專利可以申請。科學的大門，終究是向全世界開放的。

不過對於科學界來說，伯恩的專利局卻意味著許多。它在現代科學史上的意義，不啻於伊斯蘭文化中的麥加城，有一種頗為神聖的光輝在裡邊。這都是因為在一百年前，這個專利局「很有眼光」地雇用了一位小職員，他的名字就叫做阿爾伯特・愛因斯坦。這個故事再一次告訴我們，小廟裡面有時也會出大和尚。

西元 1905 年，對於愛因斯坦來講，壞日子總算都已經過去得差不多了。那個為了工作和生計到處奔波徬徨的年代已經結束，不用再為自己的一無所成而自怨自艾不已。

圖 3.3 愛因斯坦在專利局

專利局提供給了他一個穩定的職位和收入，雖然只是三等技師——而他申請的是二等——好歹也是個正式的公務員了。三年前父親的去世給愛因斯坦不小的打擊，但他很快從妻子那裡得到了安慰和補償。他的老同學，塞爾維亞姑娘米列娃・瑪利奇（Mileva Maric）在第二年（西元 1903）答應嫁給這個常常顯得心不在焉的冒失鬼，兩人不久便有了一個兒子，取名叫做漢斯。

現在，愛因斯坦每天在他的辦公室裡工作 8 個小時，擺弄那堆形形色色的專利圖紙，然後他趕回家，推著嬰兒車到伯恩的馬路上散步。空下來的時候，他和朋友們聚會，大家興致勃勃地討論休謨、斯賓諾莎和萊辛。要是突然心血來潮了，愛因斯坦便拿出他的那把小提琴，給大家表演或是伴奏。當然，更多的時候，他還是鑽研最感興趣的物理問題，陷入沉思後，往往廢寢忘食。

西元 1905 年是一個相當神祕的年份。在這一年，人類的天才噴湧而出，像江河那般奔湧不息，捲起最震撼人心的美麗浪花。以致於今天我們回過頭去看，都不禁要驚歎激動，為那樣的奇蹟咋舌不已。這一年，對於人類的智慧來說，實在要算是一個極致的高峰，在那段日子裡譜寫出來的美妙的科學旋律，直到今天都讓我們心醉神迷、不知肉味。而這一切大師作品的創作者，這個攀上天才頂峰的人物，便是我們這位伯恩專利局裡的小公務員。

西元 1905 年的一系列奇蹟是從 3 月 17 日開始的。那一天，愛因斯坦寫出了一篇關於輻射的論文 [2]，它後來發表在《物理學紀事》（Annalen der Physik）雜誌上，題目叫做《關於光的產生和轉化的一個啟發性觀點》（A Heuristic Interpretation of the Radiation and Transformation of Light）。這篇文章僅僅是愛因斯坦有生以來發表的第六篇正式論文 [3]，也就是這篇論文，將給他帶來多少人終生夢寐以求的諾貝爾獎，也開創了屬於量子論的一個全新時代。

愛因斯坦是從普朗克的量子假設那裡出發的。大家都還記得，普朗克假設，黑體在吸收和發射能量的時候，不是連續的，而是要分成「一份一份」，有一個基本的能量單位在那裡。這個單位，他就稱作「量子」，其大小則由普朗克常數

---

2. 正式寫完是 17 號，雜誌社收到論文是 18 號。

3. 第一篇是在西元 1901 年發表的關於毛細現象的東東，隨後於西元 1902 年有 2 篇，03 和 04 年各有 1 篇。

h 來描述。我再一次把量子的計算公式寫在下面，供各位複習一遍：

$$E = h\upsilon$$

在這裡筆者要停下來稍微交代兩句。對於我們這次量子探險之旅的某些隊員，特別是那些對數學沒有親切感覺的隊員來說，一再遇到公式可能會引起頭暈嘔吐等不良症狀，還請各位多多包涵體諒。史蒂芬・霍金（Stephen Hawking）在他那暢銷書《時間簡史》的 Acknowledgements 裡面說，插入任何一個數學公式都會使作品的銷量減半，所以他考慮再三，只用了一個公式 $E = mc^2$。我們的史話本是戲作，也不考慮那麼多，但就算列出公式，也不強求各位看倌理解其數學意義。不過唯有這個 $E = h\upsilon$，筆者覺得還是有必要清楚它的含意，這對於整部史話的理解也是有好處的。從科學意義上來說，它也決不亞於愛因斯坦的那個 $E = mc^2$。所以還是不厭其煩地重複一下這個方程的描述：E 代表一個量子的能量，h 是普朗克常數（6.626×10^{-34} 焦耳・秒），υ 是輻射頻率。最後宣布一個好消息：除此之外，讀者在後面的旅途中，如果對任何其他公式有不適反應，簡單地跳過它們就是，這對於故事的整體影響不大。

回到我們的史話中來。西元 1905 年，愛因斯坦閱讀了普朗克的那些早已被大部分權威和他本人冷落到角落裡去的論文，量子化的思想深深地打動了他。憑著一種深刻的直覺，他感到，對於光來說，量子化也是一種必然的選擇。雖然有天神一般的麥克斯威理論高高在上，但愛因斯坦叛逆一切，並沒有為之止步不前。相反，他倒是認為麥氏理論只能對於一種平均情況有效，但對於瞬間能量的發射、吸收等等問題，麥克斯威是和實驗相矛盾的。從光電效應中已經可以看出端倪來。

讓我們再重溫一下光電效應和電磁理論的不協調之處：

電磁理論認為，光作為一種波動，它的強度代表了它的能量，增強光的強度應該能夠打擊出更高能量的電子。不過實驗表明，增加光的強度只能打擊出更多數量的電子，而不能增加電子的能量。要打擊出更高能量的電子，則必須提高照射光線的頻率。

提高頻率，提高頻率。愛因斯坦突然靈光一閃：E＝hν，提高頻率，不正是提高單個量子的能量嗎？更高能量的量子，不正好能夠打擊出更高能量的電子嗎？另一方面，提高光的強度，只是增加量子的數量罷了，所以相應的結果自然是打擊出更多數量的電子！一切在突然之間，顯得順理成章起來[4]。

愛因斯坦寫道：「……根據這種假設，從一點所發出的光線在不斷擴大的空間中傳播時，它的能量不是連續分布的，而是由一些數目有限的，局限於空間中某個地點的『能量子』（energy quanta）所組成的。這些能量子是不可分割的，它們只能整份地被吸收或發射。」

組成光的能量的這種最小的基本單位，愛因斯坦後來把它們叫做「光量子」（light quanta）。一直到了西元 1926 年，美國物理學家路易斯（G.N.Lewis）才把它換成了今天常用的名詞，叫做「光子」（photon）。

從光量子的角度出發，一切變得非常簡明易懂了。頻率更高的光線，比如紫外光，它的單個量子要比頻率低的光線含有更高的能量（$E=h\upsilon$），因此當它的量子作用到金屬表面的時候，就能夠激發出擁有更高動能的電子來。而量子的能量和光線的強度沒有關係，強光只不過包含了更多數量的光量子，所以能夠激發出更多數量的電子來。但是對於低頻光來說，它的每一個量子都不足以激發出電子，那麼，含有再多的光量子也無濟於事。

我們把光電效應想像成一場有著高昂入場費的拍賣。每個量子是一個顧客，它所攜帶的能量相當於一個人擁有的資金。要進入拍賣現場，每個人必須先繳納一定數量的入場費，且在會場內，一個人只能買一件物品。

一個光量子打擊到金屬表面的時候，如果它帶的錢足夠（能量足夠高），它便有資格進入拍賣現場（能夠打擊出電子來）。至於它能夠買到多好的物品（激發出多高能量的電子），那要取決於它付了入場費後還剩下多少錢（剩餘多少能量）。頻率越高，代表了一個人的錢越多，像紫外線這樣的巨款，可以在輕易付

---

4. 對於更嚴肅的科學史的讀者來說，這裡需要指出，愛因斯坦的理論和普朗克的理論出發點是非常不同的。愛因斯坦並非從普朗克的黑體公式出發得到他自己的光量子理論，相反，他甚至一度認為普朗克的黑體公式與光量子是不相容的，於是刻意使用了不同於普朗克 h 常數的表達方法。但是量子的概念的確是從普朗克那裡繼承而來的。

清入場費後還買得起非常貴的貨物，而頻率低一點的光線就沒那麼闊綽了。

但是，一個人有多少資金，這和一個「代表團」總共能夠買到多少物品是沒有關係的。能夠買到多少數量的東西，這只和「代表團」的人數（光的強度）有關係，而和每一個人有多少錢（單個光子的頻率）沒關係。如果我有一個500人的代表團，每個人都有足夠的錢入場，那麼我就能買到500樣貨品回來，但你一個人再有錢，你也只能買一樣東西（因為一個人只能買一樣物品，規矩就是這樣的）。至於買到的東西有多好，那是另一回事。話又說回來，假如你一個代表團裡每個人的錢都太少，以致沒人付得起入場費，哪怕你人數再多，也是一樣東西都買不到的，因為規矩是你只能以個人的身分入場，沒有連續性和積累性，大家的錢不能湊在一起用。

愛因斯坦推導出的方程和我們的拍賣是一個意思：

$$\frac{1}{2}mv^2 = hv - P$$

$\frac{1}{2}mv^2$ 是激發出電子的最大動能，也就是我們說的，能買到「多好」的貨物。hv 是單個量子的能量，也就是你總共有多少錢。P 是激發出電子所需要的最小能量，也就是「入場費」。所以這個方程告訴我們的其實很簡單——你能買到多好的貨物取決於你的總資金減掉入場費用。

這裡面關鍵的假設就是：光以量子的形式吸收能量，沒有連續性，不能累積。一個光量子激發出一個對應的電子，於是實驗揭示出來的效應的暫態性難題也迎刃而解，量子作用本來就是暫態作用，沒有累積的說法。

但是，大家從這裡面嗅到了些什麼沒有？光量子、光子、光究竟是一種什麼東西呢？難道我們不是已經清楚地下了結論，光是一種波動嗎？光量子是一個什麼概念呢？

彷彿宿命一般，歷史在轉了一個大圈之後，又回到起點。關於光的本性問題，干戈再起，「第三次波粒戰爭」一觸即發。不過這次，導致的後果是全面的世界大戰，天翻地覆，一切在毀滅後才得到重生。

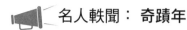

名人軼聞：奇蹟年

如果站在一個比較高的角度來看歷史，一切事物都是遵循特定的軌跡，沒有無緣無故的事情，也沒有不合常理的發展。在時代浪尖裡弄潮的英雄人物，其實都只是適合了那個時代的基本要求，這才得到了屬於他們的無上榮耀。

但是，如果站在廬山之中，把我們的目光投射到具體的那個情景中去，我們也能夠理解一個偉大人物為時代所帶來的光榮和進步。雖然不能說，失去了這些偉大人物，人類的發展就會走向歧途，但是也不能否認英雄和天才們為這個世界所作出的巨大貢獻。

在科學史上，更是如此。整個科學史可以說是以天才的名字來點綴的燦爛銀河，而有幾顆特別明亮的星辰，它們所發射出的光芒穿越了整個宇宙，一直到達時空的盡頭。他們的智慧在某一個時期散發出如此絢爛的輝煌，令人歎為觀止。一直到今天，我們都無法找出更加適合的字句來加以形容，只能冠以「奇蹟」的名字。

科學史上有兩個年份，便符合「奇蹟」的稱謂，而它們又是和兩個天才的名字緊緊相連的。這兩年分別是西元 1666 年和 1905 年，那兩個天才便是牛頓和愛因斯坦。

西元 1666 年，23 歲的牛頓為了躲避瘟疫，回到鄉下的老家度假。在那段日子裡，他一個人獨立完成了幾項開天闢地的工作，包括發明了微積分（流數），完成了光分解的實驗分析，以及對於萬有引力定律的開創性思考[5]。在那一年，他為數學、力學和光學三大學科分別打下了基礎，其中的任何一項工作，都足以讓他名列有史以來最偉大的科學家之列。很難想像，一個人的思維何以能夠在如此短的時間內湧動出如此多的靈感，人們只能用一個拉丁文 annus mirabilis 來表示這一年，也就是「奇蹟年」[6]。

西元 1905 年的愛因斯坦也是這樣，在專利局裡蝸居的他在這一年寫出了六篇論文。3 月 18 日，是我們上面提到過的關於光電效應的文章，這成為了量子

5. 不過，牛頓於西元 1666 年在引力方面的思想進展是有限的。我們在史話的後面會討論這個問題。
6. 當然，許多人會爭論說，牛頓在西元 1665 和 1666 年的成就其實半斤八兩，所以西元 1665 年也是奇蹟年。

論的奠基石之一。4 月 30 日，關於測量分子大小的論文，這為他贏得了博士學位。5 月 11 日和後來的 12 月 19 日，兩篇關於布朗運動的論文，成了分子論的里程碑。6 月 30 日，題為《論運動物體的電動力學》的論文，這個不起眼的題目後來被加上了一個如雷貫耳的名稱，叫做「狹義相對論」，它的意義就不用我多說了。9 月 27 日，關於物體慣性和能量的關係，這是狹義相對論的進一步說明，並且在其中提出了著名的質能方程 $E=mc^2$。

單單這一年的工作，便至少配得上三個諾貝爾獎。相對論的意義是否是諾貝爾獎所能評價的，還難說得很。這一切也不過是在專利局的辦公室裡，一個人用紙和筆完成的而已。的確很難想像，這樣的奇蹟還會不會再次發生，因為實在是太過於不可思議了。後來的 1932 年在原子物理領域也可稱為「奇蹟年」，但榮譽已經不再屬於一個人，而是由許多物理學家共同分享。隨著科學進一步高度細化，今天已經無法想像，單槍匹馬居然能夠在如此短時間內作出這般巨大的貢獻。當時的潘卡瑞（Henri Poincaré）已經被稱為數學界的「最後一位全才」，而愛因斯坦的相對論，也可能是最後一個富有個人英雄主義傳奇色彩的物理理論了吧？這是我們的幸運，還是不幸呢？

為了紀念西元 1905 的光輝，人們把一百年後的西元 2005 年定為「國際物理年」。我們的史話，也算是對它的一個小小致敬。

三

上次說到，愛因斯坦提出了光量子的假設，用來解釋光電效應中無法用電磁理論說通的現象。

不過，光量子的概念卻讓別的科學家們感到非常地不理解。光的問題不是已經被定性了嗎？難道光不是已經被包括在麥克斯威理論之內，作為電磁波的一種被清楚地描述了嗎？這個光量子又是怎麼一回事情呢？

事實上，光量子是一個非常大膽的假設，它是在直接地向經典物理體系挑戰。愛因斯坦本人也意識到這一點，在他看來，這可是他最有叛逆性的一篇論文了。在寫給好友哈比希特（C.Habicht）的信中，愛因斯坦描述了他劃時代的四

篇論文，只有在光量子上，他才用了「非常革命」的字眼，甚至對相對論都沒有這樣的描述。

光量子和傳統的電磁波動圖像顯得格格不入。它其實就是昔日微粒說的一種翻版，假設光是離散的，由一個個小的基本單位所組成的。自湯瑪斯・楊的時代又已經過去了一百年，冥冥中天道迴圈，當年被打倒在地的霸主以反叛的姿態再次登上舞臺，向已經占據了王位的波動說展開挑戰。這兩個命中注定的對手終於要進行一場最後的決戰，從而領悟到各自存在的終極意義──如果沒有了你，我獨自站在這裡，又是為了什麼？

不過，光量子的處境和當年起義的波動一樣，是非常困難和不為人所接受的。波動如今所占據的地位，甚至要遠遠超過一百年前籠罩在牛頓光環下的微粒王朝。波動的王位，是由麥克斯威欽點，又有整個電磁王國作為同盟的。這場決戰，從一開始就不再局限於光的領地之內，而是整個電磁譜的性質問題。不過我們很快將要看到，十幾年以後，戰爭將被擴大，整個物理世界都將被捲入，從而形成一場名副其實的世界大戰。

當時，對於光量子的態度，連愛因斯坦本人都非常謹慎，更不用說那些可敬的老派科學紳士們了。一方面，這和經典的電磁圖像不相容；另一方面，當時關於光電效應的實驗沒有一個能夠非常明確地證實光量子的正確性。微粒的這次絕地反擊，一直要到西元 1915 年才真正引起人們的注意，而起因也是非常諷刺的：美國人密立坎（R.A.Millikan）想用實驗來證實光量子圖像是錯誤的，但是多次反覆實驗之後，他卻啼笑皆非地發現，自己已在最大的程度上證實了愛因斯坦方程的正確性。實驗資料相當有說服力地展示，在所有的情況下，光電現象都表現出量子化特徵，卻不是相反。

如果說密立坎的實驗只是微粒革命軍的一次反圍剿成功，其意義還不足以說服所有的物理學家的話，那麼西元 1923 年，康普頓（Arthur H. Compton）則帶領這支軍隊取得了一場決定性的勝利，把他們所潛藏著的驚人力量展現得一覽無餘。經此一役後，再也沒有人懷疑，起來對抗經典波動帝國的，原來是一支實力不相上下的正規軍。

　　這次戰役的戰場是 X 射線的地域。康普頓在研究 X 射線被自由電子散射的時候，發現一個奇怪的現象：散射出來的 X 射線分成兩個部分，一部分和原來的入射射線波長相同，而另一部分卻比原來的射線波長要長，具體的大小和散射角存在著函數關係。

　　如果運用通常的波動理論，散射應該不會改變入射光的波長才對。但是怎麼解釋多出來的那一部分波長變長的射線呢？康普頓苦苦思索，試圖從經典理論中尋找答案，卻撞得頭破血流。終於有一天，他作了一個破釜沉舟的決定，引入光量子的假設，把 X 射線看作能量為 hv 的光子束的集合。這個假定馬上讓他看到了曙光，眼前豁然開朗——那一部分波長變長的射線是因為光子和電子碰撞所引起的。光子像普通的小球那樣，不僅帶有能量，還具有衝量，當它和電子相撞，便將自己的能量交換一部分給電子。這樣一來光子的能量下降，根據公式 E ＝ hv，E 下降導致 V 下降，頻率變小，便是波長變大，over。

　　在粒子的基礎上推導出波長變化和散射角的關係式，和實驗符合得一絲不苟。這是一場極為漂亮的殲滅戰，波動的力量根本沒有任何反擊的機會便被繳了械。康普頓總結道：「現在，幾乎不用再懷疑倫琴射線（即 X 射線）是一種量子現象了……實驗令人信服地表明，輻射量子不僅具有能量，而且具有一定方向的衝量。」

　　上帝創造了光，愛因斯坦指出了什麼是光，而康普頓，則第一個在真正意義上「看到」了這道光。

　　「第三次波粒戰爭」全面爆發了。捲土重來的微粒軍團裝備了最先進的武器——光電效應和康普頓效應。這兩門大炮威力無窮，令波動守軍難以抵擋，節節敗退。但是，波動方面軍近百年苦心經營的陣地畢竟不是那麼容易突破的，麥克斯威理論和整個經典物理體系的強大後援使得他們仍然立於不敗之地。波動的擁護者們很快便清楚地意識到，不能再後退了，因為身後就是莫斯科！波動理論的全面失守將意味著麥克斯威電磁體系的崩潰，但至少現在，微粒這一雄心勃勃的計畫還難以實現。

　　波動在穩住了陣腳之後，迅速地重新評估了自己的力量。雖然在光電問題上

它無能為力，但當初它賴以建國的那些王牌武器卻依然沒有生鏽和失效，仍然有著強大的殺傷力。微粒的復興儘管來得迅猛，但終究缺乏深度，它甚至不得不依靠從波動那裡繳獲來的軍火來作戰。比如我們已經看到的光電效應，對於光量子理論的驗證牽涉到頻率和波長的測定，但這卻仍然要靠光的干涉現象來實現。波動的立國之父湯瑪斯・楊，他的精神是如此偉大，以至在身後百年仍然光耀著波動的戰旗，震懾一切反對力量。在每一間中學的實驗室裡，通過兩道狹縫的光依然不依不饒地顯示出明暗相間的干涉條紋，不容置疑地向世人表明它的波動性。菲涅耳的論文雖然已經在圖書館裡蒙上了灰塵，但任何人只要有興趣，仍然可以重複他的實驗，來確認帕松亮斑的存在。麥克斯威芳華絕代的方程組仍然每天給出預言，而電磁波也仍然溫順地按照那個優美的預言以 30 萬公里每秒的速度行動，既沒有快一點，也沒有慢一點。

戰局很快就陷入僵持，雙方都屯兵於自己得心應手的陣地之內，誰也無力去占領對方的地盤。光子一陷入干涉的沼澤，便顯得笨拙而無法自拔；光波一進入光電的叢林，也變得迷茫不知所措。粒子還是波？在人類文明達到高峰的 20 世紀，卻對宇宙中最古老的現象束手無策。

不過，還是讓我們以後再來關注微粒和波動即將爆發的這場戲劇性的總決戰。現在，按照這次旅行的時間順序安排，先讓這兩支軍隊對壘一陣子，我們暫時回到故事的主線，也就是上世紀的第一個十年那裡去。自從西元 1905 年，愛因斯坦提出他的光量子概念後，量子這個新生力量終於開始被人所逐漸重視，越來越多有關這一課題的論文被發表出來。普朗克的黑體公式和愛因斯坦的光電效應理論只不過是它占領的兩個重要前沿陣地，並而在許多別的問題，比如晶體的晶格結構、陽極射線的多普勒效應、氣體分子的振動、X 射線輻射等等上面，它也都很快就令人刮目相看。在這樣一種微妙的形勢下，德國物理學家能斯特（Walther Nernst）敏銳地察覺到，物理學已經來到了一個關鍵時刻，好像有什麼大事即將發生。量子火山的每一次躁動，都使得整個物理學大地在微微顫抖，似乎預示著不久後一次總爆發的來臨。也許，「量子」這個不起眼的名詞，終究注定要成為一個家喻戶曉的名字。

西元 1910 年春天，能斯特到布魯塞爾訪問另一位化學家古德斯密特（Robert Goldschmidt），並在那裡偶爾邂逅了一位叫做索爾維（Ernest Solvay）的人。索爾維一直對化學和物理深感興趣，可惜當年因病錯過了大學。他後來發明了一種製造蘇打的新方法，並靠此發了財。雖然自己錯過了投身於科學的青春年華，不過索爾維仍然對此非常關心。他向能斯特提議說，自己可以慷慨解囊，贊助一個全球性的科學會議，讓普朗克、勞侖茲、愛因斯坦這樣最出色的物理學家能夠齊聚一堂，討論最前瞻的科學問題。能斯特又驚又喜：這不正是一個最好的機會，可以讓物理學家們認真地交流一下對於量子和輻射問題的看法嗎？於是兩人一拍即合，能斯特隨即為這件事忙碌地張羅起來。

西元 1911 年 10 月 30 日，第一屆索爾維會議正式在比利時布魯塞爾召開。二十四位最傑出的物理學家參加了會議，並在量子理論，氣體運動理論以及輻射現象等課題上進行了討論。遺憾的是，會議只有短短 5 天，人們並沒有取得任何突破性的進展。量子究竟意味著什麼？理論背後隱藏的是什麼？普朗克常數 h 究竟將把我們帶向何方？沒有人確切地知道答案。愛因斯坦在會後寫給勞侖茲的信

1911 年第一屆索爾維會議參加者合照

圖 3.4 1911 年索爾維會議

裡說：「『h 重症』看上去更加病入膏肓了。」

但不可否認的是，這仍然是量子發展史上的一次重大事件，因為量子問題終於在這次會議之後被推到了歷史的最前端，成為時代潮流上的一個焦點。人們終於發現，他們面對的是一個巨大、撲朔迷離的難題。不管是光，還是熱輻射，經典物理面對的都是一個難以逾越的困境。

在那些出席會議的人中間，有一位叫做恩內斯特・拉塞福（Ernest Rutherford）。他也許不知道，自己回英國後很快就會遇上一位來自丹麥的青年，並在自己的學生名單上添加一顆最耀眼的超級巨星。也沒人注意到大會的一位秘書，來自法國的莫里斯・德布羅意（Maurice de Broglie）公爵。他將把討論和報告的紀錄帶回家中，而偏巧，他還有一位聰明絕頂的弟弟。對於愛因斯坦來說，他更不會想到，這個所謂的「h 重症」將成為困擾他終生的最大謎題。西元 1911 年的索爾維會議更僅僅是一個開始，未來還會有更多的索爾維會議，在歷史上潑成一幅壯麗雄奇的畫卷，記錄下量子論最富有傳奇色彩的那一段故事。西元 1911 年的這次會議像是一個路標，歷史的眾多明暗伏線在這裡交錯彙集，然後釐清出幾條主脈，浩浩蕩蕩地發展下去。愛因斯坦的朋友貝索（Michele Besso）後來把西元 1911 年的會議稱為一次「巫師盛會」[7]，也許，這真的是量子魔法師在炫技前所念的最後神奇咒語？

現在，各位觀眾，就讓我們把握住會議留給我們的那條線索，一起去看看量子魔法是怎樣影響了實實在在的物質——原子核和電子的。我們的歷史長鏡頭從歐洲大陸轉回不列顛島，來自丹麥的王子粉墨登場。在他的頭上，一顆大大的火流星劃過這烏雲密布的天空，雖然只是一閃即逝，卻在地上點燃了燎原大火，照亮了無邊的黑暗。

四

西元 1911 年 9 月，26 歲的丹麥小夥子尼爾斯・波耳（Niels Bohr）渡過英吉

---

7. 見西元 1911 年 10 月 23 日致愛因斯坦的信件。德文的 Hexensabbat，是指中世紀傳說中女巫與妖魔每年一度的大聚會。

利海峽，踏上了不列顛島的土地。年輕的波耳不會想到，三十二年後，他還要再一次來到這個島上，但卻是藏在一架蚊式轟炸機的彈倉裡，忍著高空缺氧的考驗和隨時被丟進大海裡的風險，九死一生後才到達了目的地。那一次，是邱吉爾首相親自簽署命令，從納粹的手中轉移了這位原子物理界的泰山北斗，使得盟軍在原子彈的競爭方面成功地削弱了德國的優勢。這也成了波耳一生中最富有傳奇色彩，為人所津津樂道的一段經歷。有些故事書甚至繪聲繪影地描述說，當飛行員最終打開艙門時，波耳還茫然不覺，沉浸在專注的物理思考中物我兩忘。當然事實上波耳並沒有這樣英勇，因為缺氧，他當時已經奄奄一息，差一點兒就送了命。

不過我們還是回到西元 1911 年，那時波耳還只是一個有著遠大志向和夢想，卻是默默無聞的青年。他走在劍橋的校園裡，想像當年牛頓和麥克斯威在這裡走過的情形，歡欣鼓舞地像一個孩子。在草草地安定下來之後，波耳做的第一件事情就是去拜訪大名鼎鼎的 J.J.湯姆生（Joseph John Thomson），後者是當時富有盛名的物理學家，卡文迪許實驗室的頭頭、電子的發現者、諾貝爾獎得主。J.J.十分熱情地接待了波耳，雖然波耳的英語爛得可以，兩人還是談了好長一陣子。J.J.收下了波耳的論文，並把它放在自己的辦公桌上。

一切看來都十分順利，但可憐的尼爾斯並不知道，在漠視學生的論文這一點上，湯姆生是「惡名昭彰」的。事實上，波耳的論文一直被閒置在桌子上，J.J.根本沒有看過一個字。另有一種說法是，當時不諳世故的波耳老實不客氣，當面指出了 J.J.的著作《氣體中的導電》裡的一些錯誤，結果惹惱了高傲的英國人。不管怎

圖 3.5 波耳

樣，劍橋對於波耳來說，實在不是一個讓人激動的地方，他的 project 也進行得不是十分順利。總而言之，除了在一個足球隊裡大顯身手之外，這所舉世聞名的大學似乎沒有什麼是讓波耳覺得值得一提的。失望之下，波耳決定尋求一些改變。一次偶然的機會，波耳去到曼徹斯特拜訪他父親的一位朋友 Lorrain Smith，後者把他介紹給了剛從第一屆索爾維會議上歸來的拉塞福。

也許是命中注定的緣分，也許是一生難求的巧合，又或許，那個「巫師盛會」的魔力還沒有完全散盡。總之，波耳和拉塞福之間立刻就產生了神祕的 chemistry。在促膝長談之後，兩人都覺相見恨晚，拉塞福很快地給了波耳一個實驗室的名額，波耳也立刻義無反顧地離開劍橋前往曼徹斯特。這座工業城市的天空雖然污染，但恩內斯特·拉塞福的名字卻使它看起來那樣地金光閃耀。

說起來，拉塞福也是 J.J.湯姆生的學生。這位出身於紐西蘭農場的科學家身上保持著農民那勤儉樸實的作風，對他的助手和學生們永遠是那樣熱情和關心，提供所有力所能及的幫助。再說，波耳選擇的時機真是再恰當也不過了，西元 1912 年，那正是一個黎明的曙光就要來臨，科學新的一頁就要被書寫的年份。人們已經站在了通向原子神祕內部世界的門檻上，只等波耳來邁出這決定性的一步了。

這個故事還要從前一個世紀說起。西元 1897 年，J.J.湯姆生在研究陰極射線的時候，發現了原子中電子的存在。這打破了從古希臘人那裡流傳下來的「原子不可分割」的理念，明確地向人們展示：原子是可以繼續分割的，它有著自己的內部結構。那麼，這個結構是怎麼樣的呢？湯姆生那時完全缺乏實驗證據，於是他展開自己的想像，勾勒出這樣的圖景──原子呈球狀，帶正電荷，而帶負電荷的電子則一粒粒地「鑲嵌」在這個圓球上。這樣的一幅畫面，史稱「葡萄乾布丁」模型，電子就像布丁上的葡萄乾一樣。

但是，西元 1910 年，拉塞福和學生們在他的實驗室裡進行了一次名留青史的實驗。他們用 α 粒子（帶正電的氦核）來轟擊一張極薄的金箔，想通過散射來確認那個「葡萄乾布丁」的大小和性質。這時候，極為不可思議的情況出現了：有少數 α 粒子的散射角度是如此之大，以致超過 90 度。對於這個情況，拉

塞福自己描述得非常具體：「這就像你用十五英寸的炮彈向一張紙轟擊，結果這炮彈卻被反彈回來，反而擊中了你自己一樣」。

拉塞福發揚了亞里斯多德前輩「吾愛吾師，但吾更愛真理」的優良品格，決定修改湯姆生的葡萄乾布丁模型。他認識到，α 粒子被反彈回來，必定是因為它們和金箔原子中某種極為堅硬密實的核心發生了碰撞。這個核心應該是帶正電，並且集中了原子的大部分質量。但是，從 α 粒子只有很少一部分出現大角度散射這一情況來看，那核心占據的地方是很小的，不到原子半徑的萬分之一。

於是，拉塞福在次年（西元 1911）發表了他的這個新模型。在他描述的原子圖像中，有一個占據了絕大部分質量的「原子核」在原子的中心。在這原子核的四周，帶負電的電子則沿著特定的軌道繞著它運行。這很像一個行星系統（比如太陽系），所以這個模型被理所當然地稱為「行星系統」模型。在這裡，原子核就像是我們的太陽，電子則是圍繞太陽運行的行星們。

但是，這個看來完美的模型卻有著自身難以克服的嚴重困難。因為物理學家們很快就指出，帶負電的電子繞著帶正電的原子核運轉，這個體系是不穩定的。根據麥克斯威理論，兩者之間會放射出強烈的電磁輻射，導致電子一點點地失去自己的能量以作為代價，它便不得不逐漸縮小運行半徑，直到最終「墜毀」在原子核上為止，整個過程用時不過一眨眼的工夫。換句話說，就算世界如同拉塞福描述的那樣，也會在轉瞬之間因為原子自身的崩陷而毀於一旦。原子核和電子將不可避免地放出輻射並互相中和，然後把

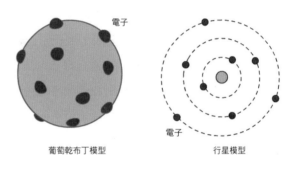

電子

電子

葡萄乾布丁模型　　　　行星模型

圖 3.6 兩種原子模型

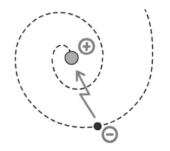

電子與原子核之間釋放電磁輻射而導致墜毀

圖 3.7 經典理論中的電子必將墜毀

拉塞福和他的實驗室，乃至整個英格蘭、整個地球，甚至整個宇宙都變成一團混沌。

不過，當然了，雖然理論家們發出如此陰森恐怖的預言，太陽仍然每天按時升起，大家都活得好好的。電子依然快樂地圍繞原子打轉，沒有一點失去能量的預兆。而丹麥的年輕人尼爾斯·波耳照樣安安全全地抵達了曼徹斯特，並開始譜寫物理史上屬於他的華麗篇章。

波耳沒有因為拉塞福模型的困難而放棄這一理論，畢竟它有著 α 粒子散射實驗的強力支援。相反，波耳對電磁理論能否作用於原子這一人們從未涉足過的層面，倒是抱有相當的懷疑成分。曼徹斯特的生活顯然要比劍橋令波耳舒適許多，雖然他和拉塞福兩個人的性格是如此不同；後者是個急性子，永遠精力旺盛，波耳則像個害羞的大男孩，說一句話都顯得口齒不清，但他們顯然是絕妙的一個團隊。波耳的天才在拉塞福這個老闆的領導下被充分地激發出來，很快就在歷史上激起壯觀的波瀾。

西元 1912 年 7 月，波耳完成了他在原子結構方面的第一篇論文，歷史學家們後來常常把它稱作「曼徹斯特備忘錄」。波耳在其中已經開始試圖把量子的概念結合到拉塞福模型中去，以解決經典電磁力學所無法解釋的難題。但是，一切都只不過是剛剛開始而已，在那片還沒有前人涉足的處女地上，波耳只能一步步地摸索前進。沒有人告訴他方向應該在哪裡，而他的動力也不過是對於拉塞福模型的堅信和年輕人特有的巨大熱情。波耳當時對原子光譜的問題一無所知，當然也看不到它後來對於原子研究的決定性意義，不過，革命的方向已經確定，已經沒有什麼能夠改變量子論即將嶄露頭角這個事實了。

在濃雲密布的天空中，出現了一線微光。雖然後來證明，那只是一顆流星，但是這光芒無疑給已僵硬老化的物理世界注入了一種新的生機，一種有著新鮮氣息和希望的活力。這光芒點燃了人們手中的火炬，引導他們去尋找真正永恆的光明。

終於，7 月 24 日，波耳完成了他在英國的學業，動身返回祖國丹麥。在那裡，他可愛的未婚妻瑪格麗特正在焦急地等待著他，物理學的未來也即將要向他

敞開心扉。在臨走前，波耳把他的論文交給拉塞福過目，並得到了熱切的鼓勵。只是，不知拉塞福有沒有想到，這個青年將在怎樣的一個程度上，改變人們對世界的終極看法呢？

是的、是的，時機已到！偉大的三部曲即將問世，真正屬於量子的時代，也終於到來。

📣 名人軼聞： 諾貝爾獎得主的幼稚園

拉塞福本人是一位偉大的物理學家，這是無需置疑的，但他同時更是一位偉大的物理導師。他以敏銳的眼光去發現人們的天才，又以偉大的人格去關懷他們，把他們的潛力挖掘出來。在拉塞福身邊的那些助手和學生們，後來絕大多數都出落得非常出色，其中更包括了為數眾多的科學大師們。

我們熟悉的尼爾斯・波耳，為 20 世紀最偉大的物理學家之一、西元 1922 年諾貝爾物理獎得主、量子論的奠基人和象徵。如本節所描述的那樣，他在曼徹斯特跟隨過拉塞福。

保羅・狄拉克（Paul Dirac），量子論的創始人之一，同樣身為偉大的科學家、西元 1933 年諾貝爾物理獎得主。他的主要成就都是在劍橋卡文迪許實驗室做出的（那時拉塞福接替了退休的 J.J.湯姆生成為這個實驗室的主任）。狄拉克獲獎的時候才 31 歲，他對拉塞福說他不想領這個獎，因為他討厭在公眾中的名聲。拉塞福勸道，如果不領獎的話，那麼這個名聲可就更響了。

中子的發現者，詹姆斯・查德威克（James Chadwick）在曼徹斯特花了兩年時間在拉塞福的實驗室裡。他於西元 1935 年獲得諾貝爾物理獎。

布萊克特（Patrick M. S. Blackett）在一次大戰後辭去了海軍上尉的職務，進入劍橋跟隨拉塞福學習物理。他後來改進了威爾遜雲室，並在宇宙線和核子物理方面作出了巨大的貢獻，為此獲得了西元 1948 年的諾貝爾物理獎。

西元 1932 年，沃爾頓（E.T.S Walton）和考克勞夫特（John Cockcroft）在拉塞福的卡文迪許實驗室裡建造了強大的加速器，並以此來研究原子核的內部結

構。這兩位拉塞福的弟子在西元
1951 年分享了諾貝爾物理獎
金。

圖 3.8 紐西蘭貨幣上的拉塞福頭像

這個名單可以繼續開下去，
一直到長得令人無法忍受為止：
英 國 人 索 迪（Frederick
Soddy），西元 1921 年諾貝爾化

學獎。匈牙利人赫維西（George von Hevesy），西元 1943 年諾貝爾化學獎。德
國人哈恩（Otto Hahn），西元 1944 年諾貝爾化學獎。英國人鮑威爾（Cecil
Frank Powell），西元 1950 年諾貝爾物理獎。美國人貝特（Hans Bethe），西元
1967 年諾貝爾物理獎。蘇聯人卡皮查（P.L.Kapitsa），西元 1978 年諾貝爾化學
獎。

除去一些稍微疏遠一點的 case，拉塞福一生至少培養了十位諾貝爾獎得主
（還不算他自己本人）。當然，在他的學生中還有一些沒有得到諾貝爾獎，但同
樣出色的名字，比如漢斯・蓋革（Hans Geiger，他後來以發明了蓋革計數器而著
名）、亨利・莫塞萊（Henry Moseley，一個被譽為有著無限天才的年輕人，可
惜死在了一戰的戰場上）、恩內斯特・馬斯登（Ernest Marsden，他和蓋革一起
做了 α 粒子散射實驗，後來被封為爵士）等等。

拉塞福的實驗室被後人稱為「諾貝爾獎得主的幼稚園」。他的頭像出現在紐
西蘭貨幣的最大面值──100 元上面，作為國家對他最崇高的敬意和紀念。

五

西元 1912 年 8 月 1 日，波耳和瑪格麗特在離哥本哈根不遠的一個小鎮上結
婚，隨後他們前往英國展開蜜月。當然，有一個人是萬萬不能忘記拜訪的，那就
是波耳家最好的朋友之一，拉塞福教授。

雖然是在蜜月期，原子和量子的圖景仍然沒有從波耳的腦海中消失。他和拉
塞福就此再一次認真地交換了看法，並加深了自己的信念。回到丹麥後，他便以

百分之二百的熱情投入這一工作中去。揭開
原子內部的奧祕，這一夢想具有太大的誘惑
力，令波耳完全無法抗拒。

　　為了能使大家跟得上我們史話的步伐，
我們還是再次描述一下當時波耳面臨的處
境。拉塞福的實驗展示了一個全新的原子面
貌。有一個緻密的核心處在原子的中央，電
子則繞著這個中心運行，像是圍繞著太陽的
行星。然而，這個模型面臨著嚴重的理論困
難，因為經典電磁理論預言，這樣的體系將
會無可避免地釋放出輻射能量，並最終導致

圖 3.9 波耳一家（右）和拉塞福一家（左）

體系的崩潰。換句話說，拉塞福的原子是不可能穩定存在超過一秒鐘的。

　　波耳面臨著選擇：要麼放棄拉塞福模型，要麼放棄麥克斯威和他的偉大理
論。波耳勇氣十足地選擇了放棄後者。他以一種深刻的洞察力預見到，在原子這
樣小的層次上，經典理論將不再成立，新的革命性思想必須被引入，這個思想就
是普朗克的量子，以及他的 h 常數。

　　應當說這是一個相當困難的任務。如何推翻麥氏理論還在其次，關鍵是新理
論要能夠完美地解釋原子的一切行為。波耳在哥本哈根埋頭苦幹的那個年頭，門
捷列夫的元素週期律已經被發現了很久，化學鍵理論也已經被牢固地建立。種種
跡象都表明在原子內部，有一種潛在的規律支配著它們的行為，並形成某種特定
的模式。原子世界像一座蘊藏了無窮財寶的金字塔，但如何找到進入其內部的通
道，卻是一個讓人撓頭不已的難題。

　　然而，像當年偉大的探險者貝爾佐尼（G.B.Belzoni）一樣，波耳也有著一個
探險家所具備的最寶貴的素質——洞察力和直覺。這使得他能夠抓住那個不起
眼、也是唯一的，稍縱即逝的線索，進一步打開那扇通往全新世界的大門。西元
1913 年初，年輕的丹麥人漢森（Hans Marius Hansen）請教波耳，在他那量子化
的原子模型裡如何解釋原子的光譜線問題。對於這個問題，波耳之前沒有太考慮

過，原子光譜對他來說是陌生和複雜的，成千條譜線和種種奇怪的效應在他看來太雜亂無章，似乎不能從中得出什麼有用的資訊。然而漢森告訴波耳，這裡面其實是有規律的，比如巴耳末公式就是。他督促波耳關心一下巴耳末的工作。

突然間，就像伊翁（Ion）發現了藏在箱子裡的繪著戈耳工的麻布，一切都豁然開朗。山窮水盡疑無路，柳暗花明又一村。在誰也沒有想到的地方，量子論得到了決定性的突破。西元 1954 年，波耳回憶道：當我一看見巴耳末的公式，這一切都再清楚不過了。

要從頭回顧光譜學的發展，又得從沃拉斯呑（W.H.Wollaston）和夫琅和費（Joseph Fraunhofer）講起，一直說到偉大的本生和克希何夫，而那勢必又是一篇規模宏大的文字。鑒於篇幅，我們只需要簡單地了解一下這方面的背景知識，因為本史話原來也沒有打算把所有事都巨細靡遺地描述完全。概括來說，當時的人們已經知道，任何元素在被加熱時都會釋放出含有特定波長的光線，比如我們從中學的焰色實驗中知道，鈉鹽放射出明亮的黃光，鉀鹽則呈紫色、鋰是紅色、銅是綠色等等。將這些光線通過分光鏡投射到螢幕上，便得到光譜線。各種元素在光譜裡一覽無遺，鈉主要表現為一對黃線、鋰產生一條明亮的紅線和一條較暗的橙線、鉀則是一條紫線。總而言之，任何元素都產生特定的唯一譜線。

但是，這些譜線呈現什麼規律以及為什麼會有這些規律，卻是一個大難題。拿氫原子的譜線來說吧！這是最簡單的原子譜線了。它就呈現為一組線段，每一條線都代表了一個特定的波長。比如在可見光區間內，氫原子的光譜線依次為：656，484，434，410，397，388，383，380……納米。這些資料無疑不是雜亂無章的，西元 1885 年，瑞士的一位數學教師巴耳末（Johann Balmer）發現了其中的規律，並總結了一個公式來表示這些波長之間的關係，這就是著名的巴耳末公式。將它的原始形式稍微變換一下，用波長的倒數來表示，則顯得更加簡單明瞭：

$$\tilde{v} = R\left(\frac{1}{2^2} - \frac{1}{n^2}\right)$$

其中的 R 是一個常數，稱為芮得柏（Rydberg）常數。n 是大於 2 的正整數

（3，4，5等等）。

在很長一段時間裡，這是一個十分有用的經驗公式。但沒有人可以說明，這個公式背後的意義是什麼，以及如何從基本理論將它推導出來。不過在波耳眼裡，這無疑是一個晴天霹靂，它像一個火花，瞬間點燃了波耳的靈感，所有的疑惑在那一刻變得順理成章了。波耳知道，隱藏在原子裡的祕密，終於向他嫣然展開笑顏。

我們來看一下巴耳末公式，這裡面用到了一個變數 n，那是大於 2 的任何正整數。n 可以等於 3，可以等於 4，但不能等於 3.5，這無疑是一種量子化的表述。波耳深呼了一口氣，他的大腦在急速地運轉：原子只能放射出波長符合某種量子規律的輻射，這說明了什麼呢？我們再回憶一下從普朗克引出的那個經典量子公式：$E = hv$。頻率（波長）是能量的量度，原子只釋放特定波長的輻射，說明在原子內部，它只能以特定的量吸收或發射能量。原子怎麼會吸收或者釋放能量呢？這在當時已經有了一定的認識，比如斯塔克（J.Stark）就提出，光譜的譜線是由電子在不同勢能的位置之間移動而放射出來的，英國人尼科爾森（J.W.Nicholson）也有著類似的想法。波耳對這些工作無疑都是了解的。

一個大膽的想法在波耳的腦中浮現出來：原子內部只能釋放特定量的能量，說明電子只能在特定的「勢能位置」之間轉換。也就是說，電子只能按照某些「確定的」軌道運行，這些軌道，必須符合一定的勢能條件，從而使得電子在這些軌道間躍遷時，只能釋放出符合巴耳末公式的能量來。

我們可以這樣來打比方。如果你在中學裡好好聽講過物理課，你應該知道勢能的轉化。一個體重 100 公斤的人從 1 米高的臺階上跳下來，他/她會獲得 1000 焦耳的能量，當然，這些能量會轉化為落下時的動能。但如果情況是這樣的：我們通過某種方法得知，一個體重 100 公斤的人跳下了若干級高度相同的臺階後，總共釋放出了 1000 焦耳的能量，那麼我們關於每一級臺階的高度可以說些什麼呢？

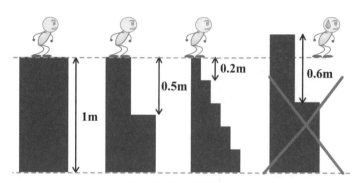

圖 3.10 量子化的臺階高度

明顯且直接的計算就是，這個人總共下落了 1 米，這就為我們臺階的高度加上了一個嚴格的限制。如果在平時，我們會承認一個臺階可以有任意的高度，完全看建造者的興趣而已。但如果加上了我們的這個條件，每一級臺階的高度就不再是任意的了。我們可以假設，總共只有一級臺階，那麼它的高度就是 1 米。或者這個人總共跳了兩級臺階，那麼每級臺階的高度是 0.5 米。如果跳了 3 次，那麼每級就是 1/3 米。如果你是間諜片的愛好者，那麼大概你會推測每級臺階高 1/39 米。但是無論如何，我們不可能得到這樣的結論，即每級臺階高 0.6 米。道理是明顯的：高 0.6 米的臺階不符合我們的觀測（總共釋放了 1000 焦耳能量）。如果只有一級這樣的臺階，那麼它帶來的能量就不夠，如果有兩級，那麼總高度就達到了 1.2 米，導致釋放的能量超過了觀測值。如果要符合我們的觀測，那麼必須假定總共有1又2/3級臺階，這無疑是荒謬的，因為小孩子都知道，臺階只能有整數級。

在這裡，臺階數「必須」是整數，就是我們的量子化條件。這個條件就限制了每級臺階的高度只能是 1 米，或者 1/2 米，或者 1/3 米……而不能是這其間的任何一個數字。

原子和電子的故事在道理上基本和這個差不多 [8]。我們還記得，在拉塞福模型裡，電子像行星一樣繞著原子核打轉。當電子離核最近的時候，它的能量最

---

8. 當然，事實上要複雜得多，在原子裡每級「臺階」並不是一樣高的。

低，可以看成是在「平地」上的狀態。但
是，一旦電子獲得了特定的能量，它就獲
得了動力，向上「攀登」一個或幾個臺
階，到達一個新的軌道。當然，如果沒有
了能量的補充，它又將從那個高處的軌道
上掉落下來，一直回到「平地」狀態為
止，同時把當初的能量再次以輻射的形式
釋放出來。

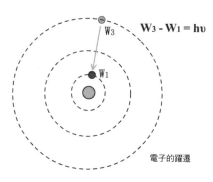

$$W_3 - W_1 = h\upsilon$$

電子的躍遷

圖 3.11 波耳原子中的電子躍遷

　　關鍵是，我們現在知道，在這一過程中，電子只能釋放或吸收特定的能量
（由光譜的巴耳末公式給出），而不是連續不斷的。波耳做出了合理的推斷：這
說明電子所攀登的「臺階」，它們必須符合一定的高度條件，不能像經典理論所
假設的那樣，是連續而任意的。連續性被破壞，量子化條件必須成為原子理論的
主宰。

　　波耳現在清楚了，氫原子的光譜線代表了電子從一個特定的臺階跳躍到另外
一個臺階所釋放的能量。因為觀測到的光譜線是量子化的，所以電子的「臺階」
（或者軌道）必定也是量子化的，它不能連續而取任意值，而必須分成「底
樓」，「一樓」，「二樓」等。在兩層「樓」之間，是電子的禁區，它不可能出
現在那裡，正如一個人不能懸在兩級臺階之間飄浮一樣。如果現在電子在「三
樓」，它的能量用 W3 表示，那麼當這個電子突發奇想，決定跳到「一樓」（能
量 W1）的期間，它便釋放出了 W3-W1 的能量。我們要求大家記住的那個公式
再一次發揮作用，$W_3 - W_1 = h\upsilon$。所以這一舉動的直接結果就是，一條頻率為 υ
的譜線出現在該原子的光譜上。

　　波耳所有的這些思想，轉化成理論推導和數學表達，並以三篇論文的形式最
終發表。這三篇論文（或者也可以說，一篇大論文的三個部分），分別題名為
《論原子和分子的構造》（On the Constitution of Atoms and Molecules），《單
原子核體系》（Systems Containing Only a Single Nucleus）和《多原子核體系》
（Systems Containing Several Nuclei），於西元 1913 年 3 月到 9 月陸續寄給了遠

在曼徹斯特的拉塞福，並由後者推薦發表在《哲學雜誌》（Philosophical Magazine）上。這就是在量子物理歷史上劃時代的文獻，亦即偉大的「三部曲」。

這確確實實是一個新時代的到來。如果把量子力學的發展史分為三部分，西元 1900 年的普朗克宣告了量子的誕生，那麼西元 1913 年的波耳則宣告了它進入了青年時代。一個完整的關於原子的理論體系第一次被建造起來，雖然我們將會看到，這個體系還留有濃重的舊世界痕跡，但它的意義卻是無論如何不能低估的。量子第一次使全世界震驚於它的力量，雖然它的意識還有一半仍在沉睡中，雖然它自己仍然置身於舊的物理大廈之內，但它的怒吼無疑使整個舊世界搖搖欲墜，並動搖了延綿幾百年的經典物理根基。神話中的巨人已經開始甦醒，那些藏在古老城堡裡的貴族們，顫抖吧！

一

應該說，波耳關於原子結構的新理論出現後，是並不怎麼受到物理學家們的歡迎的。這個理論，在某些人的眼中，居然懷有推翻麥克斯威體系的狂妄意圖，本身就是大逆不道的。瑞立爵士（我們前面提到過的瑞立—京士線的發現者之一）對此表現得完全不感興趣，J.J.湯姆生，波耳在劍橋的導師，拒絕對此發表評論。另一些不那麼德高望重的人就直白多了，比如一位物理學家在課堂上宣布：「如果這些要用量子力學才能解釋的話，那麼我情願不予解釋。」另一些人則聲稱，要是量子模型居然是真實的話，他們從此退出物理學界。即使是思想開放的人，比如愛因斯坦和波恩，最初也覺得完全接受這一理論太勉強了一些。

但是量子的力量超乎任何人的想像。勝利來得如此之快之迅猛，令波耳本人都幾乎茫然而不知所措。首先，波耳的推導完全符合巴耳末公式所描述的氫原子譜線，而從 $W_2 - W_1 = h\nu$ 這個公式，我們可以倒過來推算 ν 的表述，從而和巴耳末的原始公式 $\tilde{\nu} = R(\dfrac{1}{2^2} - \dfrac{1}{n^2})$ 對比，計算出芮得柏常數 R 的理論值來。事實上，波耳的預言和實驗值僅相差千分之一，這無疑使得他的理論頓時具有了堅實

的基礎[1]。

不僅如此，波耳的模型更預測了一些新的譜線的存在，這些預言都很快為實驗物理學家們所證實。而在所謂「皮克林線系」（Pickering line series）的爭論中，波耳更是以強有力的證據取得了決定性的勝利。他的原子體系異常精確地說明了一些氦離子的光譜，準確性相比舊的方程，達到了令人驚歎的地步。而亨利・莫塞萊（我們前面提到過的年輕天才，可惜死在戰場上的那位）關於 X 射線的工作，則進一步證實了原子有核模型的正確。人們現在已經知道，原子的化學性質，取決於它的核電荷數，並不是傳統認為的原子量。基於波耳理論的電子殼層模型，也一步一步發展起來。只有幾個小困難需要解決，比如人們發現，氫原子的光譜並非一根線，而是可以分裂成許多譜線。這些效應在電磁場的參與下又變得更為古怪和明顯（關於這些現象，人們用所謂的「斯塔克效應」和「季曼效應」來描述）。但是波耳體系很快就給予了強有力的回擊，在爭取到愛因斯坦相對論的同盟軍以及假設電子具有更多的自由度（量子數）的條件下，波耳和別的一些科學家如索末菲（Arnold Sommerfeld）證明，所有的這些現象，都可以順利地包容在波耳的量子體系之內。雖然殘酷的世界大戰已經爆發，但是這絲毫也沒有阻擋科學在那個時期前進的偉大步伐。

每一天，新的報告和實驗證據都如同雪花一樣飛到波耳的辦公桌上。幾乎每一份報告，都在進一步地證實波耳那量子模型的正確。當然，伴隨著這些報告，鋪天蓋地而來的還有來自社會各界的祝賀、社交邀請及各種大學的聘書。波耳儼然已經成為原子物理方面的帶頭人。出於對祖國的責任感，他拒絕了拉塞福為他介紹的在曼徹斯特的職位，雖然無論從財政還是學術上，那無疑是一個更好的選擇。波耳現在是哥本哈根大學的教授，並決定建造一所專門的研究所以用作理論物理方面的進一步研究。這個研究所，正如我們以後將要看到的那樣，將會成為歐洲一顆最令人矚目的明珠。它的魅力將吸引全歐洲最出色的年輕人到此聚

---

1. 從波耳理論可以直接推算，氫原子的 $R_{H_e} = \frac{8\pi^2 m_e e^4}{ch^3}$，氦原子 $R_{H_e} = \frac{8\pi^2 m_e e^4}{ch^3}$ 等等。後者與實驗值稍有差異，但正如波耳隨即指出的那樣，應該把電子和原子核的質量比也考慮進來，加入修正因數 $\frac{M_{H_e}}{M_{H_e} + m_e}$，結果和實驗極其精確地吻合，打消了許多人的懷疑。

集，並發射出更加璀璨的思想光輝。

在這裡，我們不妨還是回顧一下波耳模型的一些基本特點。它基本上是拉塞福行星模型的一個延續，但是在波耳模型中，一系列的量子化條件被引入，進而使這個體系有著鮮明的量子化特點。

首先，波耳假設，電子在圍繞原子核運轉時，只能處於一些「特定的」能量狀態中。這些能量狀態是不連續的，稱為定態。你可以有 E1，可以有 E2，但是不能取 E1 和 E2 之間的任何數值。正如我們已經描述過的那樣，電子只能處於這些定態中，兩個定態之間沒有緩衝地帶，那裡是電子的禁區，電子無法出現在那裡。波耳規定：當電子處在某個定態的時候，它就是穩定的，不會放射出任何形式的輻射而失去能量。這樣，就不會出現崩潰問題了。

但是，波耳也允許電子在不同的能量態之間轉換，或者說，躍遷。電子從能量高的 E2 狀態躍遷到 E1 狀態，就放射出 E2-E1 的能量，這些能量以輻射的方式釋放根據我們的基本公式我們知道這輻射的頻率為 ν，從而使得 $E_2 - E_1 = h\nu$。

反過來，當電子吸收了能量，它也可以從能量低的狀態攀升到一個能量較高的狀態，其關係還是符合我們的公式。每一個可能的能級，都代表了一個電子的運行軌道，這就好比離地面 500 公里的衛星和離地面 800 公里的衛星代表了不同的勢能一樣。當電子既不放射也不吸收能量的時候，它就穩定地在一條軌道上運

。當它吸收了一定的能量，它就從原先的那個軌道消失，神祕地出現在離核較遠的一條能量更高的軌道上。反過來，當它絕望地向著核墜落，就放射出它在高能軌道上所搜刮的能量來，一直到落入最低能量的那個定態，也就是所謂的「基態」為止。因為基態的能量是

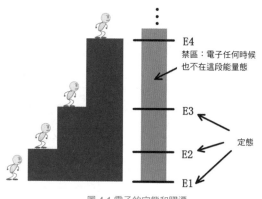

圖 4.1 電子的定態和躍遷

E4

禁區：電子任何時候
也不在這段能量態

E3

定態

E2

E1

最低的，電子無法再往下躍遷，於是便恢復穩定狀態。

我們必須注意的是，這種能量的躍遷是一個量子化的行為，如果電子從 E2 躍遷到 E1，這並不表示，電子在這一過程中經歷了 E2 和 E1 兩個能量之間的任何狀態。如果你還是覺得困惑，那表示連續的幽靈還在你的腦海中盤旋。事實上，量子像一個高超的魔術師，它在舞臺的一端微笑著揮舞著帽子登場，轉眼間便出現在舞臺的另一邊。在任何時候，它也沒有經過舞臺的中央部分！

不僅能量是量子化的，甚至連原子在空間中的方向都必須加以量子化。在波耳—索末菲模型中，為了詳細地解釋季曼效應和斯塔克效應，我們必須假定電子的軌道平面具有特定的「角度」：其法線要嘛平行於磁場方向，要嘛和它垂直。這乍聽上去似乎又是一個奇談怪論，就好比說一架飛機只能沿著 0 度經線飛行，不可以沿著 5 度、10 度、20 度經線一樣。不過，即使是如此奇怪的結論，也很快得到了實驗的證實。兩位德國物理學家，奧托・斯特恩（Otto Stern）和沃爾特・革拉赫（Walther Gerlach）在西元 1922 年進行了一次經典實驗，即著名的斯特恩—革拉赫實驗，有力地向世人展示了：電子在空間中的運方向同樣是不連續的。

實驗的原理很簡單：電子繞著原子核運行，就相當於一個微弱的閉合電流，會產生一個微小的磁矩，這就使得原子在磁場中會發生偏轉，其方向和電子運行的方向有關。斯特恩和革拉赫將一束銀原子通過一個非均勻磁場，如果電子的運行方向是隨意而連續的，那麼原子應該隨機地向各個方向偏轉才是。然而在實驗中，兩人發現原子束分成有規律的兩束，每一束的強度都是原來的一半！很明顯，在空間中的電子只有兩個特定的角度可取，在往上偏轉的那束原子裡，所有的電子都是「上旋」，在往下的那束原子裡，則都是「下旋」。除此之外，電子的運行就不

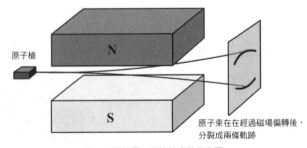

原子槍

N

S

原子束在在經過磁場偏轉後，
分裂成兩條軌跡

圖 4.2 斯特恩—革拉赫實驗示意圖

存在任何其他的角度了！這個實驗
不僅從根本上支持了波耳的定態軌
道原子模型，更為後來的「電子自
旋」鋪平了道路，不過我們在史話
的後面會再次提到這個話題，如今
暫且按下不談。

圖 4.3 原子大廈

在經歷了這樣一場量子化的洗
禮後，原子理論以一種全新的形象
出現在人們面前，並很快結出累累
碩果來。根據波耳模型，人們不久就發現，一個原子的化學性質，主要取決於它
最外層的電子數量，並由此表現出有規律的週期來，這就為週期表的存在提供了
最好的理論依據。但是人們也曾經十分疑惑，那就是對於擁有眾多電子的重元素
來說，為什麼它的一些電子能夠長期地占據外層的電子軌道，並不會失去能量落
到靠近原子核的低層軌道上去。這個疑問由年輕的包立在西元 1925 年做出了解
答。他發現，沒有兩個電子能夠享有同樣的狀態，一層軌道所能夠包容的不同狀
態，其數目是有限的，也就是說，一個軌道有著一定的容量。當電子填滿了一個
軌道後，其他電子便無法再加入到這個軌道中來。

一個原子就像一幢宿舍，每間房間都有一個四位數的門牌號碼。一樓只有兩
間房間，分別是 1001 和 1002。二樓則有 8 間房間，門牌分別是 2001、2002、
2101、2102、2111、2112、2121 和 2122。越是高層的樓，它的房間數量就越
多，租金也越貴。脾氣暴躁的管理員包立在大門口張貼了一張布告，宣布沒有兩
個電子房客可以入住同一間房屋。於是電子們爭先恐後地湧入這幢大廈，先到的
兩位占據了一樓那兩個價廉物美的房間，後來者因為一樓已經住滿，便不得不退
而求其次，開始填充二樓較貴的房間。二樓住滿後，又輪到三樓、四樓……一直
到租金離譜的六樓、七樓、八樓。不幸住在高處的電子雖然入不敷出，卻沒有辦
法，因為樓下的便宜房間都住滿了人，沒法搬進去。叫苦不迭的他們把包立那蠻
橫的規定稱作「不相容原理」（The Exclusion Principle）。

但是，這一措施的確能夠更好地幫助人們理解「原子社會」的一些基本行為準則。比如說，喜歡合群的電子們總是試圖讓一層樓的每個房間都住滿房客。我們設想一座「鈉大廈」，在它的三樓，只有一位孤零零的房客住在 3001 房。在相鄰的「氯大廈」的三樓，則正好只有一間空房沒人入主（3122）。出於電子對熱鬧的嚮往，鈉大廈的那位孤獨者順理成章地決定搬遷到氯大廈中去填滿那個空白的房間，而他也受到了那裡房客們的熱烈歡迎。這一舉也促成了兩座大廈的聯誼，形成了一個「食鹽社區」。在某些高層大廈裡，由於空房間太多，沒法找到足夠的孤獨者來填滿一層樓，那麼，即使僅僅填滿一個側翼（wing），電子們也表示滿意。

所有的這一切，當然都是形象化和籠統的說法。實際情況要複雜得多，比如每一層樓的房間還因為設施的不同分成好幾個等級。越高越貴也不是一個普遍原則，比如六樓的一間總統套房就很可能比七樓的普通間貴上許多。但這都不是問題，關鍵在於，波耳的電子軌道模型非常有說服力地解釋了原子的性質和行為，它的預言和實驗結果基本上吻合得絲絲入扣。在不到兩年的時間裡，波耳理論便取得了輝煌的勝利，全世界的物理學家們都開始接受波耳模型。甚至我們的那位頑固派——拒絕承認量子實際意義的普朗克——也開始重新審視自己當初那偉大的發現。

誰也沒有想到，如此具有偉大意義的一個理論，居然只是歷史舞臺上的一個匆匆過客。波耳的原子像一顆耀眼的火流星，在天空中燃燒出一瞬間的驚豔，然後它拖著長長的尾光，劃過那濃密的雲層，轟然墜毀在遙遠的地平線之後。各位讀者請在此稍作停留，欣賞一下這難得一見的輝光，然後請調整一下呼吸，因為我們馬上又要進入到茫茫譎詭的白雲深處中去。

📣 **名人軼聞：原子和星系**

拉塞福的模型一出世，便被稱為「行星模型」或者「太陽系模型」。這當然是一種形象化的叫法，但不可否認，原子這個極小的體系和太陽系這個極大的體

系之間居然的確存在著許多相似之處。兩者都有一個核心，這個核心占據著微不足道的體積（相對整個體系來說），卻集中了 99% 以上的質量。人們不禁要聯想，難道原子本身是一個「小宇宙」？或者，我們的宇宙，是由千千萬萬個「小宇宙」所組成的，而它反過來又和千千萬萬個別的宇宙組成更大的「宇宙」？這不禁令人想起威廉・布萊克（William Blake）那首著名的小詩：

To see a world in a grain of sand.	從一粒細沙看見世界。
And a heaven in a wild flower.	從一朵野花窺視天辰。
Hold infinity in the palm of your hand.	用一隻手去把握無限。
And eternity in an hour.	用一剎那來留住永恆。

我們是不是可以「從一粒細沙看見世界」呢？原子和太陽系的類比不能給我們太多的啟示，因為行星之間的實際距離相對電子來說，可要遠的多了（當然是從比例上講）。但是，最近有科學家提出，宇宙的確在不同的尺度上，有著驚人的重複性結構。比如原子和銀河系的類比，原子和中子星的類比，它們都在各個方面——比如半徑、週期、振動等——展現出了十分相似的地方。如果你把一個原子放大 10^{17} 倍，它所表現出來的性質就和一個白矮星差不多。如果放大 10^{30} 倍，據信，那就相當於一個銀河系。當然，相當於並不是說完全等於，我的意思是，如果原子體系放大 10^{30} 倍，它的各種力學和結構常數就非常接近於我們觀測到的銀河系。還有人提出，原子應該在高能情況下類比於同樣在高能情況下的太陽系。也就是說，原子必須處在非常高的激發態下（大約主量子數達到幾百），那時，它的各種結構就相當接近我們的太陽系。

這種觀點，即宇宙在各個層次上展現出相似的結構，被稱為「分形宇宙」（Fractal Universe）模型。在它看來，哪怕是一個原子，也包含了整個宇宙的某些資訊，是一個宇宙的「全息胚」。所謂的「分形」，是混沌動力學裡研究的一個饒有興味的課題，它給我們展現了複雜結構是如何在不同的層面上一再重複。宇宙的演化，是否也遵從某種混沌動力學原則，如今還不得而知，所謂的「分形

宇宙」也只是一家之言罷了。這裡當作趣味故事，博大家一笑而已。

　　上次說到，波耳提出了他的有軌原子模型，取得了巨大的成功。許多困擾人們多時的難題在這個模型的指引下迎刃而解。在那些日子裡，波耳理論的興起似乎為整個陰暗的物理天空帶來了絢麗的光輝，讓人們以為看見了極樂世界的美景。不幸地是，這一虛假的泡沫式繁榮沒能持續太多的時候。舊的物理世界固然已經在種種衝擊下變得瘡痍滿目，波耳原子模型那倉卒興建的宮殿也沒能抵擋住更猛烈的革命衝擊，不久後便在混亂中被付之一炬，只留下些斷瓦殘垣，到今日供我們憑弔。最初的暴雨已經過去，大地一片蒼涼，天空中仍然濃雲密布。殘陽似血，在天際投射出餘輝，把這廢墟染成金紅一片，襯托出一種更為沉重的氣氛，預示著更大的一場風暴的來臨。

　　無可否認，波耳理論的成就是巨大的，而且非常地深入人心，波耳本人為此在西元 1922 年獲得了諾貝爾獎。但是，這仍然不能解決它和舊體系之間的深刻矛盾。麥克斯威的方程可不管波耳軌道的成功與否，它仍然還是一如既往地莊嚴宣布：電子圍繞著原子核運動，必定釋放出電磁輻射來。對此，波耳也感到深深的無奈，他還沒有這個能力與麥克斯威徹底決裂，義無反顧地去推翻整個經典電磁體系，用一句流行的話來說，「封建殘餘力量還很強大吶」。作為妥協，波耳轉頭試圖將他的原子體系和麥氏理論調和起來，建立一種兩種理論之間的聯繫。他力圖向世人證明，兩種體系都是正確的，但都只在各自適用的範圍內才能成立。當我們的眼光從原子範圍逐漸擴大到平常的世界時，量子效應便逐漸消失，經典的電磁論得以再次取代 h 常數成為世界的主宰。然而，在這個過程中，無論何時，兩種體系都存在著一個確定的對應狀態。這就是他在西元 1918 年發表的所謂「對應原理」（The Correspondence Principle）。

　　不是所有的科學家都認同對應原理，甚至有人開玩笑地說，對應原理是一根「只能在哥本哈根起作用的魔棒」。客觀地說，對應原理本身具有著豐富的含意，直到今天還對我們有著借鑒作用，但是也無可否認，這種與經典體系「曖昧

不清」的關係是波耳理論的一個致命的先天不足。波耳王朝的衰敗似乎在它誕生的那一天就注定了，因為他引導的是一場不徹底的革命：雖然以革命者的面貌出現，卻最終還要依賴傳統電磁理論勢力的支持。這個理論，雖然借用了新生量子的無窮力量，它的基礎卻仍然建立在脆弱的舊地基上。量子化的思想，在波耳理論裡只是一支僱傭軍，它更像是被強迫附加上去的，而不是整個理論的出發點和基礎。

比如，波耳假設，電子只能具有量子化的能級和軌道，但為什麼呢？為什麼電子必須是量子化的？它的理論基礎是什麼呢？波耳在這上面語焉不詳，顧左右而言他。當然，苛刻的經驗主義者會爭辯說，電子之所以是量子化的，因為實驗觀測到它們就是量子化的，不需要任何其他的理由。但無論如何，如果一個理論的基本公設令人覺得不太安穩，這個理論的前景也就不那麼樂觀了。在對待波耳量子假設的態度上，科學家無疑地聯想起了歐基里德的第五公設（這個公設說，過線外一點只能有一條直線與已知直線平行。人們後來證明這個公理並不是無可爭議的）。無疑，它最好能夠從一些更為基本的公理所導出，這些更基本的公理，應該成為整個理論的奠基石，不僅僅是華麗的裝飾。

後來的歷史學家們在評論波耳的理論時，總是會用到「半經典半量子」，或者「舊瓶裝新酒」之類的詞語。它就像一位變臉大師，當電子圍繞著單一軌道運轉時，它表現出經典力學的面孔，一旦發生軌道變化，立即又轉為量子化的樣子。雖然有著技巧高超的對應原理的支持，這種兩面派做法也還是為人所質疑。不過，這些問題還都不是關鍵，關鍵是，波耳大軍在取得一連串重大勝利後，終於發現自己已經到了強弩之末，有一些堅固的堡壘，無論如何是攻不下來的了。

比如我們都已經知道的原子譜線分裂的問題，雖然在索末菲等人的努力下，波耳模型解釋了磁場下的季曼效應和電場下的斯塔克效應。但是，大自然總是有無窮的變化令人頭痛。科學家們很早就發現了譜線在弱磁場下的一種複雜分裂，稱作「異常季曼效應」（The Anomalous Zeeman Effect）。這種現象要求引進值為 1/2 的量子數，波耳的理論對之無可奈何，一聲歎息。這個難題困擾著許多最出色的科學家，簡直令他們抓狂得寢食難安。據說，包立在訪問波耳家時，就曾

經對波耳夫人的問好回以暴躁的抱怨：「我當然不好！我不能理解異常季曼效應！」還有一次，有人看見包立一個人愁眉苦臉地坐在哥本哈根的公園裡，於是上前問候。包立哇哇大喊道：「當然了，當你想到異常季曼效應的時候，你還能高興得起來嗎？」

圖 4.4 包立

這個問題，一直要到包立提出他的不相容原理後，才算最終解決。

另外波耳理論沮喪地發現，自己的力量僅限於只有一個電子的原子模型。對於氫原子、氘原子，或者電離的氦原子來說，它給出的說法是令人信服的。但對於哪怕只有兩個核外電子的普通氦原子，它就表現得無能為力。準確來說，在所有擁有兩個或以上電子的模型中，波耳理論所給出的計算結果都不啻是一場災難。甚至對於一個電子的原子來說，波耳能夠說清的，也只不過是譜線的頻率罷了，至於譜線的強度、寬度或者偏振問題，波耳還是只能聳聳肩，以他那大舌頭的口音說聲抱歉。

在氫分子的戰場上，波耳理論同樣戰敗。

為了解決所有的這些困難，波耳、蘭德（Alfred Landé）、包立、克拉默斯（Hendrik A. Kramers）等人做了大量的努力，引進了一個又一個新的假定，建立了一個又一個新的模型，有些甚至違反了波耳和索末菲的理論本身。到了西元1923 年，慘澹經營的波耳理論雖然勉強還算能解決問題，並獲得了人們的普遍認同，它已經像一件打滿了補丁的袍子，需要從根本上給予一次徹底變革了。哥廷根的那幫充滿朝氣的年輕人開始拒絕這個補丁累累的系統，希望重新尋求一個更強大、更完美的理論，從而把量子的思想從本質上根植到物理學裡面去，以結束像現在這樣苟且的寄居生活。

波耳體系的衰落和它的興盛一樣迅猛。越來越多的人開始關注原子世界，並做出了更多的實驗觀測。每一天，人們都可以拿到新的資料，刺激他們的熱情，

去揭開這個神祕王國的面貌。在哥本哈根和哥廷根，物理天才們興致勃勃地談論著原子核、電子和量子，一頁頁寫滿了公式和字母的手稿承載著靈感和創意，交織成一個大時代到來的序幕。青山遮不住，畢竟東流去。時代的步伐邁得如此之快，使得腳步蹣跚的波耳原子終於力不從心，從歷史舞臺中退出，消失在漫漫黃塵中，只留下一個名字讓我們時時回味。

如果把西元 1925 年－1926 年間海森堡和薛丁格的開創性工作視為波耳體系的壽終正寢的話，這個理論總共大約興盛了 13 年。它讓人們看到了量子在物理世界裡的偉大意義，並第一次利用它的力量去揭開原子內部的神祕面紗。然而，正如我們已經看到的那樣，波耳的革命是一次不徹底的革命，量子的假設沒有在他的體系裡得到根本的地位，似乎只是一個調和經典理論和現實矛盾的附庸。波耳理論沒法解釋，為什麼電子有著離散的能級和量子化的行為，它只知其然，卻不知其所以然。波耳在量子論和經典理論之間採取了折衷主義的路線，這使得他的原子總是帶著一種半新不舊的色彩，最終因為無法克服的困難而崩潰。波耳的有軌原子放射出那樣強烈的光芒，卻在轉眼間劃過夜空，復又墜落到黑暗和混沌中去。它是那樣地來去匆匆，以致人們都還來不及在衣帶上打一個結，許一些美麗的願望。

但是，它的偉大意義卻不因為其短暫的生命而有任何的褪色。是它挖掘出了量子的力量，為未來的開拓者鋪平了道路。是它承先啟後，有力地推了整個物理學的腳步。波耳模型至今仍然是相當好的近似，它的一些思想仍然為今人所借鑒和學習。它描繪的原子圖景雖然過時，卻是如此形象而生動，直到今天仍然是大眾心中的標準樣式，甚至代表了科學的形象。比如我們應該能夠回憶，直到 80 年代末，在中國的大街上還是隨處可見那個代表了「科學」的圖形：三個電子沿著橢圓軌道圍繞著原子核運行。這個圖案到了 90 年代終於消失了，想來總算有人意識到了問題。

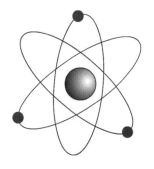

圖 4.5 波耳原子標誌

圖 4.6 波耳研究所 [2]

在波耳體系內部，也蘊藏了隨機性和確定性的矛盾。就波耳理論而言，如何判斷一個電子在何時何地發生自躍遷是不可能的，它更像是一個隨機的過程。海森堡 1919 年，應普朗克的邀請，波耳訪問了戰後的柏林。在那裡，普朗克和愛因斯坦熱情地接待了他，量子力學的三大巨頭就幾個物理問題展開了討論。

波耳認為，電子在軌道間的躍遷似乎是不可預測的，是一個自發的隨機過程，至少從理論上說沒辦法算出一個電子具體的躍遷條件。愛因斯坦大搖其頭，認為任何物理過程都是確定和可預測的。這已經埋下了兩人日後那場曠日持久爭論的種子。

當然，我們可敬的尼爾斯·波耳先生也不會因為舊量子論的垮臺而退出物理舞臺。正相反，關於他的精彩故事才剛剛開始。他還要在物理的第一線戰鬥很長的時間，直到逝世為止。西元 1921 年 9 月，波耳在哥本哈根的研究所終於落成，36 歲的波耳成為了這個所的所長。他的人格魅力很快就像磁場一樣吸引了各地的才華橫溢的年輕人，並很快把這裡變成了全歐洲的一個學術中心。赫維西、弗里西（O. Frisch）、法蘭克（J. Franck）、克拉默斯、克萊恩、包立、狄拉克、海森堡、約爾當、達爾文（C. Darwin）、烏倫貝克、古茲密特、莫特（N. Mott）、朗道（L. Landau）、蘭德、鮑林（L. Pauling）、蓋莫夫（G. Gamov）……人們向這裡湧來，充分地感受這裡的自由氣氛和波耳的關懷，並形成一種富有激情、活力、樂觀態度和進取心的學術精神，也就是後人所稱道的「哥本哈根精神」。在彈丸小國丹麥，出現了一個物理學界眼中的聖地，這個地方將深遠地影響量子力學的未來，還有我們根本的世界觀和思維方式。

2. 在此特別感謝fadingchannel網友友情提供該照片。

三

　　當波耳的原子還在泥潭中深陷苦於無法自拔的時候，新的革命已經在醞釀之中。這一次，革命者並非來自窮苦的無產階級大眾，而是出自一個顯赫的法國貴族家庭。路易士・維克托・皮雷・雷蒙・德・布羅意王子（Prince Louis Victor Pierre Raymond de Broglie）將為他那榮耀的家族歷史增添一份新的光輝。

　　「王子」（Prince，也有翻譯為「公子」的）這個爵位並非我們通常所理解的，是國王的兒子。事實上在爵位表裡，它的排名並不算高，而且似乎不見於英語世界。大致說來，它的地位要比「子爵」（Viscount）略低，而比「男爵」（Baron）略高。不過這只是因為路易士在家中並非老大，德布羅意家族的歷史悠久，他的祖先中出了許許多多的將軍、元帥、部長，曾經忠誠地在路易十四、路易十五、路易十六的麾下效勞。他們參加過波蘭王位繼承戰爭（西元 1733－1735）、奧地利王位繼承戰爭（西元 1740－1748）、七年戰爭（西元 1756－1763）、美國獨立戰爭（西元 1775—1782）、法國大革命（西元 1789）、二月革命（西元 1848），接受過法蘭西斯二世（Francis II，神聖羅馬帝國皇帝，後來退位成為奧地利皇帝法蘭西斯一世）以及路易・腓力（Louis Philippe，法國國王，史稱奧爾良公爵）的冊封，家族繼承著最高世襲身分的頭銜：公爵（法文 Duc，相當於英語的 Duke）。路易士・德布羅意的哥哥，莫里斯・德布羅意（Maurice de Broglie）便是第六代德布羅意公爵。西元 1960 年，當莫里斯去世以後，路易士終於從他哥哥那裡繼承了這個光榮稱號，成為第七位 duc de Broglie。

　　當然，在那之前，路易士還是頂著王子的爵號。小路易士對歷史學表現出濃厚的興趣，他的祖父，Jacques Victor Albert, duc de Broglie，不但是一位政治家，曾於西元 1873－1874 年間擔任過法國總理，同時也是一位出色的歷史學家，尤其精於晚羅馬史，寫出過著作《羅馬廷教史》（Histoire de l' glise et de l'empire romain）。小路易士在祖

圖 4.7 德布羅意

父的薰陶下，決定進入巴黎大學攻讀歷史。18 歲那年（西元 1910），他從大學畢業，卻沒有在歷史學領域進行更多的研究，因為他的興趣已經強烈地轉向物理方面。他的哥哥，莫里斯・德布羅意（第六代德布羅意公爵）是一位著名的射線物理學家。正如我們已經提到過的那樣，莫里斯參加了西元 1911 年的布魯塞爾第一屆索爾維「巫師」會議，並把會議紀錄帶回了家。小路易士閱讀了這些令人激動的科學進展和最新思想，他對科學的熱情被完全地激發出來，並立志把一生奉獻給這一偉大的事業。

轉投物理後不久，第一次世界大戰爆發了。德布羅意應徵入伍，被分派了一個無線電技術人員的工作。大部分的時間裡，他負責在艾菲爾鐵塔上架設無線電臺。他比可憐的亨利・莫塞萊要幸運許多，能夠在大戰之後毫髮無傷，繼續進入大學學習他的物理。他的博士導師便是著名的保羅・朗之萬（Paul Langevin）。

各位看倌，我必須在這裡插上幾句話，因為我們已經在不知不覺中來到了一個命運交關的時刻。回頭望去，波耳原子的耀眼光芒已消失在遙遠的天際，同時也帶走了我們唯一的火把和路標。現在，我們又一次失去了前進的方向，周圍野徑交錯，迷霧濕衣。在接下來的旅途中，大家必須小心翼翼地緊跟我們的步伐，不然會有迷路掉隊的危險。我們的史話講到這裡，我希望各位已經欣賞到了不少令人心馳神往的風光美景，也許大家曾經在某些問題上徬徨困惑過一陣子，但總地來說，道路還不算太過崎嶇坎坷。然而，必須提醒大家的是，在這之後，我們將進入一個完完全全的奇幻世界。這個世界光怪陸離，和我們平常所感知認同的那個迥然不同。在這個新世界裡，所有的圖像和概念都顯得瘋狂而不理，顯得更像是愛麗絲夢中的奇境，而不是踏踏實實的土地。許多名詞是如此稀奇古怪，以致只有借助數學工具才能把握它們的真實意義。當然，筆者將一如既往地試圖用最淺白的語言將它們表述出來，但是各位仍然有必要事先做好心理準備，因為量子革命的潮水很快就要鋪天蓋地地狂嘯而來了。這一切來得是那樣洶湧澎湃，以致很難分清主次線索，為了不至於使大家摸不著頭緒，我將盡量把一個主題闡述完整再轉向下一個。那些希望把握時間感的讀者應該留意具體的年代和時間。

好了，閒話少說，我們的話題回到德布羅意身上。他一直在思考一個問題，

就是如何能夠在波耳的原子模型裡面自然地引進一個週期的概念，以符合觀測到的現實。原本，這個條件是強加在電子上面的量子化模式：電子的軌道是不連續的。可是，為什麼必須如此呢？在這個問題上，波耳只是態度強硬地作了硬規定，並沒有解釋理由。在他的威名震懾下，電子雖然乖乖聽話，但總有點不那麼心甘情願的感覺。德布羅意想，是時候把電子解放出來，讓它們自己做主了。

20 世紀初的法國，很少有科學家投入到量子領域的研究中，但老布里元（Louis Marcel Brillouin，他的兒子小布里元 Léon Nicolas Brillouin 也是一位元物理名家）是一個例外。西元 1919－1922 年，布里元發表了一系列關於波耳原子的論文，試圖解釋只存在分立的定態軌道這樣一個事實。在老布里元看來，這是因為電子在運動的時候會激發周圍的「以太」，這些被振盪的以太形成一種波動，它們互相干涉，在絕大部分的地方抵消掉了，因此電子不能出現在那裡。

德布羅意讀過布里元的文章後，若有所思：干涉抵消的說法是可能的，但「以太」就不令人信服了。我們可敬的老以太，三十七年前的邁克生—莫立實驗已宣判了它的死刑，而愛因斯坦則在十九年的緩刑期後親手處決了它，現在，又有什麼理由讓它再次借屍還魂呢？導致波耳軌道的原因，必定直接埋藏在電子內部，而不用導入什麼以太之類的多餘概念。問題是，我們必須對電子本身的性質再一次進行認真的審視，莫非，電子背後還隱藏著一些無人知曉的祕密？

德布羅意想到了愛因斯坦和他的相對論。他開始這樣地推論：根據愛因斯坦那著名的方程，如果電子有質量 m，那麼它一定有一個內稟的能量 $E = mc^2$ 。好，讓我們再次回憶那個我說過很有用的量子基本方程 $E = hv$ ，也就是說，對應這個能量，電子一定會具有一個內稟的頻率。這個頻率的計算很簡單，因為 $mc^2 = E = hv$ 所以 $v = mc^2 / h$ 。

好。電子有一個內在頻率。那麼頻率是什麼呢？它是某種振動的週期。那麼我們又得出結論，電子內部有某些東西在振動。是什麼東西在振動呢？德布羅意借助相對論，開始了他的運算，結果發現……當電子以速度 v_0 前進時，必定伴隨著一個速度為 c^2 / v_0 的波……

噢，你沒有聽錯。電子在前進時，本身總是伴隨著一個波。細心的讀者可能

要發出疑問,因為他們發現這個波的速度 c^2/v_0 將比光速還快上許多, 但是這不是一個問題。德布羅意證明,這種波不能攜帶實際的能量和資訊,因此並不違反相對論。愛因斯坦只是說,沒有一種能量信號的傳遞能超過光速,對德布羅意的波,他是睜一隻眼閉一隻眼的。

德布羅意把這種波稱為「相波」(phase wave),後人為了紀念他,也稱其為「德布羅意波」。計算這個波的波長是容易的,就簡單地把上面得出的速度除以它的頻率,那麼我們就得到:$\lambda = (c^2/v_0)/(mc^2/h) = h/mv_0$。這個叫做德布羅意波長公式[3]。

但是,等等,我們似乎還沒有回過神來。我們在談論一個「波」!可是我們頭先明明在討論電子的問題,怎麼突然從電子裡冒出了一個波呢?我們並沒有引入所謂的「以太」啊,只有電子,這個波又是從哪裡出來的呢?難道說,電子其實本身就是一個波?

什麼?電子居然是一個波?!這未免讓人感到太不可思議。可敬的普朗克紳士在這些前衛且反叛的年輕人面前,只能搖頭興歎,連話都說不出來了。德布羅意把相波的證明作為他的博士論文提交了上去,但並不是所有的人都相信他。「證據,我們需要證據。」在博士答辯中,所有的人都在異口同聲地說,「如果電子是一個波,那麼就讓我們看到它是一個波的樣子。把它的繞射實驗做出來給我們看,把干涉圖紋放在我們的眼前。」德布羅意有禮貌地回敬道:「是的,先生們,我會給你們看到證據的。我預言,電子在通過一個小孔或晶體的時候,會像光波那樣,產生一個可觀測的繞射現象。」

在當時,德布羅意並未能說服所有的評委們,雖然他憑藉出色的答辯最終獲得了博士學位,但人們仍然傾向於認為相波只是一個方便的理論假設,而非物理事實[4]。但是,愛因斯坦卻相當支持這個理論,當朗之萬把自己弟子的大膽見解交給愛因斯坦點評時,他馬上予以了高度評價,稱德布羅意「揭開了大幕的一

---

3. 在德布羅意的原始論文裡沒有出現這個公式,不過它的最終形式已經暗含在文中了。所以人們依然將其稱為德布羅意公式。

4. 在德布羅意博士答辯會上的4位委員中,除了朗之萬之外,Perrin,Mauguin和Cartan都持有懷疑態度。

角」。整個物理學界在聽到愛因斯坦的評論後大吃一驚，這才開始全面關注德布羅意的工作。

事實上，德布羅意的博士學位當然不是僥倖得來的，恰恰相反，這也許是頒發過的含金量最高的學位之一。德布羅意是有史以來第一個僅憑藉博士論文就直接獲取科學的最高榮譽——諾貝爾獎的例子，他的精彩預言也將和他本人一樣在物理史上流芳世。因為僅僅兩年之後，奇妙的事情就在新大陸發生了。

四

上次說到，德布羅意發現電子在運行的時候，居然同時伴隨著一個波。他還大膽地預言，這將使得電子在通過一個小孔或晶體的時候，會產生一個可觀測的繞射現象。也許是上帝存心要讓物理學的混亂在 20 年代中期到達一個最高潮，這個預言很快就被達維森（C.J.Davisson）和革末（L. H. Germer）在美國證實了。

達維森出生於美國伊利諾斯州，並先後在芝加哥、普度和普林斯頓大學接受了物理教育。他曾先後師從密立坎和理查森（O.W.Richardson），都是有名的光電子理論專家。完成學業之後，達維森本應順理成章地進入大學教學，但他有一個致命的點——口吃，這使他最終放棄了校園生涯，加入到西部電氣公司的工程部去做研究工作。這個部門後來在西元 1925 年被當時 AT&T 的總裁吉福（Walter Gifford）所撤銷，搖身一變，成為了大名鼎鼎的貝爾電話實驗室（Bell Labs）。

不過我們還是回到正題。西元 1925 年，達維森和他的助手革末正在這個位於紐約的實驗室裡進行一個實驗：用電子束轟擊一塊金屬鎳（nickel）。實驗要求金屬的表面絕對純淨，所以達維森和革末把金屬放在一個真空的容器裡，以確保沒有雜質混入其中。然而，2 月 5 日，突然發生了一件意外，這個真空容器因為某種原因發生了爆炸，空氣一擁而入，迅速地氧化了鎳的表面。達維森和革末非常沮喪，因為通常來說發生了這樣的事故後，整個裝置基本上報廢了。不過這次，他們決定對其進行修補，重新淨化金屬表面，把實驗從頭來過。在當時，去

除氧化層的最好辦法就是對金屬進行高熱加溫，這
正是兩人所做的。

圖 4.8 達維森和革末

他們卻不知道，正如雅典娜暗中助推著阿爾戈
英雄們的船隻，幸運女神正在這個時候站在他倆的
身後。容器裡的金屬，在高溫下發生了不知不覺的
變化：原本它是由許許多多塊小晶體組成的，在加
熱之後，整塊鎳融合成了幾塊大晶體。雖然在表面
看來，兩者並沒有太大的不同，但是內部的劇變已
經足夠改變物理學的歷史。

折騰了兩個多月後，實驗終於又可以繼續進行了。一開始沒有什麼奇怪的結
果出現，可是到了 5 月中，實驗曲線突然發生了劇烈的改變！兩人嚇了一跳，百
思不得其解，實驗毫無成果地拖了一年多的時間。終於，達維森在這上面感到筋
疲力盡，決定放鬆一下，和夫人一起去英國度「第二個蜜月」。他信誓旦旦地承
諾說，這將比第一次蜜月還要甜蜜。

老天果然沒有辜負達維森的期望，給了他一次異常「甜蜜」的旅行，但卻是
在一個非常不同的意義上。當時，正好許多科學家在牛津開會，達維森也順便和
他的大舅子（也就是他的老師理查森）去湊熱鬧。會議由著名的德國物理學家波
恩主持，他提到了達維森早年的一個類似的實驗，並認為可以用德布羅意波來解
釋。德布羅意波？達維森還是第一次聽到這個名詞，他在 AT&T 專心搞實驗，對
遠在歐洲發生的新革命聞所未聞。不過達維森立即聯想到了自己最近獲得的那些
奇怪資料，於是把它們拿出來供大夥兒研究。幾位著名的科學家進行了熱烈討
論，並認為這很可能就是德布羅意所預言過的電子繞射！達維森又驚又喜，在回
去的途中大大地惡補了一下新的量子力學。很快，到了西元 1927 年，他就和革
末通過實驗精確地證明了電子的波動性：被鎳塊散射的電子，其行為和 X 射線
繞射一模一樣！人們終於發現，在某種情況下，電子表現出如 X 射線般的純粹
波動性質來。

更多的證據接踵而來。同樣在西元 1927 年，G.P.湯姆生，著名的 J.J 湯姆生

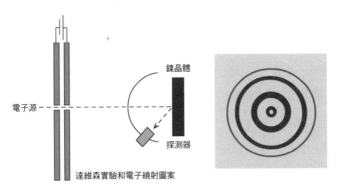

圖 4.9 達維森實驗和電子繞射

的兒子，在劍橋通過實驗進一步證明了電子的波動性。實驗中得到的電子的繞射圖案，和 X 射線繞射圖案相差無幾，所有的資料也都和德布羅意的預言吻合得天衣無縫。現在沒什麼好懷疑的了，我們可以賭咒發誓：電子，千真萬確，童叟無欺，絕對是一種波！

命中注定，達維森和湯姆生將分享西元 1937 年的諾貝爾獎金，而德布羅意將先於他們八年獲得這一榮譽。有意思的是，GP 湯姆生的父親，JJ 湯姆生因為發現了電子這一粒子而獲得諾貝爾獎，做兒子的卻因為證明電子是波而獲得同樣的榮譽。歷史有時候，實在富有太多的趣味性。

可是，讓我們冷靜一下，從頭再好好地想一想。電子是個波？這是什麼意思？我希望大家還沒有忘記我們可憐的波動和微粒兩支軍隊，在波耳原子興盛又衰敗的時候，它們仍然一直在苦苦對抗，僵持不下。西元 1923 年，德布羅意在求出他的相波之前，正好是康普頓用光子說解釋了康普頓效應，從而帶領微粒大舉反攻後不久。倒楣的微粒不得不因此放棄了全面進攻，因為它們突然發現，在電子這個大後方，居然出現了波動的奸細！這真叫做後院起火了。

「電子居然是個波！」這個爆炸新聞很快就傳遍了波動和微粒雙方各自的陣營。剛剛還在康普頓戰役中焦頭爛額的波動一方這下揚眉吐氣，終於可以狠狠地嘲笑一下死對頭微粒。《波動日報》發表社論，宣稱自己取得了決定的勝利。它的首版套紅標題氣勢磅礴：「微粒的反叛勢力終將遭遇到他們應有的可恥結局——電子的下場就是明證。」光子的反擊，在波動的眼中突然變得不值一提了，

連電子這個老大哥都能搞定，還怕你小小的光子？波動的領導人甚至在各地發表了極具煽動性的演講，不單再次聲稱自己在電磁領域擁有絕對的合法主權，更進一步要求統治原子和電子，乃至整個物理學。「既然德布羅意已經證明了，所有的物質其實都是物質波（即相波），微粒偽政權又有什麼資格盤踞在不屬於它的土地上？一切所謂的『粒子』，都只是波的假相，而微粒學說只有一個歸宿——歷史的垃圾桶！」

不過這次，波動的樂觀態度未免太一廂情願，它高興得過早了。微粒方面的宣傳輿論工具也沒閒著，《微粒新聞》的記者採訪了德布羅意，結果德布羅意說，當今的輻射物理被分成粒子和波兩種觀點，這兩種觀點應當以某種方式統一，並非始終尖銳地對立——這不利於理論的發展前景。他甚至以一種和事佬的姿態提到，自己和哥哥從來都把 X 射線看成一種粒子與波的混合體。對於微粒來說，講和的提議自然是無法接受的，但至少能讓它鬆一口氣的是，德布羅意沒有明確地偏向波動一方，這就給它的反擊留下了餘地。「啊哈！」微粒的將軍們嘲弄地反唇相譏道：「看哪，波動在光的問題上敗得狼狽不堪，現在狗急跳牆，開始胡話連篇了。電子是個波？多可笑的論調！難道宇宙萬物不都是由原子核和電子所組成的嗎？這麼說來，桌子也是波，椅子也是波，地球也是波，你和我都是波？Oh my God，可憐的波動到底知不知道它自己在說些什麼？」

「德布羅意事變」將第三次波粒戰爭推向了一個高潮。電子，乃至整個物質世界現在也被拉進有關光本性的這場戰爭，這使得戰爭全面地被升級。事實上，波動這次對電子的攻擊只有更加激發了粒子們的同仇敵愾之心。現在，光子、電子、α 粒子、還有更多的基本粒子，他們都決定聯合起來，為了「大粒子王國」的神聖保衛戰而並肩奮鬥。這場波粒戰爭，已經遠遠超出了光的範圍，整個物理體系如今都陷於這個爭論中，從而形成了一次名副其實的世界大戰。現在的問題，不再僅僅是光到底是粒子還是波，現在的問題，是電子到底是粒子還是波？你和我到底是粒子還是波？這整個物質世界到底是粒子還是波？

波動和微粒，這兩個對手的恩怨糾纏，在整整三個世紀中犬牙交錯，宿命般地鋪展開來，終於演變為一場決定物理學命運的大決戰。

名人軼聞： 父子諾貝爾

俗話說，虎父無犬子，大科學家的後代往往也會取得不亞於前輩的傲人成績。JJ 湯姆生的兒子 GP 湯姆生推翻了老爸電子是粒子的觀點，證明電子的波動性，同樣獲得諾貝爾獎。這樣的世襲科學豪門，似乎不是絕無僅有。

居禮夫人和她的丈夫皮埃爾·居禮於西元 1903 年分享諾貝爾獎（居禮夫人在西元 1911 年又得了一個化學獎）。他們的女兒約里奧·居禮（Irene Joliot-Curie）也在西元 1935 年和她丈夫一起分享了諾貝爾化學獎。居禮夫人的另一個女婿，美國外交家 Henry R. Labouisse，在西元 1965 年代表聯合國兒童基金會（UNICEF）獲得了諾貝爾和平獎。

西元 1915 年，亨利·布拉格（William Henry Bragg）和勞倫斯·布拉格（William Lawrence Bragg）父子因為利用 X 射線對晶體結構做出了突出貢獻，分享了諾貝爾物理獎金。勞倫斯得獎時年僅 25 歲，是有史以來最年輕的諾貝爾物理獎得主。

我們大名鼎鼎的尼爾斯·波耳獲得了西元 1922 年的諾貝爾物理獎。他的第 4 個兒子，埃格·波耳（Aage Bohr）於西元 1975 年在同樣的領域獲獎。尼爾斯·波耳的父親也是一位著名的生理學家，任教於哥本哈根大學，曾被兩次提名為諾貝爾醫學和生理學獎得主，可惜沒有成功。

卡爾·西格班（Karl Siegbahn）和凱·西格班（Kai Siegbahn）父子分別於西元 1924 和 1981 年獲得諾貝爾物理獎。

假如筆者的老爸是大科學家，筆者又會怎樣呢？不過恐怕還是如現在這般浪蕩江湖，尋求無拘無束的生活吧！呵呵。

五

上次說到，德布羅意的相波引發了新的爭論。不僅光和電磁輻射，現在連電子和普通物質都出了問題：究竟是粒子還是波呢？

雖然雙方在口頭上都不甘示弱，但真正的問題還要從技術上去解決。達維森和湯姆生的電子繞射實驗證據可是確鑿無疑的，這叫微粒方面沒法裝作視而不

見。但微粒避其鋒芒，放棄周邊陣地，採取一種堅壁清野的戰術，牢牢地死守著最初建立起來的堡壘。電子理論的陣地可不是一朝一夕建成的，哪有那麼容易被摧毀？大家難道忘記了電子最初被發現的那段歷史了嗎？當時堅持粒子說的英國學派和堅持以太波動說的德國學派不是也爭吵個不休嗎？難道最後不是偉大的J.J.湯姆生用無可爭議的實驗證據給電子定性了嗎？雖然二十六年過去了，可陰極射線在靜電場中不是依然乖乖地像個粒子那般偏轉嗎？老爸可能是有一點古舊和保守，但薑還是老的辣，做兒子的想要徹底推翻老爸的觀點，還需要提供更多的證據才行。

微粒的另一道戰壕是威爾遜雲室，這是英國科學家威爾遜（C.T.R.Wilsonü）在西元 1911 年發明的一種儀器。水蒸氣在塵埃或離子通過的時候，會以它們為中心凝結成一串水珠，從而在粒子通過之處形成一條清晰可辨的軌跡，就像天空中噴氣式飛機身後留下的白霧。利用威爾遜雲室，我們可以親眼看見電子的運行情況，從而進一步研究它和其他粒子碰撞時的情形，結果它們的表現完全符合經典粒子的規律。在過去，這或許是理所當然的事情，但現在，對於敵人兵臨城下的粒子軍來說，這可是一個寶貴的防禦工事。威爾遜因為發明雲室在西元 1927年和康普頓分享了諾貝爾獎金，這兩位都可以說是微粒方面的重要人物。如果西元 1937 年達維森和湯姆生的獲獎標誌著波動的狂歡，那十年前的這次諾貝爾頒獎禮則無疑是微粒方面的一次盛典。不過在領獎的時候，戰局已經出乎人們的意料，有了微妙的變化。當然這都是後話了。

捕捉電子位置的儀器也早就有了，電子在感應屏上，總是激發出一個小亮點。Hey，微粒的將軍們說，波動怎麼解釋這個呢？哪怕是電子組成繞射圖案，它還是一個一個亮點這樣堆積起來的。如果電子是波的話，那麼理論上單個電子就能構成整個圖案，只不過非常黯淡而已。可是情況顯然不是這樣，單個電子只能構成單個亮點，只有大量電子的出現，才逐漸顯示出繞射圖案來，這難道不是粒子的最好證據嗎？

在電子戰場上苦苦堅守，等待轉機的同時，微粒於光的問題上則主出擊，以爭取扭轉整體戰略形勢。在康普頓戰役中大獲全勝的它得理不饒人，大有不把麥

克斯威體系砸爛不甘休的豪壯氣概。到了西元 1923 年夏天，波特（Walther Bothe）和威爾遜雲室進一步肯定了康普頓的論據，而波特和蓋革（做 α 粒子散射實驗的那個）西元 1924 年的實驗則再一次極其有力地支持了光量子的假說。雖然麥克斯威理論在電磁輻射的領土上已經有六十多年的苦心經營，但微粒的力量奇兵深入，屢戰屢勝，叫波動為之深深頭痛，大傷腦筋。

就在差不多的時候，愛因斯坦也收到了一陌生的來信，寄信地址讓他吃驚不已：居然是來自遙遠的印度！寫信的人自稱名叫玻色（S.N. Bose），他謙虛地請求愛因斯坦審閱一下他的論文，看看有沒有可能發表在《物理學雜誌》（Zeitschrift für Physik）上面。愛因斯坦一開始不以為意，隨手翻了翻這篇文章，但馬上他就意識到，他收到的是一個意義極為重大的證明。玻色把光看成是不可區分的粒子的集合，從這個簡單的假設出發，他一手推導出了普朗克的黑體公式！愛因斯坦親自把這篇重要的論文翻譯成德文發表，他隨即又進一步完善玻色的思想，發展出了後來在量子力學中具有舉足輕重地位的玻色-愛因斯坦統計法。服從這種統計的粒子（比如光子）稱為「玻色子」（boson），它們不服從包立不相容原理，這使得我們可以預言，它們在低溫下將表現得非常不同，形成著名的玻色-愛因斯坦凝聚現象。西元 2001 年，三位分別來自美國和德國的科學家因為以實驗證實了這一現象而獲得諾貝爾物理學獎，不過那已經超出我們史話所論述的範圍了。

玻色-愛因斯坦統計的確讓微粒在光領域又建立一個里程碑式的勝利。原來僅僅把光簡單地看成全同的粒子，困擾人們多時的黑體輻射和別的許許多多的難題就自然都迎刃而解！這叫微粒又洋洋得意了好一陣子。不過，就像當年的漢尼拔，它的勝利再如何輝煌，也仍然無法摧毀看上去牢不可破的羅馬城——電磁大廈！無論它自我吹噓說取得了多少戰果，在雙縫干涉條紋前還是只好忍氣吞聲。反過來，波動也是處境艱難。它只能困守在麥克斯威的城堡內向對手發出一些蒼白的嘲笑，面對光電效應等現象，仍然顯得一籌莫展，束手無策。波動後來曾經發過一次小小的突擊，試圖繞過光量子假設去解釋康普頓效應，比如 J.J.湯姆生和士等人分別提出過一些基於經典理論的模型，但這些行動都沒能達到預定的目

標，最後均不了了之。在另一方面，波動企圖在短期內閃電戰滅亡電子的戰略意圖則因為微粒聯合軍的頑強抵抗很快就化作泡影，整個戰場再次陷入僵持。

人們不久就意識到，無論微粒還是波動，其實都沒能在「德布羅意事變」中撈到實質性的好處。雙方各派出一支奇兵，在對手的腹地內做活一塊，但卻沒有攻占任何有重大戰略意義的據點。在老戰線上，誰都沒能前進一步，只不過現在的戰場被無限擴大了而已。第三次波粒戰爭不可避免地演變為一場曠日持久的拉鋸戰，誰也看不到勝利的希望。

圖 4.10 玻色

波耳在西元 1924 年曾試圖給這兩支軍隊調停，他和克拉默斯還有斯雷特（J.C.Slater）發表了一個理論，以三人的首字母命名，稱作 BKS 理論。BKS 放棄了光量子的假設，但嘗試運用對應原理，在波和粒子之間建立一種對應，這樣一來，就可以同時從兩者的角度去解釋能量轉換。可惜的是，波粒正打得眼紅，哪肯善罷甘休，這次調停成了外交上的徹底失敗，不久就被實驗所否決。戰火熊熊，燃遍物理學的每一寸土地，同時也把它的未來炙烤得焦糊不清。

西元 1925 年，物理學真正走到了一個十字路口。它迷茫而又困惑，不知道前途何去何從。昔日的經典輝煌已經變成斷瓦殘垣，一切回頭路都被斷絕。如今的天空濃雲密布，不見陽光，在大地上投下一片陰影。人們在量子這個精靈的帶領下一路走來，沿途如行山陰道上，精彩目不暇接，但現在卻突然發現自己已經身在白雲深處，徬徨而不知歸路。放眼望去，到處是霧茫茫一片，不辨東南西北，叫人心中沒底。波耳建立的大廈雖然看起來還是頂天立地，但稍微了解一點內情的工程師們都知道它已幾經裱糊，傷筋動骨，搖搖欲墜，只是仍然在苦苦支撐而已。更何況，這個大廈還憑藉著對應原理的天橋，依附在麥克斯威的舊樓上，這就更教人不敢對它的前途抱有任何希望。在另一邊，微粒和波動打得烽火連天，誰也奈何不了誰，長期的戰爭已使物理學的基礎處在崩潰邊緣，它甚至不

知道自己是建立在什麼東西之上。

不過，我們也不必過多地為一種悲觀情緒所困擾。在大時代的黎明到來之前，總是要經歷這樣深深的黑暗，那是一個偉大理論誕生前的陣痛。當大風揚起，吹散一切嵐霧的時候，人們會驚喜地發現，原來他們已經站在高高的山峰之上，極目望去，滿眼風光。

那個帶領我們穿越迷霧的人，後來回憶說：「西元 1924 到 1925 年，我們在原子物理方面雖然進入了一個濃雲密布的領域，但是已經可以從中看見微光，並展望出一個令人激動的遠景。」

說這話的是一個來自德國的年輕人，他就是沃爾納‧海森堡（Werner Heisenberg）。物理學的天空終於要雲開霧散，露出璀璨的星光讓我們目眩神迷。而這個名字，則注定要成為最華麗的星座之一，它發射出那樣耀眼的光芒，照亮整個蒼穹，把自己鐫刻在時空和歷史的盡頭。

📢 名人軼聞：被誤解的名言

這個閒話和今天的正文無關，不過既然這幾日討論牛頓，不妨多披露一些關於牛頓的歷史事實[5]。

牛頓最為人熟知的一句名言是這樣說的：「如果我看得更遠的話，那是因為我站在巨人的肩膀上」（If I have seen further it is by standing on ye shoulders of Giants）。這句話通常被用來讚歎牛頓的謙遜，但是從歷史上來看，這句話本身似乎沒有任何可以理解為謙遜的理由。

首先這句話不是原創。早在 12 世紀，伯納德（Bernard of Chartres，他是中世紀的哲學家，著名的法國沙特爾學校的校長）就說過：「Nos esse quasi nanos gigantium humeris insidientes」。這句拉丁文的意思就是說，我們都像坐在巨人肩膀上的矮子。這句話，如今還能在沙特爾市那著名的哥德式大教堂的窗戶上找

---

5. 本文最初寫成於網上。寫到這段的時候，論壇裡正在討論關於牛頓的事情。

到。從伯納德以來，至少有二、三十個名人在牛頓之前說過類似的話，明顯是當時流行的一種套詞。

牛頓說這話是在西元 1676 年給胡克的一信中。當時他已經和胡克在光的問題上吵得昏天黑地，爭論已經持續多年（可以參見我們的史話）。在這信裡，牛頓認為胡克把他（牛頓自己）的能力看得太高了，然後就是這句著名的話：「如果我看得更遠的話，那是因為我站在巨人的肩膀上。」

結合前後文來看，這是一次很明顯的妥協：我沒有抄襲你的觀念，我只不過在你工作的基礎上繼續發展──這才比你看得高那麼一點點。牛頓想通過這種方式委婉地平息胡克的怒火，大家就此罷手。但如果要說大度或謙遜，似乎很難談得上。牛頓為此一生記恨胡克，哪怕幾十年後，胡克早就墓木已拱，他還是不能平心靜氣地提到這個名字，這句話最多是試圖息事寧人的外交詞令而已。

更有歷史學家認為，這句話是一次惡意的挪揄和諷刺──胡克身材矮小，用「巨人」似乎暗含不懷好意。持這種觀點的甚至還包括著名的史蒂芬・霍金，諷刺地是，正是他如今坐在當年牛頓劍橋盧卡薩教授的位子上。

牛頓還有一句有名的話，大意說他是海邊的一個小孩子，撿起貝殼玩玩，但還沒有發現真理的大海。這句話也不是他的原創，最早可以追溯到 Joseph Spence。但牛頓最可能是從約翰・彌爾頓的《複樂園》中引用（牛頓有一本彌爾頓的作品集）。這顯然也是精心準備的說辭，牛頓本人從未見過大海，更別提在海灘行走了 [6]。他一生中見過的最大的河也就是泰晤士河，很難想像大海的意象如何能自然地從他的頭腦中跳出來。

我談這些，完全沒有詆毀誰的意思。我只想說，歷史有時候被賦予了太多的光圈和暈輪，但還原歷史的真相，是每一個人的責任，不論那真相究竟是什麼。同時，這也絲毫不影響牛頓科學上的成就──他是整個近代科學最重要的奠基人，使得科學最終擺脫婢女地位而獲得完全獨立的象徵人物，有史以來第一個集大成的科學體系的創立者。從這個意義上來說，牛頓毫無疑問是有史以來最偉大

---

6. 牛頓極少旅行，所到過的地方一目了然。牛頓從未見過大海是傳統的說法，不過讀者也可以參看一下White 1997。

的科學家，無論是伽利略、麥克斯威、達爾文還是愛因斯坦，均不能望其項背。

CHAPTER **05**
曙光 _____

一

本章的主角屬於沃爾納・海森堡，他於西元 1901 年出生於德國巴伐利亞州的維爾茲堡（Würzburg），其父後來成為了一位有名的研究希臘和拜占庭文獻的教授。小海森堡 9 歲那年，他們全家搬到了慕尼黑，他的外祖父在那裡的一間名校（叫做 Maximilian Gymnasium）當校長，而海森堡也自然進了這間學校學習。雖然屬於「高幹子弟」，但小海森堡顯然不用憑藉這種關係來取得成績，他的天才很快就開始讓人吃驚，特別是數學和物理方面的，但是他同時也對宗教、音樂和文學表現出強烈興趣。這種多才多藝預示著他將來不但會成為一位劃時代的物理學家，同時也會在哲學史上留有一席之地。

年輕的海森堡喜歡和同伴們四處周遊，並參加各式各樣的組織。西元 1919年，他甚至參與了鎮壓巴伐利亞蘇維埃共和國的軍事行動，當然那時候他還只是個大男孩，把這當成一件好玩的事情而已。對海森堡來說，更嚴肅的問題是應該為將來選擇一條怎樣的道路，這在他進入慕尼黑大學後就十分現實地擺在眼前。海森堡琢磨著自己數學不錯，於是先試圖投奔林德曼（Ferdinand von Lindemann），一位著名的數論專家門下學習純數學。結果，呵呵，令這位未來

的科學巨匠臉上無光的是，他被乾脆俐落地拒絕了。
無奈之下，海森堡退而求其次，成為了索末菲的弟
子，就這樣踏出了通向物理學頂峰的第一步。

圖 5.1 海森堡

　　不管身在何處，像海森堡這樣才華橫溢的人是不
可能被埋沒的，他在物理上很快就顯現了更為驚人的
天賦，並很快得到了賞識。西元 1922 年，波耳應邀
到哥廷根進行學術訪問，從 6 月 12 號到 22 號，波耳
一連做了七次關於原子理論的演講。這次訪問在哥廷
根引起了巨大的轟動，甚至後來被稱為哥廷根的「波
耳節」。全德國各地的科學家都趕到哥廷根去聽波耳的演講，而海森堡也隨著他
的導師索末菲參與了這次盛會。當時才二年級的他竟然向波耳提出一些學術觀點
上的異議，使得波耳對他刮目相看。事實上，波耳此行最大的收穫可能就是遇到
了海森堡和包立，兩個天才無限的青年。求賢若渴的波耳把兩人的名字牢記在心
中，到了西元 1924 年 7 月──那時海森堡已是博士，在哥廷根波恩的手下工作
──他便寫信給這個德國小夥子，告知他洛克菲勒（Rockefeller）財團資助的國
際教育委員會（IEB）已經同意提供為數 1000 美元的獎金，從而讓他有機會遠
赴哥本哈根，與波耳本人和他的同事們共同工作一年。也是無巧不成書，那時波
恩正好要到美國講學，於是同意海森堡到哥本哈根去，只要在明年 5 月夏季學期
開始前回到哥廷根就行了。從後來的情況看，海森堡對哥本哈根的這次訪問無疑
對於量子力學的發展有著非常積極的意義。

　　波耳在哥本哈根的研究所當時已經具有了世界性的聲名，和哥廷根、慕尼黑
一起成為了量子力學發展史上的「黃金三角」。世界各地的學者紛紛前來訪問學
習，西元 1924 年的秋天有近十位訪問學者，其中六位是 IEB 資助的，而這一數
字很快就開始激增，使得這幢三層樓的建築不久就開始顯得擁擠，從而不得不展
開擴建。海森堡在結束了他的暑假旅行之後，於西元 1924 年 9 月 17 日抵達哥本
哈根，他和另一位來自美國的金（King）博士住在一位剛去世的教授家裡，並由
孀居的夫人照顧他們的飲食起居。對於海森堡來說，這地方更像是一所語言學校

——他那糟糕的英語和丹麥語程度都在逗留期間有了突飛猛進的進步。

言歸正傳。我們在前面講到，西元 1924、1925 年之交，物理學正處在一個非常艱難和迷茫的境地中。波耳那精巧的原子結構已經在內部出現了細小的裂紋，而輻射問題的本質究竟是粒子還是波動，雙方仍然在白熱化地交戰。康普頓的實驗已經使得最持懷疑態度的物理學家都不得不承認，粒子性是無可否認的，但是這就勢必要推翻電磁體系這個已經紮根於物理學近百年的龐然大物。而後者所依賴的地基——麥克斯威理論看上去又是如此牢不可破，無法動搖。

我們也已經提到，在海森堡來到哥本哈根前不久，波耳和他的助手克拉默斯還有斯雷特發表了一個稱作 BKS 的理論以試圖解決波和粒子的兩難。在 BKS 理論看來，每一個穩定的原子附近，都存在著某些「虛擬的振動」（virtual oscillator），這些神祕的虛擬振動通過對應原理——與經典振動相對應，從而使得量子化之後仍然保留有經典波動理論的全部優點（實際上，它是想把粒子在不同的層次上進一步考慮成波）。然而這個看似皆大歡喜的理論實在有著難言的苦衷，它為了調解波動和微粒之間的宿怨，甚至不惜拋棄物理學的基石之一：能量守恆和動量守恆定律，認為它們只不過是一種統計下的平均情況。這個代價太大，遭到愛因斯坦強烈反對，在其影響下包立也很快轉換態度，他不止一次寫信給海森堡抱怨「虛擬的振動」還有「虛擬的物理學」。

BKS 的一些思想倒也不是毫無意義。克拉默斯利用虛擬振子的思想研究了色散現象，並得出了積極的結果。海森堡在哥本哈根學習的時候對這方面產生了興趣，並與克拉默斯聯名發表了論文在物理期刊上，這些思路對於後來量子力學的創立無疑也有著重要的作用。但 BKS 理論終於還是中途夭折，西元 1925 年 4月的實驗否定了守恆只在統計意義上成立的說法，光量子確實是實實在在的東西，不是什麼虛擬波。BKS 的崩潰標誌著物理學陷入徹底的混亂，粒子和波的問題是如此令人迷惑而頭痛，以致波耳都說這實在是一種「折磨」（torture）。對於曾經信奉 BKS 的海森堡來說，這當然是一個壞消息，但是就像一盆冷水，也能讓他清醒一下，認真地考慮未來的出路何在。

哥本哈根的日子是緊張而又有意義的，海森堡無疑地感到了一種競爭的氣

氛：他在德國少年成名，聽慣了旁人的驚歎和讚賞，現在卻突然發現身邊的每一個人都毫不遜色。特別是波耳那風度翩翩的助手克拉默斯，人家不但在物理上才華橫溢，更能極為流利地說五種不同的語言，鋼琴和大提琴的水準令人歎為觀止，這不免讓海森堡產生一絲妒意，並以他那好勝的性格加倍努力地追趕。當然，競爭是一回事，哥本哈根的自由精神和學術氣氛在全歐洲都幾乎無與倫比，而這一切又都和尼爾斯・波耳這位量子論的「教父」密切相關。毫無疑問在哥本哈根的每一個人都是天才，但他們卻都更好地襯托出波耳本人的偉大來。這位和藹的丹麥人對於每個人都報以善意的微笑，並引導人們暢所欲言，探討一切類型的問題。人們像眾星拱月一般圍繞在他身邊，個個都為他的學識和人格所折服，海森堡也不例外，而且他更將成為波耳最親密的學生和朋友之一。波耳常常邀請海森堡到他家（就在研究所的二樓）去分享家藏的陳年好酒，或者到研究所後面的樹林裡去散步並討論學術問題。波耳是一個極富哲學氣質的人，他對於許多物理問題的看法都帶有深深的哲學色彩，這令海森堡相當震撼，並在很大程度上影響了他本人的思維方式。從某種角度說，在哥本哈根那「量子氣氛」裡的薰陶，以及和波耳的交流，可能會比海森堡在那段時間裡所做的實際研究更有價值。包立後來說，他很高興海森堡在哥本哈根「學到了一點哲學」。

那時候，有一種思潮在哥本哈根流行開來。這個思想當時不知是誰引發的，但歷史上大約可以回溯到馬赫。這種思潮說，物理學的研究物件應該只是能夠被觀察到被實踐到的事物，物理學只能夠從這些東西出發，並不是建立在觀察不到或純粹是推論的事物上。這個觀點對海森堡及不久後也來哥本哈根訪問的包立都有很大影響，海森堡開始隱隱感覺到，波耳舊原子模型裡的有些東西似乎不太對頭，似乎它們不都是直接能夠為實驗所探測的。最明顯的例子就是電子的「軌道」，以及它繞著軌道運轉的「頻率」。我們馬上就要來認真地看看這個問題。

西元 1925 年 4 月 27 日，海森堡結束哥本哈根的訪問回到哥廷根，並開始重新著手研究氫原子的譜線問題——從中應該能找出量子體系的基本原理吧？海森堡的打算是仍然採取虛振子的方法，雖然 BKS 倒臺了，但這在色散理論中已被證明是卓有成效的。海森堡相信，這個思路應該可以解決波耳體系所解決不了的

一些問題，譬如譜線的強度。但是當他興致勃勃地展開計算後，他的樂觀態度很快就無影無蹤了：事實上，如果把電子輻射按照虛振子的代數方法展開，他所遇到的數學困難幾乎是不可克服的，這使得海森堡不得不放棄了原先的計畫。包立在同樣的問題上也被難住了，障礙實在太大，幾乎無法前進，這位脾氣急躁的物理學家是如此暴跳如雷，幾乎準備放棄物理學。「物理學出了大問題」，他叫嚷道：「對我來說什麼都太難了，我寧願自己是一個電影喜劇演員，從來也沒聽說過物理是什麼東西！」（插一句，包立說寧願自己是喜劇演員，這是因為他是卓別林的 fans 之一）

無奈之下，海森堡決定換一種辦法，暫時不考慮譜線強度，而從電子在原子中的運動出發，先建立起基本的運動模型來。事實證明他這條路走對了，新的量子力學很快就要被建立起來，但那卻是一種人們聞所未聞，之前連想都不敢想像的形式——Matrix。Matrix，這無疑是一個本身便帶有幾分神祕色彩，充滿象徵意味的詞語。不論是從它在數學上的意義，還是電影（包括電影續集）裡的意義來說，它都那樣撲朔迷離，叫人難以把握，望而生畏。事實上直到今天，還有很多人幾乎不敢相信，我們的宇宙就是建立在這些怪物之上。不過不情願也好，不相信也罷，Matrix 已經成為生活中不可缺少的概念。理科的大學生逃不了線性代數的課，工程師離不開 MatLab 軟體，漂亮女孩也會常常掛念基諾李維，有什麼法子呢。

從數學的意義上翻譯，Matrix 在中文裡譯作「矩陣」，它本質上是一種二維的表格。比如像下面這個 3×3 的矩陣，其實就是一種 3×3 的方塊表格：

$$\begin{pmatrix} 1 & 2 & 3 \\ 4 & 5 & 6 \\ 7 & 8 & 9 \end{pmatrix}$$

讀者可能已經在犯糊塗了，大家都早已習慣了普通的以字母和符號代表的物理公式，這種古怪的表格形式又能表示什麼物理意義呢？更讓人不能理解的是，這種「表格」，難道也能像普通的物理變數一樣，能夠進行運算嗎？你怎麼把兩個表格加起來或乘起來呢？海森堡準是發瘋了。但是，我已經提醒過大家，我們

即將進入的是一個不可思議的光怪陸離的量子世界。在這個世界裡，一切都看起來是那樣地古怪不合常理，甚至有一些瘋狂的意味。我們日常的經驗在這裡完全失效，甚至常常是靠不住的。物理世界沿用了千百年的概念和習慣在量子世界裡轟然崩坍，曾經被認為是天經地義的事情必須被無情地拋棄，而代之以一些奇形怪狀的，但卻更接近真理的原則。是的，世界就是這些表格構築的。它們不但能乘能除，而且還有著令人瞠目結舌的運算規則，從而導致一些更為驚世駭俗的結論。而且，這一切都不是臆測，是從事實——而且是唯一能被觀測和檢驗到的事實——推論出來的。海森堡說，現在已經到了物理學該發生改變的時候了。我們這就出發開始這趟奇幻之旅。

二

物理學，海森堡堅定地想，應當有一個堅固的基礎，它只能夠從一些直接可以被實驗觀察和檢驗的東西出發。一個物理學家應當始終堅持嚴格的經驗主義，而不是想像一些圖像來作為理論的基礎。波耳理論的毛病，恰恰就出在這上面。

我們再來回顧一下波耳理論說了些什麼。它說，原子中的電子繞著某些特定的軌道以一定的頻率運行，並時不時地從一個軌道躍遷到另一個軌道上去。每個電子軌道都代表一個特定的能級，因此當這種躍遷發生的時候，電子就按照量子化的方式吸收或發射能量，其大小等於兩個軌道之間的能量差。

嗯，聽起來不錯，而且這個模型在許多情況下的確管用。但是，海森堡開始問自己。一個電子的「軌道」，它究竟是什麼東西？有任何實驗能夠讓我們看到電子的確繞著某個軌道運轉嗎？有任何實驗可以確實地測出一個軌道的能量，或者它離開原子核的實際距離嗎？誠然，軌道的圖景生動而鮮明，為人們所熟悉，可以類比於行星的運行軌道，但是和行星不同，有沒有任何法子讓人們真正地看到電子的這麼一個「軌道」，並實際測量一個軌道所代表的「能量」呢？沒有法子，電子的軌道，還有它繞著軌道的運轉頻率，都不是能夠實際觀察到的，那麼人們怎麼得出這些概念並在此之上建立起原子模型的呢？

我們回想一下前面史話的有關部分，波耳模型的建立有著氫原子光譜的支

持。每一條光譜線都有一種特定的頻率，而由量子公式 $E_2 - E_1 = h\upsilon$，我們知道這是電子在兩個能級之間躍遷的結果。但是，海森堡爭辯道，你這還是沒有解決我的疑問，沒有實際的觀測可以證明某一個軌道所代表的「能級」是什麼。每一條頻率為 υ 的光譜線，只代表兩個「能級」之間的「能量差」。我們直接觀察到的，既不是 E1，也不是 E2，而是 E1-E2！換句話說，只有「能級差」或者「軌道差」是可以被直接觀察到的，而「能級」和「軌道」卻不是。

現在，我們必須從頭審視一下傳統的模型，看看問題究竟出在何處。在經典力學中，一個週期性的振動可以用數學方法分解成為一系列簡諧振動的疊加，這個方法叫做傅里葉級數展開（Fourier series），它在工程上有著極為重要的應用。無論怎樣奇形怪狀的函數，只要它的頻率為 υ，我們便可以把它寫成一系列的頻率為 $n\upsilon$ 的正弦波的疊加。這就好比用天平稱重量，只要我們有一套尺寸非常齊備的砝碼，就可以用它們稱出任意重量來，精確度達到無限。好比說，假設我們的工具箱裡有 n 種砝碼，每種對應的重量單位是 10^n 克，那麼顯然有：

123.456……克 ＝

1 個 100 克＋2 個 10 克＋3 個 1 克＋4 個 0.1 克＋5 個 0.01 克＋6 個 0.001 克……的砝碼

我們的傅里葉展開是一個意思，只不過把那 n 個重量為 10^n 克的標準砝碼理解為頻率為 $n\upsilon$ 的標準正弦波而已。這樣一來，任何振動也都可以表示為若干個強度為 Fn，頻率為 $n\upsilon$ 的「砝碼」的疊加[1]：

$$X(\upsilon) = F_{-n}e^{-in\upsilon} + \cdots + F_{-2}e^{-i2\upsilon} + F_{-1}e^{-i\upsilon} + F_0 + F_1e^{i\upsilon} + F_2e^{i2\upsilon} + \cdots F_ne^{in\upsilon}$$

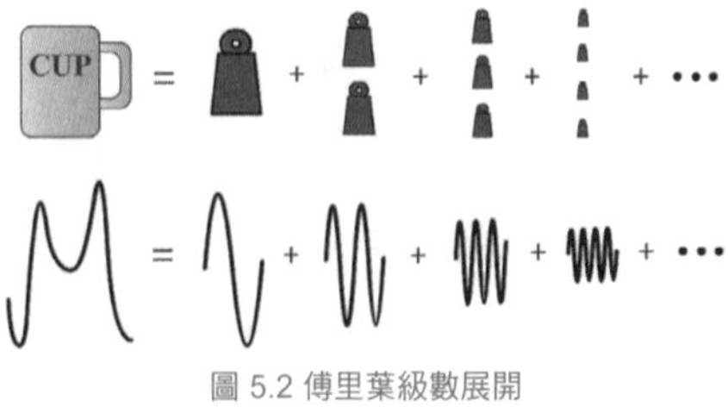

圖 5.2 傅里葉級數展開

---

1. 為了簡便起見，我們用的是指數形式，e^{ix} 包含正弦波 $cos(x) + i sin(x)$。如果你是大學理科生，應該能夠理解，不然只好罰你回去溫習大一的功課。對於數學沒興趣的讀者而言，則大可不必理會其中的細節。

回到波耳模型中來。一個電子的運動方程是怎樣的呢？它應該是所謂的「能級」和時間的函數，在一個特定的能級 X 上，電子以頻率 Vx 作週期運動，這使得我們剛學到的傅里葉分析有了用武之地，可以將其展開為無限個頻率為 $n\upsilon_x$ 的簡諧振動的疊加。波耳的理論正是用這種經典手法來處理的：簡單而言，一個能級對應於一個特定的頻率 υ。

但是，海森堡現在開始對此表示懷疑。一個絕對的「能級」或「頻率」，有誰曾經觀察到過這些物理量嗎？沒有，我們唯一可以觀察的只有電子在能級之間躍遷時的「能級差」。如果說一種物理量無論如何也觀察不到，那麼我們憑什麼把它高高供奉，當作理論的基礎呢？波耳的原子大廈就是建築在這種流沙之上，所以終於搖搖欲墜。要拯救物理學，現在只有徹底拋棄那些幻想和猜臆，重新一步一個腳印地去尋找一塊堅實的地基才行。

一種不可言的神祕的氛圍正在四周不斷升溫蔓延，讓我們虔心地祈禱，看看將會發生些什麼怪事。如果單獨的能級 X 無法觀測，只有「能級差」可以，那麼頻率必然要表示為兩個能級 X 和 Y 的函數。我們用傅立葉級數展開的，不再是 $n\upsilon_x$，而必須寫成 $n\upsilon_{x,y}$。可是，等等，Vx,y 是個什麼東西呢？它竟然有兩個座標，這是一張二維的表格！突然之間，Matrix 這個怪物在我們的宇宙裡妖詭地鋪展開來，像一張無邊無際的網，把整個時間和空間都網羅在其中。

各位可能有點不知所措。為了進一步讓大家明白問題所在，我們還是來打個簡單的比方：如今大城市的巴士大多都是無人售票的統一收費，上車就付 2 塊錢。不過 7、80 年代出生的人都應該記得，小時候那陣，車費是按照乘坐距離的長短來計價的（所以需要售票員！）。不管你從哪個站上車，坐得越遠車票就相對越貴。比如說在上海，我從徐家上車，那麼坐到淮海路可能只要 3 分錢，而到人民廣場大概就要 5 分，到外灘就 7 分，如果一直坐到虹口體育場，也許就得花上 1 毛錢。那真是一段令人懷念的 golden old days。

言歸正傳，讓我們假設有一班巴士從 A 站出發，經過 BCD 三站到達 E 這個終點站。這個車的收費沿用了我們懷舊時代的老傳統，不是上車一律給 2 塊錢，而是根據起點和終點來單獨計費。我們不妨訂一個收費標準：A 站和 B 站之間

是 1 塊錢，B 和 C 靠得比較近，0.5 元。C 和 D 之間還是 1 塊錢，而 D 和 E 離得遠，2 塊錢。這樣一來車費就容易計算了，比如我從 B 站上車到 E 站，那麼我就應該給 0.5＋1＋2＝3.5 元作為車費。反過來，如果我從 D 站上車到 A 站，那麼道理是一樣的：1＋0.5＋1＝2.5 元。

現在波耳和海森堡分別被叫來寫一個關於車費的說明貼在車子裡讓人參考。波耳欣然同意了，他說：這個問題很簡單，車費問題實際上就是兩個站之間的距離問題，我們只要把每一個站的位置狀況寫出來，那麼乘客們就能夠一目了然了。於是他就假

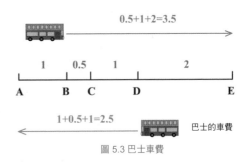

圖 5.3 巴士車費

設，A 站的座標是 0，從而推出：B 站的座標是 1，C 站的座標是 1.5，D 站的座標是 2.5，而 E 站的座標是 4.5。這就行了，波耳說，車費就是起點站的座標減掉終點站的座標的絕對值，我們的「座標」，實際上可以看成一種「車費能級」，所有的情況都完全可以包含在下面這個表格裡：

站點	座標（車費能級）
A	0
B	1
C	1.5
D	2.5
E	4.5

這便是一種經典的解法，每一個車站都被假設具有某種絕對的「車費能級」，就像原子中電子的每個軌道都被假設具有某種特定的能級一樣。所有的車費，不管是從哪個站到哪個站，都可以用這個單一的變數來解決，這是一個一維的傳統表格，完全可以表達為一個普通的公式。這也是所有物理問題的傳統解法。

現在，海森堡說話了。不對，海森堡爭辯說，這個思路有一個根本性的錯誤，那就是，作為一個乘客來說，他完全無法意識，也根本不可能觀察到某個車

站的「絕對座標」是什麼。比如我從 C 站乘車到 D 站，無論怎麼樣我也無法觀察到「C 站的座標是 1.5」，或者「D 站的座標是 2.5」這個結論。作為我——乘客來說，我所能唯一觀察和體會到的，就是「從 C 站到達 D 站要花 1 塊錢」，這才是最確鑿，最堅實的東西。我們的車費規則，只能以這樣的事實為基礎，而不是不可觀察的所謂「座標」，或者「能級」。

那麼，怎樣才能僅僅從這些可以觀察的事實上去建立我們的車費規則呢？海森堡說，傳統的那個一維表格已經不適用了，我們需要一種新類型的表格，像下面這樣的：

站點	A	B	C	D	E
A	0	1	1.5	2.5	4.5
B	1	0	0.5	1.5	3.5
C	1.5	0.5	0	1	3
D	2.5	1.5	1	0	2
E	4.5	3.5	3	2	0

這裡面，橫坐標是起點站，縱坐標是終點站。現在這張表格裡的每一個數位都是實實在在可以觀測和檢驗的了。比如第一行第三列的那個 1.5，它的橫坐標是 A，表明從 A 站出發。它的縱坐標是 C，表明到 C 站下車。那麼，只要某個乘客真正從 A 站坐到了 C 站，他就可以證實這個數字是正確的：這個旅途的確需要 1.5 塊車費。

海森堡的表格和波耳的不同，它沒有做任何假設和推論，不包含任何不可觀察的資料。但作為代價，它採納了一種二維的龐大結構，每個資料都要用橫坐標和縱坐標兩個變數來表示。正如我們不能用 Vx，而必須用 Vx,y 來表示電子頻率一樣。更關鍵的是，海森堡爭辯說，所有的物理規則，也要按照這種表格的方式來改寫。我們已經有了經典的動力學方程，現在，我們必須全部把它們按照量子的方式改寫成某種表格方程。許多傳統的物理變數，現在都要看成是一些獨立的矩陣來處理。在波耳和索末菲的舊原子模型裡，用傅里葉級數展開的電子運動方程，也必須用矩陣重新加工，把不可觀察的泥沙剔除出去，注入混凝土的堅實基礎——可實際檢驗的物理量。

但是難題來了，我們現在有一個變數 p，代表電子的動量；還有一個變數 q，代表電子的位置。本來，這是兩個經典變數，我們應該把它們相乘，大家都沒有對此表示任何疑問。可現在，海森堡把它們改成了矩陣的表格形式，這就給我們的運算帶來了麻煩。p 和 q 變成了兩個「表格」！請問，你如何把兩個「表格」乘起來呢？

或者我們不妨先問自己這樣一個問題：把兩個表格乘起來，這代表了什麼意義呢？

為了容易理解，我想讓大家做一道小學生程度的數學練習：乘法運算。只不過這次乘的不是普通的數位，而是兩張表格：I 和 II。它們的內容見下：

$$\text{I}: \begin{pmatrix} 1 & 7 \\ 8 & 3 \end{pmatrix} \qquad \text{II}: \begin{pmatrix} 2 & 5 \\ 6 & 4 \end{pmatrix}$$

那麼，各位同學，I×II 等於幾？這道題就當是今天的回家作業，現在我們暫時下課。

名人軼聞： 男孩物理學

西元 1925 年，當海森堡做出他那突破的貢獻的時候，他剛剛 24 歲。儘管在物理上有著極為驚人的天才，但海森堡在別的方面無疑還只是一個稚氣未脫的大孩子。他興致勃勃地跟著青年團去各地旅行，在哥本哈根逗留期間，他抽空去巴伐利亞滑雪，結果摔傷了膝蓋，躺了好幾個禮拜。在山谷田野間暢遊的時候，他高興得不能自己，甚至說「我連一秒鐘的物理都不願想了」。這種政治和為人處世上的天真在後來的歲月裡也一再地顯露出來。

量子論的發展幾乎就是年輕人的天下。愛因斯坦西元 1905 年提出光量子假說的時候，也才 26 歲。波耳西元 1913 年提出他的原子結構的時候，28 歲。德布羅意西元 1923 年提出相波的時候，31 歲（還應該考慮到他並非科班出身）。而西元 1925 年，當量子力學在海森堡的手裡得到突破的時候，後來在歷史上閃

閃發光的那些主要人物也幾乎都和海森堡一樣年輕：包立 25 歲、狄拉克 23 歲、烏倫貝克 25 歲、古茲密特 23 歲、約爾當 23 歲。和他們比起來，36 歲的薛丁格和 43 歲的波恩簡直算是老爺爺了。量子力學被人們戲稱為「男孩物理學」，波恩在哥根的理論班，也被人叫做「波恩幼稚園」。

不過，這只說明量子論的銳氣和朝氣。在那個神話般的年代，象徵了科學永遠不知畏懼的前進步伐，開創出一個前所未有的大時代來。「男孩物理學」這個帶有傳奇色彩的名詞，也將成為科學史上一段永遠惹人遐想的佳話吧！

三

好了各位同學，我們又見面了。上次我們布置了一道練習題，不知大家有沒有按時交作業呢？不管怎樣都好，現在我們一起來把它的答案求出來。

$$\begin{pmatrix} 1 & 7 \\ 8 & 3 \end{pmatrix} \times \begin{pmatrix} 2 & 5 \\ 6 & 4 \end{pmatrix} = ?$$

出於寓教於樂的目的，我們還是承接上一節，用比喻的方式來解答這個問題。大家還記得，每張表格代表了一種海森堡式的車費表，那麼現在我們的 I 和 II 就分別成了兩條路線的旅遊巴士，在兩個城市之間來往，只不過收費有所不同而已。我們把它們稱為巴士 I 號線和巴士 II 號線。為了再形象化一點，我們假設這兩個城市是隔著羅湖橋比鄰的深圳和香港。

這樣的話，我們的表格就有了具體的現實意義。如前面已經說明的那樣，表的橫坐標是出發站，縱坐標是終點站。所以對於巴士 I 號線來說，在深圳市內遊玩需要 1 塊車費，從深圳出發到香港則要 7 塊錢。反過來，從香港出發回深圳要 8 塊錢，而在香港市內觀光則需 3 塊 [2]。II 號表格裡的數位與此類似。

好吧，到目前為止一切都不錯，可是，這到底有什麼意思呢？I×II 到底是多少呢？這種運算代表什麼意義呢？和我們的巴士旅遊線又有什麼關係呢？暫且不急，讓我們一步一步地來解決這個問題。

---

2. 數字只是為了簡便而用來舉例。事實上當然沒這麼便宜，換成美金差不多。

巴士 I 號線	→深圳	→香港
深圳→	1	7
香港→	8	3

巴士 I 號線	→深圳	→香港
深圳→	2	5
香港→	6	4

首先要把握大方向。I 是一個 2×2 的表格，II 也是一個 2×2 的表格。那麼，我們有理由去猜測，它們的乘積應該也是一個 2×2 的表格。

$$\begin{pmatrix} 1 & 7 \\ 8 & 3 \end{pmatrix} \times \begin{pmatrix} 2 & 5 \\ 6 & 4 \end{pmatrix} = \begin{pmatrix} a & b \\ c & d \end{pmatrix}$$

位於左上角的 a 是多少呢？是不是簡單地把 I 號表左上角的 1 乘以 II 號表左上角的 2，1×2＝2 就行了呢？我們要時時牢記車費表的現實意義：左上角代表了從深圳出發，還在深圳下車的總車費。1×2 的確符合要求：先乘 I 號線在深圳遊玩一陣，隨後原地下車再搭 II 號線再次市內遊！總地路線是：深圳→深圳→深圳。起點和終點都在深圳，座標在左上角，沒錯！

但是，我們忽略了另一條路線！左上角的 a 要求從深圳出發，最後在深圳下車，卻沒有規定整個過程全都在深圳市內！實際上，很容易想像另一條路線：深圳→香港→深圳，它依然符合起點和終點在深圳的要求。這樣一來，我們必須先搭 I 號線去香港（收費 7 元），在香港轉搭 II 號線回深圳（收費 6 元），它們的乘積是 7×6＝42！

a 最終的數值，應該是所有可能路線的疊加（深圳→？→深圳）。在本例中，只有上述兩條路線，沒有第三種可能了。所以 a＝1×2＋7×6＝44。

很奇妙，是不是？我們再來看右上角的 b。深圳出發香港下車，同樣也有兩種可能的路線：深圳→深圳→香港，或者深圳→香港→香港。要麼先乘 I 號線深圳市內遊再搭 II 號線到香港（1×5），要麼先乘 I 號線到香港然後轉 II 號線香港市內遊（7×4）。所以綜合來說，b＝1×5＋7×4＝33。

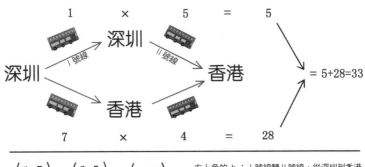

右上角的 b：I 號線轉 II 號線，從深圳到香港
的兩種可能路線的疊加

圖 5.4 車費表的乘法

大家可以先別偷看答案，自己試著求 c 和 d。最後應該是這樣的：c＝8×2＋3×6＝34，d＝8×5＋3×4＝52。所以：

$$\begin{pmatrix} 1 & 7 \\ 8 & 3 \end{pmatrix} \times \begin{pmatrix} 2 & 5 \\ 6 & 4 \end{pmatrix} = \begin{pmatrix} 44 & 33 \\ 34 & 52 \end{pmatrix}$$

很抱歉，我們處在一個非常奇幻的世界裡，雖然只是小學程度的數字運算，可能也已經讓有些人痛苦不堪。不過大家必須承認，我們的確學到了一些新的事物，如果你覺得這種乘法十分陌生的話，那麼我們很快就要給你更大的驚奇，但首先我們還是要熟悉這種新的運算規則才是。聖人說，溫故而知新，我們不必為了自己新學到的東西而沾沾自喜，還是鞏固鞏固我們的基礎吧！讓我們把上面這道題目驗算一遍。哦，不要昏倒，其實沒有那麼乏味，我們可以把乘法的次序倒一倒，現在驗算一遍 II×I：

$$\begin{pmatrix} 1 & 7 \\ 8 & 3 \end{pmatrix} \times \begin{pmatrix} 2 & 5 \\ 6 & 4 \end{pmatrix} = \begin{pmatrix} a & b \\ c & d \end{pmatrix}$$

我知道大家都在唉聲嘆氣，不過我還是堅持，複習功課是有益無害的。我們來看看 a 是什麼，現在我們是先乘搭 II 號線，然後轉 I 號線了。可以先搭 II 號線在深圳市內轉搭 I 號線再次市內遊（深圳→深圳→深圳），對應的是 2×1。

另外，還有一條路線：深圳→香港→深圳，所以是先搭 II 號線去香港，在那裡轉搭 I 號線回深圳，所以是 5×8＝40。所以總地來說，a＝2×1＋5×8＝42。

喂，打瞌睡的各位，快醒醒，我們遇到問題了。在我們的驗算裡，a＝42，不過我還記得，剛才我們的答案說 a＝44。各位把筆記本往回翻幾頁，看看我有沒有記錯？嗯，雖然大家都沒有抄筆記，但我還是沒有記錯，剛才我們的 a＝1×2＋7×6＝44。看來是我算錯了，我們再算一遍，這次可要打起精神了：a 代表深圳上車深圳下車。所以兩種可能的情況是：深圳→深圳→深圳，II 號線市內遊收 2 塊，I 號線 1 塊，所以 2×1＝2。另外還有深圳→香港→深圳的路線。II 號線由深圳去香港 5 塊，I 號線由香港回深圳 8 塊，所以 5×8＝40。加在一起：2＋40＝42！

嗯，奇怪，沒錯啊！那麼難道前面算錯了？我們再算一遍，好像也沒錯，前面 a＝2＋42＝44。那麼，那麼……誰錯了？哈哈，難道是海森堡錯了？他這次可丟臉了，他發明了一種什麼樣的表格乘法啊，居然導致如此荒唐的結果：I×II ≠ II×I。

我們不妨把結果整個算出來：

$$\begin{pmatrix} 1 & 7 \\ 8 & 3 \end{pmatrix} \times \begin{pmatrix} 2 & 5 \\ 6 & 4 \end{pmatrix} = \begin{pmatrix} 44 & 33 \\ 34 & 52 \end{pmatrix}$$

$$\begin{pmatrix} 2 & 5 \\ 6 & 4 \end{pmatrix} \times \begin{pmatrix} 1 & 7 \\ 8 & 3 \end{pmatrix} = \begin{pmatrix} 42 & 29 \\ 38 & 54 \end{pmatrix}$$

哇，真的非常不同，每個數字都不一樣，I×II ≠ II×I！唉，這可真讓人惋惜，原來我們還以為這種表格式的運算至少有點創意的，現在看來浪費了大家不少時間，只好說聲抱歉。但是，慢著，海森堡還有話要說，先別為我們死去的腦細胞默哀，它們的死也許不是完全沒有意義的。

　　大家冷靜點，海森堡搖晃著他那漂亮的頭髮說，我們必須學會面對現實。我們已經說過了，物理學，必須從唯一可以被實踐的資料出發，而不是靠想像和常識習慣。我們要學會依賴於數學，而不是日常語言，因為只有數學才具有唯一的意義，才能告訴我們唯一的真實。我們必須認識到這一點：數學怎麼說，我們就得接受什麼。如果數學說 I×II ≠ II×I，那麼我們就得這麼認為，哪怕世人用再嘲諷的口氣來譏笑我們，我們也不能改變這一立場。何況，如果仔細審查這裡面的意義，也並沒有太大的荒謬：先搭乘 I 號線，再轉 II 號線，這和先搭乘 II 號線，再轉 I 號線，導致的結果可能是不同的，有什麼問題嗎？

　　好吧，有人諷刺地說，那麼牛頓第二定律究竟是 F＝ma，還是 F＝am 呢？

　　海森堡冷冷地說，牛頓力學是經典體系，我們討論的是量子體系。永遠不要對量子世界的任何奇特性質過分大驚小怪，那會讓你發瘋的。量子的規則，並不一定要受到乘法交換率的束縛。

　　他無法做更多的口舌之爭了，西元 1925 年夏天，海森堡被一場熱病所感染，不得不離開哥廷根，到北海的一個小島赫爾格蘭（Helgoland）去休養。但是他的大腦沒有停滯，在遠離喧囂的小島上，海森堡堅定地沿著這條奇特的表格式道路去探索物理學的未來。而且，他很快就獲得了成功：事實上，只要把矩陣的規則運用到經典的動力學公式裡去，把波耳和索末菲舊的量子條件改造成新的由堅實的矩陣磚塊構造起來的方程，海森堡可以自然而然地推導出量子化的原子能級和輻射頻率。而且這一切都可以順理成章從方程本身解出，不再需要像波耳的舊模型那樣，強行附加一個不自然的量子條件。海森堡的表格的確管用！數學解釋一切，我們的想像是靠不住的。

　　雖然，這種古怪的不遵守交換率的矩陣乘法到底意味著什麼，無論對於海森堡，還是當時的所有人來說，都還仍然是一個謎題，但量子力學的基本形式卻已經得到了突破進展。從這時候起，量子論將以一種氣勢磅礴的姿態向前邁進，每一步都那樣雄偉壯麗，激起天的巨浪和美麗的浪花。接下來的三年是夢幻般的三年，是物理史上難以想像的三年，理論物理的黃金年代，終於要放射出它最耀眼的光輝，把整個 20 世紀都裝點得神聖起來。

海森堡後來在寫給荷蘭學者范德沃登（Van der Waerden）的信中回憶道，當他在那個石頭小島上的時候，有一晚忽然想到體系的總能量應該是一個常數。於是他試著用他那規則來解這個方程以求得振子能量。求解並不容易，他做了一個通宵，但求出來的結果和實驗符合得非常好。於是他爬上一個山崖去看日出，同時感到自己非常幸運。

是的，曙光已出現，太陽正從海平線上冉冉升起，萬道霞光染紅了海面和空中的雲彩，在天地間流著奇幻的輝光。在高高的石崖頂上，海森堡面對著壯觀的日出景象，他腳下碧海潮生，一直延伸到無窮無盡的遠方。是的，他知道，this is the moment，他已經作出生命中最重要的突破，而物理學的黎明也終於到來。

名人軼聞：矩陣

我們已經看到，海森堡發明了這種奇特的表格，I×II ≠ II×I，連他自己都沒把握確定這是個什麼怪物。當他結束養病，回到哥廷根後，就把論文草稿送給老師波恩，讓他評論評論。波恩看到這種表格運算大吃一驚，原來這不是什麼新鮮東西，正是線代數裡學到的「矩陣」！回溯歷史，這種工具早在西元 1858 年就已經由一位劍橋的數學家 Arthur Cayley 所發明，不過當時不叫「矩陣」而叫做「行列式」（determinant，這個字後來變成了另外一個意思，雖然還是和矩陣關係很緊密）。發明矩陣最初的目的，是簡潔地來求解某些微分方程組（事實上直到今天，大學線性代數課還是主要解決這個問題）。但海森堡對此毫不知情，他實際上不知不覺地「重新發明」了矩陣的概念。波恩和他那精通矩陣運算的助教約爾當隨即在嚴格的數學基礎上發展了海森堡的理論，進一步完善了量子力學，我們很快就要談到。

數學在某種意義上來說總是領先的。Cayley 創立矩陣的時候，自然想不到它後來會在量子論的發展中起到關鍵作用。同樣，黎曼創立黎曼幾何的時候，又怎會料到他已經給愛因斯坦和他偉大的相對論提供了最好的工具。

喬治·蓋莫夫寫過一本極受歡迎的老科普書《從一到無窮大》（One, Two,

Three…Infinity），這本書如此風靡全球，以致最近還出了一個新的中文版。蓋莫夫在書裡說，目前數學只有一個大分支還沒有派上用場（除了做做智力體操之外），那就是數論。不過蓋莫夫說這話時卻沒有想到，隨著電腦革命的到來，古老的數論已經以驚人的速度在現代社會中找到了它的位置，開始大顯身手。基於大素數原理的加密、解密和數位簽名演算法（如著名的公鑰演算法 RSA）已經成為電子安全不可少的部分。我們每天上網和進行電子交易的時候，全靠它們的保護才使得黑客無法順利地竊聽你的隱私資訊。我們在史話後面談到量子電腦的時候還會回到這個話題中來。

　　到今天為止，數論領域裡已經有許多著名的難題被解開，比如四色問題、費馬大定理。也有比如哥德巴赫猜想，至今懸而未決。天知道，這些理論和思路是不是也會在將來給某個物理或者化學理論開道，打造出一片全新的天地來。

四

　　從赫爾格蘭回來後，海森堡找到波恩，請求允許他離開哥廷根一陣，去劍橋講課。同時，他也把自己的論文給了波恩過目，問他有沒有發表的價值。波恩顯然被海森堡的想法給迷住了，正如他後來回憶的那樣：「我對此著了迷……海森堡的思想給我留下了深刻的印象，對於我們一直追求的那個體系來說，這是一次偉大的突破。」於是當海森堡去到英國講學的時候，波恩就把他的這篇論文寄給了《物理學雜誌》（Zeitschrift für Physik），並於 7 月 29 日發表。這無疑標誌著新生的量子力學在公眾面前的首次亮相。

　　但海森堡古怪的表格乘法無疑也讓波恩困擾，他在 7 月 15 日寫給愛因斯坦的信中說：「海森堡新的工作看起來有點神祕莫測，不過無疑是很深刻的，而且是正確的。」但是，有一天，波恩突然靈光一閃：他終於想起來這是什麼了。海森堡的表格，正是他從前在布雷斯勞大學讀書時所學過的那個「矩陣」！

　　但是對於當時全歐洲的物理學家來說，矩陣幾乎是一個完全陌生的名字。甚至連海森堡自己，也不見得對它的性質有著完全的了解。波恩決定為海森堡的理論打一個堅實的數學基礎，7 月 19 日，在去往一個學術會議的火車上，他遇到

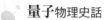

了包立，並表達了希望與之合作的想法。可是包立對此持有強烈的懷疑態度，他以他標誌的尖刻語氣對波恩說：「是的，我就知道你喜歡那種冗長和複雜的形式主義，但你那一文不值的數學只會損害海森堡的物理思想。」

一個毛頭小夥子居然對自己以前的導師說出這樣的話，在許多人看來一定是狂妄和不可一世的。不過話又說回來，不狂妄自大的包立，還能是那個名留青史的偉大的包立嗎？

波恩的涵養倒也是相當之好，大概沒人比他更了解包立的性格了。無端端地碰了一鼻子灰後，他只好搖頭苦笑，自認倒楣，轉向自己的另外一位年輕助教：帕斯卡·約爾當（Pascual Jordan）。約爾當和包立相比幾乎是兩個極端：他害羞而內向，公開說話都缺少勇氣，基本上包立所有的性格指數乘以－1就是約爾當的寫照了。但在學術上，約爾當也是毫不含糊，他和波恩兩人欣然合作，很快寫出了著名的論文《論量子力學》（Zur Quantenmechanik），發表在《物理學雜誌》上。在這篇論文中，兩人用了很大的篇幅來闡明矩陣運算的基本規則，並把經典力學的哈密頓變換統統改造成為矩陣的形式。傳統的動量 p 和位置 q 這兩個物理變數，現在成為了兩個含有無限資料的龐大表格，而且，正如我們已經看到的那樣，它們並不遵守傳統的乘法交換率，$p \times q \neq q \times p$。

波恩和約爾當甚至把 $p \times q$ 和 $q \times p$ 之間的差值也算了出來，結果是這樣的：

$$pq - qp = \frac{h}{2\pi i} I$$

h 是我們已經熟悉的普朗克常數，i 是虛數的單位，代表-1 的平方根，而 I 叫做單位矩陣，相當於矩陣運算中的 1。波恩和約爾當奠定了一種新的力學——矩陣力學的基礎。在這種新力學體系的魔法下，普朗克常數和量子化從我們的基本力學方程中自然而然地跳了出來，成為自然界的內在稟性。如果認真地對這種力學形式做一下探討，人們會驚奇地發現，牛頓體系裡的種種結論，比如能量守恆，從新理論中也可以得到。這就是說，新力學其實是牛頓理論的一個擴展，老的經典力學其實被「包含」在我們的新力學中，成為一種特殊情況下的表現形式。

　　這種新的力學很快就得到進一步完善。從劍橋返回哥廷根後，海森堡本人也加入了這個偉大的開創工作中。11 月 26 日，《論量子力學 II》在《物理學雜誌》上發表，作者是波恩、海森堡和約爾當。這篇論文把原來只討論一個自由度的體系擴展到任意個自由度，從而徹底建立了新力學的主體。現在，他們可以自豪地宣稱，長期以來人們所苦苦追尋的那個目標終於達到了，多年以來如此困擾著物理學家的原子光譜問題，現在終於可以在新力學內部

圖 5.5 波恩

完美地解決。《論量子力學 II》這篇文章，被海森堡本人親切地稱呼為「三人論文」（Dreimannerarbeit）的，也終於注定要在物理史上流芳世。

　　新體系顯然在理論上獲得了巨大的成功。包立很快就改變了他的態度，在寫給克朗尼格（Ralph Laer Kronig）的信裡，他說：「海森堡的力學讓我有了新的熱情和希望。」隨後他很快就給出了極其有說服力的證明，展示新理論的結果和氫原子的光譜符合得非常完美，從量子規則中，巴耳末公式可以被自然而然地推導出來。非常好笑的是，雖然他不久前還對波恩咆哮說「冗長和複雜的形式主義」，但他自己的證明無疑動用了最複雜的數學。

　　不過，對於當時其他的物理學家來說，海森堡的新體系無疑是一個怪物。矩陣這種冷冰冰的東西實在太不講情面，不給人任何想像的空間。人們一再追問，這裡面的物理意義是什麼？矩陣究竟是個什麼東西？海森堡卻始終堅定他那讓人沮喪的立場：所謂「意義」是不存在的，如果有的話，那數學就是一切「意義」所在。物理學是什麼？就是從實驗觀測量出發，並以龐大複雜的數學關係將它們聯繫起來的一門科學，如果說有什麼「圖像」能夠讓人們容易理解和記憶的話，那也是靠不住的。但是，不管怎麼樣，畢竟矩陣力學對於大部分人來說都太陌生太遙遠了，而隱藏在它背後的深刻含意，當時還遠遠沒有被發掘出來。特別是，$p \times q \neq q \times p$，這究竟代表了什麼，令人頭痛不已。

半年後，當薛丁格以人們所喜聞樂見的傳統方式發布他的波動方程後，幾乎全世界的物理學家都鬆了一口氣。他們終於解脫了，不必再費勁地學習海森堡那異常複雜和繁難的矩陣力學。當然，人人都必須承認，矩陣力學本身的偉大含意是不容懷疑的。

但是，如果說在西元 1925 年，歐洲大部分物理學家都還對海森堡、波恩和約爾當的力學一知半解的話，那我們也不得不說，其中有一個非常顯著的例外，他就是保羅・狄拉克。在量子力學大發展的年代，哥本哈根、哥廷根及慕尼黑三地搶盡了風頭，狄拉克的崛起總算也為老牌的劍橋挽回了一點顏面。

保羅・埃德里安・莫里斯・狄拉克（Paul Adrien Maurice Dirac）於西元 1902 年 8 月 8 日出生於英國布里斯托爾港。他的父親是瑞士人，當時是一位法語教師，狄拉克是家裡的第二個孩子。許多大物理學家的童年教育都是多姿多彩的：普朗克富有音樂天才、波耳熱愛足球運 、愛因斯坦的小提琴和海森堡的鋼琴有口皆碑、薛丁格古典文學素養極佳……但狄拉克的童年顯然要悲慘許多。他父親是一位非常嚴肅刻板的人，給保羅制定了眾多的嚴格規矩，比如他規定保羅只能和他講法語（他認為這樣才能學好這種語言），於是當保羅無法表達自己的時候，只好選擇沉默。在小狄拉克的童年裡，音樂、文學、體育、藝術顯然都和他無緣，社交活也幾乎沒有。這一切把狄拉克塑造成了一個沉默寡言，喜好孤獨，淡泊名利，在許多人眼裡顯得 geeky 的人，對於異性的敬而遠之更使人們把他和那位古怪的卡文迪許相提並論。在狄拉克獲諾貝爾獎之後，英國的報紙把他描述成「一位害怕所有女性的天才」。

有一個關於狄拉克的八卦是這樣說的：西元 1929 年，海森堡和狄拉克從美國去日本講課。在船上海森堡不停地和女孩跳舞，而狄拉克則一直坐在旁邊看。過了很長時間，狄拉克終於忍不住問海森堡：「你幹嘛要跳舞？」海森堡說女孩子都不錯，幹嘛不跳呢？狄拉克想了半天，小心翼翼地問：「可是，海森堡，你在跳舞之前怎麼就能預先知道她們都不錯呢？」

另一個流傳很廣的笑話：有一次狄拉克在某大學演講，講完後一個觀眾站起來說：「狄拉克教授，我不明白你那個公式是如何推導出來的。」狄拉克看著他

久久地不說話，主持人不得不提醒他，還沒有回答問題。「回答什麼問題？」狄拉克奇怪地說，「他剛剛說的是一個陳述句，不是一個疑問句。」

好了，八卦到此為止，我們言歸正傳。西元 1921 年，狄拉克從布里斯托爾大學電機工程系畢業，卻恰逢經濟大蕭條，結果沒法找到工作。事實上，很難說他是否會成為一個出色的工程師，狄拉克顯然長於理論而拙於實驗。不過幸運的是，布里斯托爾大學數學系又給了他一個免費進修數學的機會，兩年後，狄拉克轉到劍橋，開始了人生的新篇章。

圖 5.6 狄拉克

我們在上面說到，西元 1925 年秋天，當海森堡在赫爾格蘭島作出了他的突破後，他獲得波恩的批准來到劍橋講學。當時海森堡對自己的發現心中還沒有底，所以沒有在公開場合提到自己這方面的工作，不過 7 月 28 號，他參加了所謂「卡皮察俱樂部」的一次活動。卡皮察（P.L.Kapitsa）是一位年輕的蘇聯學生，當時在劍橋跟隨拉塞福工作。他感到英國的學術活太刻板，便自己組織了一個俱樂部，在晚上聚會，報告和討論有關物理學的最新進展。我們在前面討論拉塞福的時候提到過卡皮察的名字，他後來也獲得了諾貝爾獎。

狄拉克也是卡皮察俱樂部的成員之一，他當時不在劍橋，所以沒有參加這個聚會。不過他的導師福勒（William Alfred Fowler）參加了，而且大概在和海森堡的課後討論中，得知他已經發明了一種全新的理論來解釋原子光譜問題。後來海森堡把他的證明寄給了福勒，而福勒給了狄拉克一個複本。這一開始沒有引起狄拉克的重視，不過大概一個禮拜後，他重新審視海森堡的論文，這下他把握住了其中的精髓：別的都是細枝末節，只有一件事是重要的，那就是我們那奇怪的矩陣乘法規則：$p \times q \neq q \times p$。

名人軼聞：約爾當

恩斯特・帕斯庫爾・約爾當（Ernst Pascual Jordan）出生於漢諾威。在我們的史話裡已經提到，他是物理史上兩篇重要的論文《論量子力學》I 和 II 的作者之一，可以說也是量子力學的主要創立者。但是，他的名聲顯然及不上波恩或者海森堡。

這裡面的原因顯然也是多方面的，西元 1925 年，約爾當才 22 歲，無論從資格還是名聲來說，都遠遠及不上元老級的波恩和少年成名的海森堡。當時和他一起做出貢獻的那些人，後來都變得如此著名：波恩、海森堡、包立，他們的光輝耀眼，把約爾當完全給蓋住了。

從約爾當本人來說，他是個害羞和內向的人，說話有口吃的毛病，總是結結巴巴的，所以他很少授課或發表演講。更嚴重的是，約爾當在二戰期間站到了希特勒的一邊，成為一個納粹的同情者，被指責曾經告密。這大大損害了他的聲名。

約爾當是一個作出了許多偉大成就的科學家。除了創立了基本的矩陣力學形式，為量子論打下基礎之外，他同樣在量子場論、電子自旋、量子電動力學中作出了巨大的貢獻。他是最先證明海森堡和薛丁格體系同等性的人之一，他發明了約爾當代數，後來又廣泛涉足生物學、心理學和運動學。他曾被提名為諾貝爾獎得主，卻沒有成功。約爾當後來顯然也對自己的成就被低估有些惱火，西元 1964 年，他聲稱《論量子力學》一文其實幾乎都是他一個人的貢獻——波恩那時候病了。這引起了廣泛的爭議，不過許多人顯然同意，約爾當的貢獻應當得到更多的承認。

五

$p \times q \neq q \times p$。如果說狄拉克比別人天才在什麼地方，那就是他可以一眼就看出這才是海森堡體系的精髓。那個時候，波恩和約爾當還在苦苦地鑽研討厭的矩陣，為了建立起新的物理大廈努力地搬運著這種龐大又沉重的表格式方磚，不過他們的文章尚未發表。狄拉克是不想做這種苦力的，他輕易地透過海森堡的表

格，把握住了這種代數的實質。不遵守交換率，這讓我想起了什麼？狄拉克的腦海裡閃過一個名詞，他以前在上某一門動力學課的時候，似乎聽說過一種運算，同樣不符合乘法交換率。但他還不是十分確定，他甚至連那種運算的定義都給忘了。那天是星期天，所有的圖書館都關門了，這讓狄拉克急得像熱鍋上的螞蟻。第二天一早，圖書館剛剛開門，他就衝了進去，果然，那正是他所要的東西：它的名字叫做「帕松括號」。

我們還在第一章討論光和菲涅耳的時候，就談到過帕松，還有著名的帕松光斑。帕松括號也是這位法國科學家的傑出貢獻，不過我們在這裡沒有必要深入它的數學意義。總之，狄拉克發現，我們不必花九牛二虎之力去搬弄一個晦澀的矩陣，以此來顯示和經典體系的決裂。我們完全可以從經典的帕松括號出發，建立一種新的代數。這種代數同樣不符合乘法交換率，狄拉克把它稱作「q 數」（q 表示「奇異」或者「量子」）。我們的量、位置、能量、時間等等概念，現在都要改造成這種 q 數。原來那些老體系裡的符合交換率的變數，狄拉克把它們稱作「c 數」（c 代表「普通」或「可交換的」）。

「看。」狄拉克說，「海森堡的最後方程當然是對的，但我們不用他那種大驚小怪，牽強附會的方式，也能夠得出同樣的結果。用我的方式，同樣能得出 xy-yx 的差值，只不過把那個讓人看了生厭的矩陣換成我們的經典帕松括號 [x,y] 罷了。然後把它用於經典力學的哈密頓函數，我們可以順理成章地導出能量守恆條件和波耳的頻率條件。重要的是，這清楚地表明了，我們的新力學和經典力學是一脈相承的，是舊體系的一個擴展。c 數和 q 數，可以以清楚的方式建立起聯繫來。」

狄拉克把論文寄給海森堡，海森堡熱情地讚揚了他的成就，不過帶給狄拉克一個糟糕的消息：他的結果已經在德國由波恩和約爾當作出了，是通過矩陣的方式得到的。想來狄拉克一定為此感到很鬱悶，因為顯然他的法子更簡潔明晰。隨後狄拉克又出色地證明了新力學和氫分子實驗資料的吻合，他又一次鬱悶了——包立比他快了一點點，5 天而已。哥廷根的這幫傢伙，海森堡、波恩、約爾當、包立，他們是大軍團聯合作戰，而狄拉克在劍橋則是孤軍奮鬥，因為在英國懂得

量子力學的人簡直屈指可數。雖然狄拉克慢了那麼一點，但每一次他的理論都顯得更為簡潔、優美、深刻。而且，上天很快就會給他新的機會，讓他的名字在歷史上取得不遜於海森堡、波恩等人的地位。

現在，在舊的經典體系的廢墟上，矗立起了一種新的力學，由海森堡為它奠基，波恩、約爾當用矩陣那實心的磚塊為它建造了堅固的主體，而狄拉克的優美的 q 數為它做了最好的裝飾。唯一少的就是一個成功的廣告和落成典禮，把那些還在舊廢墟上唉聲歎氣的人們都吸引到新大廈裡來定居。這個慶典在海森堡取得突破後 3 個月便召開了，它的主題叫做「電子自旋」。

我們還記得那讓人頭痛的「反常季曼效應」，這種複雜現象要求引進 1/2 的量子數。為此，包立在西元 1925 年初提出了他那著名的「不相容原理」的假設，我們前面已經討論過，這個規定是說，在原子大廈裡，每一間房間都有一個4 位數的門牌號碼，而每間房只能入住一個電子。所以任何兩個電子也不能共用同一組號碼。

這個「4 位數的號碼」，其每一位都代表了電子的一個量子數。當時人們已經知道電子有 3 個量子數，這第四個是什麼，便成了眾說紛紜的謎題。不相容原理提出後不久，當時在哥本哈根訪問的克朗尼格（Ralph Kronig）想到了一種可能：就是把這第四個自由度看成電子繞著自己的軸旋轉。他找到海森堡和包立，提出了這一思路，結果遭到兩個德國年輕人的一致反對。因為這樣就又回到了一種圖像化的電子概念那裡，把電子想像成一個實實在在的小球，而違背了我們從觀察和數學出發的本意了。如果電子真是這樣一個帶電小球的話，在麥克斯威體系裡是不穩定的，再說也違反相對論——它的表面旋轉速度要高於光速。

到了西元 1925 年秋天，自旋的假設又在荷蘭萊登大學的兩個學生，烏倫貝克（George Eugene Uhlenbeck）和古茲密特（Somul Abraham Goudsmit）那裡死灰復燃了。當然，兩人不知道克朗尼格曾經有過這樣的意見，他們是在研究光譜的時候獨立產生這一想法的。兩人找到導師埃侖費斯特（Paul Ehrenfest）徵求意見。埃侖費斯特也不是很確定，他建議兩人先寫一個小文章發表。於是兩人當真寫了一個短文交給埃侖費斯特，然後又去求教於老資格的勞侖茲。勞侖茲

幫他們算了算，結果在這個模型裡電子錶面的速度達到了光速的 10 倍。兩人大吃一驚，風急火燎地趕回大學要求撤銷那篇短文，結果還是晚了，埃侖費斯特早就給 Nature 雜誌寄了出去。據說，兩人當時懊惱得都快哭了，埃侖費斯特只好安慰他們說：「你們還年輕，做點蠢事也沒關係。」

還好，事情並沒有想像的那麼糟糕。波耳首先對此表示贊同，海森堡用新的理論去算了算結果後，也轉變了反對的態度。到了西元 1926 年，海森堡已經在說：「如果沒有古茲密特，我們真不知該如何處理季曼效應。」一些技術上的問題也很快被解決了，比如有一個係數 2，一直和理論所牴觸，結果在波耳研究所訪問的美國物理學家湯瑪斯發現原來人們都犯了一個計算錯誤，而自旋模型是正確的。很快海森堡和約爾當用矩陣力學處理了自旋，結果大獲全勝，不久就沒有人懷疑自旋的正確性了。

哦，不過有一個例外，就是包立，他一直對自旋深惡痛絕。在他看來，原本電子已經在數學當中被表達得很充分了——現在可好，什麼形狀、軌道、大小、旋轉……種種經驗的概念又幽靈般地回來了。原子系統比任何時候都像個太陽系，本來只有公轉，現在連自轉都有了。他始終按照自己的路子走，決不向任何力學模型低頭。事實上，在某種意義上包立是對的，電子的自旋並不能想像成傳統行星的那種自轉，它具有 1/2 的量子數，也就是說，它要轉兩圈才露出同一個面孔，這裡面的意義只能由數學來把握。後來包立真的從特定的矩陣出發，推出了這一性質，而一切又被偉大的狄拉克於西元 1928 年統統包含於他那相對論化了的量子體系中，成為電子內稟的自然屬性。

不過，無論如何，西元 1926 年海森堡和約爾當的成功不僅是電子自旋模型的勝利，更是新生的矩陣力學的勝利。不久海森堡又天才般地指出了解決有著兩個電子的原子——氦原子的道路，使得新體系的威力再次超越了波耳的老系統，把它的疆域擴大到以前未知的領域中。已經在迷霧和荊棘中徬徨了好幾年的物理學家們這次終於可以揚眉吐氣，把長久鬱積的壞心情一掃而空，好好地呼吸一下那新鮮的空氣。

但是人們還沒有來得及歇一歇腳，欣賞一下周圍的風景，為目前的成就自豪

一下，我們的快艇便又要前進了。物理學正處在
激流之中，它飛流直下，一瀉千里，帶給人暈眩
的速度和刺激。自牛頓起 250 年來，科學從沒有
在哪個時期可以像如今這般翻天覆地，健步如
飛。量子的力量現在已經完全甦醒了，在接下來
的三年間，它將改變物理學的一切，在人類的智
慧中刻下最深的烙印，並影響整個 20 世紀的面
貌。

圖 5.7 烏倫貝克，克拉默斯和古茲密特

當烏倫貝克和古茲密特提出自旋的時候，波耳正在去往荷蘭萊登（Leiden）
的路上。當他的火車到達漢堡的時候，他發現包立和斯特恩站在站臺上，只是想
問問他關於自旋的看法，波耳不大相信，稱這「很有趣」（這就是波耳表達不信
的方法）。到達萊登以後，他又碰到了愛因斯坦和埃侖費斯特，愛因斯坦詳細地
分析了這個理論，於是波耳改變了看法。在回去的路上，波耳先經過哥廷根，海
森堡和約爾當站在站臺上。同樣的問題：怎麼看待自旋？最後，當波耳的火車抵
達柏林，包立又站在了站臺上——他從漢堡一路趕到柏林，想聽聽波耳一路上有
了什麼看法的變化。

人們後來回憶起那個年代，簡直像是在講述一個童話。物理學家們一個個都
被洪流衝擊得站不住腳：節奏快得幾乎不給人喘息的機會，爆炸的概念一再地被
提出，每個都足以改變整個科學的面貌。但是，每一個人都感到深深的驕傲和自
豪，在理論物理的黃金年代，能夠扮演歷史舞臺上的那一個角色。人們常說，時
勢造英雄，在量子物理的大發展時代，英雄們的確留下了最偉大的業績，永遠讓
後人心神嚮往。

回到我們的史話中來。現在，花開兩朵，各表一支。我們去看看量子論是如
何沿著另一條完全不同的思路，取得同樣偉大的突破的。

CHAPTER **06**
殊途同歸

一

當年輕氣盛的海森堡在哥廷根披荊斬棘的時候，埃爾文・薛丁格（Erwin Schrö dinger）已經是瑞士蘇黎世大學的一位有名望的教授。當然，相比海森堡來說，薛丁格只能算是大器晚成。這位出生於維也納的奧地利人並沒有海森堡那麼好的運氣，在一個充滿了頂尖菁英人物的環境裡求學，而幾次在戰爭中的服役也阻礙了他的學術研究。但不管怎樣，薛丁格的物理天才仍然得到了很好的展現，他在光學、電磁學、氣體分子運動理論、固體比熱和晶體的動力學方面都作出過突出的貢獻，這一切使得蘇黎世大學於西元 1921 年提供給他一份合同，聘其為物理教授。而從西元 1924 年起，薛丁格開始對量子力學和統計理論感到興趣，從而把研究方向轉到這上面來。

和波耳還有海森堡他們不同，薛丁格並不想在原子那極為複雜的譜線迷宮裡奮力衝突，撞得頭破血流。他的靈感，直接來自於德布羅意那巧妙絕倫的工作。我們還記得，西元 1923 年，德布羅意的研究揭示出，伴隨著每一個運動的電子，總是有一個如影隨形的「相波」。這一方面為物質的本性究竟是粒子還是波蒙上了更為神祕莫測的面紗，但同時也已經提供了通往最終答案的道路。

薛丁格還是從愛因斯坦的文章中得知德布羅意的工作。他在西元 1925 年 11 月 3 日寫給愛因斯坦的信中說：「幾天前我懷著最大的興趣閱讀了德布羅意富有獨創性的論文，並最終掌握了它。我是從你那關於簡並氣體的第二篇論文的第八節中第一次了解它的。」把每一個粒子都看作是類波的思想對薛丁格來說極為迷人，他很快就在氣體統計力學中應用這一理論，並發表了一篇題為《論愛因斯坦的氣體理論》的論文。這是他創立波動力學前的最後一篇論文，當時距離那個偉大的時刻已經只有一個月，從中可以看出，德

圖 6.1 薛丁格

布羅意的思想已經最大程度地獲取了薛丁格的信任。他開始相信，只有通過這種波的辦法，才能夠到達人們所苦苦追尋的那個目標。

西元 1925 年的聖誕很快到來了，美麗的阿爾卑斯山上白雪皚皚，吸引了世界各地的旅遊度假者。薛丁格一如既往地來到了他以前常去的那個地方：海拔 1700 米高的阿羅薩（Arosa）。自從他和安妮瑪麗·伯特爾（Annemarie Bertel）於西元 1920 年結婚後，兩人就經常來這裡度假。薛丁格的生活有著近乎刻板的規律，他從來不讓任何事情干擾他的假期。每次夫婦倆來到阿羅薩的時候，總是住在赫維格別墅，這是一幢有著尖頂的、四層樓的小屋。

不過西元 1925 年，來的卻只有薛丁格一個人，安妮留在了蘇黎世。當時他們的關係顯然極為緊張，不止一次地談論著分手及離婚的事宜。薛丁格寫信給維也納的一位「舊日的女朋友」，讓她來阿羅薩陪伴自己。這位神祕女郎的身分始終是個謎題，二戰後無論是科學史專家還是八卦新聞記者，都曾經竭盡所能地去求證她的真面目，卻沒有成功。薛丁格當時的日記已經遺失了，從留下的蛛絲馬跡來看，她又不像任何一位已知的薛丁格的情人。但有一件事是肯定的：這位神祕女郎大大激發了薛丁格的靈感，使得他在接下來的十二個月裡令人驚異地始終維持著一種極富創造力和洞察力的狀態，並接連不斷地發表了六篇關於量子力學

的主要論文。薛丁格的同事在回憶的時候總是說，薛丁格的偉大工作是在他生命中一段情慾旺盛的時期做出的。從某種程度上來說，科學還要小小地感謝一下這位不知名的女郎。

回到比較嚴肅的話題上來。在咀嚼了德布羅意的思想後，薛丁格決定把它用到原子體系的描述中去。我們已經知道，原子中電子的能量不是連續的，它由原子的分立譜線而充分地證實。為了描述這一現象，波耳強加了一個「分立能級」的假設，海森堡則運用他那龐大的矩陣，經過複雜的運算後導出了這一結果。現在輪到薛丁格了，他說不用那麼複雜，也不用引入外部的假設，只要把我們的電子看成德布羅意波，用一個波動方程去表示它，那就行了。

薛丁格一開始想從建立在相對論基礎上的德布羅意方程出發，將其推廣到束縛粒子中去。為此他得出了一個方程式，不過不太令人滿意，因為沒有考慮到電子自旋的情況。當時自旋剛剛發現不久，薛丁格還對其一知半解。於是，他回過頭來，從經典力學的哈密頓-亞可比方程出發，利用變分法和德布羅意公式，最後求出了一個非相對論的波動方程，用希臘字母 ψ 來代表波的函數，最終形式是這樣的：

$$\triangle\psi + \frac{8\pi^2 m}{h^2}(E-V)\psi = 0$$

這便是名震整部 20 世紀物理史的薛丁格波方程 [1]。當然對於一般的讀者來說並沒有必要去探討數學上的詳細意義，我們只要知道一些符號的含意就可以了。三角△叫做「拉普拉斯算符」，代表了某種微分運算。h 是我們熟知的普朗克常數。E 是體系總能量，V 是勢能，在原子裡也就是 $-\frac{e^2}{r}$。在邊界條件確定的情況下求解這個方程，我們可以算出 E 的解來。

如果我們求解方程 sin(x)＝0，答案將會是一組數值，x 可以是 0、π、2π，或者是 nπ。sin(x)的函數是連續的，但方程的解卻是不連續的，依賴於整數 n。同樣，我們求解薛丁格方程中的 E，也將得到一組分立的答案，其中包含了量子

---

1. 這裡說的當然是薛丁格方程的時間無關形式，它隨時間的演化可以用普遍形式 $i\hbar\frac{\partial}{\partial t}\psi = H\psi$ 來表達。

化的特徵：整數 n。我們的解精確地吻合於實驗，原子的神祕光譜不再為矩陣力學所專美，它同樣可以從波動方程中被自然地推導出來。

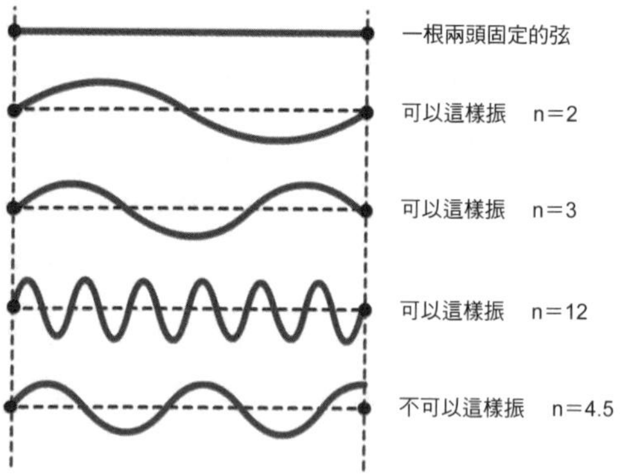
一根兩頭固定的弦
可以這樣振　n＝2
可以這樣振　n＝3
可以這樣振　n＝12
不可以這樣振　n＝4.5
圖 6.2 波的振動

現在，我們能夠非常形象地理解為什麼電子只能在某些特定的能級上運行了。電子有著一個內在的波動頻率，我們想像一下吉他上一根弦的情況：當它被撥動時，它便振動起來。但因為吉他弦的兩頭是固定的，所以它只能形成整數個波節。如果一個波長是 20 釐米，那麼弦的長度顯然只能是 20 釐米、40 釐米、60 釐米……而不可以是 50 釐米。因為那就包含了半個波，從而和它被固定的兩頭互相矛盾。假如我們的弦形成了某種圓形的軌道，就像電子軌道那樣，那麼這種「軌道」的大小顯然也只能是某些特定值。如果一個波長 20 釐米，軌道的周長也就只能是 20 釐米的整數倍，不然就無法頭尾互相銜接了。

從數學上來說，這個函數叫做「本徵函數」（Eigenfunction），求出的分立的解叫做「本徵值」（Eigenvalue），所以薛丁格的論文題為《量子化是本徵值問題》。從西元 1926 年 1 月起到 6 月，他一連發了四篇以此為題的論文，從而徹底地建立了另一種全新的力學體系——波動力學。後來有人聲稱，薛丁格的這些論文「包含了大部分的物理學和全部化學」。在這四篇論文中間，他還寫了一篇《從微觀力學到宏觀力學的連續過渡》的論文，證明古老的經典力學只是新生的波動力學的一種特殊表現，它完全地被包容在波動力學內部。

薛丁格的方程一公開，幾乎全世界的物理學家都為之歡呼。普朗克稱其為「劃時代的工作」，愛因斯坦說：「……您的想法源自於真正的天才。」、「您的量子方程已經邁出了決定的一步。」埃倫費斯特說：「我為您的理論和其帶來的全新觀念所著迷。在過去的兩個禮拜裡，我們的小組每天都要在黑板前花上幾

個小時，試圖從一切角度去理解它。」薛丁格的方程通俗形象，簡明易懂，當人們從矩陣那陌生的迷宮裡抬起頭來，再次看到自己熟悉的以微分方程所表達的系統時，他們都像聞到了故鄉泥土的芬芳，有一種熱淚盈眶的衝動。但是，這種新體系顯然也已經引起了矩陣方面的注意，哥廷根和哥本哈根的那些人，特別是海森堡本人，顯然對這種「通俗」的解釋是不滿意的。

海森堡在寫給包立的信中說：

「我越是思考薛丁格理論的物理意義，就越感到厭惡。薛丁格對於他那理論的形象化的描述是毫無意義的，換一種說法，那純粹是一個 Mist。」Mist 這個德文，基本上相當於英語裡的 bullshit 或者 crap。

薛丁格也毫不客氣，在論文中他說：

「我的理論是從德布羅意那裡獲得靈感的……我不知道它和海森堡有任何繼承上的關係。我當然知道海森堡的理論，它是一種缺乏形象化的，極為困難的超級代數方法。我即使不完全排斥這種理論，至少也對此感到沮喪。」

矩陣力學，還是波動力學？全新的量子論誕生不到一年，很快已經面臨內戰。

二

回顧一下量子論在發展過程中所經歷的兩條迥異的道路是饒有趣味的。第一種辦法的思路是直接從觀測到的原子譜線出發，引入矩陣的數學工具，用這種奇異的方塊去建立起整個新力學的大廈來。它強調觀測到的分立性、跳躍性，同時又堅持以數學為唯一導向，不為日常生活的直觀經驗所迷惑。但是，如果追究根本的話，它所強調的光譜線及其非連續性的一面，始終可以看到微粒勢力那隱約的身影。這個理論的核心人物自然是海森堡、波恩、約爾當，而他們背後的精神力量，那位幕後的「教皇」，則無疑是哥本哈根的那位偉大的尼爾斯・波耳。這些關係密切的科學家們集中資源和火力，組成一個堅強的戰鬥集體，在短時間內取得突破，從而建立起矩陣力學這一壯觀的堡壘來。

沿著另一條道路前進的人們在組織上顯然鬆散許多。大致說來，這是以德布

羅意的理論為切入點，以薛丁格為主將的一個派別。不過在波動力學的創建過程中起到關鍵的指導作用的愛因斯坦，則是他們背後的精神領袖。但是這個理論的政治觀點也是很明確的：它強調電子作為波的連續性一面，以波動方程來描述它的行為。它熱情地擁抱直觀的解釋，試圖恢復經典力學那種形象化的優良傳統，有一種強烈的復古傾向，但革命情緒不如對手那樣高張。打個不太恰當的比方，矩陣方面提倡徹底的激進的改革，摒棄舊理論的直觀性，以數學為唯一基礎，是革命的左派。而波動方面相對保守，它強調繼承和古典觀念，重視理論的形象化和物理意義，是革命的右派。這兩派的大戰將交織在之後量子論發展的每一步中，進一步為人類的整個自然哲學帶來極為深遠的影響。

在上一節中，我們已經提到，海森堡和薛丁格互相對對方的理論表達出毫不掩飾的厭惡（當然，他們私人之間是無怨無仇的）。他們各自認定，自己的那套方法才是唯一正確的。這是自然的現象，因為矩陣力學和波動力學看上去是那樣地不同，且兩人的性格又都以好勝和驕傲聞名。當衰敗的波耳理論退出歷史舞臺，留下一個權力真空的時候，無疑每個人都想占有那一份無上的光榮。不過到了西元 1926 年 4 月份，這種對峙至少在表面上有了緩和，薛丁格、包立、約爾當都各自證明了，兩種力學在數學上來說是完全等價的！事實上，我們追尋它們各自的家族史，發現它們都是從經典的哈密頓函數而來，只不過一個是從粒子的運動方程出發，一個是從波動方程出發罷了。但光學和運動學早就在哈密頓本人的努力下被聯繫在了一起，這當真叫做「本是同根生」了。很快人們會知道，從矩陣出發，可以推導出波函數的表達形式來，而反過來，從波函數也可以導出我們的矩陣。西元 1930 年，狄拉克出版了那本經典的量子力學教材，兩種力學被完美地統一起來，作為一個理論的不同表達形式出現在讀者面前 [2]。

但是，如果誰以為從此就天下太平，萬事大吉，那可就大錯特錯了！雖然兩種體系在形式上已歸於統一，但從內心深處的意識形態來說，它們之間的分歧卻越來越大，很快就形成了不可逾越的鴻溝。數學上的一致並不能阻止人們對它進

---

2. 也有人爭辯說，薛丁格和海森堡的原始版本並不嚴格等價，只有當後來馮諾伊曼將整個量子力學系統化後，它們才真正被包容於一個框架下（見 Muller 1997）。

行不同的詮釋，就矩陣方面來說，它的本意是粒子性和不連續性。而波動方面卻始終在談論波動性和連續性。波粒戰爭現在到達了最高潮，雙方分別找到了各自可以依賴的新政府，並把這場戰爭再次升級到對整個物理規律的解釋這一層次上去。

「波，只有波才是唯一的實在。」薛丁格肯定地說，「不管是電子也好，光子也好，或者任何粒子也好，都只是波動表面的泡沫。它們本質上都是波，都可以用波動方程來表達基本的運動方式。」

「絕對不敢苟同。」海森堡反駁道：「物理世界的基本現象是離散性，或者說不連續性。大量的實驗事實證明了這一點，從原子的光譜，到康普頓的實驗，從光電現象，到原子中電子在能級間的跳躍，都無可辯駁地顯示出大自然是不連續的。你那波動方程當然在數學上是一個可喜的成就，但我們必須認識到，我們不能按照傳統的那種方式去認識它──它不是那個意思。」

「恰恰相反。」薛丁格說：「它就是那個意思。波函數 ϕ（讀作 psai）在各個方向上都是連續的，它可以看成是某種振動。事實上，我們必須把電子想像成一種駐波的本徵振動，所謂電子的『躍遷』，只不過是它振動方式的改變而已。沒有什麼『軌道』，也沒有什麼『能級』，只有波。」

「哈哈。」海森堡嘲笑說，「你恐怕對你自己的 ϕ 是個什麼東西都沒有搞懂吧？它只是在某個虛擬的空間裡虛擬出來的函數，你卻硬要把它想像成一種實在的波。事實上，我們絕不能被日常的形象化的東西所誤導，再怎麼說，電子作為經典粒子的行為你是不能否認的。」

「沒錯。」薛丁格還是不肯示弱，「我不否認它的確展示出類似質點的行為。但是，就像一個椰子一樣，如果你敲開它那粒子堅硬的外殼，你會發現那裡面還是波動的柔軟的汁水。電子無疑是由正弦波組成的，但這種波在各個尺度上伸展都不大，可以看成一個『波包』。當這種波包作為一個整體前進時，它看起來就像是一個粒子。可是，本質上，它還是波，粒子只不過是波的一種衍生物而已。」

正如大家都已經猜到的那樣，兩人誰也無法說服對方。西元 1926 年 7 月，

薛丁格應邀到慕尼黑大學講授他的新力學，海森堡就坐在下面，他站起來激烈地批評薛丁格的解釋，結果悲哀地發現在場的聽眾都對他持有反對態度。早些時候，波耳原來的助手克拉默斯接受了烏特勒支（Utrecht）大學的聘書而離開哥本哈根，於是海森堡成了這個位置的繼任者——現在他可以如夢想的那樣在波耳的身邊工作了。波耳也對薛丁格那種回歸經典傳統的理論觀感到不安，為了解決這個問題，他邀請薛丁格到哥本哈根進行一次學術訪問，爭取在交流中達成某種一致意見。

圖 6.3 量子人物素描（Capo）

9 月底，薛丁格抵達哥本哈根，波耳到火車站去接他。爭論從那一刻便已經展開，日日夜夜，無休無止，一直到薛丁格最終離開哥本哈根為止。海森堡後來栩栩如生地回憶了這次碰面，他說，雖然平日裡波耳是一個那樣和藹可親的人，一旦他捲入這種物理爭論，他看起來就像一個偏執的宗教狂熱者，決不肯妥協一步。爭論當然是物理上的問題，但在很大程度上已經變成了哲學之爭。薛丁格就是不能相信，一種「無法想像」的理論有什麼實際意義。而波耳則堅持認為，圖像化的概念是不可能用在量子過程中的，它無法用日常語言來描述。他們激烈地從白天吵到晚上，最後薛丁格筋疲力盡，他很快病倒了，不得不躺到床上，由波耳的妻子瑪格麗特來照顧。即使這樣，波耳仍然不依不饒，他衝進病房，站在薛丁格的床頭繼續與之辯論。當然，一切都是徒勞，誰也沒有被對方說服。薛丁格最後甚至來了句很著名的話：「假如我們還是擺脫不了這些該死的量子躍遷的話，我寧願從來沒有涉足過什麼量子力學。」波耳對此意味深長地回敬道：「還好，你已經涉足了，我們為此都感到很高興……」

物理學界的空氣業已變得非常火熱。經典理論已經倒塌了，現在矩陣力學和波動力學兩座大廈拔地而起，它們之間以某種天橋互相聯繫，從理論上說要算是一體。可是，這兩座大廈的地基卻仍然互不關聯，這使得表面上的親善未免有那麼一些口是心非的味道。而且，波動和微粒，這兩個三年來的宿敵還在苦苦交

戰，不肯從自己的領土上後退一步。雙方都依舊宣稱自己對於光、電，還有種種物理現象擁有一切主權，而對手是非法武裝勢力，是反政府組織。現在薛丁格加入波動的陣營，他甚至為波動提供了一部完整的憲法，也就是他的波動方程。在薛丁格看來，波動代表了從惠更斯、楊一直到麥克斯威的舊日帝國的光榮，而這種貴族的傳統必須在新的國家得到保留和發揚。薛丁格相信，波動這一簡明形象的概念將再次統治物理世界，把一切都歸結到一個統一的圖像裡去。

不幸的是，薛丁格猜錯了。波動方面很快就要發現，他們的憲法原來有著更為深長的意味。從字裡行間，我們可以讀出一些隱藏的意思來。它說，天下為公，哪一方也不能獨占，雙方必須和談，然後組成一個聯合政府來進行統治。它還披露了更為驚人的祕密：雙方原來在血緣上有著密不可分的關係。最後，就像阿爾忒彌斯神廟的祭司所作出的神喻，它預言在這種聯合統治下，物理學將會變得極為不同：更為奇妙、更為神祕、更為繁榮。

好一個精彩的預言。

名人軼聞：薛丁格的女朋友

西元 2001 年 11 月，劇作家 Matthew Wells 的新作《薛丁格的女朋友》（Schr dinger's Girlfriend）在三藩市著名的 Fort Mason Center 首演。這出喜劇以西元 1926 年薛丁格在阿羅薩那位神祕女友的陪伴下創立波動力學這一歷史為背景，探討了愛情、性，還有量子物理的關係，受到了評論家的普遍好評。西元 2003 年初，這個劇本搬到東岸演出，同樣受到歡迎。近年來形成了一股以科學人物和科學史為題材的話劇創作風氣，除了這出《薛丁格的女朋友》之外，恐怕更有名的就是那個東尼獎得主，Michael Frayn 的《哥本哈根》了。

不過，要數清薛丁格到底有幾個女朋友，還當真是一件難事。這位物理大師的道德觀顯然和常人有著一定的距離，他的古怪行為一直為人們所排斥。西元 1912 年，他差點為了喜歡的一個女孩放棄學術，改行經營自己的家庭公司（當時在大學教書不怎麼賺錢），到他遇上安妮瑪麗之前，薛丁格總共愛上過 4 個年

輕女孩，而且主要是一種精神
上的愛關係。對此，薛丁格的
主要傳記作者之一，Walter
Moore 辯解說，不能把它簡單
地看成一種放縱行為。

如果以上都還算正常，婚
後的薛丁格就有點不拘禮法的
狂放味道了。他和安妮的婚姻
之路從來不曾安定和諧，兩人
終生也沒有孩子。在外拈花惹

圖 6.4 波動力學的創建地——赫維格別墅（Moore）

草的事，薛丁格恐怕沒有少做，他對太太也不隱瞞這一點。安妮，反過來，也和
薛丁格最好的朋友之一，赫爾曼・威爾（Hermann Weyl）保持著曖昧的關係
（威爾自己的老婆卻又迷上了另一個人，真是天昏地暗）。兩人討論過離婚，但
安妮的天主教信仰和昂貴的手續費事實上阻止了這件事的發生。《薛丁格的女朋
友》一劇中調笑說：「到底是波－粒子的二象性難一點呢，還是老婆－情人的二
象性更難？」

薛丁格，按照某種流行的說法，屬於那種「多情種子」。他邀請別人來做他
的助手，其實卻是看上了他的老婆。這個女人（Hilde March）後來為他生了一
個女兒，令人驚奇的是，安妮卻十分樂意地照顧這個嬰兒。薛丁格和這兩個女子
公開同居，事實上過著一種一妻一妾的生活（這個妾還是別人的合法妻子），這
過於驚世駭俗，結果在牛津和普林斯頓都站不住腳，只好走人。他的風流史還可
以開出一長串，其中有女學生、演員、OL，留下了若干私生子。但薛丁格卻不
是單純的慾望發洩，他的內心有著強烈的羅曼蒂克式的衝動，按照段正淳的說
法，和每個女子在一起時，卻都是死心塌地，恨不得把心掏出來，為之譜寫了大
量的情詩。我希望大家不要認為我過於八卦，事實上對情史的分析是薛丁格研究
中的重要內容，它有助於我們理解這位科學家極為複雜的內在心理和帶有個人色
彩的獨特性格。

最叫人驚訝的是，這樣一個薛丁格的婚姻後來卻幾乎得到了完美的結局。儘管經歷了種種風浪，穿越重重險灘，他和安妮卻最終共守白頭，真正像在誓言中所說的那樣：執子之手，與子偕老。在薛丁格生命的最後時期，兩人早已達成了諒解，安妮說：「在過去四十一年裡的喜怒哀樂把我們緊緊結合在一起，這最後幾年我們也不想分開了。」薛丁格臨終時，安妮守在他的床前握住他的手，薛丁格說：「現在我又擁有了妳，一切又都好起來了。」

薛丁格死後葬在 Alpbach，他的墓地不久就被皚皚白雪所覆蓋。四年後，安妮瑪麗·薛丁格也停止了呼吸。

三

西元 1926 年中，雖然矩陣派和波動派還在內心深處相互不服氣，它們至少在表面上被數學所統一起來了。而且，不出意外地，薛丁格的波動方程以其琅琅上口，簡明易學，為大多數物理學家所歡迎的特色，很快在形式上占得了上風。海森堡和他那詰屈聱牙的方塊矩陣雖然不太樂意，也只好接受現實。事實證明，除了在處理關於自旋的幾個問題時矩陣占點優勢，其他時候波動方程搶走了幾乎全部的人氣。其實，物理學家和公眾想像的大不一樣，很少有人喜歡那種又難又怪的變態數學，既然兩種體系已經被證明在數學上具有同等性，大家也就樂得選那個看起來簡單熟悉的。

甚至在矩陣派內部，波動方程也受到了歡迎。首先是海森堡的老師索末菲，然後是建立矩陣力學的核心人物之一，海森堡的另一位導師馬科斯·波恩。波恩在薛丁格方程剛出爐不久後就熱情地讚歎了他的成就，稱波動方程「是量子規律中最深刻的形式」。據說，海森堡對波恩的這個「叛變」一度感到十分傷心。

但是，海森堡未免多慮了，波恩對薛丁格方程的讚許並不表明他選擇和薛丁格站在同一條戰壕裡。因為雖然方程確定了，但怎麼去解釋它卻是一個大大不同的問題。首先人們要問的就是，薛丁格的那個波函數 ψ（再提醒一下，這個希臘字讀成 psai），它在物理上代表了什麼意義？

我們不妨再回顧一下薛丁格創立波動方程的思路：他是從經典的哈密頓方程

出發，構造一個體系的新函數 ϕ 代入，然後再引用德布羅意關係式和變分法，最後求出了方程及其解答，這和我們印象中的物理學是迥然不同的。通常我們會以為，先有物理量的定義，然後才談得上尋找它們的數學關係。比如我們懂得了力 F，加速度 a 和質量 m 的概念，之後才會理解 F＝ma 的意義。但現代物理學的路子往往可能是相反的，比如物理學家很可能會先定義某個函數 F，讓 F＝ma，然後才去尋找 F 的物理意義，發現它原來是力的量度。薛丁格的 ϕ，就是在空間中定義的某種分布函數，只是人們還不知道它的物理意義是什麼。

這看起來頗有趣味，因為物理學家也不得不坐下來猜啞謎了。現在讓我們放鬆一下，想像自己在某個晚會上，主持人安排了一個趣味猜謎節目供大家消遣。「女士、先生們，」他興高采烈地宣布，「我們來玩一個猜東西的遊戲，誰先猜出這個箱子裡藏的是什麼，誰就能得到晚會上的最高榮譽。」大家定睛一看，那個大箱子似乎沉甸甸的，還真像藏著好東西，箱蓋上古色古香寫了幾個大字：「薛丁格方程」。

「好吧，可是什麼都看不見，怎麼猜呢？」人們抱怨道。「那當然，」主持人連忙說，「我們不是學孫悟空玩隔板猜物，再說這裡面也決不是破爛溜丟一口鐘，那可是貨真價實的關係到整個物理學的寶貝。嗯，是這樣的，雖然我們都看不見它，但它的某些性質卻是可以知道的，我會不斷地提示大家，看誰先猜出來。」

眾人一陣鼓噪，就這樣遊戲開始了。「這件東西，我們不知其名，強名之曰 ϕ。」主持人清了清嗓門說，「我可以告訴大家的是，它代表了原子體系中電子的某個函數。」下面頓時七嘴八舌起來：「能量？頻率？速度？距離？時間？電荷？質量？」主持人不得不提高嗓門喊道：「安靜、安靜，我們還剛剛開始呢！不要亂猜啊。從現在開始誰猜錯了就失去參賽資格。」於是瞬間鴉雀無聲。

「好。」主持人滿意地說，「那麼我們繼續。第二個條件是這樣的：通過我的觀察，我發現，這個 ϕ 是一個連續不斷的東西。」這次大家都不敢說話，但各人迅速在心裡面做了排除。既然是連續不斷，那麼我們已知的那些量子化的條件就都排除了。比如我們都已經知道電子的能級不是連續的，那 ϕ 看起來不像

是這個東西。

「接下來，通過 ϕ 的構造可以看出，這是一個關於電子位置的函數，但它並沒有維數。對於電子在空間中的每一點來說，它都在一個虛擬的三維空間裡擴展開去。」話說到這裡好些人已經糊塗了，只有幾個思維特別敏捷的還在緊張地思考。

「總而言之，ϕ 如影隨形地伴隨著每一個電子，在它所處的那個位置上如同一團雲彩般地擴散開來。這雲彩時而濃厚時而稀薄，但卻是按照某種確定的方式演化。而且，我再強調一遍，這種擴散及其演化都是經典的、連續的、確定的。」於是眾人都陷入冥思苦想中，一點頭緒都沒有。

「是的，雲彩，這個比喻真妙。」這時候一個面容瘦削，戴著夾鼻眼鏡的男人呵呵笑著站起來說。主持人趕緊介紹：「女士、先生們，這位就是薛丁格先生，也是這口寶箱的發現者。」大家於是一陣鼓掌，然後屏息凝神地聽他要發表什麼高見。

「嗯，事情已經很明顯了，ϕ 是一個空間分布函數。」薛丁格滿有把握地說，「當它和電子的電荷相乘，就代表了電荷在空間中的實際分布。雲彩，尊敬的各位，電子不是一個粒子，它是一團波，像雲彩一般地在空間四周擴展開去。我們的波函數恰恰描述了這種擴展和它的行為。電子是沒有具體位置的，它也沒有具體的路徑，因為它是一團雲，是一個波，它向每一個方向延伸——雖然衰減得很快，這使它乍看來像一個粒子。女士、先生們，我覺得這個發現的最大意義就是，我們必須把一切關於粒子的假相都從頭腦裡清除出去，不管是電子也好，光子也好，什麼什麼子也好，它們都不是那種傳統意義上的粒子。把它們拉出來放大，仔細審視它們，你會發現它在空間裡融化開來，變成無數振動的疊加。是的，一個電子，它是塗抹開的，就像塗在麵包上的奶油那樣，它平時蜷縮得那麼緊，以致我們都把它當成小球，但是，這已經被我們的波函數 ϕ 證明不是真的。多年來物理學誤入歧途，我們的腦袋被光譜線、躍遷、能級、矩陣這些古怪的東西搞得混亂不堪，現在，是時候回歸經典了。」

「這個寶箱，」薛丁格指著那口大箱子激地說，「是一筆遺產，是昔日傳奇

帝國的所羅門王交由我們繼承的。它時時提醒我們，不要為歪門邪道所誘惑，走到無法回頭的岔路上去。物理學需要改革，但不能允許思想的混亂，我們已經聽夠了奇談怪論，諸如電子像跳蚤一般地在原子裡跳來跳去，像一個完全無法預見自己方向的醉漢。還有那故弄玄虛的所謂矩陣，沒人知道它包含什麼物理含意，而它卻不停地叫嚷自己是物理學的正統。不，現在讓我們回到堅實的土地上來，這片巨人們曾經奮鬥過的土地、這片曾經建築起那樣雄偉構築的土地、這片充滿了驕傲和光榮歷史的土地。簡潔、明晰、優美、直觀性、連續性、圖像化，這是物理學王國中的勝利之杖，它代代相傳，引領我們走向勝利。我毫不懷疑，新的力學將在連續的波動基礎上作出，把一切都歸於簡單的圖像中，並繼承舊王室的血統。這決不是守舊，因為這種血統同時也是承載了現代科學三年的靈魂。這是物理學的象徵，它的神聖地位決不容許受到撼，任何人也不行。」

薛丁格這番雄辯的演講無疑深深感染了在場的絕大部分觀眾，因為人群中爆發出一陣熱烈的掌聲和喝彩聲。但是，等等，有一個人在不斷地搖頭，顯得不以為然的樣子，薛丁格很快就認出，那是哥廷根的波恩，海森堡的老師。他不是剛剛稱讚過自己的方程嗎？難道海森堡這小子又用了什麼辦法把他拉攏過去了不成？

「嗯，薛丁格先生……」波恩清了清嗓子站起來說，「首先我還是要對您的發現表示由衷的讚歎，這無疑是稀世奇珍，不是每個人都有如此幸運做出這樣偉大的成就的。」薛丁格點了點頭，心情放鬆了一點。「但是，」波恩接著說，「我可以問您一個問題嗎？雖然這是您找到的，但您本人有沒有真正地打開過箱子，看看裡面是什麼呢？」

這令薛丁格大大地尷尬，他躊躇了好一會兒才回答：「說實話，我也沒有真正看見過裡面的東西，因為我沒有箱子的鑰匙。」眾人一片驚詫。

「如果是這樣的話，」波恩小心翼翼地說，「我倒以為，我不太同意您剛才的猜測呢。」

「哦？」兩個人對視了一陣，薛丁格終於開口說：「那麼您以為，這裡面究竟是什麼東西呢？」

「毫無疑問，」波恩凝視著那雕滿了古典花紋的箱子和它上面那把沉重的大鎖，「這裡面藏著一些至關緊要的事物，它的力量足以改變整個物理學的面貌。但是，我也有一種預感，這股束縛著的力量是如此強大，它將把物理學搞得天翻地覆。當然，你也可以換個詞語說，為物理學帶來無邊的混亂。」

「哦，是嗎？」薛丁格驚奇地說，「照這麼說來，難道它是潘朵拉的盒子？」

「嗯。」波恩點了點頭，「人們將陷入困惑和爭論中，物理學會變成一個難以理解的奇幻世界。老實說，雖然我隱約猜到了裡面是什麼，我還是不能確定該不該把它說出來。」

薛丁格盯著波恩：「我們都相信科學的力量，在於它敢於直視一切事實，並毫不猶豫地去面對它、檢驗它、把握它，不管它是什麼。何況，就算是潘朵拉盒子，我們至少也還擁有盒底那最寶貴的東西，難道你忘了嗎？」

「是的，那是希望。」波恩呼出了一口氣，「你說的對，不管是禍是福，我們至少還擁有希望。只有存在爭論，物理學才擁有未來。」

「那麼，你說這箱子裡是……？」全場一片靜默，人人都不敢出聲。

波恩突然神祕地笑了：「我猜，這裡面藏的是……」

「……骰子。」

四

骰子？骰子是什麼東西？它應該出現在大富翁遊戲裡，應該出現在澳門和拉斯維加斯的賭場中，但是，物理學？不，那不是它應該來的地方。骰子代表了投機，代表了不確定，而物理學不是一門最嚴格最精密，最不能容忍不確定的科學嗎？

可以想像，當波恩於西元 1926 年 7 月將骰子帶

圖 6.5 薛丁格方程和骰子

進物理學後，是引起了何等的軒然大波。圍繞著這個核心解釋所展開的爭論激烈而尖銳，把物理學加熱到了沸點。這個話題是如此具有爭議性，很快就要引發20 世紀物理史上最有名的一場大論戰，而可憐的波恩一直要到整整二十八年後，才因為這一傑出的發現而獲得諾貝爾獎金——比他的學生們晚上許多。

不管怎麼樣，我們還是先來看看波恩都說了些什麼。骰子，這才是薛丁格波函數 ϕ 的解釋，它代表的是一種隨機，一種機率，而決不是薛丁格本人所理解的，是電子電荷在空間中的實際分布。波恩爭辯道，ϕ，或者更準確一點，ϕ 的平方，代表了電子在某個地點出現的「機率」。電子本身不會像波那樣擴展開去，但是它的出現機率則像一個波，嚴格地按照 ϕ 的分布所展開。

我們來回憶一下電子或光子的雙縫干涉實驗，這是電子波動性的最好證明。當電子穿過兩道狹縫後，便在感應屏上組成了一個明暗相間的圖案，展示了波峰和波谷的相互增強和抵消。但是，正如粒子派指出的那樣，每次電子只會在屏上打出一個小點，只有當成群的電子穿過雙縫後，才會逐漸組成整個圖案。

現在讓我們來做一個思維實驗，想像我們有一台儀器，它每次只發射出一個電子。這個電子穿過雙縫，打到感光屏上，激發出一個小亮點。那麼，對於這一個電子，我們可以說些什麼呢？很明顯，我們不能預言它組成類波的干涉條紋，因為一個電子只會留下一個點而已。事實上，對於這個電子將會出現在螢幕上的什麼地方，我們是一點頭緒都沒有的，多次重複我們的實驗，它有時出現在這裡，有時出現在那裡，完全不是一個確定的過程。

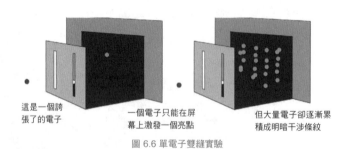

這是一個誇
張了的電子

一個電子只能在屏
幕上激發一個亮點

但大量電子卻逐漸累
積成明暗干涉條紋

圖 6.6 單電子雙縫實驗

不過，我們經過大量的觀察，卻可以發現，這個電子不是完全沒有規律的；它在某些地方出現的可能性要大一些，在另一些地方則小一些。它出現頻率高的

地方，恰恰是波所預言的干涉條紋的亮處，它出現頻率低的地方則對應於暗處。現在我們可以理解為什麼大量電子能組成干涉條紋了，因為雖然每一個電子的行為都是隨機的，但這個隨機分布的總的模式卻是確定的，它就是一個干涉條紋的圖案。這就像我們擲骰子，雖然每一個骰子擲下去，它的結果都是完全隨機的，從 1 到 6 都有可能，但如果你投擲大量的骰子到地下，然後數一數每個點的數量，你會發現 1 到 6 的結果差不多是平均的。

關鍵是，單個電子總是以一個點的面貌出現，它從來不會像薛丁格所說的那樣，在螢幕上打出一灘圖案來。只有大量電子接二連三地跟進，總的干涉圖案才會逐漸出現。其中亮的地方也就是比較多的電子打中的地方，換句話說，就是單個電子比較容易出現的地方，暗的地帶則正好相反。如果我們發現，有九成的粒子聚集在亮帶，只有一成的粒子在暗帶，那麼我們就可以預言，對於單個粒子來說，它有 90％的可能出現在亮帶的區域，10％的可能出現在暗帶。但是，究竟出現在哪裡，我們是無法確定的，我們只能預言機率而已。

嗯，我們只能預言機率而已。

但是，等等，我們怎麼敢隨便說出這種話來呢？這不是對於古老的物理學的一種大不敬嗎？從伽利略、牛頓以來，成千上的先輩們為這門科學嘔心瀝血，建築起了這樣宏偉的構築，它的力量統治整個宇宙，從最大的星系到最小的原子，萬事萬物都在它的威力下畢恭畢敬地運轉。任何巨大的或細微的動作都逃不出它的力量。星系之間產生可怕的碰撞，釋放出難以想像的光和熱，並誕生數以億計的新恆星；宇宙射線以驚人的高速穿越遙遠的空間，見證亙古的時光；微小得看不見的分子們你推我擠，喧鬧不停；地球莊嚴地圍繞著太陽運轉，它自己的自轉軸同時以難以覺察的速度輕微地振動；堅硬的岩石隨著時光流逝而逐漸風化；鳥兒撲它的翅膀，借著氣流一飛衝天。這一切的一切，不都是在物理定律的視下一絲不苟地進行的嗎？

更重要的是，物理學不僅能夠解釋過去和現在，它還能預言未來。我們的定律和方程能夠毫不含糊地預測一顆炮彈的軌跡以及它所降落的地點；我們能預言幾千年後的日蝕，時刻準確到秒；給我一張電路圖，多複雜都行，我能夠說出它

將做些什麼；我們製造的機器乖乖地按照我們預先制定好的計畫運行。事實上，對於任何一個系統，只要給我足夠的初始資訊，賦予我足夠的運算能力，我能夠推算出這個體系的一切歷史，從它最初怎樣開始運行，一直到它在遙遠的未來的命運，一切都不是祕密。是的，一切系統，哪怕骰子也一樣。告訴我骰子的大小、質量、質地、初速度、高度、角度、空氣阻力、桌子的質地、摩擦系數，告訴我一切所需要的情報，那麼，只要我擁有足夠的運算能力，我可以毫不遲疑地預先告訴你，這個骰子將會擲出幾點來。

物理學統治整個宇宙，它的過去和未來，一切都盡在掌握。這已經成了物理學家心中深深的信仰。19 世紀初，法國的大科學家拉普拉斯（Pierre Simon de Laplace）在用牛頓方程計算出了行星軌道後，把它展示給拿破崙看。拿破崙問道：「在你的理論中，上帝在哪兒呢？」拉普拉斯平靜地回答：「陛下，我的理論不需要這個假設。」

是啊，上帝在物理學中能有什麼位置呢？一切都是由物理定律來統治的，每一個分子都遵照物理定律來運行，如果說上帝有什麼作用的話，他最多是在一開始推了這個體系一下，讓它得以開始運轉罷了。在之後的漫長歷史中，有沒有上帝都是無關緊要的了，上帝被物理學趕出了舞臺。

「我不需要上帝這個假設。」拉普拉斯站在拿破崙面前說。這可算科學最光輝最榮耀的時刻之一了，它把無邊的自豪和驕傲播撒到每一個科學家的心中。不僅不需要上帝，拉普拉斯想像，假如我們有一個妖精，一個大智者，或者任何擁有足夠智慧的人物，假如他能夠了解在某一刻，這個宇宙所有分子的運動情況的話，那麼他就可以從正反兩個方向推演，從而得出宇宙在任意時刻的狀態。對於這樣的智者來說，沒有什麼過去和未來的分別，一切都歷歷在目。宇宙從它出生的那一剎那開始，就墜入了一個預定的軌道，它嚴格地按照物理定律發展，沒有任何岔路可以走，一直到遇見它那注定的命運為止。就像你出手投籃，那麼，這究竟是一個三分球，還是打中籃框彈出，或者是一個 air ball，這都在你出手的一剎那決定了。之後我們所能做的，就是看著它按照寫好的劇本發展而已。

是的，科學家知道過去；是的，科學家明白現在；是的，科學家了解未來。

只要掌握了定律，只要搜集足夠多的情報，只要能夠處理足夠大的運算量，科學家就能如同上帝一般無所不知。整個宇宙只不過是一台精密的機器，它的每個零件都按照定律一絲不苟地運行。這種想法就是古典的、嚴格的決定論（determinism）；宇宙從出生的那一剎那起，就有一個確定的命運。我們現在無法了解它，只是因為我們所知道的資訊太少而已。

那麼多的天才前仆後繼，那麼多的偉人嘔心瀝血，那麼多在黑暗中的探索、掙扎、奮鬥，這才凝結成物理學在 19 世紀黃金時代的全部光榮。物理學家終於可以說，他們能夠預測神祕的宇宙了，因為他們找到了宇宙運行的奧祕。他們說這話時，帶著一種神聖而不可侵犯的情感，決不饒恕任何敢於輕視物理學力量的人。

可是，現在有人說，物理不能預測電子的行為，它只能找到電子出現的機率而已。無論如何，我們也沒辦法確定單個電子究竟會出現在什麼地方，我們只能猜想，電子有 90% 的可能出現在這裡，10% 的可能出現在那裡。這難道不是對整個物理歷史的挑釁，對物理學的光榮和尊嚴的一種侮辱嗎？

我們不能確定？物理學的詞典裡是沒有這個字眼的。在中學的物理考試中，題目給了我們一個小球的初始參數，要求 t 時刻的狀態，你敢寫上「我不能確定」嗎？要是你這樣做了，你的物理老師準會氣得吹鬍子瞪眼睛，並且毫不猶豫地

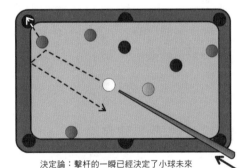

決定論：擊杆的一瞬已經決定了小球未來的走向。可以通過物理定律計算出來。

圖 6.7 決定論

給你亮個紅燈。不能確定？不可能，物理學什麼都能確定。誠然，有時候為了方便，我們也會引進一些統計的方法，比如處理大量的空氣分子運動時，但那是完全不同的一個問題。科學家只是凡人，無法處理那樣多的複雜計算，所以應用了統計的捷徑。然而從理論上來說，只要我們了解每一個分子的狀態，我們完全可以嚴格地推斷出整個系統的行為，分毫不差。

可波恩的解釋不是這樣，波恩的意思是，就算我們把電子的初始狀態測量得精確無比，就算我們擁有最強大的電腦可以計算一切環境對電子的影響，即便如此，我們也不能預言電子最後的準確位置。這種不確定不是因為我們的計算能力不足而引起的，它是深藏在物理定律本身內部的一種屬性。即使從理論上來說，我們也不能準確地預測大自然。這已經不是推翻某個理論的問題，這是對整個決定論系統的挑戰，而決定論是那時整個科學的基礎。量子論要改造整個科學。

波恩在論文裡寫道：「……這裡出現的是整個決定論的問題了。」（Hier erhebt sich der ganze Problematik des Determinismus.）

對於許多物理學家來說，這是一個不可原諒的假設。骰子？不確定？別開玩笑了。對於他們中的好些人來說，物理學之所以那樣迷人，那樣富有魔力，正是因為它深刻、明晰，能夠確定一切，掃清人們的一切疑惑，這才使他們義無反顧地投身到這一事業中去。現在，物理學竟然有變成搖獎機器的危險，竟然要變成一個擲骰子來決定命運的賭徒，這怎麼能夠容忍呢？

不確定？你確定嗎？

一場史無前例的大爭論即將展開，在爭吵和辯論後面是激 、顫抖、絕望、淚水，伴隨著整個決定論在 20 世紀的悲壯謝幕。

名人軼聞： 決定論

可以說決定論的興衰濃縮了整部自然科學在 20 世紀的發展史。科學從牛頓和拉普拉斯的時代走來，輝煌的成功使它一時得意忘形，認為它具有預測一切的能力。決定論認為，萬物都已經由物理定律所規定下來，連一個細節都不能更改。過去和未來都像已經寫好的劇本，宇宙的發展只能嚴格地按照這個劇本進行，無法跳出這個窠臼。

矜持的決定論在 20 世紀首先遭到了量子論的嚴重挑戰，隨後混沌動力學的興起使它徹底被打垮。現在我們已經知道，即使沒有量子論把機率這一基本屬賦予自然界，就牛頓方程本身來說，許多系統也是極不穩定的，任何細小的干擾都

能夠對系統的發展造成極大的影響，
差之毫釐，失之千里。這些干擾從本
質上說是不可預測的，因此想憑藉牛
頓方程來預測整個系統從理論上說也
是不可行的。典型的例子是長期的天
氣預報，大家可能都已經聽說過洛倫
茲（Edward Lorenz）著名的「蝴蝶效
應」：哪怕一隻蝴蝶輕微地搧它的翅

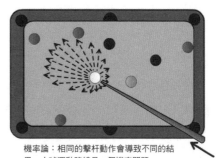

機率論：相同的擊桿動作會導致不同的結果，小球運動路線是一個機率問題。

圖 6.8 機率論

膀，也能給整個天氣系統造成戲劇性的變化（好萊塢還以此為名拍了一部電影）。現在的天氣預報也已經普遍改用機率的說法，比如「明天的降雨機率是20％」。

西元 1986 年，著名的流體力學權威，詹姆士・萊特希爾爵士（Sir James Lighthill，他於西元 1969 年從狄拉克手裡接過劍橋盧卡薩教授的席位，也就是牛頓曾擔任過的那個）於皇家學會紀念牛頓《原理》發表三周年的集會上作出了轟一時的道歉：

「現在我們都深深意識到，我們的前輩對牛頓力學的驚人成就是那樣崇拜，這使他們把它總結成一種可預言的系統。而且說實話，我們在西元 1960 年以前也大都傾向於相信這個說法，但現在我們知道這是錯誤的。我們以前曾經誤導了公眾，向他們宣傳說滿足牛頓運定律的系統是決定論的，但是這在西元 1960 年後已被證明不是真的。我們都願意在此向公眾表示道歉。」

決定論的垮臺是否注定了自由意志的興起？這在哲學上是很值得探討的。事實上，在量子論之後，物理學越來越陷於形而上學的爭論中。也許形而上學（metaphysics）應該改個名字叫「量子論之後」（metaquantum）。在我們的史話後面，我們會詳細地探討這些問題。

伊恩・斯圖爾特（Ian Stewart）寫過一本關於混沌的書，書名也叫《上帝擲骰子嗎》。這本書文字優美，很值得一讀，當然它和我們的史話沒什麼聯繫。我用這個名字，一方面是想強調決定論的興衰是我們史話的中心話題，另外，畢竟

愛因斯坦這句名言本來的版權是屬於量子論的。

五

在我們出發去回顧新量子論與經典決定論的那場驚心魄的悲壯決戰之前，在本章的最後還是讓我們先來關注一下歷史遺留問題，也就是我們的微粒和波動的宿怨。波恩的機率解釋無疑是對薛丁格傳統波動解釋的一個沉重打擊，現在，微粒似乎可以暫時高興一下了。

「看，」它嘲笑對手說，「薛丁格也救不了你，他對波函數的解釋是站不住腳的。難怪總是有人說，薛丁格的方程比薛丁格本人還聰明哪。波恩的機率才是有道理的，電子始終是一個電子，任何時候你觀察它，它都是一個粒子，你吵嚷多年的所謂波，原來只是那看不見摸不著的『機率』罷了。哈哈，把這個頭銜讓給你，我倒是毫無異議的，但你得首先承認我的正統地位。」

但是波動沒有被嚇倒，說實話，雙方三百年的恩怨纏結，經過那麼多風風雨雨，早就練就了處變不驚的本領。「哦，是嗎？」它冷靜地回應道，「恐怕事情不如你想像得那麼簡單吧？老實講，是波還是粒子，你我都口說無憑，只有當事者自己才清楚。我們不如設身處地，縮小到電子那個尺寸，去親身感受一下一個電子在雙縫實驗中的經歷如何？」

微粒遲疑了一下便接受了：「好吧，讓你徹底死心也好。」

那麼，現在讓我們也想像自己縮小到電子那個尺寸，跟著它們一起去看看事實上到底發生了什麼事。我們即將進入一個神奇的微觀世界：一個電子的直徑小於一億分之一埃，也就是 10^{-18} 米，它的質量小於 10^{-30} 千克。變得這樣小，看來這必定是一次奇妙的旅程呢。

突然間，就像愛麗絲吃下了那神奇的蘑菇，我們的身體逐漸縮小，終於已經和一個電子一樣大了。依稀間，我們聽到微粒和波動正在前面爭論，咱們還是趕快跟著這哥倆去看個究竟。它們為了類比一個電子的歷程，從某個陰極射線管出發，現在，面前就是那著名的雙縫了。

「嗨，微粒。」波動說道，「假如電子是個粒子的話，它下一步該怎樣行

呢？眼前有兩條縫，它只能選擇其中之一啊！如果它是個粒子，它不可能兩條縫都通過吧？」

「嗯，沒錯。」微粒說，「粒子就是一個小點，是不可分割的。我想，電子必定選擇通過了其中的某一條狹縫，然後投射到後面的光屏上，激發出一個小點。」

「可是，」波動一針見血地說，「它怎能夠按照干涉模式的機率來行動呢？比如說它從右邊那條縫過去了吧！當它打到螢幕前，它怎麼能夠知道，它應該有90%的機會出現到亮帶區，10%的機會留給暗帶區呢？要知道這個干涉條紋可是和兩條狹縫之間的距離密切相關啊！要是電子只通過了一條縫，它是如何得知兩條縫之間的距離的呢？」

微粒有點尷尬，它遲疑地說：「我也承認，伴隨著一個電子的有某種類波的東西，也就是薛丁格的波函數 ϕ，波恩說它是機率，我們就假設它是某種看不見的機率波吧！你可以把它想像成從電子身上散發出去的某種看不見的場，我想，在它通過雙縫之前，這種看不見的波場在空間中瀰漫開去，探測到了雙縫之間的距離，進一步使一個電子得以知道如何嚴格地按照機率行動。但是，它的實體是個粒子，必定只能通過其中的一條縫。」

「一點道理也沒有。」波搖頭說，「我們不妨想像這樣一個情景吧！假如電子是一個粒子，它現在決定通過右邊的那條狹縫。姑且相信你的說法，有某種機率波事先探測到了雙縫間的距離，讓它胸有成竹知道如何行動。可是，假如在它進入右邊狹縫前的那一剎那，有人關閉了另一道狹縫，也就是左邊的那道狹縫，那時會發生什麼情形呢？」

微粒有點臉色發白。

「那時候，」波繼續說，

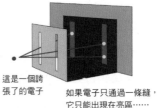

這是一個誇張了的電子

如果電子只通過一條縫，它只能出現在亮區⋯⋯

實際上，電子顯然感受到了雙縫間的距離，從而形成了干涉⋯⋯

圖 6.9 單電子雙縫實驗 2

「就沒有雙縫了，只有單縫。電子穿過一條縫，就無所謂什麼干涉條紋。也就是說，當左邊狹縫關閉的一剎那，電子的機率必須立刻從干涉模式轉換成普通模

式，變成一條長狹帶。」

「現在，我倒要請問，電子是如何在穿過狹縫前的一剎那即時得知另一條狹縫關閉這個事實的呢？要知道它可是一個小得不能再小的電子啊，從它的尺度來說，另一條狹縫距離是如此遙遠，就像從上海隔著大洋遙望洛杉磯。它如何能夠瞬間作出反應，修改自己的機率分布呢？除非它收到了某種暫態傳播來的信號，可是信號的傳輸有光速的上限啊！怎麼，你想開始反對相對論了嗎？」

「好吧，」微粒不服氣地說，「那麼，我倒想聽聽你的解釋。」

「很簡單，」波說，「電子是一個在空間中擴散開去的波，它同時穿過了兩條狹縫，當然，這也就是它造成完美干涉的原因了。如果你關閉一個狹縫，那麼顯然就關閉了一部分波的路徑，這時就談不上干涉了。」

「聽起來很不錯。」微粒說，「照你這麼說，ϕ 是某種實際的波，它穿過兩道狹縫，完全確定而連續地分布著，一直到擊中感應屏前。不過，之後呢？之後發生了什麼事？」

「之後……」波也有點語塞，「之後，出於某種原因，ϕ 收縮成了一個小點。」

「哈，真奇妙。」微粒故意把聲音拉長以示諷刺，「你那擴散而連續的波突然變成了一個小點！請問發生了什麼事呢？波動家族突然全體罷工了？」

波動氣得面紅耳赤，它爭辯道：「出於某種我們尚不清楚的機制……」

「好吧，」微粒不耐煩地說，「實踐是檢驗真理的唯一標準是吧？既然我說電子只通過了一條狹縫，而你硬說它同時通過兩條狹縫，那麼搞清我們倆誰對誰錯不是很簡單嗎？我們只要在兩道狹縫處都安裝上某種儀器，讓它在有粒子——或者波，不論是什麼——通過時記錄下來或發出警報，那不就成了？這種儀器又不是複雜到無法製造的。要是兩個警報器都響，那就說明它同時通過了兩道縫。沒說的，我當場向你投降，承認你的正統地位。但要是只有一個警報器響，你怎麼說？」

波動用一種奇怪的眼光看著微粒，良久，它終於說：「不錯，我們可以裝上這種儀器。我承認，一旦我們試圖測定電子究竟通過了哪條縫時，我們永遠只會

在其中的一處發現電子。兩個儀器不會同時響。」

微粒放聲大笑：「你早說不就得了？害得我們白費了這麼多口水！怎麼，這不就證明了，電子只可能是一個粒子，它每次只能通過一條狹縫嗎？你還跟我嘮叨個什麼！」但是它漸漸發現氣氛有點不對勁，終於它笑不出來了。

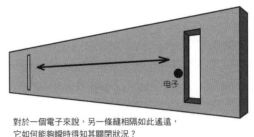

對於一個電子來說，另一條縫相隔如此遙遠，它如何能夠瞬時得知其關閉狀況？

圖 6.10 電子在雙縫前

「怎麼？」它瞪著波動說。

波動突然咧嘴一笑：「不錯，每次我們只能在一條縫上測量到電子。但是，你要知道，一旦我們展開這種測量的時候，干涉條紋也就消失了……」

時間是西元 1927 年 2 月，哥本哈根仍然是春寒料峭，大地一片冰霜。波耳坐在他的辦公室裡若有所思：粒子還是波呢？五個月前，薛丁格的那次來訪還歷歷在目，整個哥本哈根學派為了應付這場硬仗，花了好些時間去鑽研他的波動力學理論，但現在，波耳突然覺得，這個波動理論非常出色啊！它簡潔、明確，看起來並不那麼壞。在寫給赫維西的信裡，波耳已經把它稱作「一個美妙的理論」。尤其是有了波恩的機率解釋之後，波耳已經毫不猶豫地準備接受這一理論並把它當作量子論的基礎了。

嗯，波動、波動。波耳知道，海森堡現在對於這個詞簡直是條件反射似地厭惡。在他的眼裡只有矩陣數學，誰要是跟他提起薛丁格的波他絕對和誰爭，連波耳本人也不例外。事實上，由於波耳態度的轉變，使得向來親密無間的哥本哈根派內部第一次產生了裂痕。海森堡……他在得知波耳的意見後簡直不敢相信自己的耳朵。現在，氣氛已經鬧得夠僵了，波耳為了不讓事態惡化，準備離開丹麥去挪威度個長假。過去的西元 1926 年就是在無盡的爭吵中度過的，那一整年波耳只發表了一篇關於自旋的小文章，是時候停止爭論了。

但是，粒子？波？那個想法始終在他腦中纏繞不去。

進來一個人，是他的另一位助手奧斯卡·克萊恩
（Oskar Klein）。在過去的一年裡這位瑞典人的成就
斐然，他不僅成功地把薛丁格方程相對論化了，還在
其中引進了「第五維度」的思想，這得到了老洛倫茲
的熱情讚揚。當然，誰都預料不到，這個思想在穿越
了四十年的時光後，將孕育出稱為「超弦」的驚人果
實來，我們在史話的最後再來談論這個話題。

圖 6.11 克萊恩

不管怎麼說，克萊恩可算哥本哈根最熟悉量子波
動理論的人之一了。有他助陣，波耳更加相信，海森
堡實在是持有一種偏見，波動理論是不可偏廢的。

「要統一、要統一。」波耳喃喃地說。克萊恩抬起頭來看他：「您對波動理
論是怎麼想的呢？」

「波，電子無疑是個波。」波耳肯定地說。

「哦，那樣說來……」

「但是，」波耳打斷他，「它同時又不是個波。從 BKS 倒臺以來，我就隱
約地猜到了。」

克萊恩笑了：「您打算發表這一觀點嗎？」

「不，還不是時候。」

「為什麼？」

波耳嘆了一口氣：「克萊恩，我們的對手非常強大……我還沒有準備
好……」[3]

---

3. 老的說法認為，互補原理只有在不確定原理提出後才成型。但現在學者們都同意，這一思想有著複雜的來源，為
了把重頭戲留給下一章，我在這裡先帶一筆波粒問題，應該也不違反歷史吧！

CHAPTER **07**
不確定性

一

我們的史話說到這裡，是時候回顧一下走過的路程了。我們已經看到顯赫一時的經典物理大廈如何忽喇喇地轟然傾倒，我們已經看到以黑體問題為導索，普朗克的量子假設是如何點燃了新革命的星星之火。在這之後，愛因斯坦的光量子理論賦予了新生的量子以充實的力量，讓它第一次站起身來傲視群雄，而波耳的原子理論借助了它的無窮能量，開創出一片嶄新的天地來。

我們也已經講到，關於光的本性，粒子和波動兩種理論是如何從三年前開始不斷地交鋒，其間興廢存亡有如白雲蒼狗、滄海桑田。從德布羅意開始，這種本質的矛盾成為物理學的基本問題，海森堡從不連續性出發創立了他的矩陣力學，薛丁格沿著另一條連續性的道路也發現了他的波動方程。這兩種理論雖然被數學證明是同等的，但是其物理意義卻引起了廣泛的爭論，波恩的機率解釋更是把數百年來的決定論推上了懷疑的舞臺，成為焦點。而另一方面，波動和微粒的戰爭現在也到了最關鍵的時候。

接下去，物理學中將會發生一些真正奇怪的事情。它將把人們的哲學觀改造成一種似是而非的瘋狂理念，並把物理學本身變成一個大漩渦。20 世紀最著名

的爭論即將展開，其影響一直綿延至今日。我們已經走了這麼長的路，現在都筋疲力盡，委頓不堪，可是我們卻已經無法掉頭。回首處，白雲遮斷歸途，回到經典理論那溫暖的安樂窩中已經是不可能的了。擺在我們眼前的，只有一條漫長崎嶇的道路，一直通向遙遠且未知的遠方。現在，就讓我們鼓起最大的勇氣，跟著物理學家們繼續前進，去看看隱藏在這道路盡頭的，究竟是怎樣的一副景象。

我們這就回到西元 1927 年 2 月，那個神奇的冬天。過去的幾個月對於海森堡來說簡直就像一場惡夢，越來越多的人轉投向薛丁格和他那該死的波動理論一方，把他的矩陣忘得個一乾二淨。海森堡當初那些出色的論文，現在給人們改寫成波動方程的另類形式，這讓他尤其不能容忍。他後來給包立寫信說：「對於每一份矩陣的論文，人們都把它改寫成『共軛』的波動形式，這讓我非常討厭。我想他們最好兩種方法都學學。」

但是，最讓他傷心的，無疑是波耳也轉向了他的對立面。波耳，那個他視為嚴師、慈父、良友的波耳，那個他們背後稱作「量子論教皇」的波耳，那個哥本哈根軍團的總司令和精神領袖，現在居然反對他！這讓海森堡感到無比的委屈和悲傷。後來，當波耳又一次批評他的理論時，海森堡甚至當真哭出了眼淚。對海森堡來說，波耳在他心目中的地位是獨一無二的，失去了他的支持，海森堡感覺就像在河中游水的小孩子失去了大人的臂膀，有種孤立無援的感覺。

不過，現在波耳已經去挪威度假了，他大概在滑雪吧？海森堡記得波耳的滑雪技術拙劣得很，不禁微笑一下。波耳已經不能提供什麼幫助了，他現在和克萊恩抱成一團，專心致志地研究什麼相對論化的波動。波動！海森堡哼了一聲，打死他他也不承認，電子應該解釋成波動。不過事情還不至於糟糕到頂點，他至少還有幾個戰友，老朋友包立、哥廷根的約爾當，還有狄拉克——他現在也到哥本哈根來訪問了。

不久前，狄拉克和約爾當分別發展了一種轉換理論，這使得海森堡可以方便地用矩陣來處理一些一直用薛丁格方程來處理的機率問題。讓海森堡高興的是，在狄拉克的理論裡，不連續性被當成了一個基礎，這更讓他相信，薛丁格的解釋是靠不住的。但是，如果以不連續性為前提，在這個體系裡有些變數就很難解

釋，比如，一個電子的軌跡總是連續的吧？

海森堡盡力地回想矩陣力學的創建史，想看看問題出在哪裡。我們還記得，海森堡當時的假設是：整個物理理論只能以可被觀測到的量為前提，只有這些變數才是確定的，才能構成任何體系的基礎。不過海森堡也記得，愛因斯坦不太同意這一點，他受古典哲學的薰陶太濃，是一個無可救藥的先驗主義者。

「你不會真的相信，只有可觀察的量才能有資格進入物理學吧？」愛因斯坦曾經這樣問他。

「為什麼不呢？」海森堡吃驚地說，「你創立相對論時，不就是因為『絕對時間』不可觀察而放棄它嗎？」

愛因斯坦笑了：「好把戲不能玩兩次啊！你要知道在原則上，試圖僅僅靠可觀察的量來建立理論是不對的。事實恰恰相反：是理論決定了我們能夠觀察到的東西。」

是嗎？理論決定了我們觀察到的東西？那麼理論怎麼解釋一個電子在雲室中的軌跡呢？在薛丁格看來，這是一系列本徵態的疊加，不過，forget him！海森堡對自己說，還是用我們更加正統的矩陣來解釋吧！可是，矩陣是不連續的，但軌跡是連續的，而且所謂的「軌跡」早就在矩陣創立時被當作不可觀測的量被拋棄了……

窗外夜闌人靜，海森堡冥思苦想仍不得要領。他愁腸百結，輾轉難寐，決定起身到離波耳研究所不遠的 Faelled 公園去散散步。深夜的公園空無一人，晚風吹在臉上還是凜冽寒冷，不過卻讓人清醒。海森堡滿腦子都裝滿了大大小小的矩陣，他又想起矩陣那奇特的乘法規則：

$$p \times q \neq q \times p$$

理論決定了我們觀察到的東西？理論說，$p \times q \neq q \times p$，它決定了我們觀察到的什麼東西呢？

I×II 什麼意思？先搭乘 I 號線再轉乘 II 號線。那麼，$p \times q$ 什麼意思？p 是量，q 是位置，這不是說……

似乎一道閃電劃過夜空，海森堡的神志突然一片清澈空明。

p×q ≠ q×p，這不是說，先觀測動量 p，再觀測位置 q，這和先觀測 q 再觀測 p，其結果是不一樣的嗎？

等等，這說明了什麼？假設我們有一個小球向前運動，那麼在每一個時刻，它的動量和位置不都是兩個確定的變數嗎？為什麼僅僅是觀測次序的不同，其結果就會產生不同呢？海森堡的手心捏了一把汗，他知道這裡藏著一個極為重大的祕密。這怎麼可能呢？假如我們要測量一個矩形的長和寬，那麼先測量長還是先測量寬，這不是一回事嗎？

除非……

除非測量動量 p 這個動作本身，影響到了 q 的數值。反過來，測量 q 的動作也影響 p 的值。可是，笑話，假如我同時測量 p 和 q 呢？

海森堡突然間像看見了神啟，他豁然開朗。

p×q ≠ q×p，難道說，我們的方程想告訴我們，同時觀測 p 和 q 是不可能的嗎？理論不但決定我們能夠觀察到的東西，它還決定哪些是我們觀察不到的東西！

但是，我給搞糊塗了，不能同時觀測 p 和 q 是什麼意思？觀測 p 影響 q？觀測 q 影響 p？我們到底在說些什麼？如果我說，一個小球在時刻 t，它的位置座標是 10 米，速度是 5 米/秒，這有什麼問題嗎？

「有問題，大大地有問題。」海森堡拍手說。「你怎麼能夠知道在時刻 t，某個小球的位置是 10 米，速度是 5 米/秒呢？你靠什麼知道呢？」

「靠什麼？這還用說嗎？觀察呀、測量呀。」

「關鍵就在這裡！測量！」海森堡敲著自己的腦殼說，「我現在全明白了，問題就出在測量行為上面。一個矩形的長和寬都是定死的，你測量它的長的同時，其寬絕不會因此而改變，反之亦然。再來說經典的小球，你怎麼測量它的位置呢？你必須得看到它，或者用某種儀器來探測它，不管怎樣，你得用某種方法去接觸它，不然你怎麼知道它的位置呢？就拿『看到』來說吧！你怎麼能『看到』一個小球的位置呢？總得有某個光子從光源出發，撞到這個球身上，然後反彈到你的眼睛裡吧？關鍵是，一個經典小球是個龐然大物，光子撞到它就像螞蟻

撞到大象，對它的影響小得可以忽略不計，絕不會影響它的速度。正因為如此，我們大可以測量了它的位置之後，再從容地測量它的速度，其誤差微不足道。

「但是，我們現在在談論電子！它是如此地小而輕，以致於光子對它的撞擊決不能忽略不計了。測量一個電子的位置？好，我們派遣一個光子去執行這個任務，它回來怎麼報告呢？是的，我接觸到了這個電子，但是它給我狠狠撞了一下後，飛到不知什麼地方去了，它現在的速度我可什麼都說不上來。看，為了測量它的位置，我們劇烈地改變了它的速度，也就是動量。我們沒法同時既準確地知道一個電子的位置，同時又準確地了解它的動量。」

海森堡飛也似地跑回研究所，埋頭一陣苦算，最後他得出了一個公式：

$$\triangle p \times \triangle q > h/4\pi$$

$\triangle p$ 和 $\triangle q$ 分別是測量 p 和測量 q 的誤差，h 是普朗克常數。海森堡發現，測量 p 和測量 q 的誤差，它們的乘積必定要大於某個常數。如果我們把 p 測量得非常精確，也就是說 $\triangle p$ 非常小，那麼相應地，$\triangle q$ 必定會變得非常大，也就是說我們關於 q 的知識就要變得非常模糊和不確定。反過來，假如我們把位置 q 測得非常精確，p 就變得搖擺不定，誤差急劇增大。

假如我們把 p 測量得 100％地準確，也就是說 $\triangle p = 0$，那麼 $\triangle q$ 就要變得無窮大。這就是說，假如我們了解了一個電子動量 p 的全部資訊，那麼我們就同時失去了它位置 q 的所有資訊，我們一點都不知道，它究竟身在何方，不管我們怎麼安排實驗都沒法做得更好。魚與熊掌不能兼得，要嘛我們精確地知道 p 而對 q 放手，要嘛我們精確地知道 q 而放棄對 p 的全部知識，要嘛我們折衷一下，同時獲取一個比較模糊的 p 和比較模糊的 q。

p 和 q 就像一對前世冤家，它們人生不相見，動如參與商，處在一種有你無我的狀態。不管我們親近哪個，都會同時急劇地疏遠另一個。這種奇特的量被稱為「共軛量」，我們以後會看到，這樣的量還有許多。

海森堡的這一原理於西元 1927 年 3 月 23 日在《物理學雜誌》上發表，被稱作 Uncertainty Principle。當它最初被翻譯成中文的時候，被十分可愛地譯成了「測不準原理」，不過現在大多數都改為更加具有普遍意義的「不確定性原

理」。（編注：此為大陸用語，但在臺灣用語上仍是稱為『測不準原理』。）

二

不確定性原理……不確定？我們又一次遇到了這個討厭的詞。還是那句話，這個詞在物理學中是不受歡迎的。如果物理學什麼都不能確定，那我們還要它來幹什麼呢？本來波恩的機率解釋已經夠讓人煩惱的了——即使給足全部條件，也無法預測結果。現在海森堡幹得更絕，給足全部條件？這個前提本身都是不可能的，給足了其中一部分條件，另一部分條件就要變得模糊不清，無法確定。給足了 p，那麼我們就要對 q 說拜拜了。

這可不太美妙，一定有什麼地方搞錯了。我們測量了 p 就無法測量 q？我倒不死心，非要來試試看到底行不行。好吧，海森堡接招，還記得威爾遜雲室吧？你當初不就是為了這個問題苦惱嗎？透過雲室我們可以看見電子運動的軌跡，那麼通過不斷地測量它的位置，我們當然能夠計算出它的瞬時速度來，這樣不就可以同時知道它的動量了嗎？

「這個問題，」海森堡笑道，「我終於想通了。電子在雲室裡留下的並不是我們理解中的精細的『軌跡』，事實上那只是一連串凝結的水珠。你把它放大了看，那是不連續的，一團一團的『虛線』，根本不可能精確地得出位置的概念，更談不上違反不確定原理。」

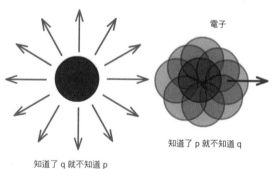

電子

知道了 p 就不知道 q

知道了 q 就不知道 p

圖 7.1 共軛的不確定量：p 和 q

「哦？是這樣啊。那麼我們就仔細一點，把電子的精細軌跡找出來不就行了？我們可以用一個大一點的顯微鏡來幹這活，理論上不是不可能的吧？」

「對了，顯微鏡！」海森堡興致勃勃地說，「我正想說顯微鏡這事呢！就讓我們來做一個思維實驗（Gedanken-experiment），想像我們有一個無比強大的顯

微鏡吧！不過，再厲害的顯微鏡也有它基本的原理。要知道，不管怎樣，如果我們用一種波去觀察比它的波長還要小的事物的話，那就根本談不上精確了，就像用筆畫不出細線一樣。如果我們想要觀察電子這般微小的東西，我們必須要採用波長很短的光。普通光不行，要用紫外線、X 射線，甚至 γ 射線才行。」

「好吧！反正是思維實驗用不著花錢，我們就假設上頭破天荒地撥了鉅款，給我們造了一台最先進的 γ 射線顯微鏡吧！那麼，現在我們不就可以準確地看到電子的位置了嗎？」

「可是，」海森堡指出，「你難道忘了嗎？任何探測到電子的波必然給電子本身造成擾動。波長越短的波，它的頻率就越高，是吧？大家都應該還記得普朗克的公式 $E = h\upsilon$，頻率一高的話能量也相應增強，這樣給電子的擾動就越厲害，同時我們就更加無法了解它的動量了。你看，這完美地滿足不確定性原理。「你這是狡辯。好吧，我們接受現實，每當我們用一個光子去探測電子的位置，就會給它造成強烈的擾動，讓它改變方向速度，向另一個方向飛去。可是，我們還是可以採用一些聰明的，迂迴的方法來實現我們的目的。例如我們可以測量這個反彈回來的光子的方向速度，推導出它對電子產生了何等的影響，進而導出電子本身的方向速度。怎樣，這不就破解了你的把戲嗎？」

「還是不行。」海森堡搖頭說，「為了達到那樣高的靈敏度，我們的顯微鏡必須有一塊很大直徑的透鏡才行。你知道，透鏡把所有方向來的光都聚集到一個焦點上，這樣我們根本就無法分辨出反彈回來的光子究竟來自何方。假如我們縮小透鏡的直徑以確保光子不被聚焦，那麼顯微鏡的靈敏度又要變差而無法勝任此項工作。所以你的小聰明還是不奏效。」

「真是邪門。那麼，觀察顯微鏡本身的反彈怎樣？」

「一樣的道理，要觀察這樣細微的效應，就要用波長短的光，所以它的能量就大，就給顯微鏡本身造成抹去一切的擾動……」

等等，我們並不死心。好吧，我們承認，我們的觀測器材是十分粗糙的，我們的十指笨拙，我們的文明才幾千年歷史，現代科學更是僅創立了三百多年。我們承認，就我們目前的科技水準來說，我們沒法同時觀測到一個細小電子的位置

和動量,因為我們的儀器又傻又笨。可是這並不表示,電子不同時具有位置和動量啊。也許在將來,哪怕遙遠的將來,我們會發展出一種尖端科技,我們會發明極端精細的儀器,準確地測出電子的位置和動量呢?你不能否認這種可能性啊!

「話不是這樣說的。」海森堡若有所思地說,「這裡的問題是理論限制了我們能夠觀測到的東西,而不是實驗導致的誤差。同時測量到準確的動量和位置在原則上都是不可能的,不管科技多發達都一樣。就像你永遠造不出永動機,你也永遠造不出可以同時探測到 p 和 q 的顯微鏡來。不管今後我們創立了什麼理論,它們都必須服從不確定性原理,這是一個基本原則,所有的後續理論都要在它的監督下才能取得合法 。」

海森堡的這一論斷是不是太霸道了點?如此一來物理學家的臉不是都給丟盡了嗎?想像一下公眾的表現吧!什麼,你是一個物理學家?哦,我真為你們惋惜,你們甚至不知道一個電子的動量和位置!我們家湯米至少還知道他的皮球在哪裡。

不過,我們還是要擺出事實、講道理,以德服人。一個又一個的思想實驗被提出來,可是我們就是沒法既精確地測量出電子的動量,同時又精確地得到它的位置。兩者的誤差之乘積必定要大於那個常數,也就是 h 除以 4π。幸運的是,我們都記得 h 非常小,只有 6.626×10^{-34} 焦耳秒,那麼假如 $\triangle p$ 和 $\triangle q$ 的量級差不多,它們各自便都在 10^{-17} 這個數量級上。我們現在可以安慰一下不明真相的群眾:事情並不是那麼糟糕,這種效應只有在電子和光子的尺度上才變得十分明顯。對於湯米玩的皮球,10^{-17} 簡直是微不足道到了極點,根本就沒法感覺出來。湯米可以安心地拍他的皮球,不必擔心因為測不準它的位置而把它弄丟了。

不過對於電子尺度的世界來說,那可就大大不同了。在上一章的最後,我們曾經假想自己縮小到電子大小去一探原子裡的奧祕,那時我們的身高只有 10^{-18} 米。現在,媽媽對於我們淘氣的行為感到擔心,想測量一下我們到了哪裡,不過她們注定要失望了:測量的誤差達到 10^{-17} 米,是我們本身高度的 10 倍!如果她們同時還想把我們的動量測得更準確一點的話,位置的誤差更要成倍地增長,「測不準」變得名副其實了。

在任何時候，大自然都固執地堅守著這一底線，絕不讓我們有任何機會可以同時得到位置和動量的精確值。任憑我們機關算盡、花樣百出，它總是比我們高明一籌，每次都狠狠的把我們的小聰明擊敗。不能測量電子的位置和動量？我們來設計一個極小極小的容器，它內部只能容納一個電子，不留下任何多餘的空間，這下如何？電子不能亂動了吧？可是，首先這種容器肯定是造不出來的，因為它本身也必定由電子組成，所以它本身也必然要有位置的起伏，使內部的空間漲漲落落。退一步來說，就算可以，在這種情況下，電子也會神祕地滲過容器壁，出現在容器外面，像傳說中穿牆而過的嶗山道士。不確定原理賦予它這種神奇的能力，衝破一切束縛。

還有一種辦法，降溫。我們都知道原子在不停地振動，溫度是這種振動的宏觀表現，當溫度下降到絕對零度，理論上原子就完全靜止了。那時候動量確定為零，只要測量位置就可以了吧？可惜，一方面，能斯特等人早就證明，無法通過有限的迴圈過程來達到絕對零度，退一步來說，就算真的到達 T＝0，我們的振子也不會完全停止。從量子力學中可以計算，哪怕在到達絕對零度的時候，任何振子仍然保有一個極其微小的能量：$E = h\upsilon/2$，也就是半個量子的大小，你再也無法把這個內稟的能量消除。打個比方來說，就像你的銀行帳戶裡還剩下半分錢，你永遠也無法用現金把它提走！所以說，你無論如何不會變得「一無所有」。

這種內稟的能量早在西元 1912 年就由普朗克在一個理論中提出。雖然這個理論整體上是錯的，但是 $E = h\upsilon/2$ 的概念卻被保留了下來，後來更進一步為實驗所證實。這個基本能量被稱作「零點能」（zero-point energy），它就是量子處在基態時的能量。我們的宇宙空間，在每一點上其實都充滿了大量的零點能，這就給未來的星際航行提供了取之不盡的能源。也許，科幻作家對此會充滿興趣吧！

回到正題上來，動量 p 和位置 q，它們真正地是「不共戴天」。只要一個量出現在宇宙中，另一個就神祕地消失。要嘛，兩個都以一種模糊不清的面目出現。海森堡很快又發現了另一對類似的仇敵，它們是能量 E 和時間 t。只要能量

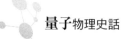

E 測量得越準確，時刻 t 就愈加模糊；反過來，時間 t 測量得愈準確，能量 E 就開始大規模地起伏不定。而且，它們之間的關係遵守類似的不確定性規則：

$$\triangle E \times \triangle t > h$$

各位看倌，我們的宇宙已經變得非常奇妙了。各種物理量都遵循著海森堡的這種不確定性原理，此起彼伏，像神祕的大海中不斷升起和破滅的泡沫。在古人看來，「空」就是空蕩蕩什麼都看不見。不過後來人們知道了，看不見的空氣中也有無數分子，「空」應該指抽空了空氣的真空。再後來，人們覺得各種場，從引力場到電磁場，也應該排除在「空」的概念之外，它應該僅僅指空間本身而已。

但現在，這個概念又開始混亂了。首先愛因斯坦的相對論告訴我們空間本身也能扭曲變形，事實上引力只不過是它的彎曲而已。不過海森堡的不確定性原理展現了更奇特的場景：我們知道 t 測量得越準確，E 就越不確定。所以在非常非常短的一剎那，也就是 t 非常確定的一瞬間，即使真空中也會出現巨大的能量起伏。這種能量完全是靠著不確定性而憑空出現的，它的確違反了能量守恆定律！但是這一剎那極短，在人們還沒有來得及發現以前，它又神祕消失，使得能量守恆定律在整體上得以維持。間隔越短，t 就越確定，E 就越不確定，可以憑空出現的能量也就越大。

所以，我們的真空其實無時無刻不在沸騰著，到處有神祕的能量產生並消失。由於質能在本質上是相同的東西，所以在真空中，其實不停地有一些「幽靈」物質在出沒，只不過在我們沒有抓住它們之前，它們就又消失在了另一世界。真空本身，就是提供這種漲落的最好介質。

現在如果我們談論「空」，應該明確地說：沒有物質、沒有能量、沒有時間，也沒有空間。這才是什麼都沒有，它根本不能夠想像（你能想像沒有空間是什麼樣子嗎？）。不過大有人說，這也不算「空」，因為空間和時間本身似乎可以通過某種機制從一無所有中被創造出來，我可真要發瘋了，那究竟怎樣才算「空」呢？

名人軼聞：無中生有

　　曾幾何時，所有的科學家都認為，無中生有是絕對不可能的。物質不能被憑空製造，能量也不能被憑空製造，遑論時空本身。但是不確定性原理的出現把這一切舊觀念都摧枯拉朽一般地粉碎了。

　　海森堡告訴我們，在極小的空間和極短的時間裡，什麼都是有可能發生的。因為我們對時間非常確定，所以反過來對能量就非常地不確定，能量物質可以逃脫物理定律的束縛，自由自在地出現和消失。但是，這種自由的代價就是它只能限定在那一段極短的時間內，當時刻一到，灰姑娘就要現出原形，這些神祕的物質能量便要消失，以維護質能守恆定律在大尺度上不被破壞。

　　不過上世紀 60 年代末，有人想到了一種可能性：引力的能量是負數（因為引力是吸力，假設無限遠的勢能是 0，那麼當物體靠近後因為引力做功使得其勢能為負值），所以在短時間內憑空生出的物質能量，它們之間又可以形成引力場，其產生的負能量正好和它們本身抵消，使得總能量仍然保持為 0，不破壞守恆定律。這樣，物質就真的從一無所有中產生了。

　　許多人都相信，我們的宇宙本身就是通過這種機制產生的。量子效應使得一小塊時空突然從根本沒有時空中產生，然後因為各種動力的作用，它突然指數級地膨脹起來，在瞬間擴大到整個宇宙的尺度。MIT 的科學家阿倫·谷史（Alan Guth）在這種想法上出發，創立了宇宙的「暴脹理論」（Inflation）。在宇宙創生的極早期，各塊空間都以難以想像的驚人速度暴脹，這使得宇宙的總體積增大了許多許多倍。這就可以解釋為什麼今天它的結構在各個方向看來都是均勻同一的。

　　在今天，暴漲理論已經成為宇宙學中最熱門的話題。2016 年初，LIGO 項目證實了引力波的存在，一時成為紅遍媒體的超級大新聞。不過很少有人提到，引力波的一個重大意義就在於它直接支援了暴漲模型，從而使得我們對宇宙大爆炸之初的情況有更加深刻的瞭解。或許，就像古斯自己愛說的那樣，我們這個宇宙的誕生，本身就是「一頓免費的午餐」？

　　不過，假如再苛刻一點，這還不能算嚴格的「無中生有」。因為就算沒有物

質，沒有時間空間，我們還有一個前提：存在著物理定律！相對論和量子論的各種規則，比如不確定原理本身又是如何從無中生出的呢？或者它們不言而喻地存在？我們越說越玄了，這就打住吧！

三

當海森堡完成了他的不確定性原理後，他迅速寫信給包立和遠在挪威的波耳，把自己的想法告訴他們。收到海森堡的信後，波耳立即從挪威身返回哥本哈根，準備就這個問題和海森堡展開深入的探討。海森堡可能以為，這樣偉大的一個發現必定能打動波耳的心，讓他同意自己對於量子力學的一貫想法。可是，他卻大大地錯了。

在挪威，波耳於滑雪之餘好好地思考了一下波粒問題，新想法逐漸在他腦中定型了。當他看到海森堡的論文，他自然而然地用這種想法去印證整個結論。他問海森堡，這種不確定性是從粒子的本性而來，還是從波的本性導出的呢？海森堡一愣，他壓根就沒考慮過什麼波。當然是粒子，由於光子擊中了電子而造成了位置和動量的不確定，這不是明擺著的嗎？

波耳很嚴肅地搖頭。他拿海森堡想像的那個巨型顯微鏡開刀，證明在很大程度上不確定性不單單出自不連續的粒子性，更是出自波動性。我們在前面討論過德布羅意波長公式 $\lambda = h/mv$ ，mv 就是動量 p，所以 $p = h/\lambda$ ，對於每一個動量 p 來說，總是有一個波長的概念伴隨著它。對於 E-t 關係來說，$E = h\upsilon$ ，依然有頻率 υ 這一波動概念在裡面。海森堡對此一口拒絕，要讓他接受波動性可不是一件容易的事情。對海森堡的頑固波耳顯然開始不耐煩了，他明確地對海森堡說：「你的顯微鏡實驗是不對的」，這把海森堡給氣哭了。兩人大吵一場，克萊恩當然幫著波耳，這使得哥本哈根內部的氣氛鬧得非常尖銳：從物理問題出發，後來幾乎變成了私人誤會，以致海森堡不得不把寫給包立的信要回去以作出澄清。最後，包立本人親自跑去丹麥，這才最後平息了事件的餘波。

對海森堡來說不幸的是，在顯微鏡問題上的確是他錯了。海森堡大概生來患有某種「顯微鏡恐懼症」，一碰到顯微鏡就犯暈。當年，他在博士論文答辯裡就搞不

清最基本的顯微鏡分辨度問題，差點沒拿到學位。那時候，一方面是因為海森堡自己沒有充分準備，對於一些實驗上的問題一竅不通。另一方面，據說，考他實驗的威恩（就是提出威恩公式的那個）和索末菲之間有點私人恩怨（雖然算是親戚），所以對索末菲的學生也有存心刁難的意思[1]。

這次，波耳也終於讓他意識到，不確定性確實是建立在波和粒子的雙重基礎上的，它其實是電子在波和粒子間的一種搖擺：對於波的屬性了解得越多，關於粒子的屬性就了解得越少。海森堡最後終於接受了波耳的批評，給他的論文加了一個附注，聲明不確定性其實同時建築在連續性和不連續性兩者之上，並感謝波耳指出了這一點。

波耳也在這場爭論中有所收穫，他發現不確定原理的普遍意義原來比他想像中的要大。他本以為，這只是一個局部的原理，但現在他領悟到這個原理是量子論中最核心的基石之一。在給愛因斯坦的信中，波耳稱讚了海森堡的理論，說他「用一種極為漂亮的手法」顯示了不確定如何被應用在量子論中。復活節長假後，雙方各退一步，局面終於海闊天空起來。海森堡寫給包立的信中又恢復了良好的心情，說是「又可以單純地討論物理問題，忘記別的一切」了。的確，兄弟鬩牆，也要外禦其侮，哥本哈根派現在又團結得像一塊堅石了，他們很快就要共同面對更大的挑戰，並把哥本哈根這個名字深深鐫刻在物理學的光輝歷史上。

不過，話又說回來。波動性，微粒性，從我們史話的一開始，這兩個詞已經深深困擾我們，一直到現在。好吧，不確定性同時建立在波動性和微粒性上……可這不是白說嗎？我們的耐心是有限的，不如攤開天窗說亮話吧！這個該死的電子到底是個粒子還是波？

粒子還是波，真是令人感慨萬千的話題啊！這是一齣三百年來的傳奇故事，其中悲歡起落，穿插著物理史上最偉大的那些名字：牛頓、胡克、惠更斯、楊、菲涅耳、傅科、麥克斯威、赫茲、湯姆生、愛因斯坦、康普頓、德布羅意……恩恩怨怨，誰又能說得明白？我們處在一種進退維谷的境地中，一方面雙縫實驗和

---

1. Mehra 等人的量子力學史。

麥氏理論毫不含糊地揭示出光的波動性，另一方面光電效應，康普頓效應又同樣清晰地表明它是粒子。就電子來說，波耳的躍遷、原子裡的光譜、海森堡的矩陣都強調了它不連續的一面，似乎粒子占了上風，但薛丁格的方程卻又大肆渲染它的連續性，甚至把波動的標籤都貼到了它臉上。

怎麼看，電子都沒法不是個粒子；怎麼看，電子都沒法不是個波。

這該如何是好呢？

當遇到棘手的問題時，最好的辦法還是問問咱們的偶像，無所不能的歇洛克‧福爾摩斯先生。這位全世界最富傳奇色彩的私人偵探和量子論也算是同時代人。西元 1887 年，當赫茲以實驗證實電磁波時，他還剛剛在《血字的研究》中嶄露頭角。到了普朗克發現量子後一年，他已經憑藉巴斯克維爾獵犬案中的出色表現名揚天下。從莫里亞蒂教授那裡死裡逃生後，福爾摩斯剛好來得及看見愛因斯坦提出了光量子假說，而現在，西元 1927 年，他終於圓滿地完成了最後一系列探案，可以享受退休生活了 [2]。讓我們聽聽這位偉大的人物會發表什麼意見？

福爾摩斯是這樣說的：「我的方法，就建立在這樣一種假設上面：當你把一切不可能的結論都排除之後，那剩下的，不管多麼離奇，也必然是事實。」[3]

真是至理名言啊！那麼，電子不可能不是個粒子，它也不可能不是波。那剩下的，唯一的可能性就是……

它既是個粒子，同時又是個波！

可是，等等，這太過分了吧？完全沒法叫人接受嘛！什麼叫「既是個粒子，同時又是波」？這兩種圖像分明是互相排斥的呀！一個人可能既是男的，又是女的嗎（太監之類的不算）？這種說法難道不自相矛盾嗎？

不過，要相信福爾摩斯，更要相信波耳，因為波耳就是這樣想的。毫無疑問，一個電子必須由粒子和波兩種角度去作出詮釋，任何單方面的描述都是不完全的。只有粒子和波兩種概念有機結合起來，電子才成為一個有血有肉的電子，才真正成為一種完備的圖像。沒有粒子性的電子是盲目的，沒有波動性的電子是

---

2. 這裡的時間指的是《福爾摩斯探案》系列的出版時間。

3. 引自《新探案‧皮膚變白的軍人》。

跛足的。

這還是不能讓我們信服啊！既是粒子又是波？難以想像，難道電子像一個幽靈，在粒子的周圍同時散發出一種奇怪的波，使得它本身成為這兩種狀態的疊加？誰曾經親眼目睹這種惡夢般的場景嗎？出來作個證？

「不，你理解得不對。」波耳搖頭說，「任何時候我們觀察電子，它當然只能表現出一種屬性，要嘛是粒子要嘛是波。聲稱看到粒子－波混合疊加的人要嘛是老花眼，要嘛是純粹在胡說八道。但是，作為電子這個整體概念來說，它卻表現出一種波-粒的二象性來：它可以展現出粒子的一面，也可以展現出波的一面，這完全取決於我們如何去觀察它。我們想看到一個粒子？那好，讓它打到螢光屏上變成一個小點。看，粒子！我們想看到一個波？也行，讓它通過雙縫組成干涉圖樣。看，波！」

奇怪，似乎有哪裡不對，卻說不出來……好吧，電子有時候變成電子的模樣，有時候變成波的模樣，嗯，不錯的變臉把戲。可是，撕下它的面具，它本來的真身究竟是個什麼呢？

「這就是關鍵！這就是你我的分歧所在了。」波耳意味深長地說，「電子的『真身』？或者換幾個詞，電子的原型？電子的本來面目？電子的終極理念？這些都是毫無意義的單詞，對於我們來說，唯一知道的只是每次我們看到的電子是什麼。我們看到電子呈現出粒子性，又看到電子呈現出波動性，那麼當然我們就假設它是粒子和波的混合體。我一點都不關心電子『本來』是什麼，我覺得那是沒有意義的。事實上我也不關心大自然『本來』是什麼，我只關心我們能夠『觀測』到大自然是什麼。電子又是個粒子又是個波，但每次我們觀察它，它只展現出其中的一面，這裡的關鍵是我們『如何』觀察它，而不是它『究竟』是什麼。」

波耳的話也許太玄妙了，我們來通俗地理解一下。現在流行手機換彩殼，我昨天心情好，就配一個 shining 的亮銀色，今天心情不好，換一個比較有憂鬱感的藍色。咦？奇怪了，為什麼我的手機昨天是銀色的，今天變成藍色了呢？這兩種顏色不是互相排斥的嗎？我的手機怎麼可能又是銀色，又是藍色呢？很顯然，

這並不是說我的手機同時展現出銀色和藍色，變成某種稀奇的「銀藍」色，它是銀色還是藍色，完全取決於我如何搭配它的外殼。我昨天決定這樣裝配它，它就呈現出銀色，而今天改一種方式，它就變成藍色。它是什麼顏色，取決於我如何裝配它！

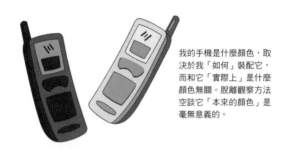

我的手機是什麼顏色，取決於我「如何」裝配它，而和它「實際上」是什麼顏色無關。脫離觀察方法空談它「本來的顏色」是毫無意義的。

圖 7.2 物理屬性取決於觀測方式，而非「本來」

但是，如果你一定要打破砂鍋地問：我的手機「本來」是什麼顏色？那可就糊塗了。假如你指的是它原裝出廠時配著什麼外殼，我倒可以告訴你。不過要是你強調是哲學意義上的「本來」、「實際上」，或者「本質上的顏色」到底是什麼，我會覺得你不可理喻。真要我說，我覺得它「本來」沒什麼顏色，只有我們給它裝上某種外殼並觀察它，它才展現出某種顏色來。它是什麼顏色，取決於我們如何觀察它，而不是取決於它「本來」是什麼顏色。我覺得，討論它「本來的顏色」是癡人說夢。

再舉個例子，大家都知道「白馬非馬」的詭辯，不過我們不討論這個。我們問：這匹馬到底是什麼顏色呢？你當然會說：白色啊。可是，也許你身邊有個色盲，他會爭辯說：不對，是紅色！大家指的是同一匹馬，它怎麼可能又是白色又是紅色呢？你當然要說，那個人在感覺顏色上有缺陷，他說的不是馬

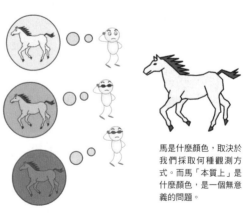

馬是什麼顏色，取決於我們採取何種觀測方式。而馬「本質上」是什麼顏色，是一個無意義的問題。

圖 7.3 馬「本來」是什麼顏色？

本來的顏色，可是，誰又知道你看到的就一定是「本來」的顏色呢？假如世上有一半色盲，誰來分辨哪一半說的是「真相」呢？不說色盲，我們戴上一副紅色眼鏡，這下看出去的馬也變成了紅色吧？它怎麼剛剛是白色，現在是紅色呢？哦，因為你改變了觀察方式，戴上了眼鏡。那麼哪一種方式看到的是真實呢？天曉得，莊周做夢變成了蝴蝶還是蝴蝶做夢變成了莊周？你戴上眼鏡看到的是真實還是脫下眼鏡看到的是真實？

我們的結論是，討論哪個是「真實」毫無意義。我們唯一能說的，是在某種觀察方式確定的前提下，它呈現出什麼樣子來。我們可以說，在我們運用肉眼的觀察方式下，馬呈現出白色。同樣我們也可以說，在戴上眼鏡的觀察方式下，馬呈現出紅色。色盲也可以聲稱，在他那種特殊構造的感光方式觀察下，馬是紅色。至於馬「本來」是什麼色，完全沒有意義。甚至我們可以說，馬「本來的顏色」是子虛烏有的。我們大多數人說馬是白色，只不過我們大多數人採用了一種類似的觀察方式罷了，這並不指向一種終極真理。

電子也是一樣。電子是粒子還是波？那要看你怎麼觀察它。如果採用康普頓效應的觀察方式，那麼它無疑是個粒子；要是用雙縫來觀察，那麼它無疑是個波。它本來到底是個粒子還是波呢？又來了，沒有什麼「本來」，所有的屬性都是同觀察聯繫在一起的，讓「本來」見鬼去吧！

但是，一旦觀察方式確定了，電子就要選擇一種表現形式，它得作為一個波或者粒子出現，而不能再曖昧地混雜在一起。這就像我們可憐的

另一個互補的例子：著名的人臉-花瓶圖。把白色當作底色則見到兩個相對的人臉；把黑色當作底色則見到白色的花瓶。
這幅圖「本來」是人臉還是花瓶呢？那要取決於你採用哪一種觀察方式，但沒有什麼絕對的「本來」，沒有「絕對客觀」的答案。花瓶和人臉在這裡是「互補」的，你看到其中的一種，就自動排除了另一種。

圖 7.4 人臉-花瓶圖

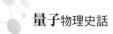

馬，不管誰用什麼方式觀察，它只能在某一時刻展現出一種顏色。從來沒有人有過這樣奇妙的體驗：這匹馬同時又是白色，又是紅色。波和粒子在同一時刻是互斥的，但它們卻在一個更高的層次上統一在一起，作為電子的兩面被納入一個整體概念中。這就是波耳的「互補原理」（The Complementary Principle），它連同波恩的機率解釋、海森堡的不確定性，三者共同構成了量子論「哥本哈根解釋」的核心，至今仍然深刻地影響著我們對於整個宇宙的終極認識。

「第三次波粒戰爭」便以這樣一種戲劇化的方式收場。而量子世界的這種奇妙結合，就是大名鼎鼎的「波粒二象性」。

四

三百年硝煙散盡，波和粒子以這樣一種奇怪的方式達成了妥協：兩者原來是不可分割的一個整體。就像漫畫中教皇善與惡的兩面，雖然在每個確定的時刻，只有一面能夠體現出來，但它們確實集中在一個人的身上。波和粒子是一對孿生兄弟，它們如此苦苦爭鬥，卻原來是演出了一場物理學中的絕代雙驕故事，這教人拍案驚奇，唏噓不已。

我們再回到上一章的最後，重溫一下波和粒子在雙縫前遇到的困境：電子選擇左邊的狹縫，還是右邊的狹縫呢？現在我們知道，假如我們採用任其自然的觀測方式，讓它不受干擾地在空間中傳播，這時候，電子波動的一面就占了上風。它於是以某種方式同時穿過了兩道狹縫，自身與自身發生干涉，其波函數 ϕ 按照嚴格的干涉圖形花樣發展。但是，當它撞上感應屏的一剎那，觀測方式發生了變化！電子突然和某種實物產生了交互作用——我們現在在試圖探測電子的實際位置了！於是突然間，粒子性接管了一切，這個電子凝聚成一點，按照 ϕ 的機率隨機地出現在螢幕的某個地方。

假使我們在某個狹縫上安裝儀器，試圖測出電子究竟通過了哪一邊，注意，這是另一種完全不同的觀測方式！我們試圖探測電子在通過狹縫時的實際位置，可是只有粒子才有實際的位置。這實際上是我們施加的一種暗示，讓電子早早地展現出粒子性。事實上，的確只有一邊的儀器將記錄下它的蹤影，但同時，干涉

條紋也被消滅，因為波動性隨著粒子性的喚起而消失了。我們終於明白，電子如何表現，完全取決於我們如何觀測它。種瓜得瓜，種豆得豆，想記錄它的位置？好，那是粒子的屬性，電子善解人意，便表現出粒子性來，同時也就沒有干涉。不作這樣的企圖，電子就表現出波動性來，穿過兩道狹縫並形成熟悉的干涉條紋。

量子派物理學家現在終於逐漸領悟到了事情的真相：我們的結論和我們的觀測行為本身大有聯繫。這就像那匹馬是白的還是紅的，這個結論和我們用什麼樣的方法去觀察它有關係。有些看倌可能還不服氣：「真相只有一個！」親眼看見的才是唯一的真實。色盲是視力缺陷，眼鏡是外部裝備，這些怎麼能夠說是看到「真實」呢？其實沒什麼分別，它們不外乎是兩種不同的觀測方式罷了，我們的論點是，根本不存在所謂的柏拉圖式的「真實」。

好吧，現在我視力良好，也不戴任何裝置，看到馬是白色的。那麼，它當真是白色的嗎？其實我說這話前，已經隱含了一個默認的觀測方式：「用人類正常的肉眼，在普通光線下看來，馬呈現出白色。」再技術化一點，人眼只能感受可見光，波長在 400－760 納米左右，這些頻段的光混合在一起才形成我們印象中的白色。所以我們論斷的前提就是，在 400－760 納米的光譜區感受馬，它是白色的。

許多昆蟲，比如蜜蜂，它的複眼所感受的光譜是大大不同的。蜜蜂看不見波長比黃光還長的光，卻對紫外線很敏感。在它看來，這匹馬大概是一種藍紫色，甚至它可能繪聲繪色地向你描繪一種難以想像的「紫外色」。現在你和蜜蜂吵起來了，你堅持這馬是白色的，而蜜蜂一口咬定是藍紫色。你和蜜蜂誰對誰錯呢？其實都對。那麼，馬怎麼可能又是白色又是紫色呢？其實是你們的觀測手段不同罷了。對於蜜蜂來說，它也是「親眼」見到，人並不比蜜蜂擁有更多的正確性、離「真相」更近一點。話說回來，色盲只是對於某些頻段的光有盲點，眼鏡只不過加上一個濾鏡，本質上都是一種特定的觀測方式而已，也沒理由說它們看到的就是「虛假」。

事實上，沒有什麼「客觀真相」。討論馬「本質上」到底是什麼顏色，正如

我們已經指出過的，是很無聊的行為。每一個關於顏色的論斷，都是結合某種觀測方式而作出的，如果脫離了觀測手段，就根本不存在個絕對的所謂「本色」。

波耳也好，海森堡也好，現在終於都明白：談論任何物理量都是沒有意義的，除非你首先描述你測量這個物理量的方式。一個電子的動量是什麼？我不知道，一個電子沒有什麼絕對的動量，不過假如你告訴我你打算怎麼去測量，我倒可以告訴你測量結果會是什麼。根據測量方式的不同，這個動量可以從十分精確一直到萬分模糊，這些結果都是可能的，也都是正確的。一個電子的動量，只有當你測量時，才有意義。假如這不好理解，想像有人在紙上畫了兩橫夾一豎，問你這是什麼字。嗯，這是一個「工」字，但也可能是橫過來的「H」，在他沒告訴你怎麼看之前，這個問題是沒有定論的。現在，你被告知：「這個圖案的看法應該是橫過來看。」這下我們明確了：這是一個大寫字母 H。只有觀測手段明確之後，答案才有意義。而脫離了觀測手段去討論這個圖案「本質上」到底是「工」還是「H」，這個問題卻是無意義的。

此圖案「本質上」是工還是 H？這個問題實際上沒有意義。

圖 7.5 「本質」是無意義的說法

測量！在經典理論中，這不是一個被考慮的問題。測量一塊石頭的重量，我用天平、用彈簧秤、用磅秤，或者用電子秤來做，理論上是沒有什麼區別的。在經典理論看來，石頭是處在一個絕對的，客觀的外部世界中，而我——觀測者——對這個世界是沒有影響的，至少，這種影響是微小得可以忽略不計的。你測得的資料是多少，石頭的「客觀重量」就是多少。但量子世界就不同了，我們已經看到，我們測量的物件都是如此微小，以致我們的介入對其產生了致命的干預。我們本身的擾動使得我們的測量中充滿了不確定性，從原則上都無法克服。採取不同的手段，往往會得到不同的答案，它們隨著不確定性原理搖搖擺擺，你根本不能說有一個客觀確定的答案在那裡。在量子論中沒有外部世界和我之分，我們和客觀世界天人合一，融和成為一體，我們和觀測物互相影響，使得測量行為成為一種難以把握的手段。在量子

世界，一個電子並沒有什麼「客觀動量」，我們能談論的，只有它的「測量動量」，而這又和我們的測量手段密切相關。

　　各位，我們已經身陷量子論那奇怪的沼澤中了，我只希望大家不要過於頭昏腦脹，因為接下來還有無數更稀奇古怪的東西，錯過了未免可惜。我很抱歉，這幾節我們似乎沉浸於一種玄奧的哲學討論，而且似乎還要繼續討論下去。這是因為量子革命牽涉到我們世界觀的根本變革，以及我們對於宇宙的認識方法。量子論的背後有一些非常形而上的東西，它使得我們的理性戰戰兢兢，汗不敢出。但是，為了理解量子論的偉大力量，我們又無法繞開這些而自欺欺人地盲目前進。如果你從史話的一開始跟著我一起走到了現在，我至少對你的勇氣和毅力表示讚賞，但我也無法給你更多的幫助。假如你感到困惑徬徨，那麼波耳的名言「如果誰不為量子論感到困惑，那他就是沒有理解量子論」或許可以給你一些安慰（假如這還不夠，那就再加上費因曼的一句「沒人能理解量子論」）。而且，正如我們以後即將描述的那樣，你也許應該感到非常自豪，因為愛因斯坦對此的困惑徬徨，實在不比你少到哪裡去。

　　但現在，我們必須走得更遠。上面一段文字只是給大家一個小小的喘息機會，我們這就繼續出發了。

　　如果不定義一個測量動量的方式，那麼我們談論電子動量就是沒有意義的？這聽上去似乎是一種唯心主義的說法。難道我們無法測量電子，它就沒有動量了嗎？讓我們非常驚訝和尷尬的是，波耳和海森堡兩個人對此大點其頭。一點也不錯，假如一個物理概念是無法測量的，它就是沒有意義的。我們要時時刻刻注意，在量子論中觀測者是和外部宇宙結合在一起的，它們之間現在已經沒有明確的分界線，是一個整體。在經典理論中，我們脫離一個絕對客觀的外部世界而存在，我們也許不了解這個世界的某些因素，但這不影響其客觀性。可如今我們自己也已經融入這個世界了，對於這個物我合一的世界來說，任何東西都應該是可以測量和感知的。只有可觀測的量才是存在的！

　　著名的卡爾・薩根（Carl Sagan）曾經在《魔鬼盤據的世界》裡舉過一個很有意思的例子，雖然不是直接關於量子論的，但頗能說明問題。

「我的車庫裡有一條噴火
的龍！」他這樣聲稱。

「太稀罕了！」他的朋友
連忙跑到車庫中，但沒有看見
龍。「龍在哪裡？」

「哦，」薩根說，「我忘
了說明，這是一條隱身的
龍。」

一條誰都看不見的龍，和根本
沒有龍又有什麼區別呢？

圖 7.6 沒有定義觀測方式，空談「隱形火龍」是毫無意義的

朋友有些狐疑，不過他建議，可以撒一些粉末在地上，看看龍的爪印是不是
會出現。但是薩根又聲稱，這龍是飄在空中的。

「那既然這條龍在噴火，我們用紅外線檢測儀做一個熱掃描？」

「也不行。」薩根說，「隱形的火也沒有溫度。」

「要麼對這條龍噴漆讓它現形？」──「這條龍是非物質的，滑不溜丟，油
漆無處可黏。」

反正沒有一種物理方法可以檢測到這條龍的存在。薩根最後問：「這樣一條
看不見摸不著，沒有實體的，飄在空中噴著沒有熱度的火的龍，一條任何儀器都
無法探測的龍和『根本沒有龍』之間又有什麼差別呢？」

現在，波耳和海森堡也以這種苛刻的懷疑主義態度去對待物理量。不確定性
原理說，不可能同時測準電子的動量 p 和位置 q，任何精密的儀器也不行。許多
人或許會認為，好吧，就算這是理論上的限制，和我們實驗的笨拙無關，我們仍
然可以安慰自己，說一個電子「實際上」是同時具有準確的位置和動量的，只不
過我們出於某種限制無法得知罷了。

但哥本哈根派開始嚴厲地打擊這種觀點：一個具有準確 p 和 q 的經典電子？
這恐怕是自欺欺人吧！有任何儀器可以探測到這樣的一個電子嗎？──沒有，理
論上也不可能有。那麼，同樣道理，一個在臆想世界中生存的，完全探測不到的
電子，和根本沒有這樣一個電子之間又有什麼區別呢？

事實上，同時具有 p 和 q 的電子是不存在的！p 和 q 也像波和微粒一樣，在

不確定原理和互補原理的統治下以一種此長彼消的方式生存。對於一些測量手段來說，電子呈現出一個準確的 p，對於另一些測量手段來說，電子呈現出準確的 q。我們能夠測量到的電子才是唯一的實在，這後面不存在一個「客觀」的，或者「實際上」的電子！

換言之，不存在一個客觀的、絕對的世界。唯一存在的，就是我們能夠觀測到的世界。物理學的全部意義，不在於它能夠揭示出自然「是什麼」，而在於它能夠明確，關於自然我們能「說什麼」。沒有一個脫離於觀測而存在的「絕對自然」，只有我們和那些複雜的測量關係，熙熙攘攘縱橫交錯，構成了這個令人心醉的宇宙的全部。測量是新物理學的核心，測量行為創造了整個世界。

📣 名人軼聞：奧卡姆剃刀

同時具有 p 和 q 的電子是不存在的。有人或許感到不理解，探測不到的就不是實在嗎？

我們來問自己，「這個世界究竟是什麼」和「我們在最大程度上能夠探測到這個世界是什麼」兩個命題，其實質到底有多大的不同？我們探測能力所達的那個世界，是不是就是全部實在的世界？比如說，我們不管怎樣，每次只能探測到電子是個粒子或者是個波，那麼是不是有一個「實在」的世界，在那裡電子以波－粒子的奇妙方式共存，我們每次探測，只不過探測到了這個終極實在於我們感觀中的一部分投影？同樣，在這個「實在世界」中還有同時具備 p 和 q 的電子，只不過我們與它緣慳一面，每次測量都只有半面之交，沒法窺得它的真面目？

假設宇宙在創生初期膨脹夠快，以致它的某些區域對我們來說是如此遙遠，甚至從創生的一剎那以光速出發，至今也無法與它建立起任何溝通。宇宙年齡大概有 150 億歲，任何信號傳播最遠的距離也不過 150 億光年，那麼，在距離我們150 億光年之外，有沒有另一些「實在」的宇宙，雖然它們不可能和我們的宇宙之間有任何因果聯繫？

在那個實在世界裡，是不是有我們看不見的噴火的龍，是不是有一匹具有「實在」顏色的馬，而我們每次觀察只不過是這種「實在顏色」的膚淺表現而已。我跟你爭論說，地球「其實」是方的，只不過它在我們觀察的時候，表現出球形而已。但是在那個「實在」世界裡，它是方的，而這個實在世界我們是觀察不到的，但不表明它不存在。

如果我們運用「奧卡姆剃刀原理」（Occam's Razor），這些觀測不到的「實在世界」全都是子虛烏有的，至少是無意義的。這個原理是 14 世紀的一個修道士威廉所創立的，奧卡姆是他出生的地方。這位奧卡姆的威廉還有一句名言，那是他對巴伐利亞的路易四世說的：「你用劍來保衛我，我用筆來保衛你。」

剃刀原理是說，當兩種說法都能解釋相同的事實時，應該相信假設少的那個。比如，地球「本來」是方的，但「觀測時顯現出圓形」，這和地球「本來就是圓的」說明的是同一件事。但前者引入了一個莫名其妙的不必要的假設，所以前者是胡說。再舉個例子：「上帝存在」，「但上帝絕對無法被世人看見」是兩個假設，而「上帝其實不存在，所以自然看不見」只用到了一個假設（「看不見」是「不存在」的自然推論），這兩者說明的是同樣的現象（沒人在現實中看見過上帝），所以在沒有更多證據的情況下我們最好還是傾向於後者。

回到量子世界中：「電子本來有準確的 p 和 q，但是觀測時只有一個能顯示」，這和「只存在具有 p 或者具有 q 的電子」說明的也是同一回事，但前者多了一個假設。根據剃刀原理，我們應當相信後者。實際上，「存在，但絕對觀測不到」之類的論斷都是毫無意義的，因為這和「不存在」根本就是一碼事，無法區分開來。

同樣道理，沒有粒子－波混合的電子、沒有看不見的噴火的龍、沒有「絕對顏色」的馬、沒有 150 億光年外的宇宙（150 億光年這個距離稱作「視界」）、沒有隔著 1 釐米四維尺度觀察我們的四維人、沒有絕對的外部世界。史蒂芬·霍金在《時間簡史》中說：「我們仍然可以想像，對於一些超自然的生物，存在一組完全地決定事件的定律，它們能夠觀測宇宙現在的狀態而不必干擾它。然而，我們人類對於這樣的宇宙模型並沒有太大的興趣。看來，最好是採用奧卡姆剃刀

原理，將理論中不能被觀測到的所有特徵都割除掉。」

你也許對這種實證主義感到反感，反駁說：「一片無人觀察的荒漠，難道就不存在嗎？」以後我們會從另一個角度來討論這片無人觀察的荒漠，這裡只想指出，「無人的荒漠」並不是原則上不可觀察的。

五

正如我們的史話在前面一再提醒各位的那樣，量子論革命的破壞力是相當驚人的。在機率解釋，不確定性原理和互補原理這三大核心原理中，前兩者摧毀了經典世界的（嚴格）因果性，互補原理和不確定原理又合力搗毀了世界的（絕對）客觀性。新的量子圖景展現出一個前所未有的世界，它是如此奇特，難以想像，和人們的日常生活格格不入，甚至違背我們的理性本身。但是，它卻能夠解釋量子世界一切不可思議的現象。這種主流解釋被稱為量子論的「哥本哈根」解釋，它是以波耳為首的一幫科學家作出的，他們大多數曾在哥本哈根工作過，許多是量子論本身的創立者。哥本哈根派的人物除了波耳，自然還有海森堡、波恩、包立、克拉默斯、約爾當，也包括後來的魏札克、羅森菲爾德和蓋莫夫等等。當然，實際上在現實中並沒有一個正式的黨派叫做「哥本哈根派」，所以並非一定要到過哥本哈根才有資格躋身其列。粗略地說，任何人只要贊同波耳的「哥本哈根解釋」，就可以歸為哥本哈根派的成員。而所謂的哥本哈根解釋一直被當作是量子論的「正統」，至今仍被寫進各種教科書中。

當然，因為它太過奇特，太教常人困惑，近 80 年來沒有一天它不受到來自各方面的質疑、指責、攻擊。也有一些別的解釋被紛紛提出，這裡面包括隱變數理論、宇宙解釋、系綜解釋、自發定域（Spontaneous Localization），退相干歷史（Decoherent Histories, or Consistent Histories）等等。我們的史話以後會逐一地去看看這些理論，但是公平地說，至今沒有一個理論能取代哥本哈根解釋的地位，也沒有人能證明哥本哈根解釋實際上「錯了」（多數人只是爭辯說它「不完備」）。隱變數和多世界理論都曾被認為相當有希望，可惜它們的勝利直到今天還仍然停留在口頭上。因此，我們的史話仍將以哥本哈根解釋為主線來敘述，對

於讀者來說，他當然可以自行判斷，並得出他自己的獨特看法。

哥本哈根解釋的基本內容，全都圍繞著三大核心原理而展開。我們在前面已經說到，首先，不確定性原理限制了我們對微觀事物認識的極限，而這個極限也就是具有物理意義的一切。其次，因為存在著觀測者對於被觀測物的不可避免的擾動，現在主體和客體世界必須被理解成一個不可分割的整體。沒有一個孤立地存在於客觀世界的「事物」（being），事實上一個純粹的客觀世界是沒有的，任何事物都只有結合一個特定的觀測手段，才談得上具體意義。物件所表現出的形態，在很大的程度上取決於我們的觀察方法。對同一個物件來說，這些表現形態可能是互相排斥的，但必須被同時用於這個物件的描述中，也就是互補原理。

最後，因為我們的觀測給事物帶來各種原則上不可預測的擾動，量子世界的本質是「隨機性」。傳統觀念中的嚴格因果關係在量子世界是不存在的，必須以一種統計性的解釋來取而代之，波函數 ϕ 就是一種統計，它的平方代表了粒子在某處出現的機率。當我們說「電子出現在 x 處」時，我們並不知道這個事件的「原因」是什麼，它是一個完全隨機的過程，沒有因果關係。

有些人可能覺得非常糟糕：又是不確定又是沒有因果關係，這個世界不是亂套了嗎？物理學家既然什麼都不知道，那他們還好意思待在大學裡領薪水，或者在電視節目上欺世盜名？然而事情並沒有想像的那麼壞，雖然我們對單個電子的行為只能預測其機率，但我們都知道，當樣本數量變得非常大時，機率論就很有用了。我們沒法知道一個電子在螢幕上出現在什麼位置，但我們很有把握，當數以萬億計的電子穿過雙縫，它們會形成干涉圖案。這就好比保險公司沒法預測一個客戶會在什麼時候死去，但它對一個城市的總體死亡率是清楚的，所以保險公司一定是賺錢的！

傳統的電視或電腦螢幕，它後面都有一把電子槍，不斷地逐行把電子打到螢幕上形成畫面。對於單個電子來說，我並不知道它將出現在螢幕上的哪個點，只有機率而已。不過大量電子疊在一起，組成穩定的畫面是確定無疑的。看，就算本質是隨機性，但科學家仍然能夠造出一些有用的東西。如果你家電視畫面老是有雪花，不要懷疑到量子論頭上來，先去檢查一下天線。

　　當然時代在進步，筆者的電腦螢幕現在變成了薄薄的液晶型，那是另一回事了。

　　至於令人迷惑的波粒二象性，那也只是量子微觀世界的奇特性質罷了。我們已經談到德布羅意方程 $\lambda = h/p$，改寫一下就是 $\lambda p = h$，波長和動量的乘積等於普朗克常數 h。對於微觀粒子來說，它的動量非常小，所以相應的波長便不能忽略。但對於日常事物來說，它們質量之大相比 h 簡直是個天文數字，所以對於生活中的一個足球，它所伴隨的德布羅意波微乎其微，根本感覺不到。我們一點都用不著擔心，在世界盃決賽中，眼看要入門的那個球會突然化為一縷波，消失得杳然無蹤。

　　但是，我們還是覺得不太滿意，因為對「觀測行為」，我們似乎還沒有作出合理的解釋。一個電子以奇特的分身術穿過雙縫，它的波函數自身與自身發生了干涉，在空間中嚴格地，確定地發展。在這個階段，因為沒有進行觀測，說電子在什麼地方是沒有什麼意義的，只有它的機率在空間中展開。物理學家們常常擺弄玄虛說：「電子無處不在，而又無處在」，指的就是這個意思。然而在那以後，當我們把一塊感光屏放在它面前以測量它的位置的時候，事情突然發生了變化！電子突然按照波函數的機率分

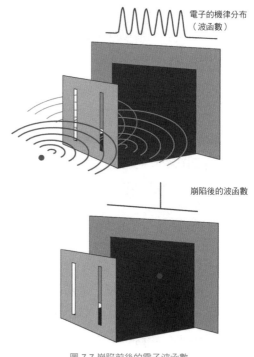

電子的機律分布（波函數）

崩陷後的波函數

圖 7.7 崩陷前後的電子波函數

布而隨機地作出了一個選擇，並以一個小點的形式出現在了某處。這時候，電子確定地存在於某點，自然這個點的機率變成了 100％，而別的地方的機率都變成了 0。也就是說，它的波函數突然從空間中收縮，聚集到了這一個點上面，在這

個點出現了強度為 1 的高峰。而其他地方的波函數都瞬間降為 0。

　　哦，上帝，發生了什麼事？為什麼電子的波函數在一剎那發生了這樣的巨變？原本形態優美，嚴格地符合薛丁格方程的波函數在一剎那轟然崩潰，變成了一個針尖般的小點。從數學上來說，這兩種狀態顯然是沒法互相推導的。在我們觀測電子以前，它實際上處在一種疊加態，所有關於位置的可能疊合在一起，彌漫到整個空間中去。但是，當我們真的去「看」它的時候，電子便無法保持它這樣優雅而面面俱到的行為方式了，它被迫作出選擇，在無數種可能性中挑選一種，以一個確定的位置出現在我們面前。

　　波函數這種奇蹟般的變化，在哥本哈根派的口中被稱之為「崩陷」（collapse），每當我們試圖測量電子的位置，它那原本按照薛丁格方程演變的波函數 ϕ 便立刻按照那個時候的機率分布崩陷（我們記得 ϕ 的平方就是機率），所有的可能全都在瞬間集中到某一點上。而一個實實在在的電子便大搖大擺地出現在那裡，供我們觀賞。

　　在電子通過雙縫前，假如我們不去測量它的位置，那麼它的波函數就按照方程發散開去，同時通過兩個縫而自我互相干涉。但要是我們試圖在兩條縫上裝個儀器以探測它究竟通過了哪條縫，在那一剎那，電子的波函數便崩陷了，電子隨機地選擇了一個縫通過。而崩陷過的波函數自然就無法再進行干涉，於是乎，干涉條紋一去不復返。

　　奇怪，非常奇怪。為什麼我們一觀測，電子的波函數就開始崩陷了呢？

　　事實似乎是這樣的，當我們閉上眼睛不去看這個電子，它就不是一個實實在在的電子。它像一個幽靈一般按照波函數向四周散發開去，虛無飄渺，沒有實體，而以機率波的形態飄浮在空間中。隨著時間的演化，這種機率波嚴格地按照薛丁格波動方程的指使，聽話而確定地按照經典方式發展。這個時候，與其說它是一個電子，不如說它是一個鬼魂、一團混沌、一幅浸潤開來的水彩畫、一朵機率雲，愛麗絲夢境中那難以捉摸的柴郡貓的笑容。不管你怎麼形容都好，反正它不是一個實體，它以機率的方式擴散開來，這種機率似波動一般起伏，可以干涉和疊加，為 ϕ 所精確描述。

但是，當你一睜開眼睛，奇妙的事情發生了！所有的幻影、所有的幽靈都消失了。電子那散發開去的波函數在瞬間崩陷，它重新變成了一個實實在在的粒子，隨機地出現在某處。除了這個地方之外，一切的機率波，一切的可能性都消失了。化為一縷清風的妖怪重新凝聚成為一個白骨精，被牢牢地捆死在一個地方。電子回到了現實世界裡來，又成了大家所熟悉的經典粒子。

你又閉上眼睛，剛剛變回原型的電子又化為機率波，向四周擴散。再睜開眼睛，它又變回粒子出現在某個地方。你測量一次，它的波函數就崩陷一次，隨機地決定一個新的位置。當然，這裡的隨機是嚴格按照波函數所規定的機率強度分布來決定的。

我們不如敘述得更加生活潑一些。金庸在《笑傲江湖》第二十六回裡描述了令狐沖在武當腳下與沖虛一戰，沖虛一柄長劍幻為一個個光圈，讓令狐沖眼花繚亂，看不出劍尖所在。用量子語言說，這時候沖虛的劍已經不是一個實體，它變成許許多多的「虛劍」，在光圈裡分布開來，每一個「虛劍尖」都代表一種可能性，它可能就是「實劍尖」所在。沖虛的劍可以為一個波函數所描述，很有可能在光圈的中心，這個波函數的強度最大，也就是說這劍最可能出現在光圈中心。現在令狐沖揮劍直入，注意，這是一次「測量行為」！好，在那瞬間沖虛劍的波函數崩陷了，又變成一柄實劍。令狐沖運氣好，它真的出現在光圈中間，於是破了此招。要是猜錯了呢？那免不了斷送一條手臂，但沖虛劍的波函數總是崩陷了，它無論如何要實實在在地出現在某處，這才能傷敵。

在張國良的《三國演義》評話裡，有一個類似的情節。趙雲在長阪坡遇上張繡（另一些版本說是高覽），後者使一招烏朝鳳，槍尖幻化為千百點，趙雲僥倖破了此招——他隨便一擋，迫使其波函數崩陷，結果正好崩陷到兩槍相遇的位置，然後張繡心慌意亂，反死於趙雲之蛇盤七探槍下，這就不多說了。

我們還是回到物理上來。這種哥本哈根解釋聽起來未免也太奇怪了，我們觀測一下，電子才變成實在，不然就是個幽靈。許多人一定覺得不可思議：當我們背過身，或者閉著眼的時候，電子一定在某個地方，只不過我們不知道而已。但正如我們指出的，假使電子真的「在」某個地方，它便只能通過一道狹縫，這就

難以解釋干涉條紋。而且我們以後也會看到，實驗完全排除了這種可能。也許我們說「幽靈」太聳人聽聞，嚴格地說，電子在沒有觀測的時候什麼也不是，談論它是無意義的，只有數學可以描述——波函數！按照哥本哈根解釋，不觀測的時候，根本沒有個實在！自然也就沒有實在的電子。事實上，不存在「電子」這個東西，只存在「我們與電子之間的觀測關係」。

我已經可以預見到即將扔過來的臭雞蛋的數量——不過它現在還是個波函數，等一會兒才會崩陷，哈哈。不過在那些扔臭雞蛋的人中，有幾位是讓我感到十分榮幸的。事實上，哥本哈根派這下遇到真正的麻煩了，他們要面對一些強大的懷疑論者，這些人中間不少還剛剛和他們並肩戰鬥過。20 世紀物理史上最激烈，影響最大，意義最深遠的一場爭論馬上就要展開，這使得我們能夠對自然的行為和精神有更加深刻的理解。下一章我們就來談這場偉大的辯論——波耳－愛因斯坦之爭。

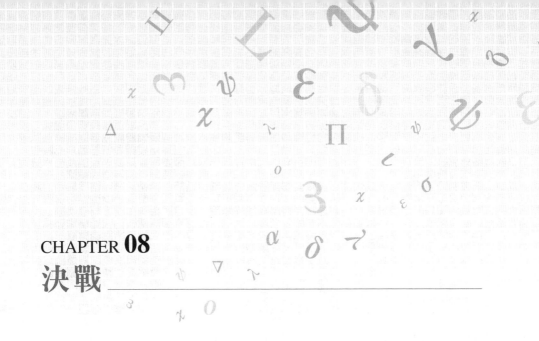

CHAPTER **08**
決戰

一

義大利北部的科莫市（Como）是一個美麗的小城，北臨風景勝地科莫湖，與米蘭相去不遠。市中心那幾座著名的教堂洋溢著哥德式風格，以及文藝復興時代的氣息，折射出這個古城自羅馬時代以來那悠遠的歷史和豐富的文化沉澱。自中世紀以來，這裡曾培育出許許多多偉大的建築師，統稱為「科莫地方大師」（Maestri Comacini），而新時代的天才特拉尼（Giuseppe Terragni）也即將在這個地方留下他那些名垂青史的建築作品。除了藝術家之外，在科莫的地方誌中我們還可以輕易地找到許多政治家、哲學家和歷史學家的名字，甚至還包括一位教皇（英諾森十一世），可謂是人傑地靈了。

不過，科莫市最著名的人物，當然還是西元 1745 年出生於此的大科學家，亞里山德羅‧伏打（Alessandro Volta）。他在電學方面的成就如此偉大，以致人們用他的名字來作為電壓的單位：伏特（volt）。伏打於西元 1827 年 9 月去世，被他的家鄉視為永遠的光榮和驕傲；他出世的地方被命名為伏打廣場，他的雕像自西元 1839 年起聳立於此；他的名字被用來命名教堂和科莫湖畔的燈塔，在每個夜晚照耀這個城鎮，全世界都感受到他的萬丈光輝。

物轉星移，眨眼間已是西元 1927，科學巨人已離開我們整整一周年。一向安靜甯謐的科莫忽然又熱鬧起來，新時代的科學大師們又聚集於此，在紀念先人的同時探討物理學的最新進展。科莫會議邀請了當時幾乎所有的最傑出的物理學家，洵為盛會。赴會者包括波耳、海森堡、普朗克、包立、波恩、洛倫茲、德布羅意、費米、克萊默、勞厄（Max von Laue）、康普頓、維格納、索末菲、德拜、馮諾依曼（當然嚴格說來此人是數學家）……遺憾的是，愛

圖 8.1 伏打

因斯坦和薛丁格都別有要務，未能出席。這兩位哥本哈根派主要敵手的缺席使得論戰的火花向後推遲了幾個月。

同樣沒能趕到科莫的還有狄拉克和玻色。其中玻色的 case 頗為離奇：大會本來是邀請了他的，但是邀請信發給了「加爾各達大學物理系的玻色教授」。顯然這信是寄給著名的 S.N.玻色，也就是創立了玻色-愛因斯坦統計的那個玻色。不過在西元 1927 年，玻色早就離開了加爾各達去了達卡大學，但無巧不成書，加爾各達還有一個 D.M.玻色。那時通信還不像現在這樣發達，歐洲和印度之間交流極為不便，因此陰差陽錯，這個名不見經傳的「玻色」就糊里糊塗，莫名其妙地參加了眾星雲集的科莫會議，也算是飯後的一大趣談吧！

在準備科莫會議講稿的過程中，互補原理的思想進一步在波耳腦中成型。他決定在這個會議上把這一大膽的思想披露出來。在準備講稿的同時，他還給 Nature 雜誌寫短文以介紹這個發現，事情太多而時間倉卒，最後搞得他手忙腳亂。在出發前的一剎那，他竟然找不到他的護照——這耽誤了幾個小時的火車。

但是，不管怎麼樣，波耳最後還是完成那長達 8 頁的講稿，並在大會上成功地作了發言。這個演講名為《量子公設和原子論的最近發展》，在其中波耳第一次描述了波-粒的二象性，用互補原理詳盡地闡明我們對待原子尺度世界的態度。他強調了觀測的重要性，聲稱完全獨立和絕對的測量是不存在的。當然互補

原理本身在這個時候還沒有完全定型，一直要到後來的索爾維會議它才算最終完成，不過此一思想現在已經引起了人們的注意。

波恩讚揚了波耳「中肯」的觀點，同時又強調了量子論的不確定性。他特別舉了波函數「崩陷」的例子，來說明這一點。這種「崩陷」顯然引起了馮諾曼的興趣，他以後會證明關於它的一些有趣的性質。海森堡、費米和克拉默斯等人也都作了評論。

當然我們也要指出的是，許多不屬於「哥本哈根派」的人物，對波耳等人的想法和工作一點都不熟悉，這種互補原理對他們來說令人迷惑不解。許多人都以為這不過是一種文字遊戲，是對大家都了解的情況「換一種說法」罷了。正如羅森菲爾德（Léon Rosenfeld）後來在訪談節目中評論的：「這個互補原理只是對各人所清楚的情況的一種說明……科莫會議並沒有明確論據，關於概念的定義要到後來才作出。」維格納（Eugene Wigner）總結道：「……（大家都覺得，波耳的演講）沒能改變任何人關於量子論的理解方式。」

但科莫會議的歷史作用仍然不容低估，互補原理第一次公開亮相，標榜著哥本哈根解釋邁出了關鍵的一步。不久出版了波耳的講稿，內容已經有所改進，距離這個解釋的最終成熟只差最後一步了。在波耳的魔力號召下，量子的終極幽靈應運而生，徘徊在科莫湖畔的卡爾杜齊學院（波耳演講的地方）上空，不斷地吟唱著詩人筆下那激越的詩句：

一個美麗可怕的妖魔

掙脫枷鎖……

像狂風捲起

氣浪四處流散

啊各族人民，呼嘯而過的

是偉大的撒旦[1]

---

1. 卡爾杜齊學院得名於義大利偉大的詩人，西元 1906 年諾貝爾文學獎得主卡爾杜齊（Giosué Carducci）。這裡的詩句來自《撒旦頌》，是詩人的不朽名作，熱情歌頌了文明和反叛的力量。譯文取自灘江出版社劉儒庭所譯的卡爾杜齊《青春詩》（諾貝爾文學獎文庫之一）。

　　然而，在哥本哈根派聚集力量的同時，他們的反對派也開始為最後的決戰做好準備。對於愛因斯坦來說，一個沒有嚴格因果律的物理世界是不可想像的。物理規律應該統治一切，物理學應該簡單明確：A 導致了 B，B 導致了 C，C 導致了 D。環環相扣，每一個事件都有來龍去脈，原因結果，而不依賴於什麼「隨機性」。至於拋棄客觀實在，更是不可思議的事情。這些思想從他當年對待波耳的電子躍遷的看法中，已經初露端倪。西元 1924 年他在寫給波恩的信中堅稱：「我決不願意被迫放棄嚴格的因果性，並將對其進行強有力的辯護。我覺得完全不能容忍這樣的想法，即認為電子受到輻射的照射，不僅它的躍遷時刻，而且它的躍遷方向，都由它自己的『自由意志』來選擇。」

　　舊量子論已經讓愛因斯坦無法認同，那麼更加「瘋狂」的新量子論就更使他忍無可忍了。雖然愛因斯坦本人曾經提出了光量子假設，在量子論的發展歷程中作出過不可磨滅的貢獻，但現在他卻完全轉向了這個新生理論的對立面。愛因斯坦堅信，量子論的基礎大有毛病，從中必能挑出點刺來，迫使人們回到一個嚴格的、富有因果性的理論中來。波耳後來回憶說：「愛因斯坦最善於不拋棄連續性和因果性來標示表面上矛盾著的經驗，他比別人更不願意放棄這些概念。」

　　面對量子精靈的進逼，愛因斯坦也在修煉他的魔杖。他已在心中暗暗立下誓言，定要恢復舊世界的光榮秩序，讓黃金時代的古典法律再一次獲得應有的尊嚴。

　　兩大巨頭雖未能在科莫會議上碰面，卻低頭不見抬頭見，命運已經在冥冥中安排好了這樣的相遇不可避免。僅僅一個多月後，另一個歷史的時刻就到來了，第五屆索爾維會議在比利時布魯塞爾召開。這一次，各路冤家對頭終於聚首一堂，就量子論的問題作一個大決戰。從黃金年代走來的老人、在革命浪潮中成長起來的反叛青年、經典體系的莊嚴守護者、新時代的冒險家，這次終於都要作一個最終了斷。世紀大辯論的序幕即將拉開，像一場熊熊的大火燃燒不已，量子論也將在這大火中接受最嚴苛的洗禮，鍛燒出更加璀璨的光芒來。布魯塞爾見。

📢 名人軼聞： 科學史上的神話（一）

阿基米德的浴缸、牛頓的蘋果、瓦特的茶壺、愛因斯坦的小板凳……科學史上流傳著太多我們耳熟能詳的故事。它們帶著強烈的傳奇色彩，在孩提時代曾那樣打動我們的心靈，喚起對於天才們的深深崇敬和對於科學的無限嚮往。然而時至今日，我們再度回頭審視這些傳說，卻會發現許多時候它們的象徵意義過分濃厚，不可避免地掩蓋住了歷史的本來面目，摻入了太多情感成分。令人吃驚的是，大家從小所熟悉的那些科學家的故事，若是仔細推敲起來，幾乎沒有多少是站得住腳的。傳奇最終變成了神話（myth），而我們也終究長大。

讓我們按照時間順序，首先從阿基米德（Archimedes）開始。很少人不知道阿基米德量金冠的故事，這個傳說並非空穴來風，它首先被記載於西元前 1 世紀羅馬的建築師維特魯烏斯（Vitruvius）的著作中。根據記載，敘拉古的國王耶羅二世（Hiero II）做了一個金冠要獻給神祇，但他懷疑金匠私吞了一部分金子，而以同等質量的銀子代替，便命阿基米德想辦法在不破壞王冠的情況下測出它是否為純金。阿基米德冥思苦想，終於在一次洗澡的時候，他發現浴缸裡的水隨著身體的浸入而不斷溢出，於是突然恍然大悟，光著身子跳出浴缸，嘴裡還叫著一種多里安方言：Eureka（希臘文的 Eὕρηκα，意為「我找到了」）！這個詞從此被作為靈感來臨的象徵，成為多少人夢寐以求的時刻。

阿基米德的方法是，把金冠扔進一個盛滿水的桶中，測得溢出水的體積。然後把同等重量的純金也扔進滿水的桶中，得到溢出水的體積。如果金冠摻銀的話，它的體積就要比同等重量的純金要大，因此排出的水相應地便多。

這聽上去當然無懈可擊，不過稍作計算的話，很難想像阿基米德真的可以用這種方法來實際地解決問題。希臘時代的王冠其實就是「桂冠」，也就是像奧運會上那種用橄欖枝圍一圈戴在頭上的那種「花環」。從考古實物來說，目前出土的最大的王冠重 714 克，直徑 18.5 釐米，為了簡便，我們往寬裡計算，假設阿基米德的王冠重 1 千克，直徑 20 釐米好了。因為純金的比重是 $19.3g/cm^3$，所以 1 千克重的金子實占體積 $51.8cm^3$。現在假設金匠往王冠裡摻了 30% 的銀子，那

麼銀子的比重是 10.6 g/cm³，該王冠實占體積差不多是 64.6cm³。

把王冠和純金放進盡可能窄的桶裡（王冠直徑 20cm，則桶口的面積最小是 314cm²），王冠能造成 0.206cm 的水位上漲，純金則是 0.165cm。相比之下，落差只有 0.041cm，也就是 0.4 毫米！不要說阿基米德時代，就算在現代的中學裡，要測出這樣一個差值都是相當困難的！而且，任何其他因素，比如水的表面張力，水中的氣泡等等都能輕易地造成同等的誤差，這造成了該方法實際上的不可行。我們的計算還算寬鬆的，假如王冠再輕一點，摻的銀子再少一點，或桶再大一點的話，差值就更加微小了[2]。

1927 年第五屆索爾維會議參加者合照

圖 8.2　1927 年索爾維會議

實踐上的難度暫且不論，羅馬建築師的本意在於頌揚阿基米德的天才成就，然而這個檢測方法卻是異常拙劣的！更糟糕的是，這裡面卻沒有用到阿基米德本人的偉大發現浮力定律！其實，如果想稱頌阿基米德的話，我們有一種最簡單的方法：直接用提秤，把王冠和在空氣中同等重量的純金同時放到水中去稱量！因為王冠的體積大，受到的浮力相對也大，所以在水中王冠就會顯得比金子要輕，提秤的這端會翹起！如果要使兩者在水中保持平衡的話，我們需要空氣中重 1246g 的純金才行，246g 的差距是容易測量的，我們甚至能輕易地得到摻銀的比

---

2. 資料和計算都來自 http://www.mcs.drexel.edu/~crorres/Archimedes/contents.html

例。最關鍵的是，這才是阿基米德偉大之處的真正體現：浮力定律！

如果維特魯烏斯物理好一點，編造得更聰明一點的話，這個神話也許就沒那麼容易破滅。

二

青山依舊，幾度夕陽，同樣的布魯塞爾，一轉眼竟已度過了十六個春秋。維格納 1911 年的第一屆索爾維會議，也就是那個傳說中的「巫師會議」似乎已經在人們的腦海中慢慢消逝。這十六年間發生了太多的事情，世界大戰的爆發迫使這科學界的巔峰聚會不得不暫時中斷，雖然從維格納 1921 年起又重新恢復，但來自德國的科學家們卻都因為戰爭的原因連續兩次被排除在外。失去了這個星球上最好的幾個頭腦，第三、第四屆會議便未免顯得有些索然無味，而這也就更加凸顯了維格納 1927 年第五屆索爾維會議的歷史地位。後來的發展證明，它毫無疑問是有史以來最著名的一次索爾維會議。

這次會議彌補了科莫的遺憾，愛因斯坦、薛丁格等人都如約而至。物理學的大師們聚首一堂，在會場合影，流傳下了那張令多少後人唏噓不已的「物理學全明星夢之隊」的世紀照片。當然世事無完美，硬要挑點缺陷，那就是索末菲和約爾當不在其中，不過我們要求不能太高了，人生不如意者還是十有八九的。

會議從 10 月 24 日到 29 日，為期 6 天。主題是「電子和光子」（我們還記得，「光子-photon」是個新名詞，它剛剛在維格納 1926 年由美國人路易斯所提出），其議程如下：首先勞倫斯‧布拉格作關於 X 射線的實驗報告，然後康普頓報告康普頓實驗及其和經典電磁理論的不一致。接下來，德布羅意作量子新力學的演講，主要是關於粒子的德布羅意波。隨後波恩和海森堡介紹量子力學的矩陣理論，而薛丁格介紹波動力學。最後，波耳在科莫演講的基礎上再次做那個關於量子公設和原子新理論的報告，進一步總結互補原理，給量子論打下整個哲學基礎。這個議程本身簡直就是量子論的一部微縮史，從中可以明顯地分成三派——只關心實驗結果的實驗派：布拉格和康普頓；哥本哈根派：波耳、波恩和海森堡；還有哥本哈根派的死敵：德布羅意，薛丁格，以及坐在台下的愛因斯坦。

會議的氣氛從一開始便是火熱的。像拳王爭霸賽一樣，重頭戲到來之前先有一系列的墊賽，大家先就康普頓的實驗做了探討，然後各人隨即分成了涇渭分明的陣營，互相炮轟。德布羅意一馬當先做了發言，他試圖把粒子融合到波的圖像裡去，提出了一種「導波」（pilot wave）的理論，認為粒子是波動方程的一個奇點，它必須受波的控制和引導。包立站起來狠狠地批評這個理論，他首先不能容忍歷史車輪倒轉，回到一種傳統圖像中，然後他引用一系列實驗結果來反駁德布羅意。眾所周知，包立是世界第一狙擊手，誰要是被他盯上了多半是沒有好下場的，德布羅意最後不得不公開聲明放棄他的觀點。幸好薛丁格大舉來援，不過他還是堅持一個非常傳統的解釋，這連盟軍德布羅意也覺得不大滿意，包立早就嘲笑薛丁格為「幼稚」。波恩和海森堡躲在哥本哈根掩體後面對其開火，他們在報告最後說：「我們主張，量子力學是一種完備的理論，它的基本物理假說和數學假設是不能進一步修改的。」他們也集中火力猛烈攻擊了薛丁格的「電子雲」，後者認為電子的確在空間中實際地如波般擴散開去。海森堡評論說：「我從薛丁格的計算中看不到任何東西可以證明事實如同他所希望的那樣。」薛丁格承認他的計算確實還不太令人滿意，不過他依然堅持，談論電子的軌道是「胡扯」（應該是波本徵態的疊加）。波恩回敬道：「不，一點都不是胡扯。」在一片硝煙中，會議的組織者，老資格的洛倫茲也發表了一些保守的觀點……

愛因斯坦一開始按兵不動，保持著可怕的沈默，不過當波恩提到他的名字後，他終於忍不住出擊了。他提出了一個模型：一個電子通過一個小孔得到繞射圖像。愛因斯坦指出，目前存在著兩種觀點，第一是說這裡沒有「一個電子」，只有「一團電子雲」，它是一個空間中的實在，為德布羅意-薛丁格波所描述。第二是說的確有一個電子，而 ϕ 是它的「機率分布」，電子本身不擴散到空中，而是它的機率波。愛因斯坦承認，觀點 II 是比觀點 I 更加完備的，因為它整個包含了觀點 I。儘管如此，愛因斯坦仍然說，他不得不反對觀點 II。因為這種隨機性表明，同一個過程會產生許多不同的結果，而且這樣一來，感應屏上的許多區域就要同時對電子的觀測作出反應，這似乎暗示了一種超距作用，從而違背相對論。愛因斯坦話音剛落，在會場的另一邊，波耳也開始搖頭。

　　風雲變幻，龍虎交濟，現在兩大陣營的幕後主將終於都走到台前，開始進行一場決定命運的單挑。可惜的是，波耳等人的原始討論紀錄沒有官方資料保存下來，對當時情景的重建主要依靠幾位當事人的回憶。這其中有波耳本人西元1949年為慶祝愛因斯坦70歲生日而應邀撰寫的《就原子物理學中的認識論問題與愛因斯坦進行的商榷》長文，有海森堡、德布羅意和埃侖菲斯特的回憶和信件等等。當時那一場激戰，直打得天昏地暗，討論的問題中有我們描述過的那個電子在雙縫前的困境，以及許許多多別的思維實驗。埃侖費斯特在寫給他那些留守在萊登的弟子們（烏侖貝特和古茲密特等）的信中描述說：愛因斯坦像一個彈簧玩偶，每天早上都帶著新的主意從盒子裡彈出來，波耳則從雲霧繚繞的哲學中找到工具，把對方所有的論據都一一碾碎。

　　海森堡西元1967年的回憶則說：

　　「討論很快就變成了一場愛因斯坦和波耳之間的決鬥。當時的原子理論在多大程度上可以看成是討論了幾十年的那些難題的最終答案呢？我們一般在旅館用早餐時就見面了，於是愛因斯坦就描繪一個思維實驗，他認為從中可以清楚地看出哥本哈根解釋的內部矛盾。然後愛因斯坦、波耳和我便一起走去會場，我就可以現場聆聽這兩個哲學態度迥異的人的討論，我自己也常常在數學表達結構方面插幾句話。在會議中間，尤其是休息的時候，我們這些年輕人——大多數是我和包立——就試著分析愛因斯坦的實驗，在吃午飯的時候討論又在波耳和別的來自哥本哈根的人之間進行。一般來說波耳在傍晚的時候就對這些理想實驗完全心中有數了，他會在晚餐時把它們分析給愛因斯坦聽。愛因斯坦對這些分析提不出反駁，但在心裡他是不服氣的。」

圖 8.3 波耳和愛因斯坦
在西元 1927 年索爾維會議期間

　　愛因斯坦當然是不服氣的，他如此虔誠地信仰因果律，以致決不能相信哥本哈根那種憤世嫉俗的機率解釋。波耳後來回憶說，愛因斯坦有一次嘲弄般地問他，難道親愛的上帝真的擲骰子不成（ob der liebe Gott würfelt）？

上帝不擲骰子！這已經不是愛因斯坦第一次說這話了。早在西元 1926 年寫給波恩的信裡，他就說：「量子力學令人印象深刻，但是一種內在的聲音告訴我它並不是真實的。這個理論產生了許多好的結果，可它並沒有使我們更接近『老頭子』的奧祕。我毫無保留地相信，『老頭子』是不擲骰子的。」

「老頭子」是愛因斯坦對上帝的暱稱。

不過，西元 1927 年這場華山論劍，愛因斯坦終究輸了一招。並非劍術不精，實乃內力不足。面對浩浩蕩蕩的歷史潮流，他頑強地逆流而上，結果被沖刷得站立不穩，苦苦支撐。西元 1927 年，量子革命的大爆發已經進入第三年，到了一個收尾的階段。當年種下的種子如今開花結果，革命的思潮已經席捲整個物理界，毫無保留地指明了未來的方向。越來越多的人終究領悟到了哥本哈根解釋的核心奧義，並誠心皈依，都投在量子門下。愛因斯坦非但沒能說服波耳，反而常常被反駁得說不出話來，而且他這個「反動」態度引得了許多人扼腕歎息。遙想當年，西元 1905，愛因斯坦橫空出世，一年之內六次出手，每一役都打得天搖地 ，驚世駭俗，獨自創下了一番轟轟烈烈的事業。當時少年意氣，睥睨群雄，揚鞭策馬，笑傲江湖，這一幅傳奇畫面在多少人心目中留下了永恆的神往！可是，當年那個最反叛、最革命、最不拘禮法、最蔑視權威的愛因斯坦，如今竟然站在新生量子論的對立面！

波恩哀歎說：「我們失去了我們的領袖。」

埃侖費斯特氣得對愛因斯坦說：「愛因斯坦，我為你感到臉紅！你把自己放到了和那些徒勞地想推翻相對論的人一樣的位置上了。」

愛因斯坦這一仗輸得狼狽。波耳看上去沈默駑鈍，可是重劍無鋒，大巧不工，在他一生中幾乎沒有輸過哪一場認真的辯論。哥本哈根派和它對量子論的解釋大獲全勝，海森堡在寫給家裡的信中說：「我對結果感到非常滿意，波耳和我的觀點被廣泛接受了，至少沒人提得出嚴格的反駁，即使是愛因斯坦和薛丁格也不行。」多年後他又總結道：「剛開始（持有這種觀點的）主要是波耳、包立和我，大概也只有我們三個，不過它很快就擴散開去了。」

但是愛因斯坦不是那種容易被打敗的人，他逆風而立，一頭亂髮掩不住眼中

的堅決。他身後還站著兩位，一個是德布羅意，一個是薛丁格。三人吳帶凌風，衣袂飄飄，在量子時代到來的曙光中，大有長鋏寒瑟，易水蕭蕭，誓與經典理論共存亡的悲壯氣概。

時光荏苒，一彈指又是三年，各方俊傑又重聚布魯塞爾，會面於第六屆索爾維會議。三年前那一戰已成往事，這第二次華山論劍，又不知誰勝誰負？

📢 名人軼聞： 科學史上的神話（二）────────

西元 1600 年 2 月 17 日，吉爾達諾・布魯諾（Giordano Bruno）被綁在羅馬的鮮花廣場上，活活地燒死了。他的舌頭被事先釘住，以防他臨死前喊出什麼異端的口號來。儘管如此，布魯諾的句子還是流傳了四百年依舊震撼人心──你們在宣判的時候，比我聽到判決時還要恐懼。

以上當然是歷史的事實，並無誇大之處。但問題是，當我們的腦海中出現布魯諾的名字時，往往會自然反射般地有這樣一種印象：他是因為捍衛哥白尼的日心說而被反動的教會迫害致死的。布魯諾為科學真理而獻身，他是一個科學的「烈士」！實際上，這個結論卻是大可值得商榷的。

對於布魯諾的審判長達 8 年之久，他當真是因為堅持科學觀點而受審的嗎？根據學者們的研究，宗教裁判所先後對布魯諾提出的指控足有 40 項之多，但其中的大部分還是關於神學和哲學方面的，例如布魯諾懷疑三位一體學說，否認聖母瑪利亞的童貞，認為萬物有靈，懷疑耶穌的生平事蹟，對於地獄和犯罪的錯誤看法等等，也包括他的一些具體行為，例如褻瀆神明、侮辱教皇、試圖在修道院縱火、研究和施行巫術等等。對於宇宙和太陽行星的看法當然也包括在其中，但卻遠非主要部分。

話又說回來，布魯諾支持哥白尼的日心說，是否出自科學上的理由呢？這更是一個牽強的說法。從任何角度來看，布魯諾都很難稱得上是一個「科學家」。他認為太陽處在中心地位，更多地是出自一種自然哲學上的理由，但絕非是科學上的。布魯諾甚至在著作中評述說，哥白尼的局限就在於他過分拘泥於數學中，

無法把握真正的哲學真理。

在科學史界有一種非常著名的看法：布魯諾對於日心體系的支持，其根源在於赫爾墨斯主義（Hermeticism）對其的深刻影響。赫爾墨斯主義是一種古老的宗教，帶有強烈的神祕主義、泛神論和巫術色彩。這種宗教崇拜太陽，哥白尼體系正好迎合了這種要求。布魯諾的思想帶著深深的宗教使命感，試圖恢復這種古老巫術體系的繁榮。教會最後判了布魯諾 8 條罪名，具體是哪些現在我們已經無從得知了，不過很有可能的是他主要是作為一個巫師被燒死的[3]！

不管這種看法是否可信，退一萬步來說，布魯諾最多是一位有著叛逆思想的自然哲學家。他只是從哲學的角度出發去支持哥白尼體系，在科學史上，他對於後來人沒有產生過任何影響。把他作為一個為科學而獻身的烈士來宣傳，無疑摻雜了太多的輝格式歷史的色彩。說他是一個偉大的「自然科學家」或者主觀上為了捍衛科學而死，則更沒有任何根據。

當然，我們無意貶低布魯諾的地位。客觀上來說，他無疑也對日心說的傳播起到了積極的影響。他對於自由思想的追求，對於個人信念的堅持，面對世俗的壓力不惜反叛和獻身的勇氣，則更屬於人類最寶貴的精神財富。但我們必須承認的是，在現代科學初生的那個蒙昧階段，它和巫術、占星術、煉金術、宗教的關係是千絲萬縷的，根本無法割裂開來。就算是作為現代科學奠基人的牛頓，他的神學著作和煉金活動也是多不勝數的。我們往往過分強調了那個時代科學與宗教的衝突，反過來又把許多站在教會對立面的人立為科學的典型，這在科學史研究中是非常需要避免的輝格式解釋（Whig Interpretation）傾向。

類似地，還有幾位值得一提的人物。首先是西元 415 年被基督教僧侶謀殺的希臘女數學家希帕蒂亞（Hypatia），這個悲劇的原因更多地是政治衝突和陰謀：宗教領袖 Cyril 和羅馬長官 Orestes 為了亞歷山大城的控制權明爭暗鬥，而希帕蒂亞卻是後者的密友。另外還有阿斯寇里的塞科（Cecco d'Ascoli，本名 Francesco degli Stabili），他是中世紀義大利的占星學家，於西元 1327 年被燒死

---

3. 參見 Yates 1977。一些反對意見可參考 Gatti 1999，2002。也有人認為布魯諾和卡巴拉（Kabbalah），一種古老的神祕主義猶太教有密切的關係，可見 DeLeon-Jones 1997。

在佛羅倫斯。他的罪名其實也是行巫術（而不是斷言地球是圓形），事實上占星學在那個年代得到了空前發展，占據了社會上層人物生活中的一個主要部分。再順便說一說西班牙醫生塞爾維特（Michael Servetus），他於西元 1553 年在日內瓦被燒死。他的罪名是兩條：反對三位一體理論和反對幼兒洗禮，這些都是從神學角度出發的爭論。塞爾維特本身主要是個神學家，他堅持的是一種唯一神論學說（unitarianism），即否定三位一體理論的神學（如歷史上的阿里烏斯教）。至今仍有許多唯一神教堂仍以其名命名。塞爾維特相信血液迴圈說，不過這和他的定罪沒什麼關係，在當時也沒造成多大影響，這個概念自哈威起才被醫生們普遍接受。

最著名的在公眾前被處死的「科學家」大概還是拉瓦錫，當然原因也和科學無關。他因為擔任過舊政府的收稅官，在法國大革命中被送上了斷頭臺。拉格朗日對此說了一句著名的評論：「砍掉他的腦袋只需要一秒鐘，但就算過上一百年，法國也未必能再生出這樣一個腦袋來。」

三

花開花落，黃葉飄零，又是深秋季節，第六屆索爾維會議在布魯塞爾召開了。波耳來到會場時心中惴惴，看愛因斯坦表情似笑非笑，說不定他三年間練成了什麼新招，不知到了一個什麼境界。不過波耳倒也不是太過擔心，量子論的興起已經是鐵一般的事實，現在整個體系早就站穩腳跟，枝繁葉茂地生長起來。愛因斯坦再厲害，憑一人之力也難以撼動它的根基。波耳當年的弟子們，海森堡、包立等，如今也都是獨當一面的大宗師了，哥本哈根派名震整個物理界，波耳自信吃不了大虧。

愛因斯坦則在盤算另一件事：量子論方興未艾，當其之強，要打敗它的確太難了。可是難道因果律和經典理論就這麼完了不成？不可能，量子論一定是錯的！嗯，想來想去，要破量子論，只有釜底抽薪，擊潰它的基礎才行。愛因斯坦憑著和波耳交手的經驗知道，在細節問題上是爭不出個什麼所以然的，量子論就像神話中那個九頭怪蛇海德拉（Hydra），你砍掉它一個頭馬上會再生一個出

來，必須得瞄準最關鍵的那一個頭才行。這個頭就是其精髓所在——不確定性原理！

愛因斯坦站起來發話了：

想像一個箱子，上面有一個小孔，並有一道可以控制其開閉的快門，箱子裡面有若干個光子。好，假設快門可以控制得足夠好，它每次打開的時間是如此之短，以致於每次只允許一個光子從箱子裡飛到外面。因為時間極短，$\triangle t$ 是足夠小的。那麼現在箱子裡少了一個光子，它輕了那麼一點點，這可以用一個理想的彈簧秤測量出來。假如輕了 $\triangle m$ 吧，那麼就是說飛出去的光子重 m，根據相對論的質能方程 $E＝mc^2$，可以精確地算出箱子內部減少的能量 $\triangle E$。

那麼，$\triangle E$ 和 $\triangle t$ 都很確定，海森堡的公式 $\triangle E \times \triangle t > h$ 也就不成立。所以整個量子論是錯誤的！

這可以說是愛因斯坦凝聚了畢生功夫的一擊，其中還包含了他的成名絕技相對論。這一招如白虹貫日，直中要害，沉穩老辣，乾淨漂亮。波耳對此毫無思想準備，他大吃一驚，一時想不出任何反擊的辦法。據目擊者說，他變得臉如死灰，呆若木雞，張口結舌地說不出話來。一整個晚上他都悶悶不樂，搜腸刮肚，苦思冥想。

羅森菲爾德後來描述說：

「（波耳）極力遊說每一個人，試圖使他們相信愛因斯坦說的不可能是真的，不然那就是物理學的末日了，但是他想不出任何反駁來。我永遠不會忘記兩個對手離開會場時的情景：愛因斯坦的身影高大莊嚴，帶著一絲嘲諷的笑容，靜悄悄地走了出去。波耳跟在後面一路小跑，他激不已，詞不達意地辯解說要是愛因斯坦的裝置真的管用，物理學就完蛋了。」

這一招當真如此完美，無懈可擊？波耳在這關鍵時刻力挽滄海，方顯英雄本色。他經過一夜苦思，終於想出了破解此招的方法，一個更加妙到巔峰的巧招。

羅森菲爾德接著說：

「第二天早上，波耳的勝利便到來了。物理學也得救了。」

波耳指出：好，一個光子跑了，箱子輕了 $\triangle m$。我們怎麼測量這個 $\triangle m$ 呢？

用一個彈簧秤，設置一個零點，然後看箱子位移了多少。假設位移為△q 吧，這樣箱子就在引力場中移了△q 的距離，但根據廣義相對論的紅移效應，這樣的話時間的快慢也要隨之改變相應的△T。可以根據公式計算出：$\triangle T > h/\triangle mc^2$。再代以質能公式$\triangle E = \triangle mc^2$，則得到最終的結果，這結果是如此眼熟：$\triangle T \triangle E > h$，正是海森堡測不準的關係！

我們可以不理會數學推導，關鍵是愛因斯坦忽略了廣義相對論的紅移效應！引力場可以使原子頻率變低，也就是紅移，等效於時間變慢。當我們測量一個很準確的△m 時，我們在很大程度上改變了箱子裡的時鐘，造成了一個很大的不確定的△T。也就是說，在愛因斯坦的裝置裡，假如我們準確地測量△m，或者△E 時，我們就根本沒法控制光子逃出的時間 T！

廣義相對論本是愛因斯坦的獨門絕技，波耳這一招「以其人之道，還至其人之身」不但擋住了愛因斯坦那雷霆萬鈞的一擊，更把這諸般招數都回加到了他自己身上。兩人的這次論戰招數精奇，才氣橫溢，教人擊節嘆服，大開眼界。覺得見證兩大縱世奇才出全力相拚，實在不虛此行。

現在輪到愛因斯坦自己說不出話來了。難道量子論當真天命所歸，嚴格的因果當真已經遲遲老去，不再屬於這個叛逆的新時代？波耳是最堅決的革命派，他的思想閎廓深遠，窮幽極渺，卻又如大江奔流，浩浩蕩蕩，翻騰不息。物理學的未來只有靠量子，這個古怪卻又強大的精靈去開拓。新世界不再有因果性，不再有實在性，可能讓人覺得不太安全，但它卻是那樣胸懷博大，氣派磅礴，到處都有珍貴的寶藏和激動人心的祕密等待著人們去發掘。狄拉克

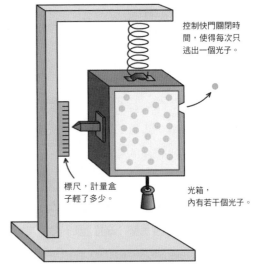

控制快門關閉時間，使得每次只逃出一個光子。

標尺，計量盒子輕了多少。

光箱，內有若干個光子。

圖 8.4 愛因斯坦光箱實驗

後來有一次說，自海森堡取得突破以來，理論物理進入了前所未有的黃金年代，任何一個二流的學生都可能在其中作出一流的發現。是的，人們應當毫不畏懼地走進這樣一個生機勃勃，充滿了艱險、挑戰和無上光榮的新時代中來，把過時的因果性做成一個紀念物，裝飾在泛黃的老照片上去回味舊日的似水年華。

革命！前進！波耳在大會上又開始顯得精神抖擻，豪氣萬丈。愛因斯坦的這個光箱實驗非但沒能擊倒量子論，反而成了它最好的證明，給它的光輝又添上了濃重的一筆。現在沒什麼好懷疑的了，絕對的因果性是不存在的，哥本哈根解釋如野火一般在人們的思想中蔓延開來。波耳是這場革命的旗手，他慷慨陳詞，就像當年在議會前的羅伯斯庇爾。要是可能的話，他大概真想來上這麼一句：

因果性必須死，因為物理學需要生！

停止爭論吧，上帝真的擲骰子！隨機性是世界的基石，當電子出現在這裡時，它是一個隨機的過程，並不需要有誰給它加上難以忍受的條條框框。全世界的粒子和波現在都得到了解放，從牛頓和麥克斯威寫好的劇本中掙扎出來，大口地呼吸自由空氣。它們和觀測者玩捉迷藏，在他們背後融化成機率波彌散開去，神祕地互相滲透和干涉。當觀測者回過頭去尋找它們，它們又快樂地現出原型，呈現出一個面貌等候在那裡。這種遊戲不致於過火，因為還有波動方程和不確定原理在起著規則的作用，而統計規律則把微觀上的無法無天抹平成為宏觀上的井井有條。

愛因斯坦失望地看著這個場面，發展到如此地步實在讓他始料不及。失去了嚴格的因果性，一片混亂……恐怕約翰・彌爾頓描繪的那個「群魔殿」（Pandemonium）就是這個樣子吧？愛因斯坦對波耳已經兩戰兩敗，他現在知道量子論的根基比想像的要牢固得多。看起來，量子論不太可能是錯誤或者自相矛盾了。

但愛因斯坦也決不會相信它代表了真相。好吧，量子論內部是沒有矛盾的，但它並不是一幅「完整」的圖像。我們看到的量子論，可能只是管中窺豹，雖然看到了真實的一部分，但仍然有更多的「真實」未能發現。一定有一些其他的因素，它們雖然不為我們所見，但無疑對電子的行為有著影響，從而嚴格地決定了

它們的行為。量子論不能說是錯吧，至少是「不完備」的，它不可能代表了深層次的規律，只是一種膚淺的表現而已！

不管怎麼說，因果關係不能拋棄！愛因斯坦的信念到此時幾乎變成一種信仰了，他已決定終生為經典理論而戰。這不知算是科學的悲劇還是收穫，一方面，那個大無畏的領路人，那個激情無限的開拓者永遠地從歷史上消失了。亞伯拉罕‧派斯（Abraham Pais）在《愛因斯坦曾住在這裡》一書中說，就算西元 1925 年後，愛因斯坦改行釣魚以度過餘生，這對科學來說也沒什麼損失。但另一方面，愛因斯坦對量子論的批評和詰問也確實使它時時三省吾身，冷靜地審視和思考自己存在的意義，並不斷地在鬥爭中完善自己。大概可算一種反面的激勵吧？

反正他不久又要提出一個新的實驗，作為對量子論的進一步考驗。可憐的波耳得第三次接招了。

四

愛因斯坦沒有出席西元 1933 年第七屆索爾維會議。那一年的 1 月 30 日，興登堡把德國總理一職委任給了一個叫做阿道夫‧希特勒的奧地利人，從此納粹黨的恐怖陰影開始籠罩整個西方世界。愛因斯坦橫眉冷對這個邪惡政權，最後終於第二次放棄了國籍，不得不流落他鄉，憂鬱地思索起歐洲那悲慘的未來。話又說回來，這屆索爾維會議的議題也早就不是量子論本身，而換成了另一個激動人心的話題：爆炸般發展的原子物理。不過這個領域裡的成就當然也是在量子論的基礎上取得的，且量子力學的基本形式已經確定下來，成為物理學的基礎。似乎是塵埃落定，沒什麼人再會懷疑它的力量和正確性了。

在人們的一片樂觀情緒中，愛因斯坦和薛丁格等寥寥幾人愈加顯得孤獨起來。薛丁格和德布羅意參加了西元 1933 年索爾維會議，卻都沒有發言，也許是他們對這一領域不太熟悉的緣故。新新人類們在激地探討物質的產生和湮滅、正電子、重水、中子……那樣多的新發現讓人眼花撩亂，根本忙不過來。愛因斯坦他們現在還能做什麼呢？難道他們的思想真的已經如此過時，以致跟不上新時代如飛一般的步伐了嗎？

西元 1933 年 9 月 25 日，埃侖費斯特在荷蘭萊登槍殺了他那患有智力障礙的兒子，然後自殺了。他在留給愛因斯坦、波耳等好友的信中說：「這幾年我越來越難以理解物理學的飛速發展，我努力嘗試，卻更為絕望和撕心裂肺，我終於決定放棄一切。我的生活令人極度厭倦……我僅僅是為了孩子們的經濟來源活著，這使我感到罪惡。我試過別的方法但是收效甚微，因此越來越多地去考慮自殺的種種細節，除此之外我沒有第二條路走了……原諒我吧！」

在愛因斯坦看來，埃侖費斯特的悲劇無疑是一個時代的悲劇。兩代物理學家的思想猛烈衝突和撞擊，在一個天翻地覆的飄搖亂世，帶給整個物理學界強烈的陣痛。埃侖費斯特雖然從理智上支持波耳，但當一個文化衰落之時，曾經為此文化所感之人必感到強烈的痛苦。昔日黃金時代的黯淡老去，代以雨後春筍般興起的新思潮，從量子到量子場論，原子中各種新粒子層出不窮，稀奇古怪的概念統治整個世界。愛因斯坦的心中何曾沒有埃侖費斯特那樣無以名狀的巨大憂傷？愛因斯坦遠遠孤獨地站在鴻溝的另一邊，看著年輕人們義無反顧地高唱著向遠方進軍，每一個人都對他說他站錯了地方。這種感覺是那樣奇怪，似乎世界都顯得朦朧不真實。難怪曾經有人嘆息說，寧願早死幾年，也不願看到現代物理這樣一幅令人難以接受的畫面。不過，愛因斯坦仍然沒有倒下，雖然他身在異鄉，他的第二個妻子又重病纏身，不久將與他生離死別，可這一切都不能使愛因斯坦放棄內心那個堅強的信仰，那個對於堅固的因果關係，對於一個宇宙和諧秩序的癡癡信仰。愛因斯坦仍然選擇戰鬥，他的身影在斜陽下拉得那樣長，似乎是勇敢的老戰士為一個消逝的王國做最後的悲壯抗爭。

這一次他爭取到了兩個同盟軍，分別是他的兩個同事波多斯基（Boris Podolsky）和羅森（Nathan Rosen）。西元 1935 年 3 月，三人共同在《物理評論》（Physics Review）雜誌上發表了一篇論文，名字叫《量子力學對物理實在的描述可能是完備的嗎？》，再一次對量子論的基礎發起攻擊。當然他們改變策略，不再說量子論是自相矛盾或是錯誤，而改說它是「不完備」的。具體來說，三人爭辯量子論的那種對於觀察和波函數的解釋是不對的。

我們用一個稍稍簡化了的實驗來描述他們的主要論據。我們已經知道，量子

論認為在我們沒有觀察之前，一個粒子的狀態是不確定的，它的波函數彌散開來，代表它的機率。但當我們探測以後，波函數崩陷，粒子隨機地取一個確定值出現在我們面前。

現在讓我們想像一個大粒子，它本身自旋為 0。但它不穩定，很快就會衰變成兩個小粒子，向相反的兩個方向飛開去。我們假設這兩個小粒子有兩種可能的自旋，分別叫「左」和「右」[4]，那麼如果粒子 A 的自旋為「左」，粒子 B 的自旋便一定是「右」，以保持總體守恆，反之亦然。

好，現在大粒子分裂了，兩個小粒子相對飛了出去。但是要記住，在我們沒有觀察其中任何一個之前，它們的狀態都是不確定的，只有一個波函數可以描繪它們。只要我們不去探測，每個粒子的自旋便都處在一種左/右可能性疊加的混合狀態，為了方便我們假定兩種機率對半分，各 50%。

現在我們觀察粒子 A，於是它的波函數一瞬間崩陷了，隨機地選擇了一種狀態，比如說是「左」旋。但是因為我們知道兩個粒子總體要守恆，那麼現在粒子 B 肯定就是「右」旋了。問題是，在這之前，粒子 A 和粒子 B 之間可能已經相隔非常遙遠的距離，比如說幾萬光年好了。它們怎麼能夠做到及時地互相通信，使得在粒子 A 崩陷成左的一刹那，粒子 B 一定會崩陷成右呢？

量子論的機率解釋告訴我們，粒子 A 選擇「左」，那是一個完全隨機的決定，兩個粒子並沒有事先商量好，說粒子 A 一定會選擇左。事實上，這種選擇是它被觀測的那一刹那才做出的，並沒有先兆。關鍵在於，當 A 隨機地作出一個選擇時，遠在天邊的 B 便一定要根據它的決定而作出相應的崩陷，變成與 A 不同的狀態以保持總體守恆。那麼 B 是如何得知這一遙遠的資訊呢？難道有超過光速的信號來回於它們之間？

假設有兩個觀察者在宇宙的兩端守株待兔，在某個時刻 t，他們同時進行了觀測：一個觀測 A，另一個同時觀測 B。那麼，這兩個粒子會不會因為距離過於遙遠，一時無法對上口徑而在倉卒間做出手忙腳亂的選擇，比如兩個同時變成了

---

4. 通常我們會用「上」和「下」表示自旋，不過方便讀者理解，用「左」和「右」也無傷大雅。

「左」，或者「右」？顯然是不太可能，不然就違反了守恆定律。那麼是什麼讓它們之間保持著心有靈犀的默契，當你是「左」的時候，我一定是「右」？

愛因斯坦等人認為，既然不可能有超過光速的信號傳播，那麼說粒子 A 和 B 在觀測前是「不確定的幽靈」顯然是難以自圓其說的。唯一的可能是兩個粒子從分離的一剎那開始，其狀態已經客觀地確定了，後來人們的觀測只不過是得到了這種狀態的資訊而已，就像經典世界中所描繪的那樣。粒子在觀測時才變成真實的說法顯然違背了相對論的原理，它其中涉及到瞬間傳播的信號。這個詰難以三位發起者的首字母命名，稱為「EPR 弔詭」。

波耳在得到這個消息後大吃一驚，他馬上放下手頭的其他工作，來全神貫注地對付愛因斯坦的這次挑戰。這套潛心演練的新陣法看起來氣勢洶洶，宏大堂皇，頗能奪人心魄，但波耳也算是愛因斯坦的老對手了。他睡了一覺後，馬上發現了其中的破綻所在，原來這看上去讓人眼花撩亂的一次攻擊卻是個完完全全的虛招，並無實質力量。波耳不禁得意地唱起一支小調，調侃了波多斯基一下。

原來愛因斯坦和波耳根本沒有個共同的基礎。在愛因斯坦的潛意識裡，一直有個經典的「實在」影像。他不言而喻地假定，EPR 實驗中的兩個粒子在觀察之前，分別都有個「客觀」的自旋

母粒子分裂成兩個自旋方向相反的子粒子

EPR：如果自旋方向在觀測的那一刻才決定，則 A 與 B 必須同時作出反應，不管其間相距多遠。

圖 8.5 EPR 弔詭

狀態存在，就算是機率混合吧！但粒子客觀地存在於那裡。波耳的意思是，在觀測之前，沒有一個什麼粒子的「自旋」！因為你沒有定義觀測方式，那時候談論自旋的粒子是無意義的，它根本不是物理實在的一部分，這不能用經典語言來表達，只有波函數可以描述。因此在觀察之前，兩個粒子——無論相隔多遠都好——仍然是一個互相關聯的整體！它們仍然必須被看作母粒子分裂時的一個全部，直到觀察以前，這兩個獨立的粒子都是不存在的，更談不上客觀的自旋狀態！

這是愛因斯坦和波耳思想基礎的主要衝突。波耳認為，當沒有觀測的時候，

不存在一個客觀獨立的世界，所謂「實在」只有和觀測手段連起來講才有意義。在觀測之前，並沒有「兩個粒子」，而只有「一個粒子」。A 和 B「本來」沒有什麼自旋，直到我們採用某種方式觀測了它們之後，所謂的「自旋」才具有物理意義，兩個粒子才變成真實，變成客觀獨立的存在。但在那以前，它們仍然是互相聯繫的一個虛無整體，對於其中任一個的觀察必定擾動了另一個的狀態。並不存在什麼超光速的信號，兩個遙遠的，具有相反自旋的粒子本是協調的一體，之間無需傳遞什麼信號。其實是這個系統沒有實在性（reality），而不是沒有定域性（locality）。

EPR 弔詭其實根本不是什麼弔詭，它最多表明了，在「經典實在觀」看來，量子論是不完備的，這簡直是廢話。但是在波耳那種「量子實在觀」看來，它是和邏輯非常吻合的。

既生愛，何生波。兩人的世紀爭論進入了尾聲。在哲學基礎上的不同使得兩人間的意見分歧直到最後也沒能調和。這兩位 20 世紀最偉大的科學巨人，他們的世界觀是如此地截然對立，

哥本哈根：在觀測前「現實」中並不存在兩個自旋的粒子，自旋只有和觀測聯繫起來才有意義，在那之前兩個粒子只能看成「一個整體」。

圖 8.6 哥本哈根觀點看 EPR

以致每一次見面都仍然要為此而爭執。派斯後來回憶說，波耳有一次到普林斯頓訪問，結果又和愛因斯坦徒勞地爭論了半天。愛因斯坦的絕不妥協使波耳失望透頂，他衝進派斯的辦公室，不停地喃喃自語：「我對自己煩透了！」

可惜的是，一直到愛因斯坦去世，波耳也未能說服他，讓他認為量子論的解釋是正確且完備的，這一定是波耳人生中最為遺憾和念念不忘的一件事。波耳本人也一直在同愛因斯坦的思想作鬥爭，每當他有了一個新想法，他首先就會問自己：如果愛因斯坦尚在，他會對此發表什麼意見？西元 1962 年，就在波耳去世的前一天，他還在黑板上畫了當年愛因斯坦光箱實驗的草圖，解釋給前來的採訪者聽。這幅圖成了波耳留下的最後手跡。

兩位科學巨人都為各自的信念而奮鬥了畢生，然而，別的科學家已經甚少關

心這種爭執。在量子論的引導下，科學顯得如此朝氣蓬勃，它的各個分支以火箭般的速度發展，給人類社會帶來了偉大的技術革命。從半導體到核能、從鐳射到電子顯微鏡、從積體電路到分子生物學，量子論把它的光輝散播到人類社會的每一個角落，成為有史以來在實用中最成功的物理理論。許多人覺得，爭論量子論到底對不對簡直太可笑了，只要轉過頭，看看身邊發生的一切，看看社會的日新月異，目光所及，無不是量子論的最好證明。

如果說 EPR 最大的價值所在，那就是它和別的奇想空談不同。只要稍微改裝一下，EPR 是可以為實踐所檢驗的！我們的史話在以後會談到，人們是如何在實驗室裡用實踐裁決了愛因斯坦和波耳的爭論，經典實在的概念無可奈何花落去，只留下一個蒼涼的背影和深沉的嘆息。

但量子論仍然困擾著我們。它的內在意義是如此撲朔迷離，使得對它的詮釋依舊眾說紛紜。量子論取得的成就是無可懷疑的，但人們一直無法確認它的真實面目所在，這爭論一直持續到今天。它將把一些讓物理學家們毛骨悚然的概念帶入物理中，令人一想來就不禁倒吸一口涼氣。反對派那裡還有一個薛丁格，他要放出一隻可怕的怪獸，撕咬人們的理智和神經，這就是教許多人聞之色變的「薛丁格的貓」。

📢 名人軼聞：科學史上的神話（三）

布魯諾被處死 33 年後，另一場著名的審判又在羅馬開始了。這次貨真價實，迎來的是史上最偉大的科學家之一：伽利略（Galileo Galilei）。對於該審判的研究是科學史中的顯學，有關著作汗牛充棟，在此無法詳述。我們還是來關注一下大家所熟悉的那個有關伽利略的小故事：比薩斜塔上的扔球實驗。

這次名留青史的實驗是伽利略的一個學生維瓦尼（Vincenzio Viviani）在為老師寫的傳記中描述的。根據維瓦尼，伽利略在比薩擔任教授時（大約 25 歲），特地召集了比薩大學的所有教授和學生，請他們來觀摩斜塔實驗。他從塔上扔下了兩個不同重量的球，結果發現它們同時落地，於是推翻了亞里斯多德體系。這

個故事後來在漫長的時光裡發展出了多個不同的版本，但概括來說大致如此。

可是，伽利略真的在比薩斜塔上做過這次實驗嗎？

翻閱所有的歷史資料，我們發現這個故事的唯一來源就是維瓦尼的記述。當然伽利略的著作中曾經描述過類似的實驗，不過他並未指明說是在比薩做的。如果真的有過這樣一次轟動的實驗的話，在當時人們的記述中應當留下一些蛛絲馬跡，可惜歷史學家們從來沒有找到過其他可以佐證的材料，這使得維瓦尼成了一條尷尬的孤證。從時間上看，維瓦尼自西元 1638 年起才成為伽利略的助手，而時間距離所謂的斜塔實驗已經有差不多五十年的光陰！這就更增加了人們的疑惑。

維瓦尼的伽利略傳記在伽利略研究中當然是極為重要的資料，可惜歷史學家們很快就發現，這本書裡充斥了吹噓、誇大和不真實的描述。維瓦尼作傳的目的就在於拉高老師的歷史地位，這就使他的筆法帶有強烈的聖徒傳（hagiography）的色彩 [5]。他曾經描寫說，伽利略於西元 1583 年坐在教堂裡看著吊燈的擺而發現了擺動定律，可人們後來發現這盞燈直到四年後才被掛到比薩教堂裡去！類似的破綻在書中還有許多，這不免使得斜塔實驗更加顯得不大可信。

但是，我們就算伽利略真的在西元 1589 年爬上了比薩斜塔，面對他的學生們扔了兩個球。OK，他實際上能證明什麼？他又會對學生們說什麼呢？當然，他可以證明亞里斯多德是明顯錯誤的：兩倍重的球決不會下落得快兩倍，不過這也算不得什麼重大突破。後世對於伽利略的頌揚過分到如此程度，以致人們都相信在他之前竟沒有人指出過這樣明顯的錯誤！事實上，早於伽利略一千年，西元 6 世紀的時候，拜占庭的學者菲羅波努斯（John Philoponus）就明確地描述過類似的落體實驗，指出輕物並不會比重物晚落地多久，許多別的中世紀學者也都早就有過相同的論述 [6]。西元 1533 年，貝內德蒂（Giovanni Benedetti）建議用輕重物體來實際檢驗亞里斯多德的理論，而史帝文（Simon Stevin）則當真進行了試驗，並於西元 1586 年發表了結果。關鍵不在於是否能夠反駁亞里斯多德，問

---

5. 很顯然，這本傳記是以 Vasari 的米開朗基羅傳記為範本的。

6. 可以參見 I.B.Cohen 1960 和 S.Drake 1970。

題在於，伽利略能在斜塔上用實驗來證明他自己的理論嗎？

顯然不可能，因為伽利略當時對於落體的看法本身是錯誤的！他仍然認為，不同質地的物體都會有一個相應的最大速度，落體將在開始經歷一個加速階段，但到了最大速度以後就將一直保持匀速直線！看起來，斜塔實驗並不會對他有太大的用處！

時至今日，雖然還有如 Drake 這樣的名家認為斜塔實驗是有可能實際上發生的，大部分科學史家都傾向於把這個故事看成一個虛構的神話。上個世紀中，鼎鼎大名的柯伊雷（Alexandre Koyré）甚至對伽利略在整個實驗科學中的地位都發出了質疑，他認為伽利略的許多實驗實際上都只是理論推導的點綴，在體系中並沒有基本的地位，而且有些在當時根本難以實現，很可能是憑空虛構出來的！Settle 和 Drake 對此進行了反駁。不過，伽利略後來對於落體實驗應該是反覆研究過的，他的論著中好幾處提到這樣的現象：當我們同時放開一個輕物和一個重物的時候，似乎總是輕物一開始下落得快，重物則慢慢地追上並超越！現代高速攝影機證實了這個奇怪的結論，不過原因大概是你所意想不到的：抓著重物的手因為肌肉疲勞的緣故，總是會不自覺地比另一隻手遲鬆開片刻！換句話說，我們沒法「同時」放開輕物和重物，呵呵。

<h1 style="text-align:center">五</h1>

即使擺脫了愛因斯坦，量子論也沒有多少輕鬆。關於測量的難題總是困擾著多數物理學家，只不過他們通常樂得不去想它。不管它有多奇怪，太陽還是每天升起，不是嗎？週末仍然有聯賽，那個足球還是硬梆梆的。你的薪水不會因為不確定性而有奇妙的增長。考試交白卷依然拿到學分的機會仍舊是沒有的。你化成一團機率波，像嶗山道士那樣直接穿過牆壁而走到房子外面，怎麼說呢，不是完全不可能的，但機會是如此之低，以致你數盡了恒河沙，輪迴了億萬世，宇宙入滅而又涅槃了無數回，還是難得見到這種景象。

確實是這樣，電子是個幽靈就讓它去好了。只要我們日常所見的那個世界實實在在，這也就不會增添樂觀的世人太多的煩惱。可是薛丁格不這麼想，如果世

界是建立在幽靈的基礎上，誰說世界本身不就是個幽靈呢？量子論玩的這種瞞天過海的把戲，是別想逃過他的眼睛。

EPR 發表的時候，薛丁格大為高興，稱讚愛因斯坦「抓住了量子論的小辮子。」受此啟發，他在西元 1935 年也發表了一篇論文，題為《量子力學的現狀》（Die gegenwartige Situation in der Quantenmechanik），文中的口氣非常諷刺。總而言之，是和哥本哈根派誓不兩立的了。

在論文的第五節，薛丁格描述了那個常被視為惡夢的貓實驗。好，哥本哈根派說，沒有測量之前，一個粒子的狀態模糊不清，處於各種可能性的混合疊加，是吧？比如一個放射性原子，它何時衰變是完全機率性的。只要沒有觀察，它便處於衰變/不衰變的疊加狀態中，只有確實地測量了，它才隨機選擇一種狀態而出現。

好得很，那麼讓我們把這個原子放在一個不透明的箱子中讓它保持這種疊加狀態。現在薛丁格想像了一種結構巧妙的精密裝置，每當原子衰變而放出一個中子，它就激發一連串連鎖反應，最終結果是打破箱子裡的一個毒氣瓶，同時在箱子裡的還有一隻可憐的貓。事情很明顯：如果原子衰變了，那麼毒氣瓶就被打破，貓就被毒死。要是原子沒有衰變，那麼貓就好好地活著。

自然的推論：當它們都被鎖在箱子裡時，因為我們沒有觀察，所以那個原子處在衰變/不衰變的疊加狀態。因為原子的狀態不確定，所以貓的狀態也不確定，只有當我們打開箱子察看，事情才最終定論：要麼貓四腳朝天躺在箱子裡死掉了，要麼它活蹦亂跳地「喵嗚」直叫。問題是，當我們沒有打開箱子之前，這隻貓處在什麼狀態？似乎唯一的可能就是，它和我們的原子一樣處在疊加態，這隻貓當時陷於一種死/活的混合。

現在就不光光是原子是否幽靈的問題了，現在貓也變成了幽靈。一隻貓同時又是死的又是活的？它處在不死不活的疊加態？這未免和常識太過衝突，同時在生物學角度來講也是奇談怪論。如果打開箱子出來一隻活貓，那麼要是它能說話，它會不會描述那種死/活疊加的奇異感受？恐怕不太可能。

薛丁格的實驗把量子效應放大到了我們的日常世界，現在量子的奇特性質牽

涉到我們的日常生活了，牽涉到
我們心愛的寵物貓究竟是死還是
活的問題。這個實驗雖然簡單，
卻比 EPR 要辛辣許多，這一次
扎得哥本哈根派夠疼的。他們不
得不退一步以咽下這杯苦酒：是
的，當我們沒有觀察的時候，那
隻貓的確是又死又活的。

未觀測前，貓處在死／活的疊加量子態？

不僅僅是貓，一切的一切，
當我們不去觀察的時候，都是處
在不確定的疊加狀態的，因為世
間萬物也都是由服從不確定性原

觀測後的貓非死即活

圖 8.7 和 8.8 薛丁格貓悖論

理的原子組成，所以一切都不能免俗。量子派後來有一個被哄傳得很廣的論調
說：「當我們不觀察時，月亮是不存在的」。這稍稍偏離了本意，準確來說，因
為月亮也是由不確定的粒子組成的，所以如果我們轉過頭不去看月亮，那一大堆
粒子就開始按照波函數彌散開去。於是乎，月亮的邊緣開始顯得模糊而不確定，
它逐漸「融化」，變成機率波擴散到周圍的空間裡去。當然這麼大一個月亮完全
融化成空間中的機率是需要很長很長時間的，不過問題的實質是：要是不觀察月
亮，它就從確定的狀態變成無數不確定的疊加。不觀察它時，一個確定的，客觀
的月亮是不存在的。但只要一回頭，一輪明月便又高懸空中，似乎什麼事也沒發
生過一樣。

不能不承認，這聽起來很有強烈的主觀唯心論的味道，雖然它其實和我們通
常理解的那種哲學理論有大大的區別 [7]。不過講到這裡，許多人大概都會自然而
然地想起貝克萊（George Berkeley）主教的那句名言：「存在就是被感知」（拉
丁文：Esse Est Percipi）。這句話要是稍微改一改講成「存在就是被測量」，那

---

7. 其實，在量子論詮釋問題上的分歧，與其說是「唯心」和「唯物」之爭，倒不如說是實證主義和柏拉圖主義之爭
來得更為準確。再說，量子論本身是嚴格用數學表達的，和意識形態原本完全沒有關係。

就和哥本哈根派的意思差不多了。貝克萊在哲學史上的地位無疑是重要的，但人們通常樂於批判他，我們的哥本哈根派是否比他走得更遠呢？好歹貝克萊還認為事物是連續客觀地存在的，因為總有「上帝」在不停地看著一切。而量子論？「陛下，我不需要上帝這個假設！」

與貝克萊互相輝映的東方代表大概要算王陽明。他在《傳習錄·下》中也說過一句有名的話：「你未看此花時，此花與汝同歸於寂；你來看此花時，則此花顏色一時明白起來……」如果王陽明懂量子論，他多半會說：「你未觀測此花時，此花並未實在地存在，按波函數而歸於寂；你來觀測此花時，則此花波函數發生崩陷，它的顏色一時變成明白的實在……」測量即是理，測量外無理。

當然，我們無意把這篇史話變成純粹的乏味的哲學探討，經驗往往表明，這類空洞的議論最終會變成毫無意義，讓人昏昏欲睡的無聊文字。我們還是回到具體的問題上來，當我們不去觀察箱子內的情況的時候，那隻貓真的「又是活的又是死的」？

這的確是一個讓人尷尬和難以想像的問題。霍金曾說過：「當我聽說薛丁格的貓的時候，我就跑去拿槍。」薛丁格本人在論文裡把它描述成一個「惡魔般的裝置」（diabolische，英文 diabolical，玩 Diablo 的人大概能更好地理解它的意思）。我們已經見識到了量子論那種種令人驚異甚至瞠目結舌的古怪性質，但那只是在我們根本不熟悉也沒有太大興趣了解的微觀世界，可現在它突然要開始影響我們周圍的一切了？一個人或許能接受電子處在疊加狀態的事實，但一旦談論起宏觀的事物比如我們的貓也處在某種「疊加」狀態，任誰都要感到一點畏首畏尾。不過，對於這個問題，我們現在已經知道許多，特別是近十年來有著許多傑出的實驗來證實它的一些奇特的性質。但我們還是按著我們史話的步伐，一步步地來探究這個饒有趣味的話題，還是從哥本哈根解釋說起吧！

貓處於死/活的疊加態？人們無法接受這一點，最關鍵的地方就在於：經驗告訴我們這種奇異的二重狀態似乎是不太可能被一個宏觀的生物（比如貓或者我們自己）所感受到的。還是那句話：如果貓能說話，它會描述這種二象性的感覺嗎？如果它僥倖倖存，它會不會說：「是的，我當時變成了一縷機率波，我感到

自己彌漫在空間裡，一半已經死去了，而另一半還活著。這真是令人飄飄然的感覺，你也來試試看？」這恐怕沒人相信。

好，我們退一步，貓不會說話，那麼我們把一個會說話的人放入箱子裡面去。當然，這聽起來有點殘忍，似乎是納粹的毒氣集中營，不過我們只是在想像中進行而已。這個人如果能生還，他會那樣說嗎？顯然不會，他肯定無比堅定地宣稱，自己從頭到尾都活得好好的，根本沒有什麼半生半死的狀態出現。可是，這次不同了，因為他自己已經是一個觀察者了啊！他在箱子裡不斷觀察自己的狀態，不停地觸自己的波函數崩陷，我們把一個觀測者放進了箱子裡！

可是，奇怪，為什麼我們對貓就不能這樣說呢？貓也在不停觀察著自己啊！貓和人有什麼不同呢？難道區別就在於一個可以出來憤怒地反駁量子論的論調，一個只能「喵喵」叫嗎？令我們吃驚的是，這的確可能是至關重要的分別！人可以感覺到自己的存活，而貓不能，換句話說，人有能力「測量」自己活著與否，而貓不能！人有一樣貓所沒有的東西，那就是「意識」！因此，人能夠測量自己的波函數使其崩陷，但貓無能為力，只能停留在死/活疊任其發展的波函數中。

意識！這個字眼出現在物理學中真是難以想像。如果它還出自一位諾貝爾物理學獎得主之口，是不是令人暈眩不已？難道，這世界真的已經改變了嗎？

半死半活的「薛丁格的貓」是科學史上著名的怪異形象之一，和它同列名人堂的也許還有芝諾的那隻永遠追不上的烏龜、拉普拉斯的那位無所不知從而預言一切的老智者、麥克斯威的那個機智地控制出入口，以致快慢分子逐漸分離、系統熵為之倒流的妖精、被相對論搞得頭昏腦脹、分不清誰是哥哥誰是弟弟的那對雙生子等等。近年來，隨著一些科學題材的影視劇，如《生活大爆炸》、《飛出個未來》、《神秘博士》、《星際之門》等廣為流行，薛定諤的貓在大眾中的人氣也一路飆升，大有趕上同胞 Garfield 和 Tom [8] 的意思。有意思的是，很多時候它還有一個好搭檔，就是「巴甫洛夫的狗」。作為科學界的賣萌雙星，它們也實實在在地為科學普及做出了巨大的貢獻。

---

8. 即《加菲貓》和《貓和老鼠》的主角。

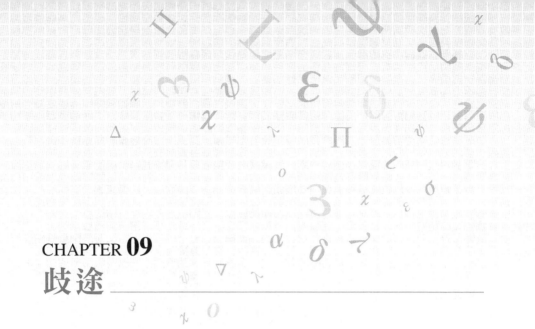

CHAPTER **09**
歧途 _____

一

我們已經在科莫會議上認識了馮・諾曼（John Von Neumann），這位現代電腦的奠基人之一，20 世紀最傑出的數學家。關於他的種種傳說在科學界就像經久不息的傳奇故事，流傳得越來越廣越來越玄：說他 6 歲就能心算 8 位數乘法、8 歲就懂得微積分、12 歲就精通泛函分析，又有人說他過目不忘，精熟歷史；有人舉出種種匪夷所思的例子來說明他的心算能力如何驚人；有人說他可以隨時把整部《雙城記》背誦出來；有人說他 10 歲便通曉五種語言，並能用每一種來寫搞笑的打油詩，這一數字在另一些人口中變成了七種。不管怎麼樣，每個人都承認，這傢伙是一個百年罕見的天才。

要一一列舉他的傑出成就得花上許多時間：從集合論到數學基礎方面的研究；從運算元環到遍歷理論、從博弈論到數值分析、從電腦結構到自動機理論，每一項都可以大書特書。不過我們在這裡只關注他對於量子論的貢獻，僅僅這一項也已經足夠讓他在我們的史話裡占有一席之地。

我們在前面已經說到，狄拉克在西元 1930 年出版了著名的《量子力學原理》教材，完成了量子力學的普遍綜合。但從純數學上來說，量子論仍然缺乏一

個共同的嚴格基礎，這一缺陷便由馮諾曼來彌補。西元 1926 年，他來到哥廷根，擔任著名的希爾伯特的助手，他們倆再加上諾戴姆（Lothar Nordheim）不久便共同發表了《量子力學基礎》的論文，將希爾伯特的運算元理論引入量子論中，把這一物理體系從數學上嚴格化。到了西元 1932 年，馮諾曼又發展了這一工作，出版了名著《量子力學的數學基礎》。這本書於西元 1955 年由普林斯頓推出英文版，至今仍是經典的教材。我們無意深入數學中去，不過馮諾曼證明了幾個很有意思的結論，特別是關於我們的測量行為的，這深深影響了一代物理學家對波函數崩陷的看法。

我們還對上一章困擾我們的測量問題記憶猶新。每當我們一觀測時，系統的波函數就崩陷了，按機率跳出來一個實際的結果，如果不觀測，那它就按照方程嚴格發展。這是兩種迥然不同的過程，後者是連續的，在數學上可逆的，完全確定的，而前者卻是一個「崩陷」，它隨機，不可逆，至今也不清楚內在的機制究竟是什麼。這兩種過程是如何轉換的？是什麼觸動了波函數這種劇烈的變化？是「觀測」嗎？但是，我們這樣講的時候，用的語言是日常、曖昧、模棱兩可的。我們一直理所當然地用使用「觀測」這個詞語，卻沒有給它下一個精確的定義。什麼樣的行為算是一次「觀測」？如果說睜開眼睛看算是一次觀測，那麼閉上眼睛用手去摸呢？用棍子去捅呢？用儀器記錄呢？如果說人可以算是「觀測者」，那麼貓呢？一台電腦呢？一個蓋革計數器又如何？

馮諾曼敏銳地指出，我們用於測量目標的那些儀器本身也是由不確定的粒子所組成的，它們自己也擁有自己的波函數。當我們用儀器去「觀測」的時候，這只會把儀器本身也捲入到這個模糊疊加態中間去。怎麼說呢，假如我們想測量一個電子是通過了左邊還是右邊的狹縫，我們用一台儀器去測量，並用指標搖擺的方向來報告這一結果。但是，令人哭笑不得的是，因為這台儀器本身也有自己的波函數，如果我們不「觀測」這台儀器本身，它的波函數便也陷入一種模糊的疊加態中！諾曼的數學模型顯示，當儀器測量電子後，電子的波函數崩陷了不假，但左/右的疊加只是被轉移到了儀器那裡。現在是我們的儀器處於指標指向左還是右的疊加狀態了！假如我們再用儀器 B 去測量那台儀器 A，好，現在 A 的波

函數又崩陷了，它的狀態變成確定，可是 B 又陷入模糊不定中……總而言之，當我們用儀器去測量儀器，這整個鏈條的最後一台儀器總是處在不確定狀態中，這叫做「無限複歸」（infinite regression）。從另一個角度看，假如我們把用於測量的儀器也加入到整個系統中去，這個大系統的波函數從未徹底崩陷過！

可是，我們相當肯定的是，當我們看到了儀器報告的結果後，這個過程就結束了。我們自己不會處於什麼荒誕的疊加態中去。當我們的大腦接受到測量的資訊後，game over，波函數不再搗亂了。

奇怪，為什麼機器來測量就得疊加，人來觀察就得到確定結果呢？難道說，人類意識（Consciousness）的參與才是波函數崩陷的原因？只有當電子的隨機選擇結果被「意識到了」，它才真正地變為現實，從波函數中脫胎而出來到這個世界上。難道只要它還沒有「被意識到」，波函數便總是留在不確定的狀態，只不過從一個地方不斷地往最後一個測量儀器那裡轉移罷了？在諾曼看來，波函數可以看作希爾伯特空間中的一個向量，「崩陷」則是它在某個方向上的投影。然而是什麼造成這種投影呢？難道是我們的自由意識？

換句話說，因為一台儀器無法「意識」到自己的指標是指向左還是指向右的，所以它必須陷入左/右的混合態中。一隻貓無法「意識」到自己是活著還是死了，所以它可以陷於死/活的混合態中。但是，你和我可以「意識」到電子究竟是左還是右，我們是生還是死，

圖 9.1 馮諾曼的無限複歸鏈

所以到了我們這裡波函數終於徹底崩陷了，世界終於變成現實，以免給我們的意識造成混亂。

瘋狂？不理性？一派胡言？難以置信？或許每個人都有這種震驚的感覺。自然科學，這最驕傲的貴族、宇宙萬物的立法者、對終極奧祕孜孜不倦的探險家、這個總是自詡為最客觀，最嚴苛、最一絲不苟、最不能容忍主觀意識的法官，現

在居然要把人類的意識，或者換個詞說，靈魂，放到宇宙的中心！哥白尼當年將人從宇宙中心驅逐了出去，現在他們又改頭換面地回來了？這足以讓每一個科學家毛骨悚然。

不！這一定是胡說八道，說這話的人肯定是發瘋了，要不就是個物理白癡。物理學需要「意識」？這是本世紀最大的笑話！但是，且慢，說這話的人也許比你聰明許多，說不定，還是一位諾貝爾物理學獎得主？

尤金・維格納（Eugene Wigner）於西元

圖 9.2 馮諾曼

1902 年 11 月 17 日出生於匈牙利布達佩斯。他在一間路德教會中學上學時認識了馮諾曼，後者是他的學弟。兩人一個更擅長數學，一個更擅長物理，在很長時間裡是一個相當互補的組合。維格納是 20 世紀最重要的物理學家之一，他把群論應用到量子力學中，對原子核模型的建立起到了至關重要的作用。他和狄拉克、約爾當等人一起成為量子場論的奠基人，順便說一句，他的妹妹嫁給了狄拉克，因而成為後者的大舅子（能征服狄拉克的女人真是不簡單！）。他參與了曼哈頓計畫，在核反應理論方面有著突出的貢獻。西元 1963 年，他被授予諾貝爾物理獎金。

對於量子論中的觀測問題，維格納的意見是：意識無疑在觸動波函數中擔當了一個重要的角色。當人們還在為薛丁格那隻倒楣的貓而爭論不休的時候，維格納又出來捅了一個更大的馬蜂窩，這就是所謂的「維格納的朋友」。

「維格納的朋友」是他所想像的某個熟人（我猜想其原型不是狄拉克就是馮諾曼！），當薛丁格的貓在箱子裡默默地等待命運的判決之時，這位朋友戴著一個防毒面具也同樣待在箱子裡觀察這隻貓，維格納本人則退到房間外面不去觀測箱子裡到底發生了什麼。現在，對於維格納來說，他對房間裡的情況一無所知，他是不是可以假定箱子裡處於一個（活貓/高興的朋友）＋（死貓/悲傷的朋友）的混合態呢？可是，當他事後詢問那位朋友的時候，後者肯定會否認這一種疊加

狀態。維格納總結道，當朋友的意識被包含
在整個系統中的時候，疊加態就不適用了。
即使他本人在門外，箱子裡的波函數還是因
為朋友的觀測而不斷地被觸動，因此只有活
貓或死貓兩個純態的可能。

　　維格納論證說，意識可以作用於外部世
界，使波函數崩陷是不足為奇的。因為外部
世界的變化可以引起我們意識的改變，根據
牛頓第三定律，作用與反作用原理，意識也
應當能夠反過來作用於外部世界。他把論文

圖 9.3 維格納

命名為《對於靈肉問題的評論》（Remarks
on the mind-body question），收集在他西元
1967 年的論文集裡。

　　量子論是不是玩得過火了？難道「意
識」，這種虛無飄渺的概念真的要占領神聖
的物理領域，成為我們理論的一個核心嗎？
人們總在內心深處排斥這種「恐怖」的想
法，柯文尼（Peter Coveney）和海菲爾德
（Roger Highfield）寫過一本叫做《時間之

維格納的朋友：當有人在箱子裡的時候，貓是否就不
再處於疊加了呢？

圖 9.4 維格納的朋友

箭》（The arrow of time）的書，其中講到了維格納的主張。但在這本書的中文
版裡，譯者特地加了一個「讀者存照」，說這種基於意識的解釋是「牽強附會」
的，它聲稱觀測完全可以由一套測量儀器作出，因此是「完全客觀」的。但是這
種說法顯然也站不住腳，因為儀器也只不過給馮諾曼的無限複歸鏈條增添了一個
環節而已，不觀測這儀器，它仍然處在疊加的波函數中。

　　可問題是，究竟什麼才是「意識」？這帶來的問題比我們的波函數本身還要
多得多，是一個得不償失的策略。意識是獨立於物質的嗎？它服從物理定律嗎？
意識可以存在於低等物身上嗎？可以存在於機器中嗎？更多的難題如潮水般地湧

來把無助的我們吞沒，這滋味並不比困擾於波函數怎樣崩陷來得好受多少。

接下來我們不如對意識問題做幾句簡單的探討，不過我們並不想在這上面花太多的時間，因為我們的史話還要繼續前進，仍有一些新奇的東西正等著我們。

在這節的最後要特別聲明的是，關於「意識作用於外部世界」只是一種可能的說法而已。這並不意味著種種所謂的「特異功能」、「心靈感應」、「意念移物」、「遠距離彎曲勺子」等等有了理論基礎。對於這些東西，大家最好還是堅持「特別異乎尋常的聲明需要有特別堅強的證據支持」這一原則，要求對每一個個例進行嚴格的，可重複的雙盲實驗。就我所知，還沒有一個特異功能的例子通過了類似的檢驗。

二

意識使波函數崩陷？可什麼才是意識呢？這是被哲學家討論得最多的問題之一，但在科學界的反應卻相對冷淡。在心理學界，以沃森（John B. Watson）和斯金納（B.F.Skinner）等人所代表的行為主義學派通常樂於把精神事件分解為刺激和反應來研究，而忽略無法用實驗確證的「意識」本身。的確，甚至給「意識」下一個準確的定義都是困難的，它產生於何處，具體活於哪個部分，如何作用於我們的身體都還是未知之謎。

可以肯定的是，意識不是一種具體的物質實在。沒有人在進行腦科手術時在顱骨內發現過任何有形的「意識」的存在。它是不是腦的一部分的作用體現呢？看起來應該如此，但具體哪個部分負責「意識」卻是眾說紛紜。有人說是大腦，因為大腦才有種種複雜的交流功能，而掌握身體控制的小腦看起來更像一台自動機器。我們在學習游泳或騎自行車的時候，一開始總是要戰戰兢兢，注意身體每個姿勢的控制，每個動作前都要想好。但一旦熟練以後，小腦就接管了身體的運動，把它變成了一種本能般的行為。比如騎慣自行車的人就並不需要時時「意識」到他的每個動作。事實上，我們「意識」的反應是相當遲緩的（有實驗報告說有半秒的延遲），當一位鋼琴家進行熟練的演奏時，他往往是「不假思索」，一氣呵成，從某種角度來說，這已經不能稱作「完全有意識」的行為，就像我們

平常說的：「熟極而流，想都不想」。而且值得注意的是，這種後天學習的身體技能往往可以保持很長時間不被遺忘。

也有人說，大腦並沒有意識，只是一個操縱器罷了。在一個實驗中，我們刺激大腦的某個區域使得試驗者的右手運動，但試驗者本身「並不想」使它運動！那麼，當我們「有意識」地想要運動我們的右手時，必定在某處由意識產生了這種欲望，然後通過電信號傳達給大腦皮層，最後才導致運動本身。實驗者認為中腦和丘腦是這種自由意識所在。但也有別人認為是網狀體或海馬體的。很多人還認為，大腦左半球才可以稱得上「有意識」，而右半球則是自動機。

這些具體的爭論且放在一邊不管，我們站高一點來看問題：意識在本質上是什麼東西呢？它是不是某種神祕的非物質世界的幽靈，完全脫離我們的身體大腦而存在，只有當它「附體」在我們身上時，我們才會獲得這種意識呢？顯然絕大多數科學家都不會認同這種說法，一種心照不宣的觀點是，意識是一種結構模式，它完全基於物質基礎（我們的腦）而存在，但卻需要更高一層次的規律去闡釋它。這就是所謂的「整體論」（Holism）的解釋[1]。

什麼是意識？這好比問：什麼是資訊？一個消息是一種資訊，但是，它的載體本身並非資訊，它所蘊涵的內容才是。我告訴你：「湖人隊今天輸球了」，這8個字本身並不是資訊，它的內容「湖人隊輸球」才是真正的資訊。同樣的資訊完全可以用另外的載體來表達，比如寫一行字告訴你，或者發一個 E-Mail 給你，或者做一個手勢。所以，研究載體本身並不能得出對相關資訊有益的結論，就算我把這8個字拆成一筆一劃研究個透徹，這也不能幫助我了解「湖人隊輸球」的意義何在。資訊並不存在於每一個字中，而是存在於這8個字的組合方式中，對於它的描述需要用到比單個字更高一層次的語言和規律。

什麼是貝多芬的《第九交響曲》？它無非是一串音符的組合。但音符本身並不是交響曲，如果我們想描述這首偉大作品，我們要涉及的是音符的「組合模式」！什麼是海明威的《老人與海》？它無非是一串字母的組合。但字母本身也

---

1. 所謂「整體論」有很多種字面解釋，在此只是借用這個名詞，讀者最好把握其中的概念而不是名詞本身。可能在某些書中類似的概念是用「還原論」來表達的。

不是小說，它們的「組合模式」才是！《老人與海》的偉大之處不在於它使用了多少字母，而在於它「如何組合」這些字母！

回到我們的問題上來：什麼是意識？意識是組成腦的原子群的一種「組合模式」！我們腦的物質基礎和一塊石頭沒什麼不同，是由同樣的碳原子、氫原子、氧原子……組成的。從量子力學的角度來看，構成我們腦的電子和構成一塊石頭的電子完全相同，就算把它們相互調換，也絕不會造成我們的腦袋變成一塊石頭的奇觀。我們的「意識」，完全建立在我們腦袋的結構模式之上！只要一堆原子按照特定的方式排列起來，它就可以構成我們的意識，就像只要一堆字母按照特定的方式排列起來，就可以構成《老人與海》一樣。這裡並不需要某個非物質的「靈魂」來附體，就如你不會相信，只有當「海明威之魂」附在一堆字母上才會使它變成《老人與海》一樣。

有一個流傳很廣的故事是這樣說的：一個猴子不停地隨機打字，總有一天會「碰巧」打出莎士比亞全集。假如這個猴子不停地在空間中隨機排列原子，顯然只要經歷足夠長的時間（長得遠超宇宙的年齡），它也能「碰巧」造出一個「有意識的生物」來。不需要上帝的魔法，只需要恰好撞到一個合適的排列方式就是了。

好，到此為止，大部分人還是應該對這種相當唯物的說法感到滿意，但只要再往下合理地推論幾步，許多人可能就要覺得背上出冷汗了。如果「意識」完全取決於原子的「組合模式」的話，第一個推論就是：它可以被複製。出版社印刷成千上萬本的《老人與海》，為什麼原子不能被複製呢？假如我們的技術發達到一定程度，可以掃描你身體裡每一個原子的位置和狀態，並在另一個地方把它們重新組合起來的話，這個新的「人」是不是你呢？他會不會擁有和你一樣的「意識」？或者乾脆說，他和你是不是同一個人？假如我們承認意識完全基於原子排列模式，我們的回答無疑就是 YES！這和「克隆人」是兩個概念，克隆人只不過繼承了你的基因，而這個「複製人」卻擁有你的意識、你的記憶、你的感情、你的一切，他就是你本人！

近幾年來，在量子通信方面我們有了極大的突破。把一個未知的量子態原不

地傳輸到第二者那裡已經成為可能，而且事實上已經有許多具體協議的提出。雖然令人欣慰的是，有一個叫做「不可複製定理」（no cloning theorem，1982 年 Wootters，Zurek 和 Dieks 提出）的原則規定在傳輸量子態的同時一定會毀掉原來那個原本。換句話說，量子態只能 cut＋paste，不能 copy＋paste，這阻止了兩個「你」的出現。但問題是，如果把你「毀掉」，然後在另一個地方「重建」起來，你是否認為這還是「原來的你」？

另一個推論就是：因為載體本身並不重要，載體所蘊藏的組合資訊才是關鍵，所以「意識」本身並非要特定的物質基礎才能呈現。假如用圓圈代替 A，方塊代替 B，三角代替 C……我們完全可以用另一套符號系統來複製一本密碼版的《老人與海》。雖然不再使用英語字母，但從資訊學的角度來看，其中的資訊並沒有遭受任何損失，這兩本書是完全等價的，隨時可以完整地編譯回來。同樣地，一套電影我可以用膠片記錄，也可以用錄影帶、VCD、LD，或者 DVD 記錄。當然有人會提出異議，說壓縮實際上造成了資訊的損失，VCD 版的 Matrix

已經不是電影版的 Matrix，其實這無所謂，我們換個比喻說，一張彩色數位照片可以用 RGB 來表示色彩，也可以用另一些表達系統比如說 CMY、HSI、YUV，或者 YIQ 來表示。再比如，任何資訊序列都可以用一些可逆的壓縮手法，例如 Huffman 編碼來壓縮，字母也可

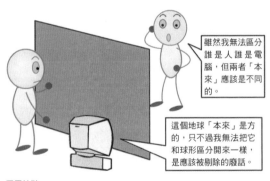

圖靈檢驗：
只要計算機和人實際上無法區分，就可以判定計算機擁有「意識」。

圖 9.5 圖靈檢驗

以用摩爾斯電碼來替換，歌曲可以用簡譜或五線譜記錄，雖然它們看上去很不同，但其中包含的資訊卻是相同的！假如你有興趣，用圍棋中的白子代表 0，黑子代表 1，你無疑也可以用鋪滿整個天安門廣場的圍棋來拷貝一張 VCD，這是完全等價的！

那麼，只要有某種複雜的系統可以包含我們「意識模式」的主要資訊或與其

等價，顯然我們應該認為，意識並不一定要依賴於我們這個生物有機體的肉身而存在！假設我們大腦的所有資訊都被掃描並存入一台電腦中，這台電腦嚴格地按照物理定律來計算這些分子對於各種刺激的反應而最終求出相應結果以作出回應，那麼從理論上說，這台電腦的行為完全等同於我們自身！我們是不是可以說，這台電腦實際上擁有了我們的「意識」？

對於許多實證主義者來說，判定「擁有意識」或「能思考」的標準便嚴格地按照這個「模式結構理論」的方法。意識只不過是某種複雜的模式結構，或者說，是在輸入和輸出之間進行的某種複雜演算法。任何系統只要能夠類比這種演算法，它就可以被合理地認為擁有意識。和馮·諾曼同為現代電腦奠基人的阿蘭·圖靈（Alan Turin）在西元 1950 年提出了判定電腦能否像人那般實際「思考」的標準，也就是著名的「圖靈檢驗」。他設想一台超級電腦和一個人躲藏在幕後回答提問者的問題，提問者則試圖分辨哪個是人哪個是電腦。圖靈爭辯說，假如電腦偽裝得如此巧妙，以致沒有人可以在實際上把它和一個真人分辨開來的話，那麼我們就可以聲稱這台電腦和人一樣具備了思考能力，或者說是意識（他的原詞是「智慧」）。

一台電腦真的能做到跟人一模一樣，「真假難辨」嗎？僅僅二十年前，這對絕大多數人來說似乎還是不可思議的事情。但近年來，隨著人工智慧技術的突飛猛進，電腦已經在最複雜的圍棋比賽中擊敗了人類的頂尖高手，已經能夠寫出不遜於真人的分析報告，已經開始學習駕駛汽車、吟詩作賦、甚至直接用自然語言和我們對話。在一些樂觀派看來，只要科技仍然按照指數增長，人工智慧超越我們就是遲早的事，而且這一天的到來可能遠比我們想像的要早。

2005 年，一個叫庫茲韋爾（Ray Kurzweil）的人便提出了一個很有名的觀點：他認為到 2029 年，電腦的「智慧」就將在整體上超越人類，並從此一去不回頭，遠遠地將人類拋在後面。從此，我們就將進入一個完全不同的時代，這個分界線，他便稱之為「奇點」。為此，他在著名的打賭網站 http://www.longbets.org 上押上 2 萬美元，賭在 2029 年之前，機器就能夠通過圖靈檢驗。這場賭局的結果如何，大家不妨拭目以待。

電腦在複雜到了一定程度之後便可以實際擁有意識，持這種看法的人通常被稱為「強人工智慧派」。在他們看來，人的大腦本質上也不過是一台異常複雜的電腦，只是它不由電晶體或積體電路構成，而是生物細胞而已。但腦細胞也得靠細微的電流工作，就算我們尚不完全清楚其中的機制，也沒有理由認為有某種超自然的東西在裡面。就像薛丁格在他那本名揚四海的小冊子《生命是什麼》中所做的比喻一樣，一個蒸汽機師在第一次看到電動機時會驚訝地發現這機器和他所了解的熱力學機器十分不同，但他會合理地假定這是按照某些他所不了解的原理所運行的，並不會大驚小怪地認為是幽靈驅了一切。

你可能要問，演算法複雜到了何種程度才有資格被稱為「意識」呢？這的確對我們理解波函數何時崩陷有實際好處！但這很可能又是一個難題，像那個著名的悖論：一粒沙落地不算一個沙堆，兩粒沙落地不算一個沙堆，但 10 萬粒沙落地肯定是一個沙堆了。那麼，具體到哪一粒沙落地時才形成一個沙堆呢？對這種模糊性的問題科學家通常不屑解答，正如爭論貓或大腸桿菌有沒有意識一樣。我們對波函數還是一頭霧水！

但這樣說來，我們人類和變形蟲豈不是沒有本質上的區別了嗎？也有少數科學家對此提出異議，認為人的意識顯然有其不同之處。特別是，當我們做出一些直覺性判斷的時候，這是電腦的演算法所無法計算的。也就是說，不管運算能力有多強大，一台圖靈機在本質上無法精確地模擬人類意識。這一觀點的代表人物是牛津大學的羅傑•彭羅斯（Roger Penrose），不過具體的論證過程十分複雜，我們在這裡就不深入討論了。諸位如果有興趣瞭解他的觀點，可以閱讀其名著《皇帝新腦》（The Emperor's New Mind）。

名人軼聞： 科學史上的神話（四）

我們用兩節閒話來討論牛頓的蘋果。這個故事是如此地家喻戶曉，婦孺皆知，使其當之無愧地成為了科學史上最深入人心的神話之一。不過，這蘋果樹在歷史上倒真是存在的，牛頓的朋友們如 W.Stukeley 等都曾經提到過。直到西元

1814 年，牛頓的傳記作者布魯斯特（David Brewster）還親眼見到了它，只不過已經嚴重腐朽了。這神奇的樹終於在西元 1820 年的一次暴風雨中被摧毀，有一段樹幹至今保存在劍橋大學三一學院博物館，但它的子嗣依然繁衍不息。人們從它身上剪下枝條，轉嫁接到 Brownlow 勳爵的一些樹上。在以後的歲月裡，它被送到世界各地生根發芽，仍然結出

圖 9.6 牛頓的老家和門前的蘋果樹，據說就是當年那一棵（White 1997）

被稱為「肯特郡之花」的一種烹飪蘋果。它的名氣歷經三個多世紀而始終不衰，當印度普恩天文研究院裡的一個分枝真的結出兩個蘋果的時候，人們甚至不遠從 300 公里以外趕來參觀朝聖。

西元 1998 年，約克大學的 Richard Keesing 在《當代物理》（Contemporary Physics）雜誌上撰文，宣稱通過仔細的考證比較，在牛頓的家鄉林肯郡沃爾索普找到了當年那蘋果樹的遺址。令人驚奇的是，通過與當年樣本的遺傳基因比對，現在的這樹很可能就是當年殘留的老根上抽出的新芽！換句話說，牛頓的蘋果樹仍未死去，至今已有 350 多歲！

我們暫且把蘋果樹的命運放到一邊，來關注一下那個耳熟能詳的故事。西元 1666 年，牛頓在家鄉躲避瘟疫的時候，偶爾看到一個蘋果落到地上，於是引發了他的思考，最終得出了萬有引力理論。這是真的嗎？它有多少可信度？它背後隱藏了一些什麼樣的內容呢？

蘋果傳奇的主要推者當然要屬伏爾泰（Voltaire）和格林（Robert Greene），兩人在西元 1727 年的著作中不約而同記述了這一段故事。不過追根溯源，伏爾泰是從對牛頓侄女康杜伊特（C. Conduitt）的訪問中了解這個情況的。格林的來源則是福爾克斯（Martin Folkes），他是當時皇家學會的副主席，牛頓的好友。

牛頓的另一個朋友司圖克萊（W. Stukeley）也記述了他和牛頓一起喝茶時的情景，當時牛頓告訴他，正是當年一個蘋果的落地勾起了他對於引力的看法，而牛頓侄女的丈夫 J. Conduitt 也多次提到這個故事。但是不管怎麼樣，最終的源頭都還是來自牛頓自己之口，看起來，牛頓在晚年曾向多個人（至少4個以上）講起過這個事情。可值得玩味的是，為什麼牛頓在五十多年中從未提及此事[2]，但到了西元 1720 年後，他卻突然不厭其煩地到處宣揚起來了呢？

作為後世人的我們，恐怕永遠也無從知曉牛頓是否真的親眼目睹了一個蘋果的落地，而這本身也並不重要。我們所感興趣的是，這個故事的背後究竟包含了一些什麼東西。對於牛頓時代的人們來說，蘋果作為《聖經》裡伊甸園的智慧之果，其象徵意義是不言而喻的[3]。由「蘋果落地」而發現宇宙的奧妙，這裡面就包含了強烈的冥冥中獲得天啟的意味，使得牛頓的形象進一步得到神化。我們在史話的第一章裡曾經描述過牛頓和胡克關於引力平方反比定律的糾紛，後來牛頓更捲入了著名的和萊布尼茲關於微積分發明權的官司中，這樣一個故事，對牛頓來說無疑是有其意義的。

如此描述未免有些小人之心，我們還是假設牛頓當真見到了一個蘋果落地。那麼，他的靈感帶來了什麼樣的突破？引力平方反比定律當真在西元 1666 年就被發現了嗎？難說、難說。

三

我們在「意識問題」那裡頭暈眼花地轉了一圈回來之後，究竟得到了什麼收穫呢？我們弄清楚貓的量子態在何時產生崩陷了嗎？我們弄清意識究竟是如何作用於波函數了嗎？似乎都沒有，反倒是疑問更多了。如果說意識只不過是大腦複雜的一種表現，那麼這個精巧結構是如何具體作用到波函數上的呢？我們是不是已經可以假設，一台足夠複雜的電腦也具有崩陷波函數的能力了呢？不過讓我們感到困惑的是，似乎這是一條走不通的死路。電子的波函數是自然界在一個最基

---

2. 從他早年的親密好友哈雷和格雷高里那裡我們顯然沒有看到任何類似的描述。

3. 根據 Fara 的說法，蘋果還是英格蘭精神的代表。

本層次上的物理規律，正如我們已經討論過的那樣，「意識」所遵循的規則，是一個大量原子的組合才可能體現出來的整體效果，它很可能處在一個很高的層次上面。用波函數和意識去互相聯繫，看起來似乎是一種層面的錯亂，好比有人試圖用牛頓定律去解釋為什麼今天股票大漲一樣。

更有甚者，如果說「意識」使得一切從量子疊加態中脫離，成為真正的現實的話，那麼我們不禁要問一個自然的問題：當智慧生物尚未演化出來，這個宇宙中還沒有「意識」的時候，它的狀態是怎樣的呢？難道說，第一個有意識的生物的出現才使得從創生起至那一刹那的宇宙歷史在一瞬間成為「現實」（之前都只是波函數的疊加）？難道說「智慧」的參與可以在那一刻改變過去，而這個「過去」甚至包含了它自身的演化歷史？

西元 1979 年是愛因斯坦誕辰一百周年，在他生前工作的普林斯頓召開了一次紀念他的討論會。在會上，愛因斯坦的同事，也是波耳的密切合作者之一約翰‧惠勒（John Wheeler）提出了一個相當令人吃驚的構想，也就是所謂的「延遲實驗」（delayed choice experiment）。在前面的章節裡，我們已經對電子的雙縫干涉非常熟悉了：根據哥本哈根解釋，當我們不去探究電子到底通過了哪條縫，它就同時通過雙縫而產生干涉，反之，它就確實地通過一條縫而順便消滅干涉圖紋。惠勒通過一個戲劇化的思維實驗指出，我們可以「延遲」電子的這一決定，使得它在已經實際通過了雙縫螢幕之後，再來選擇究竟是通過了一條縫還是兩條！

這個實驗的基本思路是，用塗著半鍍銀的反射鏡來代替雙縫。一個光子有一半可能通過反射鏡，一半可能被反射，這是一個量子隨機過程，和雙縫本質上是一樣的。把反射鏡和光子入射途徑擺成 45 度角，那麼它一半可能直飛，另一半可能被反射。但是，我們可以通過另外的全反射鏡，把這兩條分開的岔路再交彙到一起。如圖所示，在終點觀察光子飛來的方向，我們可以確定它究竟是沿著哪一條道路飛來的。

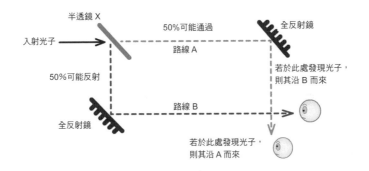

不過，如果我們在終點處再插入一塊呈 45 度角的半鍍銀反射鏡的話，這就又會造成光子的自我干涉。只要仔細安排位相，我們完全可以使得在一個方向上的光子呈反相而相互抵消，而只在另一個方向出現。這樣的話，我們每次都得到一個確定的結果（就像每次都得到一個特定的干涉條紋一樣），根據量子派的說法，因為發生了干涉，此時光子必定同時沿著兩條途徑而來，就像同時通過了雙縫一樣！

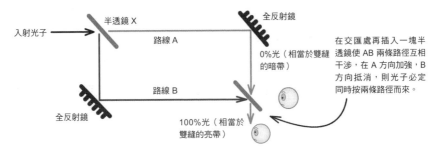

總而言之，如果我們不在終點處插入半反射鏡，光子就沿著某一條道路而來，反之它就同時經過兩條道路。現在的問題是，是不是要在終點處插入反射鏡，這可以在光子實際通過了第一塊反射鏡，已經快要到達終點時才決定。我們可以在事情發生後再來決定它應該怎樣發生！如果說我們是這齣好戲的導演，那麼我們的光子在其中究竟扮演了什麼角色，這可以等電影拍完以後再由我們決定！

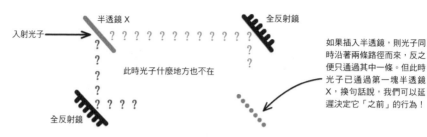

半透鏡 X　　　　　　　　全反射鏡

入射光子 →

? ? ? ? ? ? ? ? ? ? ? ?

此時光子什麼地方也不在

全反射鏡

如果插入半透鏡，則光子同時沿著兩條路徑而來，反之便只通過其中一條。但此時光子已通過第一塊半透鏡 X，換句話說，我們可以延遲決定它「之前」的行為！

圖 9.7 延遲實驗示意圖（共 3 幅）

雖然聽上去古怪，但這卻是哥本哈根派的一個正統推論！惠勒後來引波耳的話說，「任何一種基本量子現象只在其被記錄之後才是一種現象」，我們是在光子上路之前還是途中來做出決定，這在量子實驗中是沒有區別的。歷史不是確定和實在的──除非它已經被記錄下來。更精確地說，光子在通過第一塊透鏡到我們插入第二塊透鏡這之間「到底」在哪裡？這是個什麼？這是一個無意義的問題，我們沒有權利去談論它，它不是一個「客觀真實」！我們不能改變過去發生的事實，但我們可以延遲決定過去「應當」怎樣發生。因為直到我們決定怎樣觀測之前，「歷史」實際上還沒有在現實中發生過！惠勒用那幅著名的「龍圖」來說明這一點：龍的頭和尾巴（輸入輸出）都是確定、清晰的，但它的身體（路徑）卻是一團迷霧，沒有人可以說清。

在惠勒的構想提出五年後，馬里蘭大學的卡洛爾‧阿雷（Carroll O Alley）和其同事當真做了一個延遲實驗，其結果真的證明，我們何時選擇光子的「模式」，這對於實驗結果是無影響的！

與此同時，慕尼黑大學的一個小組也作出了類似的結果。

這樣稀奇古怪的事情說明了什麼呢？這說明，宇宙的歷史，可以在它已經發生後才被決定究竟是怎樣發生的！在薛丁格的貓實驗裡，如果我們也能設計某種延遲實驗，我們就能在實驗結束後再來決定貓是死是活！比

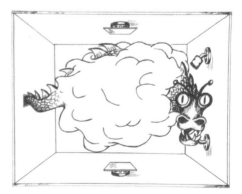

圖 9.8 惠勒的龍

如說，原子在 1 點鐘要嘛衰變毒死貓，要嘛就斷開裝置使貓存活。但如果有某個延遲裝置能夠讓我們在 2 點鐘來「延遲決定」原子衰變與否，我們就可以在 2 點鐘這個「未來」去實際決定貓在 1 點鐘的死活！

這樣一來，宇宙本身由一個有意識的觀測者創造出來也不是什麼不可能的事情。雖然宇宙的行為在道理上講已經演化了幾百億年，但某種「延遲」使得它直到被一個高級生物所觀察才成為確定。我們的觀測行為本身參與了宇宙的創造過程！這就是所謂的「參與性宇宙」模型（The Participatory Universe）。宇宙本身沒有一個確定的答案，而其中的生物參與了這個謎題答案的構建本身！

這實際上是某種增強版的「人擇原理」（anthropic principle）。人擇原理是說，我們存在這個事實本身，決定了宇宙的某些性質為什麼是這樣而不是那樣。也就是說，我們討論所有問題的前提是：事實上已經存在了一些像我們這樣的智慧生物來討論這些問題。我們回憶一下笛卡兒的「第一原理」：不管我懷疑什麼也好，有一點我是不能懷疑的，那就是「我在懷疑」本身，也就是著名的「我思故我在」！類似的原則也適用於人擇原理：不管這個宇宙有什麼樣的性質也好，它必須要使得智慧生物可能存在於其中，不然就沒有人來問「宇宙為什麼是這樣的？」這個問題了。隨便什麼問題也好，你首先得保證有一個「人」來問問題，不然就沒有意義了。

舉個例子，目前宇宙似乎是在以一個「恰到好處」的速度在膨脹。只要它膨脹得稍稍快一點，當初的物質就會四散飛開，無法凝聚成星系和行星。反過來，如果稍微慢一點點，引力就會把所有的物質都吸到一起，變成一團具有驚人的密度和溫度的大雜燴。我們正好處在一個「臨界速度」上，這才使得宇宙中的各種複雜結構和生命的誕生成為可能。這個速度要準確到什麼程度呢？大約是 10^{55} 分之一，這是什麼概念？你從宇宙的一端瞄準並打中在另一端的一隻蒼蠅（相隔 300 億光年），所需準確也不過 10^{30} 分之一。類似的驚人準確的宇宙常數，我們還可以舉出幾十個。

我們問：為什麼宇宙恰好以這樣一個不快也不慢的速度膨脹？人擇原理的回答是：宇宙必須以這樣一個速度膨脹，不然就沒有「你」來問這個問題了。因為

只有以這樣一個速度膨脹，生命和智慧才可能誕生，進而使問題的提出成為可能！從邏輯上來說，顯然絕對不會有人問：「為什麼我們的宇宙以一個極快或極慢的速度膨脹？」因為如果這個問題的前提條件成立，那個「宇宙」不是冰冷的虛空就是灼熱的火球，根本不會有「人」在那裡存在，也就更不會有類似的問題被提出。

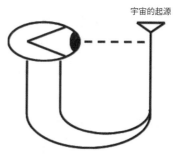

宇宙的起源

圖 9.9 自指的宇宙（原畫惠勒）

參與性宇宙是增強的人擇原理，它不僅表明我們的存在影響了宇宙的性質，更甚者，我們的存在創造了宇宙和它的歷史本身！可以想像這樣一種情形：各種宇宙常數首先是一個不確定的疊加，只有被觀測者觀察後才變成確定。但這樣一來它們又必須保持在某些精確的範圍內，以便創造一個好的環境，令觀測者有可能在宇宙中存在並觀察它們！這似乎是一個邏輯迴圈：我們選擇了宇宙，宇宙又創造了我們。這件怪事叫做「自指」或者「自啟動」（self-exciting），意識的存在反過來又創造了它自身的過去！

請各位讀者確信，我寫到這裡已經和你們一樣頭痛，腦子裡嗡嗡作響不已。這個理論的古怪差不多已超出了我們可以承受的心理極限，我們在「意識」這裡已經筋疲力盡，無力繼續前進了。對此感到不可接受的也絕不僅僅是我們這些門外漢，當時已經大大有名的約翰·貝爾（John Bell，我們很快就要講到他）就嘆道：「難道億萬年來，宇宙波函數一直在等一個單細胞生物的出現，然後才崩陷？還是它還得多等一會兒，直到出現了一個有資格的，有博士學位的觀測者？」要是愛因斯坦在天有靈，看到有人在他的誕辰紀念上發表這樣古怪的，違反因果律的模型，不知作何感想？

就算從哥本哈根解釋本身來談，「意識」似乎也走得太遠了。大多數「主流」的物理學家仍然小心謹慎地對待這一問題，持有一種更為「正統」的哥本哈根觀點。不過所謂「正統觀念」其實是一種駝鳥政策，它實際上就是把這個問題拋在一邊，簡單地假設波函數一觀測就崩陷，但對它如何崩陷？何時崩陷？為什

麼會崩陷？卻不聞不問。量子論只要在實際中管用就行了，我們更為關心的是一些實際問題，並不是這種玄之又玄的闡述！

但是，無論如何，當新物理學觸及到這樣一個困擾了人類千百年的本體問題核心後，這無疑也激起了許多物理學家們的熱情和好奇心。的確有科學家沿著維格納的方向繼續探索，並論證意識在量子論解釋中所扮演的地位。這裡面的代表人物是柏克萊勞倫斯國家物理實驗室的美國物理學家亨利・史戴普（Henry Stapp），他自西元 1993 年出版了著作《精神、物質和量子力學》（Mind, Matter, and Quantum Mechanics）之後，便一直與別的物理學家為此辯論至今 [4]。這種說法也獲得了某些人的支持，西元 2003 年，還有人（如阿姆斯特丹大學的 Dick J. Bierman）宣稱用實驗證明了人類意識「的確」使波函數崩陷。不過這一派的支持者也始終無法就「意識」建立起有說服力的模型來，對於他們的宣稱，我們在心懷懼意的情況下最好還是採取略為審慎的保守態度，看看將來的發展如何再說。

我們沿著哥本哈根派開拓的道路走來，但或許是走得過頭了，誤入歧途，結果發現在盡頭藏著一隻叫做「意識」的怪獸讓我們驚恐不已。這早就遠離了波耳和哥本哈根派的本意，我們還是退回到大多數人站著的地方，看看還有沒有別的道路可以前進。嗯，我們發現的確還有幾條小路通向未知的盡頭，讓我們試著換幾條途徑走走，看看它是不是會把我們引向光明的康莊大道。不過讓我們先在原來的那條路上做好記號，醒目地寫下「意識怪獸」的字樣並打上驚嘆號以警醒後人。好，各位讀者，現在我們出發去另一條道路探險，這條小道看上去籠罩在一片濃霧繚繞中，並且好像在遠處分裂成無限條岔路。我似乎已經有不太美妙的預感，不過還是讓我們擦擦汗，壯著膽子前去看看吧！

---

4. 大家如果有興趣，可以去史戴普的網頁 http://www-physics.lbl.gov/~stapp/stappfiles.html 看看他的文章。

名人軼聞： 科學史上的神話（五）

大家已經知道，牛頓對於胡克竟敢爭奪平方反比定律（ISL）的優先權非常憤怒，他幾次對人聲稱 ISL 是他在西元 1679 年所證明的。可見，牛頓自己也只不過認為 ISL 發現於西元 1679 年。然而，到晚年的時候，他的論述卻突然變得更加曖昧起來，許多語句都有意無意地產生了誤導的作用。西元 1714 年，牛頓寫了一份如今非常著名的手稿，宣稱早於西元 1666 年在老家避疫期間，他就根據開普勒定律和離心力定律推導出了行星運動中的受力符合平方反比關係，更言之鑿鑿地說，通過比較地球和月球的情況，發現答案非常吻合。

今天我們幾乎可以肯定，這個陳述是不真實的。首先運用牛頓的方法，不可能得出行星橢圓軌道的求解；其次，對於月球的成功檢驗是絕對不現實的：牛頓根本沒有地球直徑的準確資料。哪怕牛頓的親朋好友們，也都描述說正是這個原因導致了檢驗的失敗，迫使他把研究擱置了起來[5]。

在西元 1718 年的備忘錄裡，牛頓又說，西元 1676－1677 年之交的冬天，他從平方反比關係推出了行星軌道必定是橢圓。這又是一種和他之前的聲明互相矛盾的說法，而且也幾乎肯定是站不住腳的。著名的牛頓學者，已故的哈佛大學教授柯恩（I.B.Cohen）對此直言不諱地說：「這當然是虛假的歷史，由牛頓在西元 1718 年憑空捏造出來的。」[6]

更需要指出的是，牛頓在西元 1679－1680 年與胡克的那次關鍵通信之前，對於行星運動的理解是非常不同的。他認為月球的運動是在一種「離心力」的作用下進行的，所以總是有「遠離」地球的趨勢！這和導致蘋果落地的地心引力是截然不同的概念。就算牛頓看到了蘋果落地，他也不太可能聯想到這種力就是導致月球環繞地球（或行星環繞太陽）的原因！沒有任何證據顯示，牛頓在西元 1666 年已經有了「萬有引力」的想法。

實際上，不要說西元 1666，哪怕在牛頓之前所宣稱的西元 1679 年，他也沒

---

5. 可參見 W.Whiston，H.Pemberton 和 J.Conduitt 等人的說法。他們還是從牛頓自己那裡了解情況的，所以牛頓其實是自我矛盾。

6. Cohen 1980, p248。

能證明 ISL 定律！不談他在和胡克通信中所犯下的基本錯誤，單從觀念上說，牛頓也沒有做好準備。結合各種史料來看，目前學界普遍認為牛頓證明 ISL 只能在西元 1684 年，也就是他寫《論運動》的時候才最終實現。而萬有引力定律的普遍形式則更要推遲到西元 1685－1686 年。蘋果的神話往往給我們這樣的錯覺：一時靈感是如何在瞬間成就了不世出的天才。可實際上，萬有引力定律的思想根源有著明確而漫長的艱難軌跡。從離心力概念到平方反比思想，再發展出離心力定律然後往向心力定律轉變，這才能得出平方反比定律，而最後歸結為萬有引力定律的最終形式。這個鏈條中失了任何一環都是無法想像的。牛頓在無數前人的基礎和同時代人的幫助下，經過二十多年的不懈探索才最終完成了這一偉大發現，如果用一個蘋果來概括這一切，未免也是對科學的大不敬吧？

最近，更有一種說法認為，牛頓存心編造出了蘋果的故事，目的可能在於掩蓋許多靈感的真正來源：他一直在暗中所進行的煉金活動[7]。

然而，不管史界如何看法也好，蘋果的故事實在是太膾炙人口了。看起來，只要人類的文明還存在一天，它就仍然會是歷史上最富有傳奇色彩的象徵之一。

四

經一事，長一智，我們總結一下教訓。之所以前頭會碰到「意識」這樣的可怕東西，關鍵在於我們無法準確地定義一個「觀測者」！一個人和一台照相機之間有什麼分別，大家都說不清道不明，於是讓「意識」乘隙而入，把我們逼到不得不去定義什麼是「觀測者」這一步的，則是那該死的「崩陷」。一個觀測者使得波函數崩陷？這似乎就賦予了所謂的觀測者一種在宇宙中至高無上的地位，他們享有某種超越基本物理定律的特權，可以創造一些真正奇妙的事情出來。

真的，追本溯源，罪魁禍首就在曖昧的「波函數崩陷」那裡了。這似乎像是哥本哈根派的一個魔咒，至今仍然把我們陷在其中不得彈，物理學的未來也在它的詛咒下顯得一片黯淡。拿康乃爾大學的物理學家科特・戈特弗雷德（Kurt

---

7. White 1997, p85-87。

Gottfried）的話來說，這個「崩陷」就像是「一個美麗理論上的一道醜陋疤痕」，它雲遮霧繞，似是而非，模糊不清，每個人都各持己見，為此吵嚷不休。怎樣在觀測者和非觀測者之間劃定界限？薛丁格貓的波函數是在我們打開箱子的那一剎那崩陷？還是它要等到光子進入我們的眼睛並在視網膜上激起電脈衝信號？或者它還要再等一會兒，一直到這信號傳輸到大腦皮層的某處並最終成為一種「精神活動」時才真正崩陷？如果我們在這上面大鑽牛角尖的話，前途似乎不太美妙。

那麼，有沒有辦法繞過這所謂的「崩陷」和「觀測者」，把智慧生物的介入從物理學中一腳踢開，使它重新回到我們所熟悉和熱愛的軌道上來呢？讓我們重溫那個經典的雙縫困境：電子是穿過左邊的狹縫呢，還是右邊的？按照哥本哈根解釋，當我們未觀測時，它的波函數呈現兩種可能的線性疊加。而一旦觀測，則在一邊出現峰值，波函數「崩陷」了，隨機地選擇通過了左邊或右邊的一條縫。量子世界的隨機性在崩陷中得到了最好的體現。

要擺脫這一困境，不承認崩陷，那麼只有承認波函數從未「選擇」左還是右，它始終保持在一個線性疊加的狀態，不管是不是進行了觀測。可是這又明顯與我們的實際經驗不符，因為從未有人在現實中觀察到同時穿過左和右兩條縫的電子，也沒有人看見過同時又死又活的貓（半死不活，奄奄一息的倒有不少）。事到如今，我們已經是騎虎難下，進退維谷，哥本哈根的魔咒已經纏住了我們，如果我們不鼓起勇氣，作出最驚世駭俗的假設，我們將注定困頓不前。

如果波函數沒有崩陷，則它必定保持線性疊加。電子必定是左/右的疊加，但在現實世界中從未觀測到這種現象。

有一個狂想可以解除這個可憎的詛咒，雖然它聽上去真的很瘋狂，但慌不擇路，我們已經是 nothing to lose。失去的只是桎梏，但說不定贏得的是整個世界呢？

讓我們鼓起勇氣吶喊：是的！電子即使在觀測後仍然處在左/右的疊加中，只不過，我們的世界本身也是這疊加的一部分！當電子穿過雙縫後，處於疊加態的不僅僅是電子，還包括我們整個的世界！也就是說，當電子經過雙縫後，出現了兩個疊加在一起的世界，在其中的一個世界裡電子穿過了左邊的狹縫，而在另

一個裡，電子則通過了右邊！

波函數無需「崩陷」，去隨機選擇左還是右，事實上兩種可能都發生了！只不過它表現為整個世界的疊加：生活在一個世界中的人們發現在他們那裡電子通過了左邊的狹縫，而在另一個世界中，人們觀察到的電子則在右邊！量子過程造成了「兩個世界」！這就是量子論的「多世界解釋」（Many Worlds Interpretation，簡稱 MWI）。

要更好地了解 MWI，我們還是從它的創始人，一生頗有傳奇色彩的休・埃弗萊特（Hugh Everett III，他的祖父和父親也都叫 Hugh Everett，因此他其實是「埃弗萊特三世」）講起。西元 1930 年 11 月 9 日，愛因斯坦在《紐約時報雜誌》上發表了他著名的文章《論科學與宗教》，他的那句名言至今仍然在我們耳邊迴響：「沒有宗教的科學是跛足的，沒有科學的宗教是盲目的。」兩天後，小埃弗萊特就在華盛頓出生了。

埃弗萊特對愛因斯坦懷有深深的崇敬，在他只有 12 歲的時候，他就寫信問在普林斯頓的愛因斯坦一些關於宇宙的問題，而愛因斯坦還真的回信回答了他。當他拿到化學工程的本科學位之後，他也進入了普林斯頓攻讀。一開始他進的是數學系，但他很快想方設法轉投物理。50 年代正是量子論方興未艾，而哥本哈根解釋如日中天，一統天下的時候。埃弗萊特認識了許多在這方面的物理學生，其中包括波耳的助手 Aage Peterson，後者和他討論了量子論中的觀測難題，這激起了埃弗萊特極大的興趣。他很快接觸了約翰・惠勒，惠勒鼓勵了他在這方面的思考，到了西元 1954 年，埃弗萊特向惠勒提交了兩篇論文，多世界理論（有時也被稱作「埃弗萊特主義－Everettism」）第一次亮相了。

按照埃弗萊特的看法，波函數從未崩陷，只是世界和觀測者本身進入了疊加狀態。當電子穿過雙縫後，整個世界，包括我們本身成為了兩個獨立的疊加，在每一個世界裡，電子以一種可能出現。但不幸的是，埃弗萊特用了一個容易誤導和引起歧義的詞「分裂」（splitting），他打了一個比方，說宇宙像一個阿米巴變形蟲，當電子通過雙縫後，這個蟲子自我裂變，繁殖成為兩個幾乎一模一樣的變形蟲。唯一的不同是，一個蟲子記得電子從左而過，另一個蟲子記得電子從右

而過。

惠勒也許意識到了這個用詞的不妥，他在論文的空白裡寫道：「分裂？最好換個詞。」但大多數物理學家並不知道他的意見。也許，惠勒應該搞得戲劇化一點，比如寫上「我想到了一個絕妙的用詞，可惜空白太小，寫不下。」在很長的一段時間裡，埃弗萊特的理論被人們理解成：當電子通過雙縫的時候，宇宙在物理上神奇地「分裂」成了兩個互不相干的獨立的宇宙，在一個裡面電子通過左縫，另一個相反。這樣一來，宇宙的歷史就像一條岔路，隨著每一次的量子過程分岔成若干小路，每條路則對應於一個可能的結果。隨著時間的流逝，各個宇宙又進一步分裂，直至無窮。它的每一個分身都是實在的，只不過它們之間無法相互溝通而已。

假設我們觀測雙縫實驗，發現電子通過了左縫。其實在電子穿過螢幕的一瞬間，宇宙已經不知不覺地「分裂」了，變成了幾乎相同的兩個。我們現在處於的這個叫做「左宇宙」，另外還有一個「右宇宙」，在那裡我們將發現電子通過了右縫，但除此之外，其他的一切都和我們這個宇宙完全一樣。你也許要問：「為什麼我在左宇宙裡，而不是在右宇宙裡？」這種問題顯然沒什麼意義，因為在另一個宇宙中，另一個你或許也在問：「為什麼我在右宇宙，而不是左宇宙裡？」觀測者的地位不再重要，因為無論如何宇宙都會分裂，實際上「所有的結果」都會出現，量子過程所產生的一切可能都對應於一個實際的宇宙，只不過在大多數「蠻荒宇宙」中，沒有智慧生物來提出問題罷了。

這樣一來，薛丁格的貓也不必再為死活問題困擾。只不過是宇宙分裂成了兩個，一個有活貓，一個有死貓罷了。對於那個活貓的宇宙，貓是一直活著的，不存在死活疊加的問題。對於死貓的宇宙，貓在分裂的那一刻就實實在在地死了，也無需等人們打開箱子才「崩陷」，從而蓋棺定論。

從宇宙誕生以來，已進行過無數次這樣的分裂，它的數量以幾何級數增長，很快趨於無窮。我們現在處於的這個宇宙只不過是其中的一個，在它之外，還有非常多的其他的宇宙。有些和我們很接近，那是在家譜樹上最近剛剛分離出來的，而那些從遙遠的古代就同我們分道揚鑣的宇宙則可能非常不同。也許在某個

宇宙中，小行星並未撞擊地
球，恐龍仍是世界主宰。在
某個宇宙中，埃及豔后克麗
奧佩特拉的鼻子稍短了一
點，沒有教凱撒和安東尼怦
然心〔。那些反對歷史決定
論的「鼻子派歷史學家」一
定會對後來的發展大感興

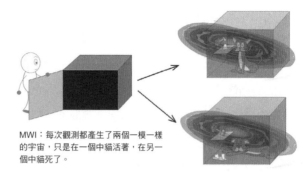

MWI：每次觀測都產生了兩個一模一樣
的宇宙，只是在一個中貓活著，在另一
個中貓死了。

圖 9.10 多世界解釋裡的薛丁格貓

趣，看看是不是真的存在「歷史蝴蝶效應」。在某個宇宙中，格魯希沒有在滑鐵
盧遲到，而希特勒沒有在敦克爾克前下達停止進攻的命令。在更多的宇宙裡，因
為物理常數的不適合，根本就沒有生命和行星的存在。

　　事實上，歷史和將來一切可能發生的事情，都已經實際上發生了，或者將要
發生。只不過它們在另外一些宇宙裡，和我們所在的這個沒有任何物理接觸。這
些宇宙和我們的世界互相平行，沒有聯繫，根據奧卡姆剃刀原理，這些奇妙的宇
宙對我們都是沒有意義的。多世界理論有時也稱為「平行宇宙」（Parallel
Universes）理論，就是因為這個道理。

　　宇宙的「分裂」其實嚴格來說應該算是一種誤解，不過直到現在，大多數
人，包括許多物理學家仍然是這樣理解埃弗萊特的！這樣一來，這個理論就顯得
太大驚小怪了，為了一個小小的電子從左邊還是右邊通過的問題，我們竟然要勞
師眾地牽涉整個宇宙的分裂！許多人對此的評論是「殺雞用牛刀」。愛因斯坦曾
經有一次說：「我不能相信，僅僅是因為看了它一眼，一隻老鼠就使得宇宙發生
劇烈的改變。」這話他本來是對著哥本哈根派說的，不過的確代表了許多人的想
法：用犧牲宇宙的代價來迎合電子的隨機選擇，未免太不經濟廉價，還產生了那
麼多不可觀察的「平行宇宙」的廢料。MWI 後來最為積極的鼓吹者之一，德克
薩斯大學的布萊斯・德威特（Bryce S. DeWitt）在描述他第一次聽說 MWI 的時
候說：「我仍然清晰地記得，當我第一次遇到多世界概念時所受到的震動。100
個略微不同的自我拷貝，都在不停地分裂成進一步的拷貝，而最後面目全非。這

個想法是很難符合常識的。這是一種徹頭徹尾的精神分裂症⋯⋯」對於我們來說，也許接受「意識」，還要比相信「宇宙分裂」來得容易一些！

不難想像，埃弗萊特的 MWI 在西元 1957 年作為博士論文發表後，雖然有惠勒的推薦和修改，在物理界仍然反應冷淡。埃弗萊特曾經在西元 1959 年特地飛去哥本哈根見到波耳，但波耳根本就不想討論任何對於量子論新的解釋，也不想對此作什麼評論，這使他心灰意冷。對波耳來說，他當然一生都堅定地維護著哥本哈根理論，對於 50 年代興起的一些別的解釋，比如波姆的隱函數理論（我們後面要談到），他的評論是「這就好比我們希望以後能證明 $2 \times 2 = 5$ 一樣。」在波耳臨死前的最後的訪談中，他還在批評一些哲學家，聲稱：「他們不知道它（互補原理）是一種客觀描述，而且是唯一可能的客觀描述。」

受到冷落的埃弗萊特逐漸退出物理界，他先供職於國防部，後來又成為著名的 Lambda 公司的創建人之一和主席，這使他很快成為百萬富翁。但他的見解——後來被人稱為「20 世紀隱藏得最深的祕密之一」——卻長期不為人們所重視。直到 70 年代，德威特重新發掘了他的多世界解釋並在物理學家中大力宣傳，MWI 才開始為人所知，並迅速成為熱門的話題之一。如今，這種解釋已經擁有大量支持者，坐穩哥本哈根解釋之後的第二把交椅，並大有後來居上之勢。為此，埃弗萊特本人曾計畫復出，重返物理界去做一些量子力學方面的研究工作，但他不幸在西元 1982 年因為心臟病去世了。

在惠勒和德威特所在的德州大學，埃弗萊特是最受尊崇的人之一。當他應邀去做量子論的演講時，因為他的煙癮很重，被特別允許吸煙。這是那個禮堂有史以來唯一的一次例外。

📢 名人軼聞：科學史上的神話（六）

不管是阿基米德的浴缸、伽利略的斜塔，還是牛頓的蘋果，神話的一大特點就是在當時無人提起也無據可查，直到漫長的歲月過去，當主角已經名揚天下的時候，它們才紛紛出爐，而且描述得活靈活現。瓦特的茶壺又是一個例子。

茶壺故事的最早源頭來自瓦特的表姐，坎貝爾夫人。她在回憶錄中描寫了瓦特的阿姨莫爾海德（Muirhead）夫人如何訓斥了瓦特不幹正事，盯著一個茶壺出神的情景。問題是，回憶錄寫於西元 1798 年，離開當年又已經過去了差不多半個世紀！她字裡行間那種栩栩如生的敘述，其真實如何真令人捏一把汗。故事的真假我們先不論，關鍵在於，它到底帶給了我們什麼教育意義？瓦特難道真的是因為茶壺蒸氣的啟發而發明了蒸汽機嗎？

今天我們都知道事實遠非如此，早在瓦特出生二十多年前，紐科門（Thomas Newcomen）就製成了第一台實用的蒸汽機並投入使用。瓦特的傑出貢獻在於對其進行了不斷的改良，而其中牽涉到大量的物理、化學和機械上的知識。但它們和茶壺裡冒出的蒸氣卻是風馬牛不相及的！可由於神話的暗示作用，至今許多人仍條件反射般地將瓦特和蒸汽機發明者聯繫在一起。或許，正是這種把科學史簡單化的心態成就了神話的風行於世吧？

另外一個類似的例子是凱庫勒（August Kekul）的蛇。據凱庫勒自稱，他因為當年做夢夢見一條蛇咬住了自己的尾巴，從而靈機一動，發現了苯的環狀分子結構。同樣，這個聲明是他臨死前幾年才做出的，之前並沒有任何旁證。詳查他的筆記和資料，人們並沒有發現有這樣一個忽然獲得「突破」的日子。有一種說法認為，凱庫勒在晚年存心編造了這樣一個神話，以掩蓋他實際上從別的化學家工作中獲得啟發的事實[8]。

不管怎麼說，以上的所有故事至少都還能查到準確的來源，而所謂愛因斯坦的小板凳就令人一頭霧水了。沒有任何原始材料可以證明存在著這個可愛的故事，而愛因斯坦也似乎並未留下手工方面的不良紀錄（正相反，他在小提琴上的天賦說明他是一個雙手靈活的人）。另一種說法是愛因斯坦小時候是一個很笨學習很差的孩子，靠日後的不懈努力成才，這也完全沒有根據，從愛因斯坦的成績單中可以看出他的成績極為優秀[9]。當然，根據愛因斯坦本人的自述，他直到 3

---

8. 見 John Wotiz, Kekule Riddle: A Challenge (Glenview Pr 1992)。

9. 愛因斯坦在阿勞中學的成績單可以在《愛因斯坦文集》（Princeton 出版了英譯本）中找到。除了法文 3 分（滿分 6 分）稍差外，別的都是優良。愛因斯坦之前在德國中學裡的成績單如今找不到了，不過從旁人的記述中可以知道他的成績不錯，再說那時也沒有專門的手工課程。

歲上才學會說話，普遍懷疑他患有閱讀困難症（dyslexia），在語言和表達上存在著學習困難，但這卻和小板凳毫無關係！而且，他在語文上的成績也並不差。西元 1929 年，愛因斯坦母校的校長為了證明學校的教育水準良好，特地翻閱了愛因斯坦的成績紀錄，發現他在拉丁文上總是拿 1 分，在希臘文課上也拿到 2 分[10]。

事實上，小板凳故事似乎只在國內流行，大概是哪位中國人的一時創造吧？類似的「名人軼事」還有達芬奇，他原本只是學習用蛋彩（egg tempera）作畫，不知何時便被某個好事之徒穿鑿附會成了「學著畫雞蛋」的感人故事。

還有許許多多別的神話，由於篇幅原因，無法一一詳述。我們這樣走馬看花地簡單剖析一些科學史上的傳奇，並非有意去貶低任何一位科學巨人在歷史上的地位。如果說可以達到什麼目的的話，那麼除了起到娛樂八卦的效果之外，把歷史從暈輪效應中還原出來，更準確地刻畫出科學發展的詳細歷程，打破對於歷史人物模式化的構建才是富有意義的行為。當然，從另一個角度來看，這些富有寓言色彩的故事在教育和宣傳上仍然有著難以取代的效果，甚至我們的史話本身為了增強可讀性，也偶爾會有意無意地向戲劇化方面稍稍靠攏。只不過，我們終究是長大了，總不能老用孩子的天真眼光反復地讀著同樣的童話吧？

五

針對人們對 MWI 普遍存在的誤解，近來一些科學家也試圖為其正名，澄清宇宙本身實際並未在物理上真的「分裂」，這僅只是一個比喻而已，並非是 MWI 和埃弗萊特的本意[11]，我們在這裡也不妨稍微講一講。當然我們的史話以史為本，在理論上盡量試圖表達得淺顯通俗，所以用到的比喻可能不太準確。真正準確地描述這個理論要用到非常複雜的數學工具和數學表達，希望各位看倌對此心中有數。

---

10. 德國教育的打分方法是越低越好，也即 1 分為優。此事可參考 Albrecht Folsing 的愛因斯坦傳記，可惜這些檔後來在二戰中被毀掉了。
11. 如 Tegmark1998。

首先我們要談談所謂「相空間」的概念。讀過中學數學的人都應該知道，二維平面中的一個點可以用含有兩個數字的座標來表達它的位置，而三維空間中的點就需要三個數字。我們現在需要擴展一下思維：假如有一個四維空間中的點，我們又應該如何去描述它呢？顯然，我們要使用含有四個變數的座標，比如（1, 2, 3, 4）。如果我們用的是直角坐標系統，那麼這四個數字便代表該點在四個互相垂直的維度方向的投影，推廣到 n 維空間，也是一樣。諸位大可不必費神在腦海中努力想像四維空間是個什麼樣的東西，這只是我們在數學上的構造而已，關鍵是我們必須清楚：n 維空間中的一個點可以用 n 個變數來唯一描述，而反過來，n 個變數也可以用一個 n 維空間中的點來涵蓋。

現在讓我們回到物理世界，我們如何去描述一個普通的粒子呢？在每一個時刻 t，它應該具有一個確定的位置座標（q1, q2, q3），還具有一個確定的動量 p。動量是一個向量，在每個維度方向都有分量，所以要描述動量 p 還得用三個數字：p1，p2 和 p3，分別表示它在三個方向上的速度。總而言之，要完全描述一個物理質點在 t 時刻的狀態，我們一共要用到 6 個變數，而我們在前面已經看到了，這 6 個變數可以用六維空間中的一個點來概括。所以，用六維空間中的一個點，我們可以描述一個普通物理粒子的經典行為。我們這個存心構造出來的高維空間就是系統的相空間。

假如一個系統由兩個粒子組成，那麼在每

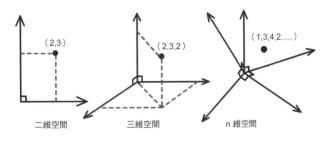

圖 9.11 不同維數空間中的座標

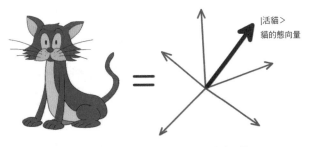

圖 9.12 用希爾伯特空間中的態向量來表示貓

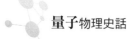

個時刻 t 這個系統則必須由 12 個變數來描述了。但同樣，我們可以用 12 維空間中的一個點來代替它。對於一些宏觀物體，比如一隻貓，它所包含的粒子可就太多了，假設有 n 個吧，不過這不是一個本質問題，我們仍然可以用一個 6n 維相空間中的質點來描述它。這樣一來，一隻貓在任意一段時期內的活動其實都可以等價為 6n 維空間中一個點的運動（假定組成貓的粒子數目不變）。我們這樣做並不是吃飽了飯太閒的緣故，因為在數學上，描述一個點的運動，哪怕是 6n 維空間中的一個點，也要比描述普通空間中的一隻貓來得方便。在經典物理中，對於這樣一個代表了整個系統的相空間中的點，我們可以用所謂的哈密頓方程去描述，並得出許多有益的結論。

在我們史話的前面已經提到過，無論是海森堡的矩陣力學還是薛丁格的波動力學，都是從哈密頓的方程改造而來，所以它們後來被證明互相等價也是不足為奇。現在，在量子理論中，我們也可以使用與相空間類似的手法來描述一個系統的狀態，只不過把經典的相空間改造成希爾伯特向量空間罷了。具體的細節讀者們可以不用理會，只要把握其中的精髓：一個複雜系統的狀態可以看成某種高維空間中的一個點或一個向量。比如一隻活貓，它就對應於某個希爾伯特空間中的一個態向量，如果採用狄拉克引入的符號，我們可以把它用一個帶尖角的括弧來表示，寫成：|活貓＞。死貓可以類似地寫成：|死貓＞。

說了那麼多，這和量子論或者 MWI 有什麼關係呢？

讓我們回頭來看一個量子過程，比方那個經典的雙縫困境吧！正如我們已經反覆提到的那樣，如果我們不去觀測電子究竟通過了哪條縫，則其必定同時通過了兩條狹縫。也就是說，它的波函數 $|\phi>$ 可以表示為：

$$|\psi>=a|通過左縫> + b|通過右縫>$$

只要我們不觀測，它便永遠按薛丁格波動方程嚴格地發展。為了表述方便，我們按照彭羅斯的話，把這稱為「U 過程」，它是一個確定、經典、可逆（時間對稱）的過程。值得一提的是，薛丁格方程本身是線性的，也就是說，只要 $|左>$ 和 $|右>$ 都是可能的解，則 $a|左> + b|右>$ 也必定滿足方程！不管 U 過程如何發

展，系統始終會保持在線性疊加的狀態。

但當我們去觀測電子的實際行為時，電子就被迫表現為一個粒子，選擇某一條狹縫穿過。拿哥本哈根派的話來說，電子的波函數「崩陷」了，最終只剩下|左>或者|右>中的一個態獨領風騷。這個過程像是一個奇蹟，它完全按照機率隨機地發生，也不再可逆，正如你不能讓實際已經發生的事情回到許多機率的不確定疊加中去。還是按照彭羅斯的稱呼，我們把這叫做「R 過程」，其實就是所謂的崩陷。如何解釋 R 過程的發生，這就是困擾我們的難題。哥本哈根派認為「觀測者」引發了這一過程，個別極端的則扯上「意識」，那麼，MWI 又有何高見呢？

它的說法可能讓你大吃一驚：根本就沒有所謂的「崩陷」，R 過程實際上從未發生過！從開天闢地以來，在任何時刻，任何孤立系統的波函數都嚴格地按照薛丁格方程以 U 過程演化！如果系統處在疊加態，它必定永遠按照疊加態演化！

可是，等等，這樣說固然意氣風發，暢快淋漓，但它沒有解答我們的基本困惑啊！如果疊加態是不可避免的，為什麼我們在現實中從未觀察到同時穿過雙縫的電子，或者又死又活的貓呢？

讓我們來小心地看看埃弗萊特的假定：「任何孤立系統都必須嚴格地按照薛丁格方程演化」。所謂孤立系統指的是與外界完全隔絕的系統，既沒有能量也沒有物質交流，這是個理想狀態，在現實中很難做到，所以幾乎是不可能的。只有一樣東西例外——我們的宇宙本身！因為宇宙本身包含了一切，所以也就無所謂「外界」，把宇宙定義為一個孤立系統似乎是沒有什麼大問題的。宇宙包含了 n 個粒子，n 即便不是無窮，也是非常非常大的，但這不是本質問題，我們仍然可以把整個宇宙的狀態用一個態向量來表示，描述宇宙波函數的演化。

MWI 的關鍵在於：雖然宇宙只有一個波函數，但這個極為複雜的波函數卻包含了許許多多互不干涉的「子世界」。宇宙的整體態向量實際上是許許多多子向量的疊加，每一個子向量都是在某個「子世界」中的投影，分別代表了薛丁格方程一個可能的解！

　　為了各位容易理解，我們假想一種沒有維度的「質點人」，它本身是一個小點，而且只能在一個維度上做直線運動。這樣一來，它所生活的整個「世界」，便是一條特定的直線。對於這個質點人來說，它只能「感覺」到這條直線上的東西，而對別的一無所知。現在我們回到最簡單的二維平面：假設有一個向量（1，2），我們容易看出它在 x 軸上投影為 1，y 軸上投影為 2。如果有兩個「質點人」A 和 B，A 生活在 x 軸上，B 生活在 y 軸上，那麼對於 A 君來說，他對我們的向量的所有「感覺」就是其在 x 軸上的那段長度為 1 的投影，B 君則感覺到其在 y 軸上的長度為 2 的投影。因為 A 和 B 生活在不同的兩個「世界」裡，所以他們的感覺是不一樣的！但事實上，「真實的」向量只有一個，它是 A 和 B 所感覺到的「疊加」！

　　我們的宇宙也是如此。「真實的，完全的」宇宙態向量存在於一個非常高維（可能是無限維）的希爾伯特空間中，但這個高維的空間卻由許許多多低維的「世界」所構成（正如我們的三維空間可以看成由許多二維平面構成一樣），每個「世界」都只能感受到那個「真實」的向量在其中的投影。因此在每個「世界」感覺到的宇宙都是不同的。

　　總之，按照 MWI，事情是這樣的：「宇宙」（Universe）始終只有一個，它的狀態可以為一個總體波函數所表示，這個波函數嚴格而連續地按照薛丁格方程演化。但從某一個特定「世界」（World）的角度來看，則未必如此。波函數隨著時間的流逝變得愈加複雜，投影的世界也愈來愈多，薛丁格方程的每一個可能的解都一定對應了一種投影，因此一切可能發生的事情都在某個「世界」發生

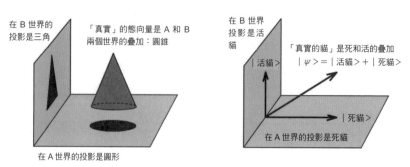

圖 9.13 不同的「世界」觀測到不同的現象

了。為了簡便起見，在史話後面的部分裡我們還是會使用「分裂」之類的詞語，不過大家要把握它的真正意思。也有另一種叫法，把每一個投影的分支都稱為「宇宙」（Universe），而把總體的波函數稱為「多宙」（Multiverse）[12]，這只是用詞上的不同，包含的其實是一個意思。「多宇宙」和「多世界」，指的是同一個理論。

　　然而，還剩下一個問題：好吧，假如說電子每次通過螢幕的時候都不曾「崩陷」，只不過兩個世界的我們觀測（或感覺）到不同的投影罷了，但為什麼我們感覺不到別的世界呢（就比如說觀測到活貓就無法同時觀測到死貓）？相當稀奇的是，未經觀測的電子卻似乎有特異功能，可以感覺來自「別的世界」的資訊。比如不受觀察的電子必定同時感受到了「左縫世界」和「右縫世界」的資訊，不然如何產生干涉呢？這其實還是老問題：為什麼我們在宏觀世界中從來沒有觀測到量子尺度上的疊加狀態呢？

　　在埃弗萊特最初提出 MWI 的時候，這仍然是一個難以解釋的謎題。不過進入 70 年代以後，澤（Dieter Zeh）、蘇雷克（Wojciech H Zurek）、葛爾曼（Murray Gell-Mann）等科學家提出了一種極其巧妙的理論。它迅速發展並走紅，至今已經得到了大部分人的支持和公認，這就是所謂的退相干理論（decoherence theory）。

12.比如下面我們即將遇到的多宇宙派物理學家 David Deutsch。

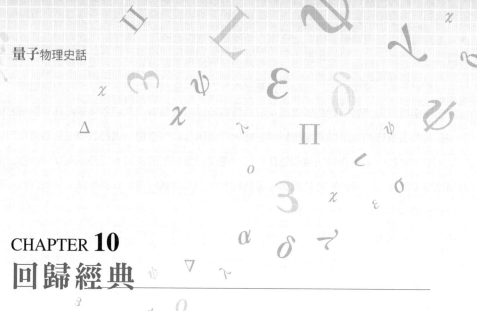

CHAPTER **10**
回歸經典

一

為了更好地理解量子態在宏觀層面與微觀層面的差別，我們還是回到上一章的比喻，從那兩個可愛質點人生活的簡單平面世界開始談起。我們已經假設了，A 生活在 x 軸上，B 生活在 y 軸上，這樣一來，我們將會發現，兩個質點人對於對方所生活的世界是一無所知的。原因很簡單：因為 x 軸和 y 軸互相垂直，x 軸在 y 軸上沒有投影，反之亦然。對於 A 來說，他完全無法得知 B 的世界發生了什麼事情，兩人注定了要老死不相往來。這時候，我們說兩個世界是正交（orthogonal）的，不相干的。

但是，x 軸和 y 軸垂直正交是一個非常極端的例子。事實上，如果我們在二維平面裡隨便取兩條直線作為「兩個世界」，則它們很有可能並不互相垂直。那樣的話，B 世界仍然在 A 世界上有一個投影，這就給了 A 以一窺 B 世界的機會（雖然是扭曲的）。對於這樣兩個世界來說，態向量在它們上的投影在很大程度上仍然是彼此關聯，或者說「相干」（coherent）的。B 和 A 在一定程度上仍舊能夠互相「感覺」到對方。

在平面上取兩條直線，它們有極大的可能不相垂直。在三維空間中任意取兩

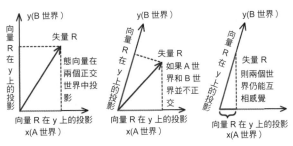

圖 10.1 向量在不同世界上的投影

個平面作為兩個「世界」，情況也好不到哪裡去。但是，假如我們不考慮低維，而是高維的空間中，我們隨便取兩個切片，其互相正交（垂直）的程度就很可能要比二維中的來得大。因為它比二維有著多得多的維數，亦即自由度，彼此在任一方向上的干涉程度自然大大減小。假設有一個非常高維的空間，比如說 1 億億維空間，那麼我們在其中隨便畫兩條直線或者平面，它們就幾乎必定是基本垂直了。如果各位不相信，不妨自己手證明一下。

這就導致了關鍵的推論：當我們只談論微觀的物體時，牽涉到的粒子數量是極少的，用以模擬它的希爾伯特空間維數相對便也較低。一旦當我們考慮宏觀層面上的事件，例如用某儀器去測量，或者親自去觀察的時候，我們就引入了一個極為複雜的態向量和一個維數極高的希爾伯特空間。在這樣一個高維空間中，兩個「世界」之間的聯繫被自然地抹平了，它們互相正交，彼此失去了聯繫！

還是用雙縫實驗作為例子。假如我們不考慮環境，單單考慮電子本身的態向量的話，那麼所涉及的變數是相對較少的，也就是說，單純描述電子行為的「世界」是一個較低維的空間。根據我們前面的討論，MWI 認為在雙縫實驗中必定存在著兩個「世界」：左世界和右世界。宇宙態向量分別在這兩個世界上投影為 |通過左縫＞和|通過右縫＞兩個量子態。但因為這兩個世界維數較低，所以它們並不是完全正交的，每個世界都還能清晰地「感覺」到另外一個世界的投影。這兩個世界仍然彼此「相干」著！因此電子能夠同時感覺到雙縫而自我干涉。

但請各位密切注意，「左世界」和「右世界」只是單純地描述了電子的行為，並不包括任何別的東西在內！當我們通過儀器觀測到電子究竟是通過了左還是右之後，對於這一事件的描述就不再是這一簡單態向量可以勝任的了。事實上，一旦觀測以後，我們就必須談論「我們發現了電子在左」這樣的量子態。它必定存在於一個更大的「世界」中，比方說，可以命名為「我們感知到電子在

左」世界，或者簡稱「知
左」世界。

「知左」世界描述了
電子、儀器和我們本身在
內的總體狀況，它涉及到
了比單個電子多得多的變
數（光我們本身就有 n 個
粒子組成！）。這樣一
來，「知左」和「知右」

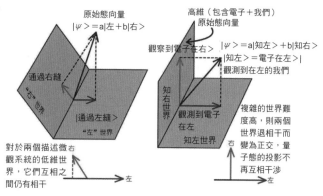

圖 10.2 MWI 裡的退相干

世界的維度，要比「左」，「右」世界高出不知凡幾，在與環境發生複雜的相互
糾纏作用以後，我們可以看到，這兩個世界戲劇地變為基本正交而互不干涉。知
左世界在知右世界中沒有了投影，它們無法彼此感覺到對方了！這個魔術般的過
程就叫做「離析」或者「退相干」（decoherence），量子疊加態在宏觀層面上的
瓦解，正是退相干的直接後果。如此我們便能夠解釋，為什麼在現實世界中我們
一旦感知到「電子在左」，就無法同時感受到「電子在右」，因為這是兩個退相
干了的世界，它們已經失去聯繫了！

宏觀與微觀之間的關鍵區別，就在於其牽涉到維度（自由度）的不同。但要
提醒大家的是，我們這裡所說的空間、維度，都是指構造量子態向量所依存的希
爾伯特空間，而非真實時空。事實上，所有的「世界」都存在在同一個物理時空
中（而不在另一些超現實空間裡），只不過它們量子態的映射因為互相正交而無
法彼此感受到對方罷了。我們在這裡用的比喻可能過於簡單且牽強，其實完全可
以用嚴格的數學來把這一過程表達出來：當複雜系統與環境干涉之後，它的「密
度矩陣」就迅速對角化而退化為經典機率。我們的史話在以後講到另一種解釋的
時候還會進一步地探討退相干理論，因此在這裡無需深入，大家僅僅走馬看花地
了解一下它的概貌就是了。你可能已經覺得很不可思議，不過量子論早就不止一
次地帶給我們無比的驚訝了，不是嗎？

在多世界奇境中的這趟旅行也許會讓大家困惑不解，但就像愛麗絲在鏡中讀

到那首晦澀的長詩 Jabberwocky，它無疑應該給人留下深刻的印象。的確，想像我們自身隨著時間的流逝不停地分裂成多個世界裡的投影，而這些分身以幾何數目增長，以至無窮。這樣一幅奇妙的景象給我們生活其中的宇宙增添了幾分哭笑不得的意味。也許有人會覺得，這樣一個模型，實在看不出有比「意識」更加可愛的地方，埃弗萊特，還有那些擁護多世界的科學家們，究竟看中了它哪一點呢？

不過 MWI 的好處也是顯而易見的，它最大的豐功偉績就是把「觀測者」這個礙手礙腳的東西從物理中一腳踢開。現在整個宇宙只是嚴格地按照波函數演化，不必再低聲下氣地去求助於「觀測者」，或者「智慧生物」的選擇了。物理學家現在也不必再為那個奇蹟般的「崩陷」大傷腦筋，無奈地在漂亮的理論框架上貼上醜陋的補丁，用以解釋 R 過程的機理。可憐的薛丁格貓也終於擺脫了那又死又活的煎熬，而改為自得其樂地生活（一死一活）在兩個不同的世界中。

重要的是，大自然又可以自己做主了，它不必在「觀測者」的陰影下戰戰兢兢地苟延殘喘，直到某個擁有「意識」的主人賞了一次「觀測」才得以變成現實，不然就只好在機率波疊加中埋沒一生。在 MWI 裡，宇宙本身重新成為唯一的主宰，任何觀測者都是它的一部分，隨著它的演化被分裂、投影到各種世界中去，這過程只取決於環境的引入和不可逆的放大過程，這樣一幅客觀的景象還是符合大部分科學家的傳統口味的，至少不會像哥本哈根派那樣讓人抓狂，以致寢食難安。

MWI 的一個副產品是，它重新回歸了經典的決定論：宇宙只有一個波函數，它按照薛丁格方程唯一確定地演化。因為薛丁格方程本身是決定性的，也就是說，給定了某個時刻 t 的狀態，我們就可以從正反兩個方向推演，得出系統在任意時刻的狀態，這樣一來，宇宙的演化自然也是決定性的，從過去到未來，一切早已注定。在這個意義上說，所謂時間的「流逝」不過是種錯覺而已！在 MWI 的框架中，上帝又不擲骰子了。他老人家站在一個高高在上的角度，鳥瞰整個宇宙的波函數，一切盡在把握。電子也不必靠骰子來做出隨機的選擇，決定到底穿過一條縫：它同時在兩個世界中各穿過了一條縫而已。只不過，對於我們

這些凡夫俗子、芸芸眾生來說，因為我們糾纏在紅塵之中，與生俱來的限制迷亂了我們的眼睛，讓我們只看得見某一個世界的影子。然而在這個投影中，現實是隨機的、跳躍的、讓人驚奇的。

雖然 MWI 也算可以自圓其說，但無論如何，現實中存在著許多個「世界」，這在一般人聽起來也實在太古怪了。哪怕是出於哲學上的雅緻理由（特別是奧卡姆剃刀），人們也覺得應當對 MWI 採取小心的態度：這種為了小小電子輒把整個宇宙拉下水的做法不大值得欣賞。但在宇宙學家中，MWI 卻是很流行和廣受歡迎的觀點，特別是它不要求「觀測者」的特殊地位，而把宇宙的歷史和進化歸結到它本身上去，這使得飽受哥本哈根解釋，還有參與性模型詛咒之苦的宇宙學家們感到異常窩心。大致來說，搞量子引力（比如超弦）和搞宇宙論等專業的物理學家比較青睞 MWI，如果把範圍擴大到一般的「科學家」中去，則認為其怪異不可接受的比例就會大大增加。在多世界的支持者中，據說有我們熟悉的費因曼、溫伯格、霍金，還有人把夸克模型的建立者，西元 1969 年諾貝爾物理獎得主葛爾曼也計入其中，不過作為量子論「退相干歷史」（decoherent history）解釋的創建人之一，我們還是把他留到史話相應的章節中去講，雖然這種解釋實際上可以看作 MWI 的加強版。

對 MWI 表示直接反對的，著名的有貝爾、斯特恩（Stein）、肯特（Adrian Kent）、彭羅斯等。其中有些人比如彭羅斯也是搞引力的，可算是非常獨特了。

但對於我們史話的讀者來說，先不管 MWI 古怪與否，有誰支持或反對也好，當哥本哈根和多宇宙各執一詞的時候，我們局外人又有什麼辦法去分辨誰對誰錯呢？宇宙的祕密只有一個答案不是嗎？真理是唯一的不是嗎？那我們就必須用實踐把那些錯誤的說法排除掉，這也就是科學的精神啊。根據波普爾（Karl Popper）的看法，如果一個理論不能「被證偽」的話，它的科學也就很值得商榷了。現在，大家請做好心理準備，我們這就來做一個瘋狂的「量子自殺」實驗，來看看 MWI 和哥本哈根究竟誰才能笑到最後。

名人軼聞：證偽、證實和歸納

我們的史話講到現在，始終是圍繞著「科學」而展開的。然而，究竟什麼樣的理論才是科學？什麼又不是科學？它們之間的界線應該怎樣劃分？這在科學哲學界卻是一個爭吵不休的話題。上世紀 60 年代，有一位名叫卡爾·波普爾（Karl Popper）的哲學家提出這樣一種意見，就是一個「科學」的命題必須「可證偽」，也就是它必須「有可能」被證明是錯誤的。比如「所有的烏鴉都是黑的」，那麼你只要找到一隻不是黑色的烏鴉，就可以證明這個命題的錯誤，因此這個命題在科學性上沒有問題。

為什麼必須可證偽呢？因為對於科學理論來說，「證實」幾乎是不可能的。比如我說「宇宙的規律是 F=ma」，這裡說的是一種普遍性，而你如何去證實它呢？除非你觀察遍了自古至今，宇宙每一個角落的現象，發現無一例外，你才算「證實」了這個命題。但即使這樣，你也無法保證在將來的每一天，這條規律仍然都起作用。所以說，想要徹底「證實」這個公式，根本就是一個不可能的任務。事實上，自休謨以來，人們早就承認，單靠有限的個例，哪怕再多，也不能構成證實的基礎。因此，我們只好退而求其次，以這樣的態度來對待科學：只要一個理論能夠被證明為「錯」但還未被證明「錯」，我們就暫時接受它為可靠正確的。當然，這個理論也必須隨時積極地面對證偽，這也就是為什麼科學總是在自我否定中不斷完善。

證偽主義一度在思想界非常流行，但不久後，就有人提出了反駁意見。他們提出一個有意思的觀點，就是嚴格來說，如果非要鑽牛角尖的話，其實「證偽」和「證實」一樣，在實踐中也是不可能完成的任務。換句話說，根本沒有理論能夠被 100% 地被證偽。

為什麼呢？因為如果你發現某個事實和理論不符，你總是可以不斷地提出各種假設，保持理論不被推翻。比如你聽說有人發現了白色的烏鴉，那麼「烏鴉都是黑的」就被證偽了嗎？但只要你願意，你大可聲稱，這個消息其實是無根據的流言，不可輕信。哪怕這隻烏鴉就放在你眼前，你還是可以繼續提出假設，你可以認為這隻烏鴉本來是黑色的，只不過被人塗成了白色。或者你可以聲稱這其實

265

不是烏鴉，而是別的鳥冒充的。總而言之，就跟在網路上吵架一樣，只要你願意不斷地「撒潑打滾」，就沒有人能夠證偽你的理論。

每遇見一隻白貓，就愈加證明了烏鴉是全是黑的？

圖 10.3 亨普爾悖論

而有趣的是，在真正的科學史上，往往還都是這種「撒潑打滾」的情況居多。比如說，人們發現天王星的運動不符合牛頓理論。那麼，牛頓理論從此被證偽了嗎？顯然沒有，科學家們首先想到的是提出新的假設：可能有一顆新的行星尚未發現。於是順藤摸瓜，發現了海王星。而海王星還是不符合理論，怎麼辦？於是又提出新的假設，發現了冥王星。隨後，人們發現，水星的運動也不符合預期，這在今天看來，可謂「證偽」牛頓理論最有力的證據。但在當年，科學家們壓根就不會這麼想，他們習慣性地假設，太陽對面有一顆未知的行星，影響了水星的運動軌跡。甚至連這顆行星的名字都給想好了，叫做「瓦爾肯星」（沒錯，這個名字後來被用到了《星際迷航》裡）。

因此，單憑列舉「反面證據」，根本就不可能證偽牛頓理論。事實上，如果仔細考察科學史，我們就會發現，幾乎沒有任何理論是因為「被證偽」而倒臺的，它們退出歷史舞臺，幾乎只有一個理由，就是出現了一個更好，假設更少，更合理的新理論。正如我們在本篇史話中看到的那樣，如果沒有新的量子論出臺，老的玻爾理論即便有一萬個現象無法解釋，即使打上一萬個補丁，也仍然佔據著物理界的主流地位。而牛頓理論之所以在今天被相對論取代，也並不是因為它「被證偽」了。從某種程度上說，只要你願意提出各種奇葩的附加假設，你大可宣稱牛頓力學至今仍是成立的。然而，絕大多數科學家都覺得，為了解釋世間萬物，相對論所用到的假設要少得多，也合理得多，因此他們「更樂意」運用相對論而已。

但是，有人可能要鬱悶了：如果說證實也不可能，證偽也不可能，那麼科學到底有什麼意義呢？關於這個話題，我們到下一篇再接著聊。

二

令人毛骨悚然和啼笑皆非的「量子自殺」實驗在 80 年代末由 Hans Moravec，Bruno Marchal 等人提出，而又在西元 1998 年為宇宙學家泰格馬克（Max Tegmark）在那篇廣為人知的宣傳 MWI 的論文中所發展和重提。這實際上也是薛丁格貓的一個真人版。大家知道在貓實驗裡，如果原子衰變，貓就被毒死，反之則存活。對此，哥本哈根派的解釋是：在我們沒有觀測它之前，貓是「又死又活」的，而觀測後貓的波函數發生崩陷，貓要嘛死要嘛活。MWI 則聲稱：每次實驗必定同時產生一隻活貓和一隻死貓，只不過它們存在於兩個平行的世界中。

兩者有何實質不同呢？其關鍵就在於，哥本哈根派認為貓始終只有一隻，它開始處在疊加態，崩陷後有 50%的可能死，50%的可能活。多宇宙則認為貓並未疊加，而是「分裂」成了兩隻，一死一活，必定有一隻活貓！

現在假如有一位勇於為科學獻身的仁人義士，他自告奮勇地去代替那隻倒楣的貓。出於人道主義，為了讓他少受痛苦，我們把毒氣瓶改為一把槍。如果原子衰變（或者利用別的量子機制，比如光子通過了半鍍銀），則槍就「砰」地一響送我們這位朋友上路，反之，槍就只發出「咔」地一聲空響。

現在關鍵問題來了。當一個光子到達半鍍鏡的時候，根據哥本哈根派，你有一半可能聽到「咔」一聲然後安然無恙，另一半就不太美妙，你聽到「砰」一聲然後什麼都不知道了。而根據多宇宙，必定有一個你聽到「咔」，另一個你在另一個世界裡聽到「砰」。但問題是，聽到「砰」的那位隨即就死掉了，什麼感覺都沒有了，這個世界對「你」來說就已經沒有意義了。對你來說，唯一有意義的世界就是你活著的那個世界。

所以，從人擇原理（我們在前面已經討論過人擇原理）的角度上來講，對你唯一有意義的「存在」就是那些你活著的世界。你永遠只會聽到「咔」而繼續活著！因為多宇宙和哥本哈根不同，永遠都會有一個你活在某個世界！

讓我們每隔一秒鐘發射一個光子到半鍍鏡來觸機關。此時哥本哈根預言，就

算你運氣非常之好，你也最多聽到好幾聲「咔」然後最終死掉。但多宇宙的預言是：永遠都會有一個「你」活著，而他的那個世界對「你」來說是唯一有意義的存在。只要你坐在槍口面前，那麼從你本人的角度來看，你永遠只會聽到每隔一秒響一次的「咔」聲，你永遠不死（雖然在別的數目驚人的世界中，你已經屍橫遍野，但那些世界對你沒有意義）！

但只要你從槍口移開，你就又會聽到「砰」聲了，因為這些世界重新對你恢復了意義，你能夠活著見證它們。總而言之，多宇宙的預言是：只要你在槍口前，（對你來說）它就絕對不會發射，一旦你移開，它就又開始隨機地「砰」。

所以，對這位測試者他自己來說，假如他一直聽到「咔」而好端端地活著，他就可以在很大程度上確信，多宇宙解釋是正確的。假如他死掉了，那麼哥本哈根解釋就是正確的。不過這對他來說也已經沒有意義了，人都死掉了。

各位也許對這裡的人擇原理大感困惑。無論如何，槍一直「咔」是一個極小極小的機率不是嗎（如果 n 次，則機率就是 $1/2^n$）？怎麼能說對你而言槍「必定」會這樣行呢？但問題在於，「對你而言」的前提是，「你」必須存在！

讓我們這樣來舉例：假如你是男性，你必定會發現這樣一個「有趣」的事實：你爸爸有兒子、你爺爺有兒子、你曾祖父有兒子……一直上溯到任意 n 代祖先，不管歷史上冰川嚴寒、洪水猛獸、兵荒馬亂、饑餓貧瘠，他們不但都能存活，而且子嗣不斷，始終有兒子，這可是一個非常小的機率（如果你是女性，可以往娘家那條路上推）。但假如你因此感慨說，你的存在是一個百年不遇的「奇蹟」，就非常可笑了。很明顯，你能夠感慨的前提條件是你的存在本身！事實上，如果「客觀」地講，一個家族 n 代都有兒子的機率極小，但對你我來說，卻是「必須」的，機率為 100% 的！同理，有人感慨宇宙的精巧，其產生的機率是如此低，但按照人擇原理，為了保證「我們存在」這個前提，宇宙必須如此！在量子自殺中，只要你始終存在，那麼對你來說槍就必須 100% 地不發射！

但很可惜的是：就算你發現了多宇宙解釋是正確的，這也只是對你自己一個人而言的知識。就我們這些旁觀者而言事實永遠都是一樣的：你在若干次「咔」後被一槍打死。我們能夠做的，也就是圍繞在你的屍體旁邊爭論，到底是按照哥

本哈根，你已經永遠地從宇宙中消失了，還是按照 MWI，你仍然在某個世界中活得逍遙自在。我們這些「外人」被投影到你活著的那個世界，這個機率極低，幾乎可以不被考慮，但對你「本人」來說，你存在於那個世界卻是 100％必須的！而且，因為各個世界之間無法互相干涉，所以你永遠也不能從那個世界來到我們這裡，告訴我們多宇宙論是正確的！

其實，泰格馬克等人根本不必去費心設計什麼「量子自殺」實驗，按照他們的思路，要是多宇宙解釋是正確的，那麼對於某人來說，他無論如何試圖去自殺都不會死！要是他拿刀抹脖子，那麼因為組成刀的是一群符合薛丁格波動方程的粒子，所以總有一個非常非常小，但確實不為 0 的可能性，這些粒子在那一剎那都發生了量子隧道效應，以某種方式絲毫無損地穿透了該人的脖子，從而保持該人不死！當然這個機率極小極小，但按照 MWI，一切可能發生的都實際發生了，所以這個現象總會發生在某個世界！在「客觀」上講，此人在 99.99999…99％的世界中都命喪黃泉，但從他的「主觀視角」來說，他卻一直活著！不管換什麼方式都一樣，跳樓也好、臥軌也好、上吊也好，總存在那麼一些世界，讓他還活著。從該人自身的視角來看，他怎麼死都死不掉！

這就是從量子自殺思想實驗推出的怪論，美其名曰「量子永生」（quantum immortality）。只要從主觀視角來看，不但一個人永遠無法完成自殺，事實上他一旦開始存在，就永遠不會消失！總存在著一些量子效應，使得一個人不會衰老，而按照 MWI，這些非常低的機率總是對應於某個實際的世界！如果多宇宙理論是正確的，那麼我們得到的推論是：一旦一

哥本哈根解釋：槍隨時地發射，直到測試者死去為止。

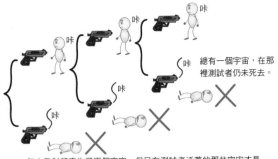

總有一個宇宙，在那裡測試者仍未死去。

MWI：每次發射都產生了兩個宇宙，但只有測試者活著的那些宇宙才是對「他」有意義的。所以測試者總是活著！

圖 10.4 量子自殺：哥本哈根版與 MWI 版

個「意識」開始存在，從它自身的角度來看，它就必定永生！（天哪，我們怎麼又扯到了「意識」！）

這是最強版本的人擇原理，也稱為「最終人擇原理」。

可以想像，泰格馬克等多宇宙論的支持者見到自己的提議被演繹成了這麼一個奇談怪論後，是怎樣的一種哭笑不得的心態。這位賓夕法尼亞大學的宇宙學家不得不出來聲明，說「永生」並非 MWI 的正統推論。他說一個人在「死前」，還經歷了某種非量子化的過程，使得所謂的意識並不能連續過渡保持永存。可惜也不太有人相信他的辯護。

關於這個問題，科學家們和哲學家們無疑都會感到興趣。支持 MWI 的人也會批評說，大量宇宙樣本中的「人」的死去不能被簡單地忽略，因為對於「意識」我們還是幾乎一無所知的，它是如何「連續存在」的，根本就沒有經過考察。一些偏頗的意見會認為，假如說「意識」必定會在某些宇宙分支中連續地存在，那麼我們應該斷定它不但始終存在，而且永遠「連續」！也就是說，我們不該有「失去意識」的時候（例如睡覺或者昏迷）。不過，也許的確存在一些世界，在那裡我們永不睡覺，誰又知道呢？再說，暫時沉睡然後又甦醒，這對於「意識」來說好像不能算作「無意義」的。而更為重要的，也許還是如何定義在多世界中的「你」究竟是個什麼東西的問題，也許現實時空中的你只不過是一個高維態向量的一個切片而已。總之，這裡面邏輯怪圈層出不窮，而且幾乎沒有什麼可以為實踐所檢驗的東西，都是空對空。我想，波普爾對此不會感到滿意的！

關於自殺實驗本身，我想也不太有人會僅僅為了檢驗哥本哈根和 MWI 而實際上真的去嘗試！因為不管怎麼樣，實驗的結果也只有你自己一個人知道而已，你無法把它告訴廣大人民群眾。而且要是哥本哈根解釋不幸地是正確的，那你也就嗚乎哀哉了。雖說「朝聞道，夕死可矣」，但一般來說，聞了道，最好還是利用它做些什麼來得更有意義。而且，就算你在槍口前真的不死，你也無法確實地判定，這是因為多世界預言的結果，還是只不過僅僅因為你的運氣非常非常非常好。你最多能說：「我有 99.999999..99％的把握宣稱，多世界是正確的。」如此而已。

根據 Shikhovtsev 最新的傳記，埃弗萊特本人也在某種程度上相信他的「意識」會沿著某些不通向死亡的宇宙分支而一直延續下去（當然他不知道自殺實驗）。但具有悲劇和諷刺意味的是，他一家子都那麼相信平行宇宙，以致他的女兒麗茲（Liz）在自殺前留下的遺書中說，她去往「另一個平行世界」和他相會了（當然，她並非為了檢驗這個理論而自殺）。或許埃弗萊特一家真的在某個世界裡相會也未可知，但至少在我們現在所在的這個世界（以及絕大多數其他世界）裡，我們看到人死不能復生了。所以，至少考慮在絕大多數世界中家人和朋友們的感情，我強烈建議各位讀者不要在科學熱情的驅使下做此嘗試。

我們在多世界理論這條路上走得也夠久了，和前面在哥本哈根派那裡一樣，我們的探索越到後來就越顯得古怪離奇，道路崎嶇不平，雜草叢生，讓我們筋疲力盡，而且最後居然還會又碰到「意識」、「永生」之類形而上的東西，真是見鬼了！我們還是知難而退，回到原來的分岔路口，再看看還有沒有別的不同選擇。不過我們在離開這條道路前，還有一樣東西值得一提，那就是所謂的「量子電腦」。西元 1977 年，埃弗萊特接受惠勒和德威特等人的邀請去德克薩斯大學演講，午飯的時候，德威特特意安排惠勒的一位學生坐在埃弗萊特身邊，後者向他請教了關於希爾伯特空間的問題。這個學生就是大衛・德義奇（David Deutsch）。

名人軼聞： 概率與科學

我們前面說到，證實和證偽在現實中都是無法實現的，那麼，科學到底應該怎麼定義呢？

有人提出了一種新的想法，就是說，雖然 100% 的證實和證偽都不可能，但是，我們可以根據所搜集到的資訊，給某命題一個成立的「概率」。還是拿之前的話題舉例。「烏鴉都是黑的」，雖然我們不可能證明這個命題 100% 成立，但是，如果我們觀察了非常多的烏鴉，發現它們無一例外都是黑的，至少我們可以判斷，這個命題「很有可能」成立。因此，我們可以給它一個概率，比如有

80%的可能性為真。而隨著觀測到的黑烏鴉越來越多，這個概率也會不斷地繼續上升，但永遠只能接近，而不會達到100%。

那麼，如果看到一隻白烏鴉又怎麼辦？

按照波普爾的意見，這時候原命題就被「證偽」了，也就是概率下降為0。但是，正如我們已經提到的，很多人認為這並不成立。因為你永遠不能排除有各種奇奇怪怪的可能性，比如說這隻烏鴉只是被人為地塗白了，它本來還是黑的。或者這根本不是烏鴉，而是其他鳥類冒充的。甚至你可以認為你是在做夢，看到的一切都只是幻覺。總而言之，只要你願意大膽假設，總是有辦法保住原命題成立。所以，看到一隻白烏鴉只能使原命題成立的概率大大下降，但不可能使它直接降到0。

而科學是什麼？很多人認為，科學無非就是在不斷接受新資訊的同時，調整一個命題成立概率的過程。早在拉普拉斯的時代，他就討論過這個問題。在拉普拉斯看來，諸如「太陽每天從東方升起」這類的斷言並不是定律，而是一種概率性的，對過往經驗的規律總結。每當太陽從東方升起一天，我們對這個命題成立的信心就增強一點，這個量甚至可以用公式準確地計算出來。這就是所謂的「貝葉斯推斷」模式，不過我打算在另一本書裡深入討論這個話題，在此就不多展開了。

這種說法或許聽上去很有道理，然而，它又會匯出一些非常有趣的結論。如果「每看到一隻黑烏鴉」就略微增加了「烏鴉都是黑的」可能性，那麼，我們不妨來做這樣一個推理。大家都知道，一個命題的逆否命題和它本身是等價的。所以「烏鴉都是黑的」，可以改為等價的命題「凡不黑的都不是烏鴉」。

現在，假如我們遇見一隻白貓，這就有意思了，因為這件事無疑略微證實了「凡不黑的都不是烏鴉」的說法（白貓不黑，白貓也不是烏鴉）。而因為逆否命題的等價性，所以我們似乎也可以說，它也同樣略微證實了「烏鴉都是黑的」這個原命題。

總而言之，「遇見一隻白貓」略微增加了「烏鴉都是黑的」的可能性。咦，這是真的嗎？

這個悖論由著名的德國邏輯實證論者亨普爾（Carl G Hempel）提出，他年輕時也曾跟著希爾伯特學過數學。如果你接受這個論斷，那麼下次老師叫你去野外考察證明例如「昆蟲都是六隻腳」之類的命題，你大可不必出外風吹雨淋。只要坐在家裡觀察大量「沒有六隻腳的都不是昆蟲」的事例（比如桌子、椅子、檯燈、你自己……），你就可以和在野外實際觀察昆蟲對這個命題做出同樣多的貢獻！

或許，我們對於認識理論的瞭解還是非常膚淺的。

三

電子電腦是人類有史以來最偉大的發明之一。自誕生那天以來，它已經深入到了我們生活的每一個方面，甚至徹底改變了整個世紀的面貌。別的不說，各位正在閱讀的本史話，最初便是在一台筆記本電腦上被輸入和保存為電子信號的，雖然拿一台現代的 PC 僅僅做文字編輯可謂大材小用，或者拿 Ian Stewart 的話來說，算是開著羅爾斯·羅伊斯送牛奶了。

回頭看電腦的發展，人們往往會慨歎科技的發展一日千里，滄海桑田。通常我們把賓夕法尼亞大學西元 1946 年的那台 ENIAC 看成世界上的第一台電子電腦 [1]，這是個異常笨重的大傢伙，體積可以裝滿整個房間，塞滿了難看的電子管，輸入輸出都靠打孔的磁帶。如果我們把它拿來和現代輕便精緻的家庭電腦相比，就好像美女與野獸的區別。不過，從本質上來說，電腦自誕生以來卻沒有什麼大變化，阿蘭·圖靈為它種下了靈魂，馮·諾曼為它雕刻了骨架，別的只是細枝末節罷了！

在這個意義上來講，美女與野獸其實是一樣的，外表的色相差異只是一種錯覺。我們如今所使用的電腦，不管看上去有多精巧複雜，本質上也沒有脫出當年圖靈和諾曼所畫好的框框。把所有的電腦簡化，它們都是這樣一種機器：在一端讀入資訊資料流程，按照特定的演算法（有限的內態）來處理它，並在另一端輸

---

1. 當然，隨著個人對「電腦」這個概念的定義不同，人們也經常提到德國人 Konrad Zuse 在西元 1941 年建造的 Z3，伊阿華州立大學在二戰時建造的 ABC（Atanasoff-Berry Computer），或者圖靈小組為了破解德國密碼而建造的 Collosus。

出結果。奔騰 4，80286 和 ENIAC 的區別也只不過在於處理的速度和效率而已。假如有足夠的時間和輸出空間，同作為圖靈機，它們所能做到的事情是一樣多的。對於傳統的電腦來說，它處理的通常是二進位碼資訊，1 個「位元」（bit，binary digit 的縮寫）是資訊的最小單位：它要嘛是 0，要嘛是 1，對應於電路的開或關。假如一台電腦讀入了 10 個 bits 的資訊，那相當於說它讀入了一個 10 位的 2 進制數（比方說 1010101010），這個數的每一位都是一個確定的 0 或者 1。如果你對電腦稍有認識的話，這些常識似乎是理所當然的。

但是，接下來就讓我們進入神奇的量子世界。1 個 bit 是資訊流中的最小單位，這看起來正如一個量子！我們回憶一下走過的路上所見到的那些奇怪景象，量子論最叫人困惑的是什麼呢？是不確定 。我們無法肯定地指出一個電子究竟在哪裡，我們不知道它是通過了左縫還是右縫，我們不知道薛丁格的貓是死了還是活著。根據量子論的基本方程，所有的可能性都是線性疊加在一起的！電子同時通過了左和右兩條縫，薛丁格的貓同時活著和死了。只有當實際觀測它的時候，上帝才隨機地擲一下骰子，告訴我們一個確定的結果，或者祂老人家不擲骰子，而是把我們投影到兩個不同的世界中去。

大家不要忘記，我們的電腦也是由微觀的原子組成的，它當然也服從量子定律（事實上所有的機器肯定都是服從量子論的，只不過對於傳統的機器來說，它們的工作原理並不主要建立在量子效應上）。假如我們的資訊由一個個電子來傳輸，我們規定，當一個電子是「左旋」的時候，它代表了 0，當它是「右旋」的時候，則代表 1。現在問題來了，當我們的電子到達時，它是處於量子疊加態的。這豈不是說，它同時代表了 0 和 1？

這就對了，在我們的量子電腦裡，一個 bit 不僅只有 0 或者 1 的可能性，它更可以表示一個 0 和 1 的疊加！一個「位元」可以同時記錄 0 和 1，我們把它稱作一個「量子位元」（qubit）。假如我們的量子電腦讀入了一個 10qubits 的資訊，所得到的就不僅僅是一個 10 位的二進位數字了，事實上，因為每個 bit 都處在 0 和 1 的疊加態，我們的電腦所處理的是 2^{10} 個 10 位數的疊加！

換句話說，同樣是讀入 10bits 的資訊，傳統的電腦只能處理 1 個 10 位的二

進位數字，而如果是量子電腦，則可以同時處理 2^{10} 個這樣的數！

量子相干：並行處理

傳統計算機和量子計算機

圖 10.5 量子電腦

利用量子演化來進行某種圖靈機式的計算早在 70 年代和 80 年代初便由 Bennett，Benioff 等人進行了初步的討論。到了西元 1982 年，那位極富傳奇色彩的美國物理學家理查・費因曼（Richard Feynman）注意到，當我們試圖使用電腦來類比某些物理過程，例如量子疊加的時候，計算量會隨著類比物件的增加而指數式地增長，以致使得傳統的模擬很快變得不可能。費因曼並未因此感到氣餒，相反，他敏銳地想到，也許我們的電腦可以使用實際的量子過程來類比物理現象！如果說類比一個「疊加」需要很大的計算量的話，為什麼不用疊加本身去模擬它呢？每一個疊加都是一個不同的計算，當所有這些計算都最終完成之後，我們再對它進行某種么正運算，把一個最終我們需要的答案投影到輸出中去。費因曼猜想，這在理論上是可行的，而他的確猜對了！

終於到了西元 1985 年，我們那位在埃弗萊特的諄諄教導和多宇宙論的薰陶下成長起來的大衛・德義奇閃亮登場了。他仿照圖靈當年走的老路子，成功地證明了，一台普適的量子電腦是可能的 [2]，這樣一來，一切形式的量子計算便也都能夠實現。德義奇的這個證明意義重大，他從理論上奠定了量子電腦的實現基礎，一扇全新的門被打開了。

不過，說了那麼多，一台量子電腦有什麼好處呢？

德義奇證明，量子電腦無法實現超越演算法的任務，也就是說，它無法比普通的圖靈機做得更多。但他同時證明，它將具有比傳統的電腦大得多的效率，用術語來講，執行同一任務時它所要求的複雜性（complexity）要低得多。一言以蔽之，量子電腦雖然沒法做得更多，但同樣的任務卻能做得更快更好！理由是顯而易見的，量子電腦執行的是一種平行計算。正如我們前面舉的例子，當一個

---

2. 「普適機」（universal machine）的概念是相當費腦筋的事情，雖然其中的數學並不複雜。有興趣的讀者可以參閱一些介紹圖靈工作的文章（比如彭羅斯的《皇帝新腦》）。

10bits 的資訊被處理時，量子電腦實際上操作了 2^{10} 個態！

在如今這個資訊時代，網上交易和電子商務的浪潮正席捲全球，從政府至平民姓，都越來越依賴於電腦和網路系統。與此同時，電子安全的問題也顯得越來越嚴峻，誰都不想駭客們大搖大擺地破解你的密碼，侵入你的系統篡改你的資料，然後把你銀行裡的存款提得精光，這就需要我們對隱私資料執行嚴格的加密保護。目前流行的加密演算法不少，很多都是依賴於這樣一個靠山，也即所謂的「大數不可分解性」。大家中學裡都苦練過因式分解，也做過質因數分解的練習，比如把 15 這個數字分解成它的質因數的乘積，我們就會得到 15＝5×3 這樣一個唯一的答案。

問題是，分解 15 看起來很簡單，但如果要分解一個很大很大的數，我們所遭遇到的困難就變得幾乎不可克服了。比如，把 10949769651859 分解成它的質因數的乘積，我們該怎麼做呢？糟糕的是，在解決這種問題上，我們還沒有發現一種有效的演算法。一種笨辦法就是用所有已知的質數去一個一個地試，最後我們會發現 10949769651859＝4220851×2594209 [3]，但這是異常低效的。更遺憾的是，隨著數字的加大，這種方法所費的時間呈現出指數式的增長！每當目標增加一位數，我們就要多費 3 倍多的時間來分解它，很快我們就會發現，就算計算時間超過宇宙的年齡，我們也無法完成這個任務。當然我們可以改進我們的演算法，但目前所知最好的演算法（我想應該是 GNFS）所需的複雜也只不過比指數的增長稍好，仍未達到多項式的要求 [4]。

所以，如果我們用一個大數來保護我們的祕密，只有當這個大數被成功分解時才會洩密，我們應當是可以感覺非常安全的。因為從上面的分析可以看出，想使用「暴力」方法，也就是窮舉法來破解這樣的密碼幾乎是不可能的。雖然我們的處理器速度每隔 18 個月就翻倍，但也遠遠追不上安全性的增長：只要給我們的大數增加一兩位數，就可以保好幾年的平安。目前最流行的一些加密術，比如

---

3. 數字取自 Deutsch 1997。

4. 所謂多項式的複雜性，指的是當處理數位的位元數 n 增大時，演算法所費時間按照多項式的形式，也就是 n^k 的速度增長。多項式增長對於一種破解演算法來說是可以接受的。

公鑰的 RSA 演算法正是建築在這
個基礎之上。

　　但量子電腦實現的可能使得所
有的這些演算法在瞬間人人自危。
量子電腦的並行機制使得它可以同
時處理多個計算，這使得大數不再
成為障礙！西元 1994 年，貝爾實
驗室的彼得‧修爾（Peter Shor）

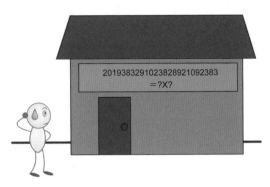

圖 10.6 大數分解的安全

創造了一種利用量子電腦的演算法，可以有效地分解大數（複雜符合多項
式！）。比如我們要分解一個 250 位的數位，如果用傳統電腦的話，就算我們利
用最有效的演算法，把全世界所有的電腦都聯網到一起聯合工作，也要花上幾百
萬年的漫長時間。但如果用量子電腦的話，只需幾分鐘！一台量子電腦在分解
250 位數的時候，同時處理了 10^{500} 個不同的計算！

　　更糟的事情接踵而來。在肖發明了他的演算法之後，西元 1996 年貝爾實驗
室的另一位科學家洛弗‧格魯弗（Lov Grover）很快發現了另一種演算法，可以
有效地搜索未排序的資料庫。如果我們想從一個有 n 個紀錄但未排序的資料庫中
找出一個特定的紀錄的話，大概只好靠隨機地碰運氣，平均試 n/2 次才會得到結
果，但如果用格魯弗的演算法，複雜性則下降到根號 n 次。這使得另一種著名的
非公鑰系統加密演算法，DES 面臨崩潰。現在幾乎所有的人都開始關注量子計
算，更多的量子演算法肯定會接連不斷地被創造出來，如果真的能夠造出量子電
腦，那麼對於現在所有的加密演算法，不管是 RSA，DES，或者別的什麼橢圓
曲線，都可以看成是末日的來臨。最可怕的是，因為量子並行運算內在的並行機
制，即使我們不斷增加密鑰的位數，也只不過給破解者增加很小的代價罷了，這
些加密術實際上都破產了 [5]！

　　而話又說回來，破解密碼，其實僅僅只是量子電腦可能的各種用途之一而

---

5. 唯一的辦法就是把密鑰長度設置得比最大的量子電腦能處理的量子位元位數還要長，這至少在可見的將來還是容
　易做到的。

已。利用量子的平行計算優勢，我們完全可以用它來做更多酷炫的事。比如更準確地預報天氣，更高效地開發藥物，進行更強大的深度學習和人工智慧開發，等等。因此，近十幾年來，量子電腦已經成為科技界最為熱門的話題之一，被認為是最有前途的開發領域，其發展速度之快，也遠遠超乎人們的想像。

2011 年，一家名叫 D-Wave 的加拿大公司發佈了一個震驚世界的消息。他們宣稱，自己已經造出了世界上第一台商用量子電腦，即 D-Wave 1。不久後，著名的洛克希德•馬丁公司向其購買了一台該機型，據說成交價高達 1 千萬美元。2013 年，該公司又推出了第二款型號 D-Wave 2，並於 2015 年 8 月推出最新款 D-Wave 2X，其晶片可以運行 2048 個 qubits。NASA 與 Google 都為此進行了購置並展開測試，據 Google 宣稱，在一些特定的問題上，D-Wave 2X 要比傳統電腦晶片的運行速度快上 1 億倍。

不過，D-Wave 系列還不能算是通用的量子電腦，也不能運行所有的量子演算法（比如 Shor 演算法）。為此，世界各地的科學家們還在努力研究更一般的，具有更強大能力的原型機。當然，這其中顯然會遇到極大的技術障礙，因為量子比特非常容易退相干，所以未來的量子電腦究竟能到達什麼樣的程度，目前還不得而知。但毫無疑問，至少從理論上來說，我們完全可以從最小的量子中獲得計算整個宇宙的能力。如果這一天真的到來，也許我們真的可以就跨過奇點，邁入一個完全無法想像的科技新時代。

就算強大的量子電腦真的問世了，電子安全的前景也並非一片黯淡。俗話說得好，上帝在這裡關上了門，但又在別處開了一扇窗。量子論不但給我們提供了威力無比的計算破解能力，也讓我們看到了另一種可能性：一種永無可能破解的加密方法。這是如今另一個炙手可熱的話題：量子加密術（quantum cryptography）。限於篇幅，我們無法在這裡對這種技術進行過多的探討，不過這種加密術之所以能夠實現，是因為神奇的量子可以突破愛因斯坦的上帝所安排下的束縛——那個宿命般神祕的不等式。而這，則是我們馬上要去討論的內容。

但是，在本節的最後，我們還是回到多宇宙解釋上來。我們如何去解釋量子電腦那神奇的計算能力呢？德義奇聲稱，唯一的可能是它利用了多個宇宙，把計

算放在多個平行宇宙中同時進行，最後匯總那個結果。拿修爾的演算法來說，我們已經提到，當它分解一個 250 位數的時候，同時進行著 10^{500} 個計算。在他的著作中，德義奇憤憤不平地請求那些不相信 MWI 的人解釋這個事實：如果不是把計算同時放到 10^{500} 個宇宙中進行的話，它哪來的資源可以進行如此驚人的運算？他特別指出，整個宇宙也只不過包含大約 10^{80} 個粒子而已。但是，雖然把計算放在多個平行宇宙中進行是一種可能的說法，MWI 也並不是唯一的解釋。基本上，量子電腦所依賴的只是量子論的基本方程，並不是某個解釋。它的模型是從數學上建築起來的，和你如何去解釋它無關。你可以把它想像成 10^{500} 個宇宙中的每一台電腦在進行著計算，但也完全可以按照哥本哈根解釋，想像成未觀測（輸出結果）前，在這個宇宙中存在著 10^{500} 台疊加的電腦在同時幹活！至於這是如何實現的，我們是沒有權利去討論的，正如我們不知道電子如何同時穿過了雙縫，貓如何同時又死又活一樣。這聽起來不可思議，但在許多人看來，比起瞬間突然分裂出了 10^{500} 個宇宙，其古怪程度也半斤八兩。正如柯文尼在《時間之箭》中說的那樣，即使這樣一種電腦造出來，也未必能證明多世界一定就比其他解釋優越。關鍵是，我們還沒有得到實實在在可以去判斷的證據，也許我們還是應該去看看還有沒有別的道路，它們都通向哪些更為奇特的方向。

四

我們終於可以從多世界這條道路上抽身而退，再好好反思一下量子論的意義。前面我們留下的那塊「意識怪獸」的牌子還歷歷在目，而在多宇宙這裡我們的境遇也不見得好多少，也許可以用德威特的原話，立一塊「精神分裂」的牌子來警醒世人注意。在哥本哈根那裡，我們時刻擔心的是如何才能使波函數崩陷，而在多宇宙那裡，問題變成了「我」在宇宙中究竟算是個什麼東西。假如我們每時每刻都不停地被投影到無數的世界，那麼究竟哪一個才算是真正的「我」呢？或者，「我」這個概念乾脆就應該定義成那個不知在多少維空間中存在的態向量，而實實在在地可以感覺可以思考的那個「我」只不過是虛幻的投影而已？如果說「我」只不過是某時某刻的一個存在，隨著每一次量子過程分裂成無數個新

的不同的「我」，那麼難道我們的精神只不過是一種暫態的概念，它完全不具有連續？生活在一個無時無刻不在分裂的宇宙中，無時無刻都有無窮個新的「我」的分身被製造出來，天知道我們為什麼還會覺得時間是平滑而且連續的，天知道為什麼我們的「自我意識」的連續性沒有遭到割裂。

不管是哥本哈根還是 MWI，其實都在努力地試圖解決量子論中一個最令人困惑的方面：疊加性。薛丁格方程是難以撼動的，但這卻逼使我們承認量子態必須處在疊加中。毫無疑問，量子論在現實中是異常成功的，它能夠完美地解釋和說明觀測到的現象。可是要承認疊加，不管是哥本哈根式的疊加還是多宇宙式的疊加，這和我們對於現實世界的常識始終有著巨大的衝突。我們還是不由地懷念那流金的古典時代，那時候「現實世界」仍然保留著高貴的客觀血統，它簡單明確，符合常識，一個電子始終有著確定的位置和動量，不以我們的意志或觀測行為轉移，也不會莫名其妙地分裂，只是一絲不苟地在一個優美的宇宙規則的統治下按照嚴格的因果律而運行。哦，這樣的場景溫馨而暖人心扉，簡直就是物理學家們夢中的桃花源，難道我們真的無法再現這樣的理想，回到那個令人懷念的時代了嗎？

且慢，這裡就有一條道路，打著一個大廣告牌：回到經典。它甚至把愛因斯坦拉出來作為它的代言人：這條道路通向愛因斯坦的夢想。天哪，愛因斯坦的夢想，不就是那個古典客觀、簡潔明確，一切都由嚴格的因果性來主宰的世界嗎？那裡面既沒有擲骰子的上帝，也沒有多如牛毛的宇宙拷貝，這是多麼教人心動的情景。我們還猶豫什麼呢，趕快去看看吧！

時空倒轉，我們先要回到西元 1927 年，回到布魯塞爾的第五屆索爾維會議，再回味一下那場決定了量子論興起的大辯論。我們在史話的第八章已經描寫了這次名留青史的會議的一些情景，我們還記得法國的那位貴族德布羅意在會上講述了他的「導波」理論，但遭到了包立的質疑。在西元 1927 年，波耳的互補原理剛剛出臺，粒子和波動還正打得不亦樂乎，德布羅意的「導波」正是試圖解決這一矛盾的一個嘗試。我們都還記得，德布羅意發現，每當一個粒子前進時，都伴隨著一個波，這深刻地揭示了波粒二象性的難題。但德布羅意並不相信波耳

的互補原理，亦即電子同時又是粒子又是波的解釋。德布羅意想像，電子始終是一個實實在在的粒子，但它的確受到時時伴隨著它的那個波的影響，這個波就像盲人的導航犬，為它探測周圍的道路的情況，指引它如何運動，也就是我們為什麼把它稱作「導波」的原因。德布羅意的理論裡沒有波恩統計解釋的地位，它完全是確定和實在論的。量子效應表面上的隨機性其實是由一些我們不可知的變數所造成的，換句話說，量子論是一個不完全的理論，它沒有考慮到一些不可見的變數，所以才顯得不可預測。假如把那些額外的變數考慮進去，整個系統是確定和可預測的，符合嚴格因果關係的。

打個比方，好比我們在賭場扔骰子賭錢，雖然我們睜大眼睛看明白四周一切，確定沒人作弊，但的確可能還有一個暗中的武林高手，憑藉一些獨門手法比如說吹氣來影響骰子的結果。雖然我們程度不夠，發現不了這個武林高手的存在，覺得骰子是完全隨機的，但事實上不是！它是完全人為的，如果把這個隱藏的高手也考慮進去，它是有嚴格因果關係的！儘管單單從我們看到的來講，也沒有什麼互相矛盾，但一幅「完整」的圖像應該包含那個隱藏著的人，這個人是一個「隱變數」！這樣的理論便稱為「隱變數理論」（Hidden Variable Theory）。

不過，德布羅意理論生不逢時，正遇上偉大的互補原理發表的那一刻，加上它本身的不成熟，於是遭到了眾多的批評，而最終判處它死刑的是西元 1932 年的馮諾曼。我們也許還記得，馮諾曼在那一年為量子論打下了嚴密的數學基礎，他證明了量子體系的一些奇特性質比如「無限複歸」。在此之外，他還順便證明了一件事，那就是任何隱變數理論都不可能對測量行為給出確定的預測。換句話說，隱變數理論試圖把隨機性從量子論中趕走的努力是不可能實現的，任何隱變數理論——不管它是什麼樣的——注定都要失敗。

馮諾曼那華麗的天才傾倒每一個人，沒有人對這位 20 世紀最偉大的數學家之一產生懷疑。隱變數理論那無助的努力似乎逃脫不了悲慘的下場，而愛因斯坦對於嚴格的因果性的信念似乎也注定要化為泡影。德布羅意接受這一現實，他在內心深處不像波耳那樣頑強而充滿鬥志，而是以一種貴族式的風度放棄了他的觀點，皈依到哥本哈根門下。整個 3、40 年代，哥本哈根解釋一統江湖，量子的不

確定精神深植在物理學的血液之中，眾多的電子和光子化身為波函數神祕地在宇宙中彌漫，眾星拱月般地烘托出那位偉大的智者——尼爾斯・波耳的魔力。馮諾曼的判詞似乎已經注定了隱變數理論的命運，它絕望地在天牢裡等候秋後處決，做夢也沒有想到還會有一次鹹魚翻身的機會。

西元 1969 年諾貝爾物理獎得主葛爾曼後來調侃地說：「波耳給整整一代的物理學家洗了腦，使他們相信，事情已經最終解決了。」

約翰・貝爾則氣忿忿地說：「德布羅意在西元 1927 年就提出了他的理論。當時，以我現在看來是丟臉的一種方式，被物理學界一笑置之，因為他的論據沒有被駁倒，只是被簡單地踐踏了。」

誰能想到，就連像馮諾曼這樣的天才，也有陰溝裡翻船的時候。他的證明不成立！馮諾曼關於隱變數理論無法對觀測給出唯一確定的解的證明建立在五個前提假設上，在這五個假設中，前四個都是沒有什麼問題的，關鍵就在第五個那裡。我們都知道，在量子力學裡，對一個確定的系統進行觀測，我們是無法得到一個確定的結果的，它按照隨機性輸出，每次的結果可能都不一樣。但是我們可以按照公式計算出它的期望（平均）值。假如對於一個確定的態向量 Ψ 我們進行觀測 X，那麼我們可以把它崩陷後的期望值寫成 $<X, \Psi>$。正如我們一再強調的那樣，量子論是線性的，它可以疊加。如果我們進行了兩次觀測 X，Y，它們的期望值也是線性的，即應該有關係：

$$<X+Y, \Psi> = <X, \Psi> + <Y, \Psi>$$

但是在隱變數理論中，我們認為系統光由態向量 Ψ 來描述是不完全的，它還具有不可見的隱藏函數，或者隱藏的態向量 H。把 H 考慮進去後，每次觀測的結果就不再隨機，而是唯一確定的。現在，馮諾曼假設：對於確定的系統來說，即使包含了隱變數 H 之後，它們也是可以疊加的。即有：

$$<X+Y, \Psi, H> = <X, \Psi, H> + <Y, \Psi, H>$$

這一步大大地有問題。對於前一個式子來說，我們討論的是平均情況。也就是說，假如真的有隱變數 H 的話，那麼我們單單考慮 Ψ 時，它其實包含了所有的 H 的可能分布，得到的是關於 H 的平均值。但把具體的 H 考慮進去後，我們

所說的就不是平均情況了！相反，考慮了 H 後，按照隱變數理論的精神，就無所謂期望值，而是每次都得到唯一的確定的結果。關鍵是，平均值可以相加，並不代表一個個單獨的情況都能夠相加！

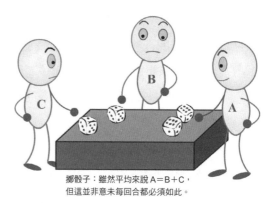

擲骰子：雖然平均來說 A＝B＋C，但這並非意味每回合都必須如此。

圖 10.7 馮諾曼的錯誤

我們這樣打比方：假設我們扔骰子，骰子可以擲出 1－6 點，那麼我們每扔一個骰子，平均得到的點數是 3.5。這是一個平均數，能夠按線性疊加，也就是說，假如我們同時扔兩粒骰子，得到的平均點數可以看成是兩次扔一粒骰子所得到的平均數的和，也就是 3.5＋3.5＝7 點。再通俗一點，假設 ABC 三個人同時扔骰子，A 一次扔兩粒，B 和 C 都一次扔一粒，那麼從長遠的平均情況來看，A 得到的平均點數等於 B 和 C 之和。

但馮諾曼的假設就變了調。他其實是假定，任何一次我們同時扔兩粒骰子，它必定等於兩個人各扔一粒骰子的點數之和！也就是說只要三個人同時扔骰子，不管是哪一次，A 得到的點數必定等於 B 加 C。這可大大未必，當 A 擲出 12 點的時候，B 和 C 很可能各只擲出 1 點。雖然從平均情況來看 A 的確等於 B 加 C，但這並非意味著每回合都必須如此！

馮諾曼的證明建立在這樣一個不牢靠的基礎上，自然最終轟然崩潰。首先挑戰他的人是大衛‧波姆（David Bohm），當代最著名的量子力學專家之一。波姆出生於賓夕法尼亞，他曾在愛因斯坦和歐本海默的手下學習和工作（事實上，他是歐本海默在柏克萊所收的最後一個博士生）。愛因斯坦的理想也深深打動著波姆，使他決意去追尋一個回到嚴格的因果律，恢復宇宙原有秩序的理論。西元 1952 年，波姆復活了德布羅意的導波，成功地創立了一個完整的隱變數體系。全世界的物理學家都吃驚得說不出話來：馮諾曼不是已經把這種可能性徹底排除掉了嗎？現在居然有人舉出了一個反例！

奇怪的是，發現馮諾曼的錯誤並不需要太高的數學技巧和洞察能力，但它硬是在三十年的時間裡沒有引起值得一提的注意。David Mermin 挪揄道：「真不知道它自發表以來是否有過任何專家或者學生真正研究過它。」貝爾在訪談裡更是毫不客氣地說：「你可以這樣引用我的話：『馮諾曼的證明不僅是錯誤的，更是愚蠢的！』」

看來我們在前進的路上仍然需要保持十二分的小心。

 名人軼聞：第五公設

馮諾曼栽在了他的第五個假設上，這似乎是冥冥中的天道迴圈，西元 2000 年前，偉大的歐基里德也曾經在他的第五個公設上小小地絆過一下。

無論怎樣形容《幾何原本》的偉大也不會顯得過分誇張。它所奠定的公理化思想和演繹體系，直接孕育了現代科學，給它提供了最強大的力量。《幾何原本》把幾何學的所有命題推理都建築在一開頭給出的五個公理和五個公設上，用這些最基本的磚石建築起了一幢高不可攀的大廈。

對於歐氏所給出的那五個公理和前四個公設（適用於幾何學的他稱為公設），人們都可以接受。但對於第五個公設，人們覺得有一些不太滿意。這個假設原來的形式比較冗長，人們常把它改成一個等價的表述方式：「過已知直線外的一個特定的點，能夠且只能夠作一條直線與已知直線平行」。長期以來，人們對這個公設的正確性是不懷疑的，但覺得它似乎太複雜了，也許不應該把它當作一個公理，而能夠從別的公理中把它推導出來。但西元 2000 年過去了，竟然沒有一個數學家做到這一點（許多時候有人聲稱他證明了，但他們的證明都是錯的）！

歐基里德本人顯然也對這個公設感到不安：相比其他四個公設，第五公設簡直複雜到家了 [6]。在《幾何原本》中，他小心翼翼地盡量避免使用這一公設，直到沒有辦法的時候才不得不用它，比如在要證明「任意三角形的內角和為 180

---

6. 其他四個公設是：1，可以在任意兩點間劃一直線。2，可以延長一線段做一直線。3，圓心和半徑決定一個圓。4，所有的直角都相等。

度」的時候。

長期的失敗使得人們不由地想，難道第五公設是不可證明的？如果我們用反證法，假設它不成立，那麼假如我們導出矛盾，自然就可以反過來證明第五公設本身的正確性。但如果假設第五公設不成立，結果卻導致不出矛盾呢？

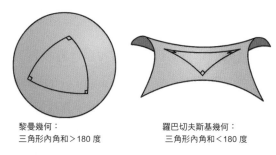

黎曼幾何：
三角形內角和＞180度

羅巴切夫斯基幾何：
三角形內角和＜180度

圖 10.8 非歐幾何

俄國數學家羅巴切夫斯基（N. Lobatchevsky）正是這樣做的。他假設第五公設不成立，也就是說，過直線外一點，可以作一條以上的直線與已知直線平行，並以此為基礎進行推演。結果他得到了一系列稀奇古怪的結果，可是它們卻是一個自成體系的系統，它們沒有矛盾，在邏輯上是相符的！一種不同於歐基里德的幾何——非歐幾何誕生了！

從不同於第五公設的其他假設出發，我們可以得到和歐基里德原來的版本稍有不同的一些定理。比如「三角形內角和等於 180 度」是從第五公設推出來的，假如過一點可以作一條以上的平行線，那麼三角形的內角和便小於 180 度了。反之，要是過一點無法作已知直線的平行線，結果就是三角形的內角和大於 180度。對於後者來說容易想像的就是球面，任何看上去平行的直線最終必定交匯。比方說在地球的赤道上所有的經線似乎都互相平行，但它們最終都在兩極點相交。如果你在地球表面畫一個三角形，它的內角和會超出 180 度，當然，你得畫得足夠大才測量得到。傳說高斯曾經把三座山峰當作三角形的三個頂點來測量它們的內角和，但似乎沒有發現什麼。不過他要是在星系間做這樣的測量，其結果就會很明顯了：星系的質量造成了空間的可觀彎曲。

羅巴切夫斯基假設過一點可以做一條以上的直線與已知直線平行，另一位元數學家黎曼則假設無法作這樣的平行線，創立了黎曼非歐幾何。他把情況推廣到 n 維，徹底奠定了非歐幾何的基礎。更重要的是，他的體系被運用到物理中去，並最終孕育了 20 世紀最傑出的科學巨構——廣義相對論。

五

　　波姆的隱變數理論是德布羅意導波的一個增強版，只不過他把所謂的「導波」換成了「量子勢」（quantum potential）的概念。在他的描述中，電子或光子始終是一個實實在在的粒子，不論我們是否觀察它，它都具有確定的位置和動量。但是，一個電子除了具有通常的一些性質，比如電磁勢之外，還具有所謂的「量子勢」。這其實就是一種類似波的東西，它按照薛丁格方程發展，在電子的周圍擴散開去。不過，量子勢所產生的效應和它的強度無關，而只和它的形狀有關，這使它可以一直延伸到宇宙的盡頭，而不發生衰減。

　　在波姆理論裡，我們必須把電子想像成這樣一種東西：它本質上是一個經典的粒子，但以它為中心發散出一種勢場，這種勢彌漫在整個宇宙中，使它每時每刻都對周圍的環境瞭若指掌。當一個電子向一個雙縫進發時，它的量子勢會在它到達之前便感應到雙縫的存在，從而指導它按照標準的干涉模式行動。如果我們試圖關閉一條狹縫，無處不在的量子勢便會感應到這一變化，從而引導電子改變它的行為模式。特別地，如果你試圖去測量一個電子的具體位置的話，你的測量儀器將首先與它的量子勢發生作用，這將使電子本身發生微妙的變化。這種變化是不可預測的，因為主宰它們的是一些「隱變數」，你無法直接探測到它們。

　　波姆用的數學手法十分高超，他的體系的確基本做到了傳統的量子力學所能做到的一切！但是，讓我們感到不舒服的是，這樣一個隱變數理論始終似乎顯得有些多餘。量子力學從世紀初一路走來，諸位物理大師為它打造了金光閃閃的基本數學形式。它是如此漂亮而簡潔，在實際中又是如此管用，以致於我們覺得除非絕對必要，似乎沒有理由給它強迫加上笨重而醜陋的附加假設。波姆的隱函數理論複雜繁瑣又難以服眾，他假設一個電子具有確定的軌跡，卻又規定因為隱變數的擾動關係，我們絕對觀察不到這樣的軌跡！這無疑違反了奧卡姆剃刀原則：存在卻絕對觀測不到，這和不存在又有何分別呢？難道，我們為了這個世界的實在，就非要放棄物理原理的優美、明晰和簡潔嗎？這連愛因斯坦本人都會反對，他對科學美有著比任何人都要深的嚮往和眷戀。事實上，愛因斯坦，甚至德

布羅意生前都沒有對波姆的理論表示過積極的認同。

更不可原諒的是，波姆在不惜一切代價地地恢復了世界的實在性和決定性之後，卻放棄了另一樣同等重要的東西：定域性（Locality）。定域性指的是，在某段時間裡，所有的因果關係都必須維持在一個特定的區域內，而不能超越時空來瞬間地作用和傳播。簡單來說，就是指不能有超距作用的因果關係，任何資訊都必須以光速這個上限而發送，這也就是相對論的精神！但是在波姆那裡，他的量子勢可以瞬間把它的觸角伸到宇宙的盡頭，一旦在某地發生什麼，其資訊立刻便傳達到每一個電子耳邊。如果波姆的理論成立的話，超光速的通訊在宇宙中簡直就是無處不在，愛因斯坦不會容忍這一切的！

儘管如此，波姆的確打破了因為馮諾曼的錯誤所造成的堅冰，至少給隱變數從荊棘中艱難地開闢出了一條道路。不管怎麼樣，隱變數理論在原則上畢竟是可能的，那麼，我們是不是至少還保有一線希望，可以發展出一個完美的隱變數理論，使得我們在將來的某一天得以同時擁有一個確定、實在，又擁有定域的溫暖世界呢？這樣一個世界，不就是愛因斯坦的終極夢想嗎？

西元 1928 年 7 月 28 日，距離量子論最精彩的華章——不確定性原理的譜寫已經過去一年有餘。在這一天，約翰·斯圖爾特·貝爾（John Stewart Bell）出生在北愛爾蘭的首府貝爾法斯特。小貝爾在孩提時代就表現出了過人的聰明才智，他在 11 歲上向母親立志，要成為一名科學家。16 歲時貝爾因為尚不夠年齡入讀大學，先到貝爾法斯特女王大學的實驗室當了一年的實習工，然而他的才華已經深深感染了那裡的教授和員工。一年後他順理成章地進入女王大學攻讀物理，雖然主修的是實驗物理，但他同時也對理論物理表現出非凡的興趣。特別是方興未艾的量子論，它展現出的深刻的哲學內涵令貝爾相當沉迷。

貝爾在大學的時候，量子論大廈主體部分的建設已經塵埃落定，基本的理論框架已經由海森堡和薛丁格所打造完畢，而波耳已為它作出了哲學上最意味深長的詮釋。20 世紀物理史上最激動人心的那些年代已然逝去，沒能參與其間當然是一件遺憾的事，但也許正是因為這樣，人們得以稍稍冷靜下來，不致於為了那偉大的事業而過於熱血沸騰，身不由己地便拜倒在尼爾斯·波耳那幾乎不可抗拒

的個人魔力之下。貝爾不無吃驚地發現，自己並不「出現概率」教科書上對於量子論的「正統解釋」。海森堡的不確定性原理——它聽上去是如此具有主觀的味道，實在不討人喜歡。貝爾想要的是一個確定的，客觀的物理理論，他把自己描述為一個愛因斯坦的忠實追隨者。

畢業以後，貝爾先是進入英國原子能研究所（AERE）工作，後來轉去了歐洲粒子物理中心（CERN）。他的主要工作集中在加速器和粒子物理領域方面，但他仍然保持著對量子物理的濃厚興趣，在業餘時間裡密切關注著它的發展。西元 1952 年波姆理論問世，這使貝爾感到相當興奮。他為隱變數理論的想法所著迷，認為它恢復了實在論和決定論，無疑邁出了通向那個終極夢想的第一步。這個終極夢想，也就是我們一直提到的，使世界重新回到客觀獨立，優雅確定，嚴格遵守因果關係的軌道上來。貝爾覺得，隱變數理論正是愛因斯坦所要求的東西，可以完成對量子力學的完備化。或許是貝爾的一廂情願，因為極為諷刺的是，甚至愛因斯坦本人都不認同波姆！

不管怎麼樣，貝爾準備仔細地考察一下，對於德布羅意和波姆的想法是否能夠有實際的反駁，也就是說，是否真如他們所宣稱的那樣，對於所有的量子現象我們都可以拋棄不確定性，而改用某種實在論來描述。西元 1963 年，貝爾在日內瓦遇到了約克教授，兩人對此進行了深入的討論，貝爾逐漸形成了他的想法。假如我們的宇宙真的是如愛因斯坦所夢想的那樣，它應當具有怎樣的性質呢？要探討這一點，我們必須重拾起愛因斯坦昔日與波耳論戰時所提到的一個思想實驗——EPR 弔詭。

要是你已經忘記了 EPR 是個什麼東西，可以先復習一下我們史話的 8-4。我們所描述的實際上是經波姆簡化過的 EPR 版本，不過它們在本質上是一樣的。現在讓我們重做 EPR 實驗：一個母粒子分裂成向相反方向飛開去的兩個小粒子 A 和 B，它們理論上具有相反的自旋，但在沒有觀察之前，照量子派的講法，它們的自旋是處在不確定的疊加態中的，愛因斯坦則堅持，從分離的那一刻起，A 和 B 的狀態就都是確定了的。

我們用一個向量來表示自旋方向，現在甲乙兩人站在遙遠的天際兩端等候著

A 和 B 的分別到來（比
方說，甲在人馬座的方
向，乙在雙子座的方
向）。在某個按照宇宙
標準時間所約好了的關
鍵時刻，兩人同時對 A
和 B 的自旋在同一個方
向上作出測量。那麼，
正如我們已經討論過
的，因為要保持總體上

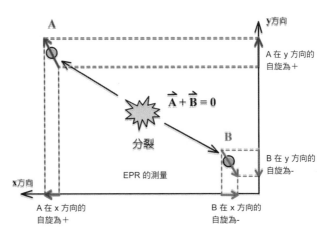

圖 10.9 EPR 的測量

的守恆，這兩個自旋必定相反，不論在哪個方向上都是如此。假如甲在某方向上
測量到 A 的自旋為正（＋），那麼同時乙在這個方向上得到的 B 自旋的測量結
果必定為負（－），因為它們的總和是 0！

　　換句話說，A 和 B——不論它們相隔多麼遙遠——看起來似乎總是如同約好
了那樣，當 A 是＋的時候 B 必定是－，它們的合作率是 100%！在統計學上，拿
稍微正式一點的術語來說，（A＋，B－）的相關性（correlation）是 100%，也
就是 1。我們需要熟悉一下相關性這個概念，它是表示合作程度的一個變數，假
如 A 和 B 每次都合作，比如 A 是＋時 B 總是－，那麼相關性就達到最大值 1。
反過來，假如 B 每次都不和 A 合作，每當 A 是＋是 B 偏偏也非要是＋，那麼
（A＋，B－）的相關率就達到最小值－1。當然這時候從另一個角度看，（A
＋，B＋）的相關就是 1 了。要是 B 不和 A 合作也不有意對抗，它的取值和 A 毫
無關係，顯得完全隨機，那麼 B 就和 A 並不相關，相關是 0。

　　在 EPR 裡，不管兩個粒子的狀態在觀測前究竟確不確定，最後的結果是肯
定的：在同一個方向上要嘛是（A＋，B－），要嘛是（A－，B＋），相關是
1。但是，這是在同一方向上，假設在不同方向上呢？假設甲沿著 x 軸方向測量
A 的自旋，乙沿著 y 軸方向測量 B，其結果的相關率會是如何呢？冥冥中一絲第
六感告訴我們，決定命運的時刻就要到來了。

實際上我們生活在一個三維空間，可以在三個方向上進行觀測，我們把這三個方向假設為 x，y，z。它們並不一定需要互相垂直，任意地取便是。每個粒子的自旋在一個特定的方向無非是正負兩種可能，那麼在三個方向上無非總共是 $2^3 =$ 八種可能，如下所示：

$$
\begin{pmatrix}
x & y & z \\
+ & + & + \\
+ & + & - \\
+ & - & + \\
+ & - & - \\
- & + & + \\
- & + & - \\
- & - & + \\
- & - & -
\end{pmatrix}
$$

對於 A 來說有八種可能，那麼對於 A 和 B 總體來說呢？顯然也是八種可能，因為我們一旦觀測了 A，B 也就確定了。如果 A 是（＋，＋，－），那麼因為要守恆保持整體為 0，B 一定是（－，－，＋）。現在讓我們假設量子論是錯誤的，A 和 B 的觀測結果在分離時便一早注定，我們無法預測，只不過是不清楚其中的隱變數究竟是多少的緣故。不過沒關係，我們假設這個隱變數是 H，它可以取值 1~8，分別對應於一種觀測的可能性。再讓我們假設，對應於每一種可能，其出現的機率分別是 N1，N2……一直到 N8。現在我們就有了一個可能的觀測結果的總表：

$$
\begin{pmatrix}
Ax & Ay & Az & Bx & By & Bz & \text{出現概率} \\
+ & + & + & - & - & - & N1 \\
+ & + & - & - & - & + & N2 \\
+ & - & + & - & + & - & N3 \\
+ & - & - & - & + & + & N4 \\
- & + & + & + & - & - & N5 \\
- & + & - & + & - & + & N6 \\
- & - & + & + & + & - & N7 \\
- & - & - & + & + & + & N8
\end{pmatrix}
$$

上面的每一行都表示一種可能出現的結果。比如第一行就表示甲觀察到 A 在 x，y，z 三個方向上的自旋都為＋，而乙觀察到 B 在三個方向上的自旋相應地均為－，這種結果出現的可能性是 N1。因為觀測結果八者必居其一，所以 N1＋N2＋…＋N8＝1，這個各位都可以理解吧？

　　現在讓我們來做一做相關性的練習（請各位讀者拿出一些勇氣，我保證其中只用到小學數學的程度。不過假如你實在頭暈，直接跳到本章末尾也問題不大）。我們暫時只察看 x 方向，在這個方向上，（Ax＋，Bx－）的相關是多少呢？我們需要這樣做：當一個紀錄符合兩種情況之一：當在 x 方向上 A 為＋而 B 同時為－，或者 A 不為＋而 B 也同時不為－，如果這樣，它便符合我們的要求，標誌著對（Ax＋，Bx－）的合作態度，於是我們就加上相應的機率。相反，如果在 x 上 A 為＋而 B 也同時為＋，或者 A 為－而 B 也為－，這是對（Ax＋，Bx－）組合的一種破壞和牴觸，我們必須減去相應的機率。

　　從上表可以看出，前四種可能都是 Ax 為＋而 Bx 同時為－，後四種可能都是 Ax 不為＋而 Bx 也不為－，所以八行都符合我們的條件，全是正號。我們的結果是 N1＋N2＋…＋N8＝1！所以（Ax＋，Bx－）的相關為 100%。這毫不奇怪，因為我們的表本來就是以此為前提編出來的。如果我們要計算（Ax＋，Bx＋）的相關，那麼 8 行就全不符合條件，全是負號，我們的結果是 Pxx＝－N1－N2－…－N8＝－1。

　　接下來我們要邁出關鍵的一步，取兩個不同的方向軸！A 在 x 方向上為＋，而 B 在 y 方向上也為＋，這兩個觀測結果的相關是多少呢？現在是兩個不同的方向，不過計算原則是一樣的：要是一個紀錄符合 Ax 為＋以及 By 為＋，或者 Ax 不為＋以及 By 也不為＋時，我們就加上相應的機率，反之就減去。讓我們仔細地考察上表，最後得到的結果應該是這樣的，用 Pxy 來表示：

Pxy＝－N1－N2＋N3＋N4＋N5＋N6－N7－N8

嗯，滿容易的嘛！我們再來算算 Pxz，也就是 Ax 為＋同時 Bz 為＋的相關：

Pxz＝－N1＋N2－N3＋N4＋N5－N6＋N7－N8

再來，這次是 Pzy，也就是 Az 為＋且 By 也為＋：

Pzy＝－N1＋N2＋N3－N4－N5＋N6＋N7－N8

　　好了，差不多了，現在我們把玩一下我們的計算結果，把 Pxz 減去 Pzy 再取絕對值：|Pxz－Pzy|＝|－2N3＋2N4＋2N5－2N6|＝2|－N3＋N4＋N5－N6|

這裡需要各位努力一下，超越小學數學的程度，回憶一下初中的知識。關於絕對值，我們有關係式 $|X-Y| \leq |X| + |Y|$，所以套用到上面的式子裡，我們有：

$|Pxz - Pzy| = 2 |N4 + N5 - N3 - N6| \leq 2 (|N4 + N5| + |N3 + N6|)$

因為所有的機率都不為負數，所以 $2 (|N3 + N4| + |N5 + N6|) = 2 (N3 + N4 + N5 + N6)$。最後，我們還記得 $N1 + N2 + \cdots + N8 = 1$，所以我們可以從上式中湊一個 1 出來：

$2 (N3 + N4 + N5 + N6) = 1 + (-N1 - N2 + N3 + N4 + N5 + N6 - N7 - N8)$

看看我們前面的計算，後面括弧裡的一大串不正是 Pxy 嗎？所以我們得到最終的結果：$|Pxz - Pzy| \leq + Pxy$

恭喜你，你已經證明了這個宇宙中最為神祕和深刻的定理之一。現在放在你眼前的，就是名垂千古的「貝爾不等式」（Bell's inequality）。它被人稱為「科學中最深刻的發現」，它即將對我們這個宇宙的終極命運作出最後的判決[7]。

---

7. 我們的證明當然是簡化了的，隱變數不一定是離散的，而可以定義為區間 λ 上的一個連續函數。即使如此，只要稍懂一點積分知識也不難推出貝爾不等式來，各位有興趣的可以動手一試。

CHAPTER **11**
不等式的判決

—

$|Pxz - Pzy| < | + Pxy$

嗯，這個不等式看上去普普通通，似乎不見得有什麼神奇的魔力，更不用說對於我們宇宙的本質作出終極的裁決。它真的有這樣的威力嗎？

我們還是先來看看，貝爾不等式究竟意味著什麼。我們在上一章已經描述過了，Pxy 代表了 A 粒子在 x 方向上為＋，而同時 B 粒子在 y 方向上亦為＋這兩個事件的相關。相關是一種合作程度的體現（不管是雙方出奇地一致還是出奇地不一致都意味著合作程度很高），而合作則需要雙方都了解對方的情況，這樣才能夠有效地協調。在隱變數理論中，我們對於兩個粒子的描述是符合常識的：無論觀察與否，兩個粒子始終存在於客觀現實之內，它們的狀態從分裂的一霎那起就確定無疑了。假如我們禁止宇宙中有超越光速的信號傳播，那麼理論上當我們同時觀察兩個粒子的時候，它們之間無法交換任何資訊，它們所能達到的最大協作程度僅僅限於經典世界所給出的極限。這個極限，也就是我們用經典方法推導出來的貝爾不等式。

如果世界的本質是經典的，具體地說，如果我們的世界同時滿足：1.定域的，也就是沒有超光速信號的傳播。2.實在的，也就是說，存在著一個獨立於我們觀察的外部世界。那麼我們任意取 3 個方向觀測 A 和 B 的自旋，它們所表現出來的協作程度必定要受限於貝爾不等式之內。換句話說，假如上帝是愛因斯坦所想像的那個不擲骰子的慈祥的「老頭子」，那麼貝爾不等式就是他給這個宇宙所定下的神聖的束縛。不管我們的觀測方向是怎麼取的，在 EPR 實驗中的兩個粒子決不可能冒犯他老人家的尊嚴，而膽敢突破這一禁區。事實上，這不是敢不敢的問題，而是兩個經典粒子在邏輯上根本不具有這樣的能力：它們之間既然無法交換信號，就決不能表現得親密無間。

但是，量子論的預言就不同了！貝爾證明，在量子論中，只要我們把 x 和 y 之間的夾角 θ 取得足夠小，則貝爾不等式是可以被突破的！具體的證明需要用到略微複雜一點的物理和數學知識，我在這裡略過不談了。但請諸位相信我，在一個量子主宰的世界裡，A 和 B 兩粒子在相隔非常遙遠的情況下，在不同方向上仍然可以表現出很高的協作程度，以至於貝爾不等式不成立。這在經典圖景中是決不可能發生的。

我們這樣來想像 EPR 實驗：有兩個罪犯搶劫了銀行之後從犯罪現場飛也似地逃命，但他們慌不擇路，兩個人沿著相反的兩個方向逃跑，結果於同一時刻在馬路的兩頭被守候的員警分別抓獲。現在我們來錄取他們的口供，假設員警甲問罪犯 A：「你是這次搶劫的主謀嗎？」A 的回答無非是「是」，或者「不是」。在馬路另一頭，如果員警乙問罪犯 B 同樣的問題：「你是這次搶劫的主謀嗎？」那麼 B 的回答必定與 A 相反，因為主謀只能有一個，不是 A 先出的主意就是 B 先出的主意。兩個員警問的問題在「同一方向」上，知道了 A 的答案，就等於知道了 B 的答案，他們的答案，100%地不同，協作率 100%。在這點上，無論是經典世界還是量子世界都是一樣的。

但是，回到經典世界裡，假如兩個員警問的是不同角度的問題，比如說問 A：「你需要自己聘請律師嗎？」問 B：「你現在要喝水嗎？」這是兩個彼此無關的問題（在不同的方向上），A 可能回答「要」或者「不要」，但這應該對 B

怎樣回答問題毫無關係，因為 B 和 A 理論上已經失去了聯繫，B 不可能按照 A 的行來斟酌自己的答案。

不過，這只是經典世界裡的罪犯，要是我們有兩個「量子罪犯」，那可就不同了。我們會從口供紀錄中驚奇地發現，每當 A 決定聘請律師的

量子罪犯的默契
圖 11.1 EPR 弔詭的罪犯版本

時候，B 就會有更大的可能想要喝水，反之亦然！看起來，似乎是 A 和 B 之間有一種神祕的心靈感應，使得他們即使面臨不同的質詢時，其回答仍然有一種奇特的默契聯繫！量子世界的 Bonnie & Clyde，即使他們相隔萬里，仍然合作無間。按照哥本哈根解釋，這是因為在具體地回答問題（觀測）前，兩個人（粒子）合為一體，處在一種「糾纏」（entanglement）的狀態，他們是一個整體，具有一種「不可分離性」（inseparability）！

這樣說當然是簡單化的，具體的條件還是我們的貝爾不等式。總而言之，如果世界是經典的，那麼在 EPR 中貝爾不等式就必須得到滿足，反之則可以突破。我們手中的這個神祕的不等式成了判定宇宙最基本性質的試金石，它彷彿就是那把開啟奧祕之門的鑰匙，可以帶領我們領悟到自然的終極奧義。

最叫人激動的是，和胡思亂想的一些實驗（比如說瘋狂的量子自殺）不同，EPR 不管是在技術或是倫理上都不是不可實現的！我們可以確實地去做一些實驗，來看看我們生活其中的世界究竟是如愛因斯坦所祈禱的那樣，是定域實在的，還是它的神奇終究超越我們的想像，讓我們這些凡人不得不懷著更為敬畏的心情去繼續探索它那深深隱藏的祕密。

西元 1964 年，貝爾把他的不等式發表在一份名為《物理》(Physics)的雜誌的創刊號上，題為《論 EPR 弔詭》（On the Einstein-Podolsky-Rosen Paradox）。這篇論文是 20 世紀物理史上的名篇，它的論證和推導如此簡單明晰卻又深得精髓，教人拍案叫絕。西元 1973 年諾貝爾物理獎得主約瑟夫森（Brian D. Josephson）把貝爾不等式稱為「物理學中最重要的新進展」，史戴普（Henry

Stapp，就是我們前面提到的，鼓吹精神使波函數崩陷的那個）則把它稱作「科學中最深刻的發現」（the most profound discovery in science）。

不過，《物理》雜誌卻沒有因為發表了這篇光輝燦爛的論文得到什麼好運氣，這份期刊只發行了一年就倒閉了。如今想要尋找貝爾的原始論文，最好還是翻閱他的著作《量子力學中的可道與不可道》（Speakable and Unspeakable in Quantum Mechanics, Cambridge 1987）。

在這之前，貝爾發現了馮諾曼的錯誤，並給《現代物理評論》（Reviews of Modern Physics）雜誌寫了文章。雖然因為種種原因（包括編輯的疏忽大意），此文直到西元 1966 年才被發表出來，但無論如何已經改變了這樣一個尷尬的局面，即一邊有馮諾曼關於隱函數理論不可能的「證明」，另一邊卻的確存在著波姆的量子勢！馮諾曼的咒如今被摧毀了。

現在，貝爾顯得躊躇滿志：通往愛因斯坦夢想的一切障礙都已經給他掃清了。馮諾曼已經不再擋道，波姆邁出了第一步，而他已經打造出了足夠致量子論以死命的武器，也就是那個威力無邊的不等式。貝爾對世界的實在性深信不已：大自然不可能是依賴於我們的觀察而存在的，這還用說嗎？現在，似乎只要安排一個 EPR 式的實驗，用無可辯駁的證據告訴世人：無論在任何情況下，貝爾不等式也是成立的。粒子之間心靈感應式的合作是純粹的胡說八道，可笑的妄想，量子論已經把我們的思維搞得混亂不堪，是時候回到正常狀況來了。量子不確定性……嗯，是一個漂亮的作品，一種不錯的嘗試，值得在物理史上獲得它應有的地位，畢竟它管用。但是，它不可能是真實，而只是一種近似！更為可靠，更為接近真理的一定是一種傳統的隱變數理論，它就像相對論那樣讓人覺得安全，沒有骰子亂飛、沒有奇妙的多宇宙、沒有超光速的信號。是的，只有這樣才能恢復物理學的光榮，那個值得我們驕傲和炫耀的物理學，那個真正、莊嚴的宇宙立法者，並不是靠運氣和隨機來主宰一切的投機販子。

真的，也許只差那麼小小的一步，我們就可以回到舊日的光輝中去了。那個從海森堡以來失落已久的極樂世界，那個宇宙萬物都嚴格而絲絲入扣地有序運轉的偉大圖景，叫懷舊的人們癡癡想念的古典時代。真的，大概就差一步了，也

許，很快我們就可以在管風琴的伴奏中吟唱彌爾頓那神聖而不朽的句子：

> 昔有樂土，歲月其徂。
>
> 有子不忠，天赫斯怒。
>
> 彷徨放逐，維罪之故。
>
> 一人皈依，眾人得贖。
>
> 今我來思，詠彼之複。
>
> 此心堅忍，無入邪途。
>
> 孽愆盡洗，重歸正路。
>
> 瞻彼伊甸，崛起荒蕪 [1]。

只是貝爾似乎忘了一件事：威力強大的武器往往都是雙刃劍。

📢 名人軼聞： 波姆和麥卡錫時代

波姆是美國科學家，但他的最大貢獻卻是在英國作出的，這還要歸功於 40 年代末 50 年代初在美國興起的麥卡錫主義（McCarthyism）。

麥卡錫主義是冷戰的產物，其實質就是瘋狂地反共與排外。在參議員麥卡錫（Joseph McCarthy）的煽風點火下，這股「紅色恐懼」之風到達了最高潮。幾乎每個人都被懷疑是蘇聯間諜，或者是陰謀推翻政府的敵對分子。波姆在二戰期間曾一度參與曼哈頓計畫，但他沒幹什麼實質的工作，很快就退出了。戰後他到普林斯頓教書，和愛因斯坦一起工作，這時他遭到臭名昭彰的「非美活調查委員會」（Un-American Activities Committee）的傳喚，要求他對一些當年同在柏克萊的同事的政治立場進行作證，波姆憤然拒絕，並引用憲法第五修正案為自己辯護。

本來這件事也就過去了，但麥卡錫時代剛剛開始，恐慌迅即蔓延整個美國。

---

1. 《複樂園》卷一，1－7。這裡用的是筆者自己的翻譯。

兩年後，波姆因為拒絕回答委員會的提問而遭到審判，雖然他被宣判無罪，但是普林斯頓卻不肯為他續簽聘書，哪怕愛因斯坦請求他作為助手留下也無濟於事。波姆終於離開美國，他先後去了巴西和以色列，最後在倫敦大學的 Birkbeck 學院安頓下來。在那裡他發展出了他的隱函數理論。

麥卡錫時代是一個瘋狂和恥辱的時代，2000 多萬人接受了所謂的「忠誠審查」。上至喬治·馬歇爾將軍，中至查理·卓別林，下至無數平民百姓都受到巨大的衝擊。人們神經質地尋找所謂共產主義者，就像中世紀的歐洲瘋狂地抓女巫一樣。在學界，近名教授因為「觀點」問題被迫離開了，有華裔背景的如錢學森等遭到審查，著名的量子化學大師鮑林被懷疑是美共特務。越來越多的人被傳喚去為同事的政治立場作證，這裡面芸芸眾生相，有如同波姆一般斷然拒絕的，也有些人的舉動出乎意料。最著名的可能就算是歐本海默一案了，歐本海默（J. Robert Oppenheimer）是曼哈頓計畫的領導人，連他都被懷疑對國家「不忠誠」似乎匪夷所思。所有的物理學家都站在他這一邊，然而愛德華·泰勒（Edward Teller）讓整個物理界幾乎不敢相信自己的耳朵。這位匈牙利出生的物理學家（他還是楊振寧的導師）說，雖然他不怎麼覺得歐本海默會做出不利於國家的事情來，但是「如果問題是要憑他在西元 1945 年以來的行為來作出明智的判決，那麼我可以說最好也不要肯定他的忠誠」，「如果讓公共事務掌握在別人的手上，我個人會感覺更安全些的。」歐本海默的忠誠雖然最後沒有被責難，但他的安全許可證被沒收了，機密材料不再送到他手上。雖然也有少數人（如惠勒）對泰勒表示同情，但整個科學界幾乎不曾原諒過這個「叛徒」。

泰勒還是氫彈的大力鼓吹者和實際設計者之一（他被稱為「氫彈之父」），他試圖阻止《禁止地上核子試驗條約》的簽署，他還向雷根兜售了「星球大戰」計畫。他於西元 2003 年 9 月去世，享年 95 歲。卡爾·薩根在《魔鬼盤據的世界》一書裡，曾把他拉出來作為科學家應當為自己的觀點負責的典型例子。

泰勒自己當然有自己的理由，他認為氫彈的製造實際上使得人類社會「更安全」。對於我們來說，也許只能衷心地希望科學本身不要受到政治的過多干涉，雖然這也許只是一個烏托邦式的夢想，但我們仍然如此祝願。

二

波耳還是愛因斯坦？那就是個問題。

物理學家們終於行動起來，準備以實踐為檢驗真理的唯一標準，確確實實地探求一下，究竟世界符合兩位科學巨人中哪一位的描述。波耳和愛因斯坦的爭論本來也只像是哲學上的一種空談，包立有一次對波恩說，和愛因斯坦爭論量子論的本質，就像以前人們爭論一個針尖上能坐多少個天使一般虛無飄渺。但現在已經不同，我們的手裡現在有了貝爾不等式。兩個粒子究竟是乖乖地臣服於經典上帝的這條神聖禁令，還是它們將以一種量子革命式的躁蔑視任何桎梏，突破這條看起來莊嚴而不可侵犯的規則？如今我們終於可以把它付諸實踐，一切都等待著命運之神最終的判決。

西元 1969 年，Clauser 等人改進了波姆的 EPR 模型，使其更容易實施。隨即人們在柏克萊、哈佛和德州大學進行了一系列初步的實驗，也許出乎貝爾的意料，除了一個實驗外，所有的實驗都模糊地指向量子論的預言結果。但是，最初的實驗都是不嚴密的，和 EPR 的原型相去甚遠：人們使原子輻射出的光子對通過偏振器，但技術的限制使得在所有的情況下，我們只能獲得單一的＋的結果，而不是＋和－，所以要獲得 EPR 的原始推論仍然要靠間接推理。而且當時使用的光源往往只能產生弱信號。

隨著技術的進步，特別是雷射技術的進步，更為精確嚴密的實驗有了可能。進入 80 年代，法國奧塞理論與應用光學研究所（Institut d'Optique Théorique et Appliquée, Orsay Cédex）裡的一群科學家準備第一次在精確的意義上對 EPR 作出檢驗，領導這個小組的是阿萊恩・阿斯派克特（Alain Aspect）。

法國人用鈣原子作為光子對的來源，他們把鈣原子激發到一個很高的量子態，當它落回到未激發態時，就釋放出能量，也就是一對對光子。實際使用的是一束鈣原子，但是可以用鐳射來聚焦，使它們精確地激發，這樣就產生了一個強信號源。阿斯派克特等人使兩個光子飛出相隔約 12 米遠，這樣即使信號以光速在它們之間傳播，也要花上 40 納秒（ns）的時間。光子經過一道閘門進入一對

偏振器，但這個閘門也可以改變方向，引導它們去向兩個不同偏振方向的偏振器。如果兩個偏振器的方向是相同的，那麼要嘛兩個光子都通過，要嘛都不通過，如果方向不同，那麼理論上說（按照愛因斯坦的世界觀），其相關性必須符合貝爾不等式。為了確保兩個光子之間完全沒有資訊的交流，科學家們急速地轉換閘門的位置，平均 10ns 就改變一次方向，這比雙方之間光速來往的時間都要短許多，光子不可能知道對方是否通過了那裡的偏振器。作為對比，我們也考察兩邊都不放偏振器，以及只有一邊放置偏振器的情況，以消除實驗中的系統誤差。

那麼，現在要做的事情，就是記錄兩個光子實際的協作程度。如果它符合貝爾不等式，則愛因斯坦的信念就得到了救贖，世界回復到獨立可靠，客觀實在的地位上來。反之，則我們仍然必須認真地對待波耳那看上去似乎神祕莫測的量子觀念。

時間是西元 1982 年，暮夏和初秋之交。七月流火，九月授衣，在時尚之都巴黎，人們似乎已在忙著揣摩今年的秋冬季將會流行什麼樣式的時裝。在酒吧裡，體育迷們還在為國家隊魂斷西班牙世界盃扼腕不已。那一年，在普拉蒂尼率領下的，被認為是歷史上最強的那屆國家隊顯示出了驚人的實力，卻終於在半決賽中點球敗給了西德人。高貴的紳士們在沙龍裡暢談天下大勢，議論著老冤家英國人是如何在馬島把阿根廷擺佈得服服帖帖。在羅浮宮和奧塞博物館，一如既往地擠滿了來自世界各地的藝術愛好者。塞納河緩緩流過市中心，倒映著艾菲爾鐵塔和巴黎聖母院的影子，也倒映出路邊風琴手們的清澈眼神。

只是，有多少人知道，在不遠處的奧塞光學研究所，一對對奇妙的光子正從鈣原子中被激發出來，衝向那些命運交關的偏振器；我們的世界，正在接受一場終極的考驗，向我們揭開她那隱藏在神祕面紗後面的真實面目呢？

如果愛因斯坦和波耳神靈不昧，或許他們也在天國中注視著這次實驗的結果吧？要是真的有上帝的話，他老人家又在幹什麼呢？也許，連他也不得不把這一切交給命運來安排，用一個黃金的天平和兩個代表命運的砝碼來決定這個世界本性的歸屬，就如同當年阿基里斯和赫克托耳在特洛伊城下那場傳奇的決鬥。

一對，兩對，三對……資料逐漸積累起來了。1 萬 2 千秒，也就是 3 個多小時後，結果出來了。科學家們都吁出了一口氣。

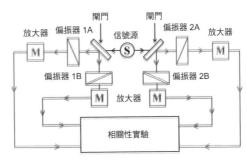

圖 11.2 阿斯派克特實驗

愛因斯坦輸了！實驗結果和量子論的預言完全符合，而相對愛因斯坦的預測卻偏離了 5 個標準方差——這已經足夠決定一切。貝爾不等式這把雙刃劍的確威力強大，但它斬斷的卻不是量子論的輝光，而是反過來擊碎了愛因斯坦所執著信守的那個夢想！

阿斯派克特等人的報告於當年 12 月發表在《物理評論快報》（Physics Review Letters）上，科學界最初的反應出奇地沈默。大家都知道這個結果的重要意義，然而似乎都不知道該說什麼才好。

愛因斯坦輸了？這意味著什麼？難道這個世界真的比我們所能想像的更為神祕和奇妙，以致我們那可憐的常識終於要在它的面前破碎得七零八落？這個世界不依賴於你也不依賴於我，它就是「在那裡存在著」，這不是明擺著的事情嗎？為什麼站在這樣一個基本假設上所推導出來的結論和實驗結果之間有著無法彌補的鴻溝？是上帝瘋了，還是你、我瘋了？

全世界的人們都試圖重複阿斯派克特的實驗，而且新的手段也開始不斷地被引入，實驗模型越來越靠近愛因斯坦當年那個最原始的 EPR 設想。馬里蘭和羅切斯特的科學家們使用了紫外光，以研究觀測所得到的連續的，並非離散的輸出相關性。在英國的 Malvern，人們用光纖引導兩個糾纏的光子，使它們分離 4 公里以上，但在日內瓦，這一距離達到了數十公里。即使在這樣的距離上，貝爾不等式仍然遭到無情的突破。

另外，按照貝爾原來的設想，我們應該不讓光子對「事先知道」觀測方向是哪些，也就是說，為了確保它們能夠對它們而言不可預測的事件進行某種似乎不可思議的超距的合作（按照量子力學的預測），我們應該在它們飛行的路上才作出隨機的觀測方向的安排。在阿斯派克特實驗裡，我們看到他們以 10ns 的速度

來轉換閘門，然而他們所能夠使兩光
子分離的距離 12 米還是顯得太短，
不太保險。西元 1998 年，奧地利因
斯布魯克（Innsbruck）大學的科學家
們讓光子飛出相距 400 米，這樣他們
就有了 1.3 微秒的時間來完成偏振器
的隨機安排。這次時間上綽綽有餘，

圖 11.3 不等式的天平

其結果是如此地不容置疑：愛因斯坦這次輸得更慘──30 個標準方差！

　　西元 1990 年，Greenberger，Horne 和 Zeilinger 等人向人們展示了，就算不
用到貝爾不等式，我們也有更好的方法來昭顯量子力學和一個「經典理論」（定
域的隱變數理論）之間的尖銳衝突，這就是著名的 GHZ 測試（以三人名字的首
字母命名），它牽涉到三個或更多光子的糾纏。西元 2000 年，潘建偉、
Bouwmeester、Daniell 等人在 Nature 雜誌上報導，他們的實驗結果再次否決了定
域實在，也就是愛因斯坦信念的可能性──8 個標準方差！

　　在全世界各地的實驗室裡，粒子們都頑強地保持著一種微妙而神奇的聯繫。
彷彿存心要炫耀自己能力似的，它們一再地嘲笑經典世界定下的所謂不可突破的
束縛，一次又一次把那個被宣稱是不可侵犯的教條踩在腳下。然而，對於那些心
存僥倖的頑固派來說，即便實驗結果已經如此一邊倒，他們仍然抱有最後一絲的
懷疑態度。因為所有這些實驗仍然都還有著小小的、內在的可能漏洞。一方面，
兩個糾纏光子之間的距離仍然太近，不能排除有某種信號在它們之間傳遞。另一
方面，我們測量光子的儀器效率還不是很高，因此就有一種微小的可能性，所得
到的結果是因為測量偏差而導致的。

　　不過，2015 年 10 月，荷蘭 Delft 技術大學的一個小組進行了有史以來第一
次對貝爾不等式的無漏洞驗證實驗。他們把兩個金剛石色心放置在相距 1.3 公里
的兩個實驗室中，並以高達 96% 的測量效率檢驗了兩者之間的糾纏。結果，在
最嚴格的條件下，量子論仍然取得了最後的勝利，以 2.1 個標準方差擊敗了愛因
斯坦。對於學界來說，這個實驗結果也許並不出人意料，但其意義卻是極為重大

的。因為我們終於可以消除最後一絲懷疑，從此之後，貝爾不等式可以被正式地稱為貝爾定律了。

黯淡了刀光劍影，遠去了鼓角爭鳴，終於，波耳和愛因斯坦長達數十年的論戰硝煙散盡，量子論以勝利者的姿態笑到了最後。可惜，愛因斯坦早已作古，而貝爾也在 1990 年因為中風而離開了人間。不知道如果他們活到今天，會對此發表什麼樣的看法呢？我們似乎聽到在遙遠的天國，那段經典的對白仍在不停地重複著：

愛因斯坦：「波耳，親愛的上帝不擲骰子！」
波耳：「愛因斯坦，別去指揮上帝應該怎麼做！」

現在，就讓我們狂妄一回，以一種尼采式的姿態來宣布：
愛因斯坦的上帝已經死了。

三

阿斯派克特在西元 1982 年的實驗（準確地說，一系列實驗）是 20 世紀物理史上影響最為深遠的實驗之一，它的意義甚至可以和西元 1886 年的邁克生－莫立實驗相提並論。但是，相比邁克生的那個讓所有的人都瞠目結舌的實驗來說，阿斯派克特所得到的結果卻在「意料之中」。大多數人們一早便預計到，量子論的勝利是不在話下的。量子論自西元 1925 年創立以來，到那時為止已經經歷了近 60 年的風風雨雨，它在每一個領域都顯示出了如此強大的力量，沒有任何實驗結果能夠對它提出哪怕一點點的質疑。最偉大的物理學家（如愛因斯坦和薛丁格）向它猛烈開火，試圖把它從根本上顛覆掉，可是它的燦爛光輝卻顯得更加耀眼和悅目。從實用的角度來說，量子論是有史以來最成功的理論，它不但遠超相對論和麥克斯威電磁理論，甚至超越了牛頓的經典力學！量子論是從風雨飄搖的亂世成長起來的，久經革命考驗的戰士，它的氣質在風刀霜劍的嚴相逼拷之下被磨礪得更加堅韌而不可戰勝。的確，沒有多少人會想像，這樣一個理論會被一個

不起眼的實驗輕易地打倒在地，從此翻不了身。阿斯派克特實驗的成功，只不過是量子論所經受的又一個考驗（雖然是最嚴格的考驗），給它那身已經品嚐過無數勝利的戎裝上又添上一枚榮耀的勳章罷了。現在我們知道，它即使在如此苛刻的條件下，也仍然是成功的。是的，不出所料！這一消息並沒有給人們的情感上帶來巨大的衝擊，引起一種轟動效應。

但是，它的確把物理學家們逼到了一種尷尬的地步。本來，人們在世界究竟是否實實在在這種問題上通常樂於奉行一種鴕鳥政策，能閉口不談的就儘量不去討論。量子論只要管用就可以了嘛！幹嘛非要刨根問底地去追究它背後的哲學意義到底是什麼樣的呢？雖然有愛因斯坦之類的人在為它擔憂，但大部分科學家還是覺得無所謂的。不過現在，阿斯派克特終於逼著人們要攤牌了：一味地縮頭縮腦是沒用的，人們必須面對這樣一個事實：實驗否決了經典圖景的可能性！

愛因斯坦的夢想如同泡沫般破碎在無情的資料面前，我們再也回不去那個溫暖舒適的安樂窩中，而必須面對風雨交加的嚴酷現實。我們必須再一次審視我們的常識，追問一下它到底有多可靠，在多大程度上會給我們帶來誤導。對於貝爾來說，他所發現的不等式卻最終背叛了他的理想，不僅沒有把世界拉回經典圖像中來，更反過來把它推向了絕路。阿斯派克特實驗之後，我們必須說服自己相信這樣一件事情：

定域的隱變數理論是不存在的！

換句話說，我們的世界不可能如同愛因斯坦所夢想的那樣，既是定域的（沒有超光速信號的傳播），又是實在的（存在一個客觀確定的世界，可以為隱變數所描述）。定域實在性（local realism）從我們的宇宙中被實驗排除了出去，現在我們必須作出艱難的選擇：要就放棄定域性，要就放棄實在性。

如果我們放棄實在性，那就回到量子論的老路上來，承認在我們觀測之前，兩個粒子不存在於「客觀實在」之內。它們不具有通常意義上的物理屬性（如自旋），只有當觀測了以後，這種屬性才變得有意義。在 EPR 實驗中，不到最後關頭，我們的兩個處於糾纏態的粒子都必須被看成一個不可分割的整體，那時在現實中只有「一個粒子」（當然是疊加著的），而沒有「兩個粒子」。所謂兩個

粒子，只有當觀測後才成為實實在在的東西。當然，在做出了這樣一個令人痛心的讓步後，我們還是可以按照自己的口味不同來選擇：究竟是更進一步，徹底打垮決定論，也就是保留哥本哈根解釋；還是在一個高層次的角度上，保留決定論，也即採納多宇宙解釋！需要說明的是，MWI 究竟算不算一個定域的（local）理論，各人之間的說法還是不盡相同的。除去 Stapp 這樣的反對者不談，甚至在它的支持者（比如 Deutsch，Tegmark 或者 Zeh）中，其口徑也不是統一的。不過這也許只是一個定義和用詞的問題，因為量子糾纏本身或許就可以定義為某種非定域的物理過程 [2]，但大家都同意，MWI 肯定不是一個定域實在的理論，而且超光速的信號傳遞在其內部也是不存在的。關鍵在於，根據MWI，每次我們進行觀測都在「現實」中產生了不止一個結果（事實上，是所有可能的結果）！這和愛因斯坦所默認的那個傳統的「現實」是很不一樣的。

這樣一來，那個在心理上讓人覺得牢固可靠的世界就崩塌了（或者「崩陷」了？）。不管上帝擲不擲骰子，他給我們建造的都不是一幢在一個絕對的外部世界嚴格獨立的大廈。它的每一面牆壁、每一塊地板、每一道樓梯……都和在其內部進行的種種活密切相關，無論這種活是不是包含了有「意識」的觀測者。這幢大樓非但不是鐵板一塊，相反地，它的每一層樓都以某種特定的奇妙方式糾纏在一起，以致於分居在頂樓和底樓的住客仍然保持著一種心有靈犀的感應。

但是，如果你忍受不了這一切，我們也可以走另一條路，那就是說，不惜任何代價，先保住世界的實在性再說。當然，這樣一來就必須放棄定域性。我們仍然有可能建立一個隱變數理論，如果容忍某種超光速的信號在其體系中來回，則它還是可以很好地說明我們觀測到的一切。比如在 EPR 中，天際兩頭的兩個電子仍然可以通過一種超光速的暫態通信來確保它們之間進行成功的合作。事實上，波姆的體系就安然地在阿斯派克特實驗之後存活著，因為他的「量子勢」的確暗含著這樣的超距作用。

可是要是這樣的話，我們也許並不會覺得日子好過多少！超光速的信號？老

---

2. 見 Zeh，Found. of Physics Letters 13，2000，p22。

大，那意味著什麼？想一想愛因斯坦對此會怎麼說吧！超光速意味著獲得了回到過去的能力！這樣一來，我們將陷入甚至比不確定更加棘手和叫人迷惑的困境。比如，想像那些科幻小說中著名的場景：你回到過去殺死了尚處在襁褓中的你，那會產生什麼樣的邏輯後果呢？雖然波姆也許可以用高超的數學手段向我們展示，儘管存在著這種所謂超光速的非定域關聯，他的隱函數理論仍然可以禁止我們在實際中做到這樣的信號傳遞。因為大致上來說，我們無法做到精確地「控制」量子現象，所以在現實的實驗中，我們將在統計的意義上得到和相對論的預言相一致的觀測極限。也就是說，雖然在一個深層次的意義上存在著超光速的信號，但我們卻無法刻意與有效地去利用它們來製造邏輯怪圈。不過無論如何，對於這種敏感問題，我們應當非常小心才是。放棄定域性，並不比放棄實在性來得讓我們舒服！

阿斯派克特實驗結果出來之後，BBC 的廣播製作人朱里安・布朗（Julian Brown）和紐卡斯爾大學的物理學教授保羅・大衛斯（Paul Davies，他如今在澳大利亞的 Macquarie 大學，他同時也是當代最負盛名的科普作家之一）決定調查一下科學界對這個重要的實驗究竟會做出什麼樣的反應。他們邀請 8 位在量子論領域最有名望的專家作了訪談，徵求對方對於量子力學和阿斯派克特實驗的看法。這些訪談紀錄最後被彙集起來，編成一本書，於西元 1986 年由劍橋出版社出版，書名叫做《原子中的幽靈》（The Ghost in the Atom）。

閱讀這些訪談紀錄真是給人一種異常奇妙的體驗和感受。你會看到最傑出的專家們是如何各持己見，在同一個問題上抱有極為不同，甚至截然對立的看法。阿斯派克特本人肯定地說，他的實驗從根本上排除了定域實在的可能。他不太欣賞超光速的說法，而是對現有的量子力學表示了同情。貝爾雖然承認實驗結果並沒有出乎意料，但他仍然決不接受擲骰子的上帝。他依然堅定地相信，量子論是一種權益之計，他想像量子論終究會有一天被更複雜的實驗證明是錯誤的。貝爾願意以拋棄定域性為代價來換取客觀實在，他甚至設想復活「以太」的概念來達到這一點。惠勒的觀點有點曖昧，他承認一度支持埃弗萊特的多宇宙解釋，但接著又說因為它所帶來的形而上學的累贅，他已經改變了觀點。惠勒討論了波耳的

圖像，意識參與的可能性，以及他自己的延遲實驗和參與宇宙，他仍然對於精神在其中的作用表現得饒有興趣。

魯道夫・佩爾斯（Rudolf Peierls）的態度簡明爽快：「我首先反對使用『哥本哈根解釋』這個詞。」他說，「因為，這聽上去像是說量子力學有好幾種可能的解釋一樣。其實只存在一種解釋：只有一種你能夠理解量子力學的方法（也就是哥本哈根的觀點！）。[3]」這位曾經在海森堡和包立手下學習過的物理學家仍然流連於革命時代那波瀾壯闊的觀念，把波函數的崩陷認為是一種唯一合理的物理解釋。大衛・德義奇也毫不含糊地向人們推銷多宇宙的觀點。他針對奧卡姆剃刀對於「無法溝通的宇宙的存在」提出的詰問時說，MWI 是最為簡單的解釋，相對於種種比如「意識」這樣稀奇古怪的概念來說，多宇宙的假設實際上是最廉價的！他甚至描述了一種「超腦」實驗，認為可以讓一個人實際地感受到多宇宙的存在！接下來是波姆，他坦然地準備接受放棄物理中的定域性，繼續維持實在性。「對於愛因斯坦來說，確實有許多事情按照他所預料的方式發生。」波姆說，「但是，他不可能在每一件事情上都是正確的！」在波姆看來，狹義相對論也許可以看成是一種普遍情況的一種近似，正如牛頓力學是相對論在低速情況下的一種近似那樣。作為波姆的合作者之一，巴西爾・海利（Basil Hiley）也強調了隱變數理論的作用。約翰・泰勒（John Taylor）則描述了另一種完全不同的解釋，也就是所謂的「系綜」解釋（the ensemble interpretation）。系綜解釋持有的是一種非常特別的統計式的觀點，也就是說，物理量只對於平均狀況才有意義，對於單個電子來說，是沒有意義的，它無法定義！我們無法回答單個系統，比如一個電子通過了哪條縫這樣的問題，而只能給出一個平均統計！我們在史話的後面再來詳細地介紹系綜解釋。

在這樣一種大雜燴式的爭論中，阿斯派克特實驗似乎給我們的未來蒙上了一層更加撲朔迷離的影子。愛因斯坦有一次說：「雖然上帝神祕莫測，但祂卻沒有惡意。」（Raffiniert ist der Herrgott, aber boshaft ist er nicht.）但這樣一位慈祥的

---

3. 這句話或許不是他的原創，至少羅森菲爾德就曾經表達過類似的意思。

上帝似乎已經離我們遠去了，留給我們一個難以理解的奇怪世界以及無窮無盡的爭吵。我們在隱函數這條道路上的探索也快接近盡頭了，關於波姆的理論，也許仍然有許多人對它表示足夠的同情，比如 John Gribbin 在他的名作《尋找薛丁格的貓》（In Search of Schrodinger's Cat）中還把自己描述成一個多宇宙的支持者，而在十年後的《薛丁格的小貓以及對現實的尋求》（Schrodinger's Kittens and the Search for Reality）一書中，他對 MWI 的熱情已經減退，並對波姆理論表示出了謹慎的樂觀。我們不清楚，也許波姆理論是對的，但我們並沒有足夠可靠的證據來說服我們自己相信這一點。除了波姆的隱函數理論之外，還有另一種隱函數理論，它由 Edward Nelson 所發明。大致來說，它認為粒子按照某種特定的規則在空間中實際地瀰漫開去（有點像薛丁格的觀點），類似波一般地確定地發展。我們不打算過多地深入探討這些觀點，我們所不滿的是，這些和愛因斯坦的理想相去甚遠！為了保有實在性而放棄掉定域性，也許是一件飲鴆止渴的事情。我們不敢說光速絕對地不可超越，只是要推翻相對論，現在似乎還不大是時候，畢竟相對論也是一個經得起考驗的偉大理論。

我們沿著這條路走來，但是它當初許諾給我們的那個美好藍圖，那個愛因斯坦式的理想卻在實驗的打擊下終於破產。也許我們至少還保有實在性，但這不足以吸引我們中的許多人，讓他們付出更多的努力和代價而繼續前進。阿斯派克特實驗嚴酷地將我們的憧憬粉碎，當然它並沒有證明量子論是絕對正確的（它只是支持了量子論的預言，正如我們討論過的那樣，沒什麼理論可以被「證明」是對的），但它無疑證明了愛因斯坦的世界觀是錯的！事實上，無論量子論是錯是對，我們都已經不可能追回傳說中的那個定域實在的理想國，這也使我們喪失了沿著該方向繼續前進的很大一部分動力。就讓那些孜孜不倦的探索者繼續前進，我們還是退回到原來的地方，再繼續苦苦追尋，看看有沒有柳暗花明的一天。

 名人軼聞：超光速

EPR 背後是不是真的隱藏著超光速我們仍然不能確定，至少它表面上看起來

似乎是一種類似的效應。不過，我們並不能利用它實際地傳送資訊，這和愛因斯坦的狹義相對論並非矛盾。

假如有人想利用這種量子糾纏效應，試圖以超光速從地球傳送某個消息去到半人馬座 α 星[4]，他是注定要失敗的。假設某個未來時代，某個野心家駕駛一艘太空船來到兩地連線的中點上，然後使一個粒子分裂，兩個子粒子分別飛向兩個目標。他事先約定，假如半人馬星上觀測到粒子是「左旋」，則表示地球上政變成功，反之，如是「右旋」則表示失敗。這樣的通訊建立在量子論上：地球上觀測到的粒子的狀態會「瞬間」影響到遙遠的半人馬星上另一個粒子的狀態。但事到臨頭他卻犯難了：假設他成功了，他如何確保他在地球上一定觀測到一個「右旋」粒子，以保證半人馬那邊收到「左旋」的資訊呢？他沒法做到這點，因為觀測結果是不確定的，他沒法控制！他最多說，當他做出一個隨機的觀測，發現地球上的粒子是「右旋」的時候，那時他可以有把握地，100%地預言遙遠的半人馬那裡一定收到「左」的信號，雖然理論上說兩地相隔非常遙遠，訊息還來不及傳遞過來。如果他想利用貝爾不等式，他也必須知道，在那一邊採用了什麼觀測手段，但這必須通過通常的方法來獲取。這一切都並不違反相對論，你無法利用這種「超光速」製造出資訊在邏輯上的自我矛盾來（例如回到過去殺死你自己之類的）。

如今，建立在糾纏原理上的量子傳輸（teleportation）事實上已經實現，而且已經有很多具體通信協議的提出。在我們的整篇史話中，很少出現中國人的名字。不過令人欣慰的是，今天中國在量子通信領域已經毫無疑問地達到了世界頂尖水準，尤以中科大的潘建偉、郭光燦等小組最為有名。2016 年，中國發射了世界首顆量子通信衛星「墨子號」，成為轟動一時的大新聞。當然，它的用途並不是很多人以為的那樣，可以超光速地進行通話。量子通信的好處是，如果遭到中途竊聽，那麼量子糾纏就會被破壞，而通話物件可以輕易地發現這一點。所

---

4. 即南門二。它的一顆伴星是離我們地球最近的恆星，就是「比鄰星」。很多讀者來信詢問，這個例子是不是在說劉慈欣的著名科幻小說《三體》，但本書最初寫成時，《三體》尚未出版，因此只能算是巧合。從量子論的角度來看，《三體》中智子利用量子糾纏來傳遞超光速信號的設想應該是不能實現的，不過，我們也不必以這樣嚴苛的眼光來對待虛構類的科幻小說。

以，從這個意義上來說，量子通信是一種安全性極高的通信方式，不可能中途洩密。在未來的宇宙戰爭中，我們大可放心地用它來指揮數光年之外的艦隊，當然，這可能是科幻小說家感興趣的題材了。

西元 2000 年，王力軍、Kuzmich 等人在 Nature 上報導了另一種「超光速」，它牽涉到在特定介質中使得光脈衝的群速度超過真空中的光速 (5)。這本身也並不違反相對論，也就是說，它並不違反嚴格的因果律，結果無法「回到過去」去影響原因。同樣，它也無法攜帶實際的資訊。

其實我們的史話一早已經討論過，德布羅意那「相波」的速度 c2/v 就比光速要快，但只要不攜帶能量和資訊，它就不違背相對論。相對論並非有些人所空想的那樣已被推翻，相反，它始終是我們所能依賴的最可靠的基石之一。

四

哥本哈根、MWI、隱變數。我們已經是第三次在精疲力竭之下無功而返了。隱變數所給出的承諾固然美好，可是最終的兌現卻是大打折扣的，這未免教人喪氣。雖然還有波姆在那裡熱切地召喚，但為了得到一個決定性的理論，我們付出的代價是不是太大了點？這仍然是很值得琢磨的事情，同時也使得我們不敢輕易地投下賭注，義無反顧地沿著這樣的方向走下去。

如果量子論注定了不能是決定論的，那麼我們除了推導出類似「崩陷」之類的概念以外，還可以做些什麼假設呢？

有一種功利而實用主義的看法，是把量子論看作一種純統計的理論：它無法對單個系統作出任何預測，它所推導出的一切結果，都是一個統計上的概念！也就是說，在量子論看來，我們的世界中不存在什麼「單個」（individual）的事件，每一個預測，都只能是平均式的，針對「整個集合」（ensemble）的，這也就是「系綜解釋」（the ensemble interpretation）一詞的來源。

大多數系綜論者都喜歡把這個概念的源頭上推到愛因斯坦，比如 John

---

5. Nature V406。

Taylor，或者加拿大 McGill 大學的 B. C. Sanctuary。愛因斯坦曾經說過：「任何試圖把量子論的描述看作是對於『單個系統』的完備描述的做法都會使它成為極不自然的理論解釋。但只要接受這樣的理解方式，也即（量子論的）描述只能針對系統的『全集』，而非單個個體，上述的困難就馬上不存在了。」這個論述成為了系綜解釋的思想源泉 [6]。

嗯，怎麼又是愛因斯坦？我們還記憶猶新的是，隱變數不是也把他拉出來作為感召和口號嗎？或許愛因斯坦的聲望太大，任何解釋都希望從他那裡取得權威。不過無論如何，從這一點來說，系綜和隱變數實際上是有著相同的文化背景，但是它們之間不同的是，隱變數在作出「量子論只不過是統計解釋」這樣的論斷後，仍然懷著滿腔熱情去尋找隱藏在它背後那個更為終極的理論，試圖把我們所看不見的隱變數找出來以最終實現物理世界所夢想的最高目標：理解和預測自然。它那銳意進取的精神固然是可敬的，但正如我們已經看到的那樣，在現實中遭到了嚴重的困難和阻撓，不得不為此放棄許多東西。

相比隱變數那勇敢的衝鋒，系綜解釋選擇固本培元、以退為進的戰略。在它看來，量子論是一個足夠偉大的理論，它已經界定了這個世界可理解的範疇。的確，量子論給我們留下了一些盲點，一些我們所不能把握的東西，比如我們沒法準確地同時得到一個電子的位置和動量，這叫一些持守完美主義的人們覺得坐立不寧，寢食難安。但系綜主義者說：「不要徒勞地去探索那未知的領域了，因為實際上不存在這樣的領域！我們的世界本質上就是統計性質的，沒有一個物理理論可以描述『單個』的事件，事實上，在我們的宇宙中，只有『系綜』，或者說『事件的全集』才是有物理意義的。」

這是什麼意思呢？我們打個比方。假設每個人都有一種物理屬性，稱之為「友善度」，代表了你在人群中的受歡迎程度。但是，只要仔細想一想，你就會發現，這種屬性只能結合具體的某個「群體」而言。如果把一個人單單拎出來，憑空討論他「友善度」有多高，這是沒有意義的。因為如果你把他放到一群朋友

---

6. 可見 Max Jammer 的名著《量子力學的哲學》。

中間，他肯定很受歡迎，如果把他扔到仇敵當中，那他自然就會受到排擠。所以，一個人的「友善度」有多高，這並不取決於他本身，而取決於你把他放到哪個群體之中，或者說，看你把他歸類為哪個集合（系綜）的一員。「友善度」是一個屬於群體的概念，而不是個人屬性。只有先定義了一個群體（系綜），我們才能談論其中某個成員的「友善度」究竟有多高。

而「概率」也一樣。在概率的「頻率主義派」（frequencists）看來，「單個事件」是沒有概率的，討論它的概率毫無意義。比方說，我們從馬路上隨便拉來一個小夥子，請問他身高的最大概率，或者說「身高期望」是多少？顯然，你會發現，要想討論這個問題，我們首先得把他歸類到某一個「集合」，或者「系綜」裡面去。如果你把他定義為「地球人」這個集合中的一員，那他的身高期望可能是 1 米 62（也就是所有地球人，包括男女老幼身高的平均值，當然這個數字是隨便寫的，僅用來舉例）；如果你把他定義為「男人」中的一員，那他的身高期望可能就是 1 米 69；如果你把他定義為「中國北方 20 歲青年」中的一員，那他的身高期望可能就是 1 米 73……

所以同樣道理，對於一個人來說，他的「身高期望」是多少，這取決於你把他歸類到哪個集合，而不取決於他本身，這是一個屬於「系綜」的概念！對於這個小夥子本身來說，他並沒有什麼唯一的，確定的「身高期望」，脫離了系綜空談「身高期望」是沒有意義的。

電子同樣如此。我們問：單個電子通過「左縫」的概率是多少？如果你沒有定義該電子的「系綜」，那這個問題就毫無意義。正確的問法是：我們讓大量電子通過雙縫，並在左邊那條縫上裝上探測裝置。在這種情況下，如果某個電子屬於該實驗中「所有的電子」集合裡的一員，請問它通過左縫的概率是多少？你看，只有先精確地描述了實驗（或者觀測）方式，精確地定義了整個系綜之後，我們才能回答這個問題。在這裡，答案顯然是 50%。

波和粒子的問題同樣類似。如果你簡單地問：電子是波還是粒子？這個問題是沒有意義的。你只能這樣問：假設我們把參與到某個光電效應實驗中的光子全體定義為一個系綜，那如果某個特定光子屬於這個系綜，請問它呈現出來的屬性

是粒子還是波？在這個問題中，答案當然是粒子。

為什麼不能好好說話，非要這樣七彎八繞呢？因為在系綜派看來，只有系綜才有各種屬性，而單個物體是沒有屬性的。你可以回頭想一想在前面的章節裡，我們曾經提過的那種說法：如果沒有精確地定義某種觀測方式，空自討論電子的屬性（如動量、位置等）就是無意義的。在這裡，定義一個觀測方式，實際上就是要求你先定義這個電子的系綜。

奇怪，好像有什麼地方不對勁。這套說辭聽起來似乎無懈可擊，但如果我們仔細捉摸，它似乎有點像是某種「正確的廢話」，好比英國神劇《是，大臣》（Yes Minister）裡面老奸巨猾的公務員那種冗長而又堂而皇之的官僚主義套詞。你不能問一個電子究竟是粒子還是波，你只能先假設如果有一個電子屬於波的系綜，然後再問它究竟是粒子還是波？回答是波。可是……這難道不是坑人嗎？

同樣，我們都知道如果大量電子自由通過雙縫，會組成干涉條紋。可是現在我們關心的不是「大量電子」，而是「單個電子」！我們想知道在這個過程中，單個電子是如何通過雙縫的，它具體的軌跡是什麼？但系綜論者卻告訴我們：單個電子沒有軌跡，「軌跡」是一個屬於系綜的統計概念，只有定義了系綜之後，我們才能談論軌跡。比如在雙縫實驗裡，「軌跡」就是大量電子通過雙縫的總和，也即是干涉條紋。除此之外，其他一律無可奉告。

從某種程度上來說，系綜主義者採取的是一種「眼不見為淨」的做法。對於我們最為彷徨困惑的那些問題，比如單個電子的軌跡，單個薛定諤貓的死活等等，它簡單地把這些問題統統劃為「沒有意義」。討論這些話題，就像討論「時間被創造前 1 秒」，「比光速快 2 倍的速度」，或者「絕對零度低 5 度」一樣，雖然不存在語法上的障礙，但在物理上卻是說不通的。John Taylor 在採訪中表示：「單個系統」中究竟發生了什麼，這在量子力學裡是不被允許討論的。我們這個世界的所有屬性，都是統計性質的，而單個事件呢？單個事件沒有屬性。

許多人也許會對此感到奇怪，但歸根到底，這中間仍然凸顯了兩種哲學觀念的衝突。就像我們前面舉的例子，對於某個小夥子來說，他本身並沒有什麼「身

高期望」，因為這是一個統計性質的概念，你只有把他扔到某個「人群」裡之後，才能結合系綜來談論所謂的身高期望。但儘管如此，我們大多數人仍然不言而喻地認為，無論如何，這個小夥子肯定還擁有一個「實際身高」。這個身高是他自身的固有屬性，而不取決於你把他扔進哪個人群，或者怎麼去定義他！

但在系綜主義者看來，這只是我們的錯覺而已。他們堅持認為，這個世界上一切的「物理屬性」，都是類似於「身高期望」那樣的統計概念，而根本就不存在屬於個體的「實際身高」！所有的物理量都是由系綜決定的，就像那匹可憐的馬，它是什麼顏色，只取決於我們定義的觀測方式（即系綜），而並沒有一個「實際的」顏色存在。人們煞費苦心，不斷地搞出什麼「坍縮」或者「多宇宙」之類的瘋狂概念，完全只是庸人自擾，是在向風車宣戰。只要承認單個事件沒有物理屬性，單個電子沒有路徑，單只薛定諤貓沒有死活，那麼一切麻煩自然也就不存在了！

僅從實用角度出發，系綜解釋當然是完美無缺的。它一方面保留了現有量子論的全部數學形式，另一方面，又聰明地通過「劃清界限」的方式把自己包裹在刀槍不入的堅殼之中。但是，對於這種關起門來，然後聲稱所有的問題都已經解決的做法，我們總覺得有點不太滿意。首先，這裡牽涉到一個基本的真實性問題。聲稱單個電子的行為「沒有意義」固然方便，但大自然真是這樣的嗎？還是說，這只是我們藉以逃避困難的一種托詞而已？如果僅僅因為薛定諤的貓又死又活，違反常識，就認為單只貓「沒有死活的屬性」，這似乎並不構成有說服力的理由，畢竟在科學史上，顛覆常識的事情已經發生過太多次。

其次，如果所有的物理概念都是統計性質的，由系綜決定的，這便不可避免地牽涉到主觀性問題。因為所謂「系綜」，實際上都是我們主觀定義的，並沒有哪條宇宙法則規定你必須要選擇哪個系綜。好比那個小夥子，如果我們把他歸類為「地球人」，那麼「地球人」就是他的系綜，但同樣，我們也可以隨著自己的喜好，把他定義成「男人」、「教師」或者「山東人」等等，這完全是主觀的！然而，在不同的系綜裡，他就會具有不同的「屬性」，比如身高期望、預期壽命等都會因所屬群體的不同而相應發生改變。同樣，一個電子的動量或位置取決於

我們選擇什麼樣的測量方式，每一種測量方式就對應了一種系綜。在不同的測量方式下，電子表現出不同的動量/位置來，但並沒有什麼原則規定哪種測量方式才是「標準」。

這就帶來一個問題。如果說物理學的一切都是統計概念，都取決於系綜，這也就是說，宇宙中所有的物理現象其實都是由我們主觀決定的，而根本就沒有什麼「客觀」的物理量！這和把「觀測者」放到宇宙中心又有什麼分別呢？就算我們承認，一個電子確實沒有什麼固定的「本來狀態」，它是波還是粒子，完全取決於我們如何去測量它。但是，許多人終究還是抱著一絲信念：這個宇宙中一定還有一些「客觀」的東西，它不依賴於我們的主觀選擇，也不依賴於系綜而存在。

最後，就算我們畢竟 too young 吧，但至少，我們血液中的熱情還沒有冷卻，對於這個宇宙仍然懷有深深的好奇。我們仍然覺得，探討「個電子在哪裡」或者「薛定諤的貓到底是死是活」是一件很有意思，也很有意義的事情。或許正是這些問題引發了各種「麻煩」，但對於真相的探索和奧秘的好奇，難道不也是物理學吸引我們的最大理由嗎？

因此，雖然系綜主義者圈出了一個溫暖的安樂窩，邀請我們留在其中安享其樂，我們卻仍然要選擇繼續前進，穿過更加幽深的峽谷和神秘的森林去進行新的探險。現在，前方又出現了兩條新闢的道路，雖然坎坷顛簸，行進艱難，但沿途奇峰連天，枯松倒掛，瀑布飛湍，冰崖怪石，那絕美的景色一定不會令你失望。讓我們繼續出發吧。

五

我們已經厭倦了光子究竟通過了哪條狹縫這樣的問題，管它通過了哪條，這和我們又有什麼關係呢？一個小小的光子是如此不起眼，它的世界和我們的世界相去天壤，根本無法聯繫在一起。在大多數情況下，我們甚至根本沒法看見單個

的光子 [7]。在這樣的情況下，大眾對於探究單個光子究竟是「幽靈」還是「實在」無疑持有無所謂的態度，甚至覺得這是一種杞人憂天的探索。

真正引起人們擔憂的，還是那個當初因為薛丁格而落下的後遺症——從微觀到宏觀的轉換。如果光子又是粒子又是波，那麼貓為什麼不是又死且又活著？如果電子同時又在這裡又在那裡，那麼為什麼桌子安穩地待在它原來的地方，沒有擴散到整間屋子中去？如果量子效應的基本屬性是疊加，為什麼日常世界中不存在這樣的疊加，或者為什麼我們從未見過這種情況？

我們聽取了足夠多耐心而不厭其煩的解釋。貓的確又死又活，只不過在我們觀測的時候「崩陷」了；有兩隻貓，它們在一個宇宙中活著，在另一個宇宙中死去；貓從未又死又活，它的死活由看不見的隱變數決定；單隻貓的死活是無意義的事件，我們只能描述無窮只貓組成的「全集」……諸如此類的答案。也許你已經對其中的某一種感到滿意，但仍有許多人並不知足：一定還有更好，更可靠的答案。為了得到它，我們仍然需要不斷地去追尋，去開拓新的道路，哪怕那裡本來是荒蕪一片，荊棘叢生。畢竟世上本沒有路，走的人多了才成為路。

現在讓我們跟著一些開拓者小心翼翼地去考察一條新闢的道路，和當年揚帆遠航的哥倫布一樣，他們也是義大利人。這些開拓者的名字刻在路口的紀念碑上：Ghirardi，Rimini 和 Weber，下面是落成日期：西元 1986 年 7 月。為了紀念這些先行者，我們順理成章地把這條道路以他們的首字母命名，稱為 GRW 大道。

這個思路的最初設想可以回溯到 70 年代的 Philip Pearle：哥本哈根派的人物無疑是偉大和有洞見的，但他們始終沒能給出「崩陷」這一物理過程的機制，而且對於「觀測者」的主觀依賴也太重了些，最後搞出一個無法收拾的「意識」不說，還有墮落為唯心論的嫌疑。是否能夠略微修改薛丁格方程，使它可以對「崩陷」有一個讓人滿意的解釋呢？

西元 1986 年 7 月 15 日，我們提到的那三位科學家在《物理評論》雜誌上發

---

7. 有人做過實驗，肉眼看見單個光子是有可能的，但機率極低，而且它的波長必須嚴格地落在視網膜杆狀細胞最敏感的那個波段。

表了一篇論文，題為《微觀和宏觀系統的統一動力學》（Unified dynamics for microscopic and macroscopic systems），從而開創了 GRW 理論。GRW 的主要假定是，任何系統，不管是微觀還是宏觀的，都不可能在嚴格的意義上孤立，也就是和外界毫不相干。它們總是和環境發生著種種交流，為一些隨機（stochastic）的過程所影響。這些隨機的物理過程——不管它們實質上到底是什麼——會隨機地造成某些微觀系統，比如一個電子的位置，從一個彌漫的疊加狀態變為在空間中比較精確的定域（實際上就是哥本哈根口中的「崩陷」）。儘管對於單個粒子來說，這種過程發生的可能性是如此之低——按照他們原本的估計，平均要等上 10^{16} 秒，也就是近 10 億年才會發生一次。所以從整體上看，微觀系統基本上處於疊加狀態是不假的，但這種定域過程的確偶爾發生，我們把這稱為一個「自發的定域過程」（spontaneous localization）。GRW 有時候也稱為「自發定域理論」。

關鍵是，雖然對於單個粒子來說要等上如此漫長的時間才能迎來一次自發過程，可是對於一個宏觀系統來說可就未必。拿薛丁格那隻可憐的貓來說，一隻貓由大約 10^{27} 個粒子組成，雖然每個粒子平均要等上幾億年才有一次自發定域，但對像貓這樣大的系統，每秒必定有成千上萬的粒子經歷了這種過程。

Ghirardi 等人把薛丁格方程換成了所謂的密度矩陣方程，然後做了複雜的計算，看看這樣的自發定域過程會對整個系統造成什麼樣的影響。他們發現，因為整個系統中的粒子實際上都是互相糾纏在一起的，少數幾個粒子的自發定域會非常迅速地影響到整個體系，就像推倒了一塊骨牌然後造成了大規模的多米諾效應。最後的結果是，整個宏觀系統會在極短的時間裡完成一次整體上的自發定域。如果一個粒子平均要花上 10 億時間，那麼對於一個含有 10^{23} 個粒子的系統來說，它只要 0.1 微秒就會發生定域，使得自己的位置從彌漫開來變成精確地出現在某個地點。這裡面既不要「觀測者」，也不牽涉到「意識」，它只是基於隨機過程！

如果真的是這樣，那麼當決定薛丁格貓的生死的那一刻來臨時，它的確經歷了死/活的疊加！只不過這種疊加只維持了非常短的時間，然後馬上「自發地」

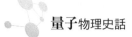

精確化，變成了日常意義上的，單純的非死即活。因為時間很短，我們沒法感覺
到這一疊加過程！這聽上去的確不錯，我們有了一個統一的理論，可以一視同仁
地解釋微觀上的量子疊加和宏觀上物體的不可疊加性。

　　但是，GRW 自身也仍然面臨著嚴重的困難，這條大道並不是那樣順暢的。
他們的論文發表當年，海德堡大學的 E.Joos 就向《物理評論》遞交了關於這個
理論的點評，並於次年發表，對 GRW 提出了置疑。自那時起，對 GRW 的疑問
聲一直很大，雖然有的人非常喜歡它，但是從未在物理學家中變成主流。懷疑的
理由有許多是相當技術化的，對於我們史話的讀者，我只想在最膚淺的層次上稍
微提一些。

　　GRW 的計算是完全基於隨機過程的，並不引入類如「觀測使得波函數崩
陷」之類的假設。他們在這裡所假設的「自發」過程，雖然其概念和「崩陷」類
似，實際上是指一個粒子的位置從一個非常不精確的分布變成一個比較精確的分
布，而不是完全確定的位置！換句話說，不管崩陷前還是崩陷後，粒子的位置始
終是一種不確定的分布，必須為統計曲線（高斯鍾形曲線）所描述。所謂崩陷，
只不過是它從一個非常矮平的曲線變成一個非常尖銳的曲線罷了。在哥本哈根解
釋中，只要一觀測，系統的位置就從不確定變成完全確定了，而 GRW 雖然不需
要「觀測者」，但在它的框架裡面沒有什麼東西是實際上確定的，只有「非常精
確」、「比較精確」、「非常不精確」之類的區別。比如說當我盯著你看的時
候，你並沒有一個完全確定的位置，雖然組成你的大部分物質（粒子）都聚集在
你所站的那個地方，但真正描述你的還是一個鍾形線（雖然是非常尖銳的鍾形
線）！我只能說，「絕大部分的你」在你所站的那個地方，而組成你的另外的那
「一小撮」（雖然是極少極少的一小撮）卻仍然彌漫在空間中，充斥著整個屋
子，甚至一直延伸到宇宙的盡頭！

　　也就是說，在任何時候，「你」都填滿了整個宇宙，只不過「大部分」的你
聚集在某個地方而已。作為一個宏觀物體的好處是，明顯的量子疊加可以在很短
的時間內完成自發定域，但這只是意味著大多數粒子聚集到了某個地方，總有一
小部分的粒子仍然留在無窮的空間中。單純地從邏輯上講，這也沒什麼不妥，誰

知道你是不是真有小到無可覺察的
一部分瀰漫在空間中呢？但這畢竟
違反了常識！如果必定要違反常
識，那我們乾脆承認貓又死又活，
似乎也不見得糟糕多少。

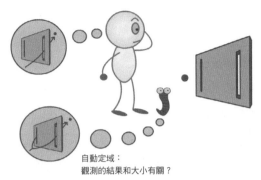

自動定域：
觀測的結果和大小有關？

圖 11-4 人和病毒觀測的結果不同？

　　GRW 還拋棄了能量守恆。自
發的崩陷使得這樣的守恆實際上不
成立，但破壞是那樣微小，所需等
待的時間是那樣漫長，使得人們根本不注意到它。拋棄能量守恆在許多人看來是
無法容忍的行為。我們還記得，當年波耳的 BKS 理論遭到了愛因斯坦和包立多
麼嚴厲的抨擊。

　　還有，如果自發崩陷的時間是和組成系統的粒子數量成反比的，也就是說組
成一個系統的粒子越少，其位置精確化所要求的平均時間越長，那麼當我們描述
一些非常小的探測裝置時，這個理論的預測似乎就不太妙了。比如要探測一個光
子的位置，我們不必動用龐大複雜的儀器，就可以用非常簡單的感光劑來做到。
如果好好安排，我們完全可以只用到數十億個粒子（主要是銀離子）來完成這個
任務。按照哥本哈根，這無疑也是一次「觀測」，可以立刻使光子的波函數崩陷
而得到一個確定的位置，但如果用 GRW 的方法來計算，這樣小的一個系統必須
等上平均差不多一年才會產生一次「自發」的定域。也就是說，如果我們進行這
樣的「觀測」的話，那麼就可能在「觀測」後仍然保有一個長達一年的疊加態！

　　Roland Omnés 後來提到，Ghirardi 在私人的通信中承認了這一困難 [8]。但他
爭辯說，就算在光子使銀離子感光這一過程中牽涉到的粒子數目不足以使系統足
夠快地完成自發定域，我們也無法意識，或者觀察到這一點！如果作為觀測者的
我們不去觀測這個實驗的結果，誰知道呢？說不定光子真的需要等上一年來得到
精確的位置。可是一旦我們去觀察實驗結果，這就把我們自己的大腦也牽涉進整

---

8. 見 Omnes 1994。

個系統中來了。關鍵是，我們的大腦足夠「大」（有沒有意識倒不重要），包含了足夠多的粒子！足夠大的物體與光子的相互作用使它迅速地得到了一個相對精確的定位！

推而廣之，因為我們長著一個大腦袋，所以不管我們看什麼，都不會出現位置模糊的量子現象。要是我們拿複雜的儀器去測量，那麼當然，測量的時候物件就馬上變得精確了。即使儀器非常簡單細小，測量以後物件仍有可能保持在模糊狀態，它也會在我們觀測結果時因為擁有眾多粒子的「大腦」的介入而迅速定域。這樣看來，我們是注定無法直接感覺到任何量子效應了，不知道一個足夠小的病毒能否爭取到足夠長的時間來感覺到「光子又在這裡又在那裡」的奇妙景象（如果它能夠感覺的話）？

最後，薛丁格方程是線性的，而 GRW 用密度矩陣方程將它取而代之以後，實際上把整個理論體系變成了非線性的！這使它會作出一些和標準量子論不同的預言，而它們可以用實驗來檢驗（只要我們的技術手段更加精確一些）！可是，標準量子論在實踐中是如此成功，它的輝煌是如此燦爛，以致任何想和它在實踐上比高低的企圖都顯得前途不太美妙。我們已經目睹了定域隱變數理論的慘死，不知 GRW 能否有更好的運氣？另一位量子論專家，因斯布魯克大學的 Zeilinger（提出 GHZ 檢驗的那個）在西元 2000 年為 Nature 雜誌撰寫的慶祝量子論誕生 100 周年的文章中大膽地預測，將來的實驗會進一步證實標準量子論的預言，把非線性的理論排除出去，就像當年排除掉定域隱變數理論一樣。

OK，我們將來再來為 GRW 的終極命運而擔心，我們現在只是關心它的生存現狀。GRW 保留了類似「崩陷」的概念，試圖在此基礎上解釋微觀到宏觀的轉換。從技術上講它是成功的，避免了「觀測者」的出現，但它沒有解決崩陷理論的基本難題，也就是崩陷本身是什麼樣的機制？再加上我們提到的種種困難，使得它並沒有吸引到大部分的物理學家來支持它。不過，GRW 不太流行的另一個重要原因，恐怕是很快就興起了另一種解釋，可以做到 GRW 所能做到的一切。雖然同樣稀奇古怪，但它卻不具備 GRW 的基本缺點。這就是我們馬上就要

去觀光的另一條道路：退相干歷史（Decoherent Histories）。這也是我們的漫長旅途中所重點考察的最後一條道路。

CHAPTER **12**
新探險

—

西元 1953 年，年輕、但是多才多藝的物理學家穆雷・葛爾曼（Murray Gell-Mann）離開普林斯頓，到芝加哥大學擔任講師。那時的芝加哥，仍然籠罩在恩里科・費米的光輝之下，自從這位科學巨匠在西元 1938 年因為對於核子物理理論的傑出貢獻拿到諾貝爾獎之後，已經過去了近十六年。葛爾曼也許不會想到再過十六年，相同的榮譽就會落在自己身上。

雖然已是功成名就，但費米仍然抱著寬厚隨和的態度，願意和所有的人討論科學問題。在核子物理迅猛發展的那個年代，量子論作為它的基礎，已被奉為神聖而不可侵犯的經典，但費米卻總是有著一肚子的懷疑，他不止一次地問葛爾曼：

「既然量子論是正確的，那麼疊加性必然是一種普遍現象。可是，為什麼火星有著一條

圖 12.1 葛爾曼

確定的軌道，而不是從軌道上向外散開去呢？」

自然，答案在哥本哈根派的錦囊中是唾手可得：火星之所以不散開去，是因為有人在「觀察」它，或者說有人在看著它。每看一次，它的波函數就崩陷了。但無論費米還是葛爾曼，都覺得這個答案太無聊和愚蠢，必定有一種更好的解釋。

可惜在費米的有生之年，他都沒能得到更好的答案。他很快於西元 1954 年去世，而葛爾曼則於次年又轉投加州理工，在那裡開創屬於他的偉大事業。加州理工的好學生源源不斷，哈特爾（James B Hartle）就是其中一個。60 年代，他在葛爾曼的手下攻讀博士學位，對量子宇宙學進行了充分的研究和思考，有一個思想逐漸在他的腦海中成型。那個時候，費因曼的路徑積分方法已經被創立了二十多年，而到了 70 年代，正如我們在史話的前面所提起過的那樣，一種新的理論——退相干理論在 Zurek 和 Zeh 等人的努力下也被建立起來了。進入 80 年代，埃弗萊特的多宇宙解釋在物理學界死灰復燃，並迅速引起了眾人的興趣……一切外部條件都逐漸成熟，等西元 1984 年，格里菲斯（Robert Griffiths）發表了他的論文之後，退相干歷史（簡稱 DH）解釋便正式瓜熟蒂落了。

我們還記得埃弗萊特的 MWI：宇宙在薛丁格方程的演化中被投影到多個「世界」中去，在每個世界中產生不同的結果。這樣一來，在宇宙的發展史上，就逐漸產生越來越多的「世界」。歷史只有一個，但世界有很多個！

當哈特爾和葛爾曼讀到格里菲斯關於「歷史」的論文之後，他們突然之間恍然大悟。他們開始叫嚷：「不對！事實和埃弗萊特的假定正好相反：世界只有一個，但歷史有很多個！」

提起「歷史」（History）這個詞，我們腦海中首先聯想到的恐怕就是諸如古埃及、巴比倫、希臘羅馬、唐宋元明清之類的概念。歷史學是研究過去的學問，但在物理上，過去、現在、未來並不是分得很清楚的，至少理論中沒有什麼特徵可以讓我們明確地區分這些狀態。站在物理的角度談「歷史」，我們只把它定義成一個系統所經歷的一段時間，以及它在這段時間內所經歷的狀態變化。比如我們討論閉在一個盒子裡的一堆粒子的「歷史」，則我們可以預計它們將按照熱力

學第二定律逐漸地擴散開來，並最終達到最大的熱輻射平衡狀態為止。當然，也有可能在其中會形成一個黑洞並與剩下的熱輻射相平衡，由於量子漲落和霍金蒸發，系統很有可能將在這兩個平衡態之間不停地搖擺，但不管怎麼樣，對應於某一個特定的時刻，我們的系統將有一個特定的態，把它們連起來，就是我們所說的這個系統的「歷史」。

在量子力學中，當我們討論「一段時間」的時候，我們所說的實際上是一個包含了所有時刻的集合，從 t0，t1，t2，一直到 tn。所以我們說的「歷史」，實際上就是指，對應於時刻 tk 來說，系統有相應的態 Ak。

我們還是以廣大人民群眾喜聞樂見的比喻形式來說明問題。想像一支足球隊參加某聯賽，聯賽一共要進行 n 輪。那麼這支球隊的「歷史」無非就是：對應於第 k 輪聯賽（時刻 k），如果我們進行觀測，則得到這場比賽的結果 Ak（Ak 可以是 1：0，2：1，3：3 等等）。

好，現在問題來了。我們還記得，在量子力學裡，如果對一個電子的動量進行「測量」，得到的結果並非唯一不變，它取決於我們的測量方式。由於不確定性原理的存在，我們可以把這個動量測得非常準確，也可以測得非常模糊，而兩者都是「正確」的。

同樣，如果測量一支球隊的「歷史」，也可能得到不同的結果。顯然，假設我們測量得無限精細，那就會得到每一場比賽的無限資訊，比如具體的比分、進球的方式、觀眾到場人數……等等。為了簡便起見，我們假定一場比賽最精細的資訊就到具體比分為止，那麼，如果精確地測量球隊的歷史，大約就會得到以下的結果：

1：2，2：3，1：1，4：1，2：0，0：0，1：3……

大家可以看到，每一場比賽，我們都測得了最精細的資訊，即具體比分。這樣的歷史，我們稱之為「精細歷史」（fine-grained history）。

不過，很多時候，我們也可以換一種「粗略」的方式進行測量。比方說，我們不需要具體知道幾比幾，只需要大概知道勝負結果就可以了。在這種指導思想下對一支球隊的「歷史」進行測量，得到的結果大約如下：

負，負，平，勝，勝，平，負……

可以看到，這個測量結果「省略」了很多資訊。現在我們只知道一場比賽的勝負，卻不知道具體進了幾個球，失了幾個球，因此，這可以稱為一種「粗略歷史」（coarse-grained history）。

說這些有什麼用呢？切莫心急，很快就見分曉。

在量子論中，最神奇的一點就是：當一個系統的歷史足夠「精細」時，它們就會「糾纏」在一起，產生「相干性」。比如我們熟悉的，雙縫前的電子，它「通過左縫」的歷史和「通過右縫」的歷史是互相糾纏，自我干涉的，因此我們無法分辨具體路徑，只能認為它「同時」通過了雙縫。在數學上，我們用「密度矩陣」來表示這兩種歷史的概率。稍作計算，你就會發現，在這個矩陣中，呆在座標左上角的那個值是「通過左縫」歷史的概率。呆在右下角的，則是「通過右縫」歷史的概率。但除了這兩者之外，在左下和右上角還有兩個值，這是什麼東西？它們不是任何概率，而是兩者之間的交叉干涉。正因為它們的存在，所以兩種歷史是糾纏的，它們的概率無法簡單相加。

用我們的足球比喻來說，想像有兩支球隊進行一場比賽，而你發現賭球網站上預測，主隊 2：1 獲勝的概率是 15%。奇妙的是，這卻並不表明，客隊 1：2 落敗的概率也是 15%，因為這兩個歷史是「相干」的，你不能用經典概率去處理。

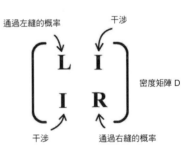

圖 12.2 密度矩陣

然而，這時候，退相干理論出現了。我們在前面的章節中已經簡單地介紹過這個理論，如果你還有印象，你應該記得，在 MWI 裡，當兩個「世界」的維度變大，自由度增加時，它們就會變得更加「正交」，以致互相失去聯繫，即退相干。

蓋爾曼和哈特爾發現，這個理論也可以輕易地用來對各種「歷史」進行處理，並且更加直觀。和 MWI 裡的「世界」一樣，原來兩個系統的「歷史」也會退相干，而原因同樣是自由度的增加。只不過在退相干歷史解釋中，自由度的增

加意味著資訊的省略。

我們前面已經說到，測量一個系統的「歷史」有很多辦法，除了精細歷史之外，你也可以有意省略一些資訊，從而得到「粗略的」歷史。有意思的是，當計算兩個「粗略歷史」的密度矩陣時，你就會發現，它們之間的干涉神奇消失了。換句話說，密度矩陣左下和右上角的兩個值都變成了 0，只剩下對角線上的兩個值。而密度矩陣的「對角化」也就意味著兩個歷史產生了退相干，變成了非此即彼的經典概率。

還是用足球來比喻，同樣是兩支球隊比賽，如果你發現賭博網站上預言，主隊「勝」的概率是 40%，這時候，你就不妨自信地斷言，這意味著客隊「負」的概率也是 40%。和 2：1，1：2 不同，「勝」和「負」兩種歷史不會產生相干或者糾纏。

這是為什麼呢？關鍵就在資訊上。原來一個粗略歷史因為忽略了很多資訊，使它實際上變成了一個「歷史集合」：其下面包含了大量的精細歷史。比方說，「勝」這個歷史，實際上包含了 1：0，2：0，2：1，4：2，7：3……所有可以被歸結為「勝」的具體比分，而「負」也是同樣的道理。因此，當你計算「主隊勝」和「客隊負」之間的干涉時，你就不僅僅是在計算「兩個歷史」之間的干涉，而是在計算兩個「歷史集合」之間的干涉。也就是說，它包括了「1：0 和 0：3 之間的干涉」，「4：1 和 1：2 之間的干涉」，「3：0 和 3：4 之間的干涉」……等等。總之，在「勝」和「負」兩個集合下的每一對精細歷史，它們之間的干涉都要被計算在內，而當所有這些干涉加在一起，你會發現，它們正好神奇地抵消了個乾淨（至少結果已經小得可以忽略不計）。於是，「勝」和「負」兩個歷史，就彼此「退相干」了。

這實際上是量子力學中常用的一種經典手段，也就是大名鼎鼎的「路徑積分」（path integral）。路徑積分是著名的美國物理學家費因曼在 1942 年發表的一種量子計算方法，它跟海森堡的矩陣以及薛定諤的波函數一樣，也是量子力學的一種等價的表達方式。費因曼的思路非常獨特：他認為粒子從 A 點運動到 B 點時，並沒有一個確定的「軌跡」，相反，在他看來，在這個過程中，粒子經歷

了一切可能的路徑！

因此，費因曼發明了路徑積分方法，也就是在計算一個粒子的運動時，我們需要把它在每一種可能的時空路徑上進行遍歷求和。而精妙的是，計算表明，到最後大部分的路徑往往會自相抵消，只剩下那些為量子力學所允許的軌跡。因為這一傑出工

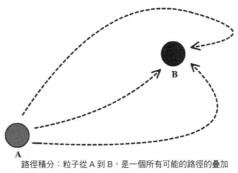

路徑積分：粒子從 A 到 B，是一個所有可能的路徑的疊加

圖 12.3 路徑積分

作，費因曼和別人分享了 1965 年的諾貝爾物理獎。

而在退相干歷史中，我們做的是同樣的事。當我們計算兩個粗略歷史之間的干涉時，我們實際上就「遍歷」了下面所有可能的精細歷史之間的干涉，而這些干涉往往互相抵消。事實上，歷史越「粗略」，這種抵消就越是乾淨。

現在，我們可以理解為什麼電子可以通過兩個狹縫，而我們卻無法觀測到這種現象了。因為電子「通過左縫」和「通過右縫」是兩種精細歷史，其中沒有省略什麼資訊。而「我們觀測到電子在左」（以下仍然簡稱「知左」）卻是一種極其粗略的歷史。為什麼呢？因為「知左」這個歷史大類裡本來包含了電子、我們和環境的所有細節，但除了觀測結果以外，其他所有資訊都被我們忽略掉了。比方說，當我們觀測到電子在左的時候，我們站在實驗室的哪個角落？早上吃了拉麵還是壽司？空氣中有多少灰塵沾在我們身上？窗戶裡射進了多少光子與我們發生了相互作用？這其中，每一種具體的組合其實都代表了一種精細歷史，比如「吃了拉麵的我們觀察到電子在左」和「吃了漢堡的我們觀察到電子在左」其實是兩種不同的歷史。「觀察到電子在左並同時被 1 億個光子打中」與「觀察到電子在左並同時被 1 億零 1 個光子打中」也是兩種不同的歷史。但顯然，我們完全沒有區分這些細微的不同，而只是簡單粗暴地把它們全部歸在「知左」這個歷史大類裡面。

這樣，當我們計算「知左」和「知右」兩個歷史之間的干涉時，實際上就對太多的事情做了遍歷求和。我們遍歷了「吃了漢堡的你」，「吃了壽司的你」，

「吃了拉麵的你」……的不同命運。我們遍歷了在這期間打到你身上的每一個光子，我們遍歷了你和宇宙盡頭的每一個電子所發生的相互作用……甚至在時間的角度上，除了實際觀測的那瞬間，每一個時刻——不管是過去還是未來——所有粒子的狀態也都被加遍了。而在全部計算都完成之後，各種精細歷史之間的干涉也就幾乎相等，它們將從結果中被抵消掉。於是，「知左」和「知右」兩個粗略歷史就退相干了，它們之間不再互相糾纏，而我們只能感覺到其中的某一種！

各位可能會覺得這聽起來像一個魔幻故事，但這的確是最近非常流行的一種關於量子論的解釋！下面，我們還需要進一步地考察這個思想，從而對量子論的內涵獲取更深的領悟。

二

按照退相干歷史（DH）的解釋，假如我們把宇宙的歷史分得足夠精細，那麼實際上每時每刻都有許許多多的精細歷史在「同時發生」（相干）。比如沒有觀測時，電子顯然就同時經歷著「通過左縫」和「通過右縫」兩種歷史。但一般來說，我們對於過分精細的歷史沒有興趣，我們只關心我們所能觀測到的粗略歷史的情況。因為互相脫散（退相干）的緣故，這些歷史之間失去了聯繫，只有一種能夠被我們感覺到。

按照歷史顆粒的粗細，我們可以創建一棵「歷史樹」。還是拿我們的量子聯賽來說，一個球隊在聯賽中的歷史，最可以分到什麼程度呢？也許我們可以把它僅僅分成兩種：「得到聯賽冠軍」和「沒有得到聯賽冠軍」。在這個極的層面上，我們只具體關心有否獲得冠軍，別的一概不理，它們都將在計算

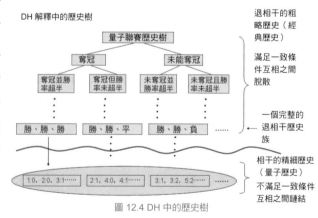

圖 12.4 DH 中的歷史樹

中被加遍。但是我們也可以繼續「精確」下去，比如在「得到冠軍」這個分支上，還可以繼續按照勝率再區分成「奪冠並且勝率超過 50%」和「奪冠但勝率不超過 50%」兩個分支。類似地我們可以一直分下去，具體到總共獲勝了幾場，具體到每場的勝負……一直具體到每場的詳細比分為止。當然在現實中我們仍可以繼續「精細化」，具體到誰進了球、球場來了多少觀眾、其中多少人穿了紅衣服、球場一共長了幾根草之類。但在這裡我們假設，一場球最詳細的資訊就是具體的比分，沒有更加詳細的了。這樣一來，我們的歷史樹分到具體的比分就無法再繼續分下去，這最底下的一層就是「樹葉」，也稱為「最精細歷史」（maximally fine-grained histories）。

對於兩片樹葉，也就是最精細歷史來講，它們通常是互相糾纏，或者說相干的。因此，我們無法明確地區分 1：0 獲勝和 2：0 獲勝這兩種歷史，也無法用傳統的概率去計算它們。但正如上一章所說，我們可以通過適當的「粗略化」令它們「退相干」，比方說合併為「勝」，「平」，「負」三大類。這樣一來，這三類歷史就不再互相干涉，從而退化為經典概率。當然，並非所有的粗略歷史之間都沒有干涉，具體要符合某種「一致條件」（consistency condition），而這些條件可以由數學嚴格地推導出來。

在 DH 解釋裡，當幾個粗略歷史之間不再干涉或相干時，我們就稱其為系統歷史的一個「退相干族」（a decoherent family of histories）。當然，DH 的創建人之一格里菲斯也愛用「一致歷史」（consistent histories）這個詞來稱呼它。

好，現在讓我們回到現實中來，考察一下「薛定諤的貓」究竟是怎麼回事。和前面提到的量子足球賽一樣，如果我們能把一個系統的資訊測量到「最精細」，就可以把它的歷史一路分到最底層，也就是最精細歷史的級別。而對於我們的宇宙來說，「最精細」的資訊單元就是一個量子比特，因此在理論上，如果有某個超人能夠辨認每一個量子比特，他就能體驗到 n 種宇宙的精細歷史在同時發生，並互相相干。

但對於我們這些凡夫俗子而言，我們就沒有那麼高的「解析度」，於是只好簡單地把宇宙的歷史分成各種「大類」，也就是粗略化。在薛定諤貓的例子中，

因為描述一隻貓具體要用到 10^{27} 個粒子，而我們顯然沒法區分這 10^{27} 個粒子的每一種細微的不同狀態，因此只好省略掉絕大部分資訊，簡單把它們分成「貓死」和「貓活」兩種（就類似於量子聯賽中的「奪冠」，「沒奪冠」）。由於省略了大量的資訊，這兩個「極粗」的歷史也就徹底退相干了。在計算中，兩個大類下的所有精細歷史都被遍歷求和，它們之間的干涉相互抵消，使得「貓死」和「貓活」變成了兩種截然不同的狀態。而我們只能感覺到其中的一種。

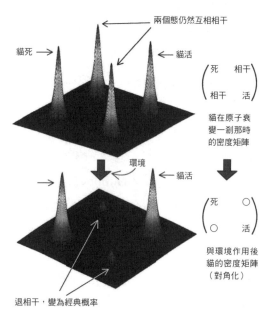

圖 12.5 與環境作用的退相干

然而，從本質上來說，這種「分離」實際上只是我們因為資訊不足而產生的一種幻覺。如果 DH 解釋是正確的，那麼宇宙每時每刻其實仍然經歷著多重的歷史，世界上的每一個粒子，事實上都仍處在所有可能歷史的疊加之中！只不過當涉及到宏觀物體時，由於我們所能夠觀察和描述的無非是一些粗略化的歷史，這才產生了「非此即彼」的假像。假如我們有超人的能力，可以分辨「貓死」或者「貓活」下的每一種精細歷史，我們就會發現，這些歷史仍然是糾纏而相干的。

嗯，雖然聽起來古怪，但在數學上，DH 也算是定義得很好的一個理論，而且看上去至少可以自圓其說。另外，就算從哲學的雅致觀點出發，其支持者也頗為得意地宣稱它是一種假設最少，而最能體現「物理真實」的理論。不過，DH 的日子也並不像宣揚的那樣好過，對其最猛烈的攻擊來自我們在上一章提到過的，GRW 理論的創立者之一 GianCarlo Ghirardi。自從 DH 理論創立以來，這位義大利人和其同事至少在各類物理期刊上發表了 5 篇攻擊退相干歷史解釋的論

文。Ghirardi 敏銳地指出，DH 解釋並不比傳統的哥本哈根解釋好到哪裡去！

比方說，我們已經描述過，在 DH 解釋的框架內，可以定義一系列的「粗略歷史」，當這些歷史符合所謂的「一致條件」時，它們就形成了一個退相干的歷史族（family）。以我們的量子聯賽為例，針對某一場具體的比賽，「勝」，「平」，「負」就是一個合法的歷史族，它們之間是互相排斥的，只有一個能夠發生。

但 Ghirardi 指出，這種分類可以有很多種，我們完全可以通過類似手法，定義一些其他的歷史族，它們同樣合法！比如說，我們並不一定要關注勝負關係，可以按照「進球數」進行分類。現在我們進行另一種粗略化，把比賽結果區分為「沒有進球」，「進了一個球」，「進了兩個球」以及「進了兩個以上的球」。從數學上看，這 4 種歷史同樣符合「一致條件」，它們構成了另一個完好的退相干歷史族！

現在，當我們觀測了一場比賽，所得到的結果就不是「客觀唯一」的，而取決於所選擇的歷史族。對於同一場比賽，我們可能觀測到「勝」，但換一套體系，就可能觀測到「進了兩個球」。當然，它們之間並不矛盾，但如果我們仔細地考慮一下，在「現實中」真正發生了什麼，這仍然讓人困惑。

當我們觀測到「勝」的時候，我們省略了它下面包含的全部資訊。換句話說，在計算中，我們實際上是假設所有屬於「勝」的精細歷史都同時發生了，比如 1:0，2:1，2:0，3:0……所有這些歷史都發生了，並互相糾纏著，只不過我們沒法分辨而已。可對於同樣一場比賽，我們換一組歷史族，也可能觀測到「進了兩個球」，這時候我們的假設其實是，所有進了兩個球的歷史都發生了。比如 2:0，2:1，2:2，2:3……

那麼，現在我們考慮某種特定的精細歷史，比如說 1:0 這樣一個歷史。雖然我們沒有能力觀測到這樣精細的一個歷史，但這並不妨礙我們去問：1:0 的歷史究竟發生了沒有？當觀測結果是「勝」的時候，它顯然發生了；而當觀測結果是「進了兩個球」的時候，它卻顯然沒有發生！可是，我們描述的卻是同一場比賽！

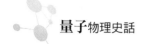

　　DH 的本意是推翻教科書上的哥本哈根解釋，把觀測者從理論中趕出去，還物理世界以一個客觀實在的解釋。但現在，它似乎是啞巴吃黃連——有苦說不出。「1：0 的歷史究竟是否為真」這樣一個物理描述，看來確實要取決於歷史族的選擇，而不是「客觀存在」的！實際上，大家可能已經發現了，這裡的「歷史族」和我們之前說到的「系綜」其實是同一個意思，也就是說，在 DH 解釋裡，一個物體有著怎樣的「屬性」，這依然不取決於它本身，而取決於你將它歸類到哪種系綜裡面。總而言之，DH 和系綜解釋可謂換湯不換藥，宇宙有什麼樣的歷史，依然是我們主觀上定義出來的！

　　更麻煩的是，就算我們接受宇宙不是「完全客觀」的，也不能解決所有問題。因為反過來，它偏偏也不是「完全主觀」的。上面說到，在 DH 理論中，我們可以隨心所欲地構造出種類繁多的「退相干歷史族」，但問題是，這些歷史族絕大多數都在現實中從未出現過！還是拿我們的量子聯賽來比喻，我們前面定義了兩種退相干歷史族：「勝，平，負」和「進 0 球，進 1 球，進 2 球，進 2 球以上」。這兩種定義在數學上都成立，更關鍵的是，他們在現實中也都會出現，也就是說，你確實會觀測到「勝」或者「進 1 球」這樣的結果。

　　然而，從數學上而言，其實還有無窮種定義退相干族的辦法，其中包括各種千奇百怪的方式，但 DH 卻並沒有告訴我們，為何在現實中只有少數幾種會被觀測到。

　　比方說，我們可以定義 3 種奇特的粗略歷史：「又勝又平」，「又勝又負」，「又平又負」。雖然奇特，但這 3 種歷史在數學上同樣構成一個合法並且完好的退相干族：它們的概率可以經典相加，你無論觀測到其中的哪一種，就無法再觀測到另外的兩種。但顯然，在實際中我們從未觀測到一場比賽「又勝又負」，那麼 DH 就欠我們一個解釋，它必須說明為什麼在現實中的比賽是分成「勝，平，負」的，而不是「又勝又平」之類，雖然它們在數學上並沒有太大的不同！

　　上面的說法你可能覺得有點不好理解，其實這就相當於在問：為什麼每次觀測薛定諤的貓，它的狀態不是「死」，就是「活」，而不會有第三種可能？在日

常生活中，這原本不是一個問題，然而在量子論看來，這卻是相當值得奇怪的事情。因為按照量子論的看法，「死」和「活」無非是一組特定的坐標系，當貓的態向量本征態落到其中一個數軸上的時候，就產生了「死」或者「活」的結果。但是，我們知道，在數學上坐標系並不是唯一的，我們完全可以隨心所欲地定義各種不同的坐標系來描述一個具體的向量。所以問題就來了：為什麼在實際的觀測中，上帝永遠給我們選擇同一種坐標系？為什麼我們非要拿「死」和「活」這兩種基本態作為數軸，而不能變換一下，改成其他狀態組成的坐標系呢（例如又死又活之類）？這在量子力學中被稱為「優先基矢」問題。所以 DH 同樣面臨著這個困難，它依然無法回答，雖然數學上存在著無窮多種可能性，但現實中為什麼我們始終只能觀測到少數幾種退相干族，而不是「一切皆有可能」？

在這個問題上，DH 的辯護者可能仍然會用實證主義來為自己聲辯，可不管怎麼說，它的處境始終是有些尷尬的。雖然近年來 DH 的體系頗能吸引一些人的目光，但大部分物理學家對其還是抱著靜觀其變的中立立場，表現出一種不置可否的無所謂態度來。退相干理論雖然被廣泛接受，不過它本身是建立在量子基本方程上的，也就是說，它無法真正解決量子論中的觀測難題。雖然在 DH 中它被運用得爐火純青，但它和別的解釋卻也並不矛盾 [1]！環顧四周，有關量子力學的大辯論仍在進行之中，我們仍然無法確定究竟誰的看法是真正正確的。量子魔術在困擾了我們超過一年之後，仍然拒絕把它最深刻的祕密展示在世人面前。也許，這一祕密，將終究成為永久的謎題。

名人軼聞：時間之矢

我們生活在一個四維的世界中，其中三維是空間，一維是時間。時間是一個很奇妙的東西，它似乎和另三維空間有著非常大的不同，最關鍵的一點是，它似乎是有方向的！拿空間來說，各個方向沒有什麼區別，你可以朝左走，也可以向

---

1. 關於退相干在量子論各種解釋中所扮演的角色，可參考 Schlosshauer 2004。

右走，但在時間上，你只能從「過去」向「未來」移，卻無法反過來！雖然有太多的科幻故事講述人們如何回到過去，但在現實中，這從來也沒有發生過，而且很可能永遠不會發生！這樣猜測的理由還是基於某種類似人擇原理的東西：假如理論上可以回到過去，那麼雖然我們不行，未來的人卻可以，但從未見到他們「回來」我們這個時代。所以很有可能的是，未來任何時代的人們都無法做到讓時鐘反方向轉，它是理論上無法做到的！

時間無法倒流！這聽起來天經地義，然而多少年來，科學家們卻始終為此困惑不已。因為在物理理論中，並沒有哪條原則規定：時間只能往一個方向前進。事實上，不管是牛頓還是愛因斯坦的理論，都是時間對稱的。好比中學老師告訴你一個體系在 t0 時刻的狀態，你就可以借助物理公式，向著「未來」前進，推出它在 tn 時刻的狀態。但同樣，你也可以反過來，倒推出 -tn 時刻，也就是「過去」的狀態。理論沒有告訴我們為什麼時間只能向 tn 移動，而不可以反過來向 -tn 移動！

但是，一旦脫離基本層面，上升到一個比較高的層次，時間之矢卻神秘地出現了：假如我們不考慮單個粒子，而考慮許多粒子的組合，我們就發現一個強烈的方向。比如我們本身只能逐漸變老，而無法越來越年輕，杯子會打碎，但絕不會自動黏貼在一起。這些可以概括為一個非常強大的定律，即著名的熱力學第二定律。它說，一個孤立體系的混亂程度總是不斷增加的，其量度稱為「熵」。換句話說，熵總是在變大，時間的箭頭指向熵變大的那個方向！

現在我們考察量子論。在本節我們討論了 DH 解釋，所有的「歷史」都是定義得很好的，不管你什麼時候去測量，這些歷史——從過去到未來——都已經在那裡存在。我們可以問，當觀測了 t0 時刻後，歷史們將會如何退相干，但同樣合法的是，我們也可以觀測 tn 時刻，看「之前」的那些時刻如何退相干。實際上，當我們用路徑積分把時間加遍的時候，我們仍然沒有考慮過時間的方向問題，它在兩個方向上都是沒有區別的！再說，如果考察量子論的基本數學形式，那麼薛丁格方程本身也仍然是時間對稱的，唯一引起不對稱的是哥本哈根所謂的「崩陷」，難道時間的「流逝」，其實等價於波函數不停的「崩陷」？然而 DH

是不承認這種崩陷的，或許，我們應當考慮的是歷史樹的裁剪？葛爾曼和哈特爾等人也試圖從 DH 中建立起一個自發的時間箭頭來，並將它運用到量子宇宙學中去。

我們先不去管 DH，如果仔細考慮「崩陷」，還會出現一個奇怪現象：假如我們一直觀察系統，那麼它的波函數必然「總是」在崩陷，薛丁格波函數從來就沒有機會去發展和演化。這樣，它必定一直停留在初始狀態，看上去的效果相當於時間停滯了。也就是說，只要我們不停地觀察，波函數就不演化，時間就會不動！這個弔詭叫做「量子芝諾效應」（quantum Zeno effect），我們在前面已經討論過了芝諾的一個悖論，也就是阿基里斯追烏龜，他另有一個悖論是說，一支在空中飛行的箭，其實是不動的。為什麼呢？因為在每一個瞬間，我們拍一張 snapshot，那麼這支箭在那一刻必定是不動的，所以一支飛行的箭，它等於千千萬萬個「不動」的組合。問題是，每一個瞬間它都不動，連起來怎麼可能變成「動」呢？所以飛行的箭必定是不動的！在我們的實驗裡也是一樣，每一刻波函數（因為觀察）都不發展，那麼連在一起它怎麼可能發展呢？所以它必定永不發展！

從哲學角度來說我們可以對芝諾進行精彩的分析，比如恩格斯漂亮地反駁說，每一刻的箭都處在不動與動的矛盾中，而真實的運動恰好就是這種矛盾本身！不過我們不在意哲學探討，只在乎實驗證據。已經有相當多的實驗證實，當觀測頻繁到一定程度時，量子體系的確表現出芝諾效應。這是不是說，如果我們一直盯著薛丁格的貓看，則它永遠也不會死去呢？

時間的方向是一個饒有趣味的話題，它很可能牽涉到深刻的物理定律，比如對稱性破缺的問題。在極早期宇宙的研究中，為了徹底弄明白時間之矢如何產生，我們也迫切需要一個好的量子引力理論，在後面我們會更詳細地講到這一點。我們只能向著未來，而不是過去前進，這的確是我們神奇的宇宙最不可思議的方面之一。

三

　　好了各位，到此為止，我們在量子世界的旅途已經接近尾聲。我們已經瀏覽了絕大多數重要的風景點，探索了大部分先人走過的道路。但是，正如我們已經強烈地感受到的那樣，對於每一條道路來說，雖然一路上都是峰迴路轉，奇境疊出，但越到後來卻都變得那樣地崎嶇不平，難以前進。雖說「入之愈深，其進愈難，而其見愈奇」，但精神和體力上的巨大疲憊到底打擊了我們的信心，阻止了我們在任何一條道上頑強地衝向終點。

　　當一次又一次地從不同的道路上徒勞而返之後，我們突然發現，自己已經處在一個巨大的迷宮中央。在我們的身邊，曲折的道路如同蜘蛛網一般地輻射展開，每一條都通向一個幽深不可捉摸的未來。我已經帶領大家去探討了哥本哈根、多宇宙、隱變數、系綜、GRW、退相干歷史等六條道路，但要告訴各位的是，仍然還有非常多的偏僻的小道，我們並沒有提及。比如有人認為當進行了一次「觀測」之後，宇宙沒有分裂，只有我們大腦的狀態（或者說「精神」）分裂了！這稱為「多精神解釋」（many-minds intepretation），它名副其實地算得上一種精神分裂症！還有人認為，在量子層面上我們必須放棄通常的邏輯（布林邏輯），而改用一種「量子邏輯」來陳述！另一些人不那麼激烈，他們覺得不必放棄通常的邏輯，但是通常的「機率」概念則必須修改，我們必須引入「複」的機率，也就是說機率並不是通常的 0 到 1，而是必須描述為複數！華盛頓大學的物理學家克拉默（John G Cramer）建立了一種非定域的「交易模型」（The transactional model），而他在牛津的同行彭羅斯則認為波函數的縮減和引力有關。彭羅斯宣稱只要空間的曲率大於一個引力子的尺度，量子線性疊加規則就將失效，這裡面還牽涉到量子引力的複雜情況諸如物質在跌入黑洞時如何損失了資訊等等，諸如此類。即便是我們已描述過的那些解釋，我們的史話所做的也只是掛一漏萬，只能給各位提供一點最基本的概念。事實上，每一種解釋都已經衍生出無數個變種，它們打著各自的旗號，都在不遺餘力地向世人推銷自己，已把我們搞得頭暈腦脹，不知所措了。現在，我們就像是被困在克里特島迷宮中的那位

忒修斯（Theseus），還在茫然而不停地摸索，苦苦等待著阿里阿德涅（Ariadne）——我們那位可愛的女郎——把那個指引方向，命運攸關的線團扔到我們手中。

西元 1997 年，在馬里蘭大學巴爾的摩郡分校（UMBC）召開了一次關於量子力學的研討會。有人在與會者中間做了一次問卷調查，統計究竟他們相信哪一種關於量子論的解釋。結果是這樣的：哥本哈根解釋 13 票，多宇宙 8 票，波姆

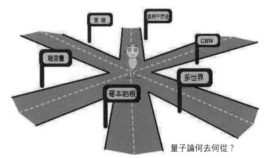

圖 12.6 量子論迷宮

的隱變數 4 票，退相干歷史 4 票，自發定域理論（如 GRW）1 票，還有 18 票都是說還沒有想好，或者是相信上述之外的某種解釋。到了西元 1999 年，在劍橋牛頓研究所舉行的一次量子計算會議上，又作了一次類似的調查，這次哥本哈根 4 票，修訂過的動力學理論（它們對薛丁格方程進行修正，比如 GRW）4 票，波姆 2 票，而多世界（MWI）和多歷史（DH）加起來（它們都屬於那種認為「沒有崩陷存在」的理論）得到了令人驚奇的 30 票。但更加令人驚奇的是，竟然有 50 票之多承認自己尚無法作出抉擇。在宇宙學家和量子引力專家中，MWI 受歡迎的程度要高一些，據統計有 58% 的人認為多世界是正確的理論，只有 18% 明確地認為它不正確。但其實許多人對於各種「解釋」究竟說了什麼是搞不太清楚的，比如人們往往弄不明白多世界和多歷史到底差別在哪裡，或許，它們本來就沒有明確的分界線。就算是相信哥本哈根的人，他們互相之間也會發生嚴重的分歧，甚至關於它到底是不是一個決定論的解釋也會造成爭吵。量子論仍然處在一個戰國紛爭的時代。波耳、海森堡、愛因斯坦、薛丁格……他們的背影雖然已經離我們遠去，但他們當年曾戰鬥過的這片戰場上仍然煙硝彌漫，他們不同的信念仍然支撐著新一代的物理學家，激勵著人們為了那個神聖的目標而繼續奮戰。

想想也真是諷刺，量子力學作為 20 世紀物理史上最重要的成就之一，到今天為止它的基本數學形式已經被創立了將近整整八十年。它在每一個領域內都取

得了巨大的成功，以致和相對論一起成為了支撐物理學的兩大支柱。80 年！任何一種事物如果經歷了這樣一段漫長時間的考驗後仍然屹立不倒，這足夠把它變成不朽的經典。歲月將把它磨礪成一個完美的成熟的體系，留給人們的只剩下深深的崇敬和無限的唏噓，慨歎自己為何不能生於亂世，提三尺劍立不世功名，參與到這個偉大工作中去。但量子論是如此地與眾不同，即使在它被創立了 80 年之後，它仍然沒有被最後完成！人們仍在為了它而爭吵不休，為如何「解釋」它而鬧得焦頭爛額，這在物理史上可是前所未有的事情！想想牛頓力學、想想相對論，從來沒有人為了如何「解釋」它們而操心過，相比之下，這更加凸現出量子論那獨一無二的神祕氣質。

人們的確有理由感到奇怪，為什麼在如此漫長的歲月過去之後，我們不但沒有對量子論了解得更清楚，反倒越來越感覺到它的奇特和不可思議。最傑出的量子論專家們各執一詞，人人都聲稱只有他的理解才是正確的，而別人都錯了。量子謎題已經成為物理學中一個最神祕和不可捉摸的部位，Zeilinger 有一次說：「我做實驗的唯一目的，就是給別的物理學家看看，量子論究竟有多奇怪。」到目前為止，我們手裡已經攥下了超過一打的所謂「解釋」，而且它的數目仍然有望不斷地增加。很明顯，在這些花樣繁多的提議中間，除了一種以外，絕大多數都是錯誤的。甚至很可能，到目前為止所有的解釋都是錯誤的，但這卻並沒有妨礙物理學家們把它們創造出來！我們只能說，物理學家的想像力和創造力是非凡的，但這也引起了我們深深的憂慮：到底在多大程度上，物理理論如同人們所驕傲地宣稱的那樣，是對於大自然的深刻「發現」，而不屬於物理學家們傑出的智力「發明」？

但從另外一方面看，我們對於量子論本身的確是沒有什麼好挑剔的。它的成功是如此巨大，以致於我們除了咋舌之外，根本就來不及對它的奇特之處有過多的品頭論足。從它被創立之初，它就挾著雷霆萬鈞的力量橫掃整個物理學，把每個角落都塑造得煥然一新。或許就像狄更斯說的那樣，這是最壞的時代，但也是最好的時代。

量子論的基本形式只是一個大的框架，它描述了單個粒子如何運動。但要描

述在高能情況下，多粒子之間的相互作用時，我們就必定要涉及到場的作用，這就需要如同當年普朗克把能量成功地量子化一樣，把麥克斯威的電磁場也進行大刀闊斧的量子化——建立量子場論（quantum field theory）。這個過程是一個同樣令人激動的宏偉故事，如果鋪展開來敘述，勢必又是一篇規模龐大的史話，因此我們只是在這裡極簡單地作一些描述。這一工作由狄拉克開始，經由約爾當、海森堡、包立和維格納的發展，很快人們就認識到：原來所有粒子都是彌漫在空間中的某種場，這些場有著不同的能量形態，而當能量最低時，這就是我們通常說的「真空」。因此真空其實只不過是粒子的一種不同形態（基態）而已，任何粒子都可以從中被創造出來，也可以互相湮滅，狄拉克的方程更預言了所謂的「反物質」的存在。西元 1932 年，加州理工的安德森（Carl Anderson）發現了最早的「反電子」。它的意義是如此重要，以致於僅僅過了四年，諾貝爾獎評委會就罕見地授予他這一科學界的最高榮譽。

但是，雖然關於輻射場的量子化理論在某些問題上是成功的，但麻煩很快就到來了。西元 1947 年，在《物理評論》上刊登了有關蘭姆移位元和電子磁矩的實驗結果，這和現有的理論發生了微小的偏差，於是人們決定利用微擾辦法來重新計算準確的值。但是，算來算去，人們驚奇地發現，當他們想盡可能地追求準確，而加入所有的微擾項之後，最後的結果卻適得其反，它總是發散為無窮大！

這可真是讓人沮喪的結果，理論算出了無窮大，總歸是一件荒謬的事情。為了消除這個無窮大，無數的物理學家們進行了艱苦卓絕，不屈不撓的鬥爭。這個陰影是如此難以驅散，如附骨之蛆一般地叫人頭痛，以至於在一段時間裡把物理學變成了一個讓人無比厭憎的學科。最後的解決方案是日本物理學家朝永振一郎、美國人施溫格（Julian S Schwinger）和戴森（Freeman Dyson），還有費因曼所分別獨立完成的，被稱為「重正化」（renormalization）方法，具體的技術細節我們就不用理會了。雖然認為重正化牽強而不令人信服的科學家大有人在，但是採用這種手段把無窮大從理論中趕走之後，剩下的結果其準確程度令人吃驚得瞠目結舌：處理電子的量子電動力學（QED）在經過重正化的修正之後，在電子磁距的計算中竟然一直與實驗值符合到小數點之後第 11 位！恆古以來都沒

有哪個理論能夠做到這樣教人咋舌的事情。

實際上，量子電動力學常常被稱作人類有史以來「最為精確的物理理論」，如果不是實驗值經過反覆測算，這樣高精度的資料實在是讓人懷疑是不是存心偽造的。但巨大的勝利使得一切懷疑都最終迎刃而解，QED 也最終作為量子場論一個最為悠久和成功的分支而為人們熟知。雖然後來彭羅斯聲稱說，由於對赫爾斯-泰勒脈衝星系統的觀測已經積累起了如此確鑿的關於引力波存在的證明，這實際上使得廣義相對論的精確度已經和實驗吻合到 10 的負 14 次方，因此超越了 QED [2]。但無論如何，量子場論的成功是無人可以否認的。朝永振一郎、施溫格和費因曼也分享了西元 1965 年的諾貝爾物理獎。

拋開量子場論的勝利不談，量子論在物理界的幾乎每一個角落都激起激動人心的浪花，引發一連串美麗的漣漪。它深入固體物理之中，使我們對於固體機械和熱性質的認識產生了翻天覆地的變化，更打開了通向凝聚態物理這一嶄新世界的大門。在它的指引下，我們才真正認識了電流的傳導，使得對於半導體的研究成為可能，而最終帶領我們走向微電子學的建立。它駕臨分子物理領域，成功地解釋了化學鍵和軌道雜化，進而開創了量子化學學科。如今我們關於化學的幾乎一切知識，都建立在這個基礎之上。材料科學在插上了量子論的雙翼之後，才真正展翅飛翔起來，開始深刻地影響社會的方方面面。在量子論的指引之下，我們認識了超導和超流、我們掌握了雷射技術、我們造出了電晶體和積體電路，為一整個新時代的來臨真正做好了準備。量子論讓我們得以一探原子內部那最為精細的奧祕，我們不但更加深刻地理解了電子和原子核之間的作用和關係，還進一步拆開原子核，領略到了大自然那更為令人驚歎的神奇。在浩瀚的星空之中，我們必須借助量子論才能把握恒星的命運會何去何從：當它們的燃料耗盡之後，它們會不可避免地向內崩陷，這時支撐起它們最後骨架的就是源自包立不相容原理的一種簡並壓力。當電子簡並壓力足夠抵擋崩陷時，恆星就演化為白矮星。要是電子被征服，並且要靠中子出來抵抗時，恆星就變為中子星。最後，如果一切防線

---

2. 兩人因此獲得了西元 1993 年諾貝爾物理學獎。

都被突破，那麼它就不可避免地崩陷成一個黑洞。但即使黑洞也不是完全「黑」的，如果充分考慮量子不確定因素的影響，黑洞其實也會產生輻射因而逐漸消失，這就是以其鼎鼎大名的發現者史蒂芬‧霍金而命名的「霍金蒸發」過程。

當物質落入黑洞的時候，它所包含的資訊被完全吞噬了。因為按照定義，沒什麼能再從黑洞中逃出來，所以這些資訊其實是永久地喪失了。這樣一來，我們的決定論再一次遭到毀滅性的打擊：現在，即使是預測機率的薛丁格波函數本身，我們都無法確定地預測！因為宇宙波函數需要掌握所有物質的資訊，但這些資訊卻不斷地被黑洞所吞沒。霍金對此說了一句同樣有名的話：「上帝不但擲骰子，他還把骰子擲到我們看不見的地方去！」這個看不見的地方就是黑洞奇點。但由於蒸發過程的發現，黑洞是否在蒸發後又把這些資訊重新「吐」出來呢？在這點上人們依舊爭論不休，它關係到我們的宇宙和骰子之間那深刻的內在關係。人們曾經長期為此爭論不休，甚至引發了學界著名的「黑洞戰爭」。不過，近年來，多半科學家都開始認為，資訊確實會在黑洞蒸發後被重新釋放，連霍金自己也改變觀點，並公開認輸。但是，資訊掉入黑洞的過程又引發了更多的問題，包括是不是會在黑洞視界處撞上「火牆」？這些都成了宇宙物理學家中間最為熱門的爭議話題。

最後，很有可能，我們對於宇宙終極命運的理解也離不開量子論。大爆炸的最初發生了什麼？是否存在奇點？在奇點處物理定律是否失效？因為在宇宙極早期，引力場是如此之強，以致量子效應不能忽略，我們必須採取有效的量子引力方法來處理。在採用了費因曼的路徑積分手段之後，哈特爾（就是提出 DH 的那個）和霍金提出了著名的「無邊界假設」：宇宙的起點並沒有一個明確的邊界，時間並不是一條從一點開始的射線，相反，它是複數的！時間就像我們地球的表面，並沒有一個地方可以稱之為「起點」。為了更好地理解這些問題，我們迫切地需要全新的量子宇宙學，需要量子論和相對論進一步強強聯手，在史話的後面我們還會講到這個事情。

量子論的出現徹底改變了世界的面貌，它比史上任何一種理論都引發了更多的技術革命。核能、電腦技術、新材料、能源技術、資訊技術……這些都在根本

上和量子論密切相關。牽強一點說，如果沒有足夠的關於弱相互作用力和晶體繞射的知識，DNA 的雙螺旋結構也就不會被發現，分子生物學也就無法建立，也就沒有如今這般火熱的生物技術革命。再牽強一點說，沒有量子力學，也就沒有歐洲粒子物理中心（CERN），而沒有 CERN，也就沒有互聯網的 www 服務，更沒有劃時代的網路革命，各位也就很可能看不到我們的史話，呵呵 (3)。

　　如果要評選 20 世紀最為深刻地影響了人類社會的事件，那麼可以毫不誇張地說，這既不是兩次世界大戰，也不是共產主義運的興衰，更不是聯合國的成立，或者女權運動、殖民主義的沒落、人類探索太空等等。它應該被授予量子力學及其相關理論的創立和發展。量子論深入我們生活的每一個角落，它的影響無處不在，觸手可得。許多人喜歡比較 20 世紀齊名的兩大物理發現相對論和量子論究竟誰更「偉大」，從一個普遍的意義上來說這樣的比較是毫無意義的，所謂「偉大」往往不具有可比性，正如人們無聊地爭論李白還是杜甫，莫札特還是貝多芬，漢朝還是羅馬，比利還是馬拉度納，Beatles 還是貓王……但僅僅從實用性的角度而言，我們可以毫不猶豫地下結論說：是的，量子論比相對論更加「有用」。

　　也許我們仍然不能從哲學意義上去真正理解量子論，但它的進步意義依舊無可限量。雖然我們有時候還會偶爾懷念經典時代，懷念那些因果關係一絲不苟，宇宙的本質簡單易懂的日子，但這也已經更多地是一種懷舊情緒而已。正如電影《亂世佳人》的開頭不無深情地說：「曾經有一片屬於騎士和棉花園的土地叫做老南方。在這個美麗的世界裡，紳士們最後一次風度翩翩地行禮，騎士們最後一次和漂亮的女伴們同行，人們最後一次見到主人和他們的奴隸。如今這已經是一個只能從書本中去尋找的舊夢，一個隨風飄逝的文明。」雖然有這樣的傷感，但人們依然還是會歌頌北方揚基們最後的勝利，因為我們從他們那裡得到更大的力量，更多的熱情，還有對於未來更執著的信心。

---

3. 本文本是網上連載。

四

量子論的道路仍未走到盡頭，雖然它已經負擔了太多的光榮和疑惑，但命運仍然注定了它要繼續影響物理學的將來。在經歷了無數的風雨之後，這一次，它面對的是一個前所未有強大的對手，也是最後的終極挑戰——廣義相對論。

標準的薛丁格方程是非相對論的，在它之中並沒有考慮到光速的上限。正如同我們在上一節討論過的那樣，這一陷最終由狄拉克等人所彌補，最後完成的量子場論實際上是量子力學和狹義相對論的聯合產物。當我們僅僅考慮電磁場的時候，我們得到的是量子電動力學，它可以處理電磁力的作用。大家在中學裡都知道電磁力：同相斥，異相吸。量子電動力學認為，這個力的本質是兩個粒子之間不停地交換光子的結果。兩個電子互相靠近並最終因為電磁力而彈開，這其中發生了什麼呢？原來兩個電子不停地在交換光子。想像兩個溜冰場上的人，他們不停地把一顆皮球拋來拋去，從一個人的手中扔到另一個人那裡，這樣一來他們必定離得越來越遠，似乎他們之間有一種斥力一樣。在電磁作用力中，這個皮球就是光子！那麼異性相吸是怎麼回事呢？你可以想像成兩個人背靠背站立，並不停地把球扔到對方面對的牆壁上再反彈到對方手裡。這樣就似乎有一種吸力使兩人緊緊靠在一起。

但是，當處理到原子核內部的事務時，我們面對的就不再是電磁作用力了！比如說一個氦原子核，它由兩個質子和兩個中子組成。中子不帶電，倒也沒有什麼，可兩個質子卻都帶著正電！如果說同性相斥，那麼它們應該互相彈開，怎麼可能保持在一起呢？這顯然不是萬有引力互相吸引的結果，在如此小的質子之間，引力微弱得基本可以忽略不計，必定有一種更為強大的核力，比

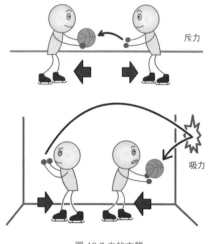

圖 12.7 力的本質

電磁力更強大，才可以把它們拉在一起不致分開。這種力叫做強相互作用力。

聰明的各位也許已經猜到了，既然有「強」相互作用力，必定相對地還有一種「弱」相互作用力，事實正是如此。弱作用力就是造成許多不穩定的粒子衰變的原因。這樣一來，我們的宇宙中就總共有著四種相互作用力：引力、電磁力、強相互作用力和弱相互作用力。它們各自為政，互不管轄，遵守著不同的理論規則。

但是，四種力？這是不是太多了？所有的物理學家都相信，上帝——大自然的創造者——祂老人家是愛好簡單的，為什麼要吃力不討好地安排四種不同的力來讓我們頭痛呢？也許，只不過是我們還沒有領悟到宇宙的奧義而已，我們眼中看到的只不過是一種假相。或者在這四種力的背後，原來是同一種東西？

大家已經看到，在量子電動力學中，電磁力被描述為交換光子的結果。日本物理學家湯川秀樹預言，強相互作用力和弱相互力必定也是類似的機制。只不過在強相互作用力中，被交換的不是光子，而是「介子」（meson），而弱作用力中交換的則是「中間玻色子」。這些預言不久後相繼得到了證實，使得人們不免開始懷疑，這三種力其實本質上是一個東西，只不過在不同的環境下顯得非常不同罷了！特別是弱相互作用力，它的理論形式看上去同電磁作用力極其相似，當李政道與楊振寧提出了弱作用下宇稱不守恆之後，這一懷疑便愈加強烈起來。終於到了 60 年代，美國人格拉肖（Sheldon Glashow）、溫伯格（Steven Weinberg）和巴基斯坦人薩拉姆（Aldus Salam）成功地從理論上證明了弱作用力和電磁力的一致性，他們的成果被稱為「弱電統一理論」，三人最終為此得到了西元 1979 年的諾貝爾獎。該理論所預言的三種中間玻色子（W＋，W－和 Zo）到了 80 年代被實驗所全部發現，鐵錚錚地證實了它的正確。

物理學家們現在開始大大地興奮起來了：既然電磁力和弱作用力已經被證明是同一種東西，可以被一個相同的理論所描述，那麼我們又有什麼理由不去相信，所有的四種力其實本來都是一樣的呢？在物理學家們看來，這是一個天經地義的事情，上帝他必定只按照一份藍圖，一個基本方程來創造我們的宇宙，並不會無端端地搞出三、四種亂七八糟的不同版本來。如果有物理版的《獨立宣

言》，那裡面一定會有這樣的句子：

我們認為這是不言而喻的事實：每一種力都是被相同地創造的。

We hold the truth to be self-evident, that all forces are created equal.

是啊！一定存在著那樣一個終極理論，它可以描述所有的 4 種力，進而可以描述宇宙中所有的物理現象。這是上帝最後的祕密，如果我們能把它揭示出來的話，無疑就最終掌握了萬物運作的本質。這是怎樣壯觀的一個景象啊，那時候，整個自然，整個物理就歸於一個單一的理論之中。它的光輝普照，灑遍每一寸土地，再沒有不可知的陰暗角落，哪個物理學家能夠抗拒這偉大的目標呢？現在，戎馬已備，戈矛已修，我們浩浩蕩蕩的大軍終於就要出發，去追尋那個失落已久的統一之夢。

如前所述，我們的第一個戰略目標已經達成：弱作用力和電磁力如今已經被合併了。接下來，我們要進軍強相互作用力，這塊地域目前為止被「量子色動力學」（QCD）所統治著。大家已經知道，強相互作用力本質上是交換介子的結果，那些能夠感受強力的核子也因此被稱為「強子」（比如質子，中子等）。西元 1964 年，我們的葛爾曼提出了一個如今家喻戶曉的模型：每一個強子都可以進一步被分割為稱為「夸克」（quark）的東西，它們通過交換「膠子」（gluon）來維持相互的作用力！稀奇的是，每種夸克既有不同的「味道」，更有不同的「顏色」，這成了「量子色動力學」名稱的由來。到目前為止，這個理論被證明是相當有效和準確的，要推翻其位並吞併其土，似乎不是一件太容易的事情。

幸運地是，雖然兵鋒指處，形勢緊張嚴峻，大戰一觸即發，但兩國的君主卻多少有點血緣關係，這給和平統一留下了餘地：它們都是在量子場論的統一框架下完成的。早在西元 1954 年，楊振寧和米爾斯就建立了規範場論，吸取了對稱性破缺的思想之後，這使得理論中的某些沒有質量的粒子可以自發地獲得質量。正因為如此，中間玻色子和光子才得以被格拉肖等人包含在同一個框架內，進而統一了弱電兩種力。反觀量子色動力學，它本身就是模仿量子電動力學所建立的，連名字都模仿自後者！所不同的是光子不帶電荷，但膠子卻帶著「顏色」

荷，但如果充分地考慮自發對稱破的規範場，將理論擴充為更大的單群，把膠子也拉進統一中來也並非不可能。或許，我們不必訴諸武力，只要在憲政制度上做一些鬆動和妥協，就可以建立起一個包容三種力的理論來。

這樣的理論被驕傲地稱為「大統一理論」（Grand Unified Theory，GUT），自它被第一次提出以來，已經發展出了多個變種。但不管怎樣，其目標都是統一弱相互作用力、強相互作用力和電磁力三種力，把它們合併在一起，包含到同一個框架中去。不同的大統一理論預言了一些不同的物理現象，比如質子可能會衰變，比如存在著磁單極子，或者奇異弦，但可惜的是，到目前為止這些現象都還沒有得到確鑿的證實。不過無論如何，大統一理論是非常有前途的理論，很多人相信，它的勝利是遲早的事情，我們終將達到三種動力統一的目標。

可是，雖然號稱「大統一」，這樣的稱號卻依舊是名不副實的。就算大統一理論得到了證實，天下卻仍未統一，四海仍未一靖。人們怎麼可以遺漏了那塊遼闊的沃土——引力呢？GUT 即使登基，他的權力仍舊是不完整的，對於引力，他仍舊鞭長莫及。天無二日民無二君，雄心勃勃的物理學家們早就把眼光放到了引力身上，即使他們事實上連強作用力也仍未最終征服。正可謂尚未得隴，便已望蜀。

引力在宇宙中是一片獨一無二的區域，它和其他三種力似乎有著本質的不同。電磁力有時候互相吸引，有時候互相排斥，但引力卻總是吸引的！這使它可以在大尺度上累加起來。當我們考察原子的時候，引力可以忽略不計，但一旦我們的眼光放到恆星、星雲、星系這樣的尺度上，引力便取代別的力成了主導因素。想要把引力包含進統一的體系中來是格外困難的，如果說電磁力、強作用力和弱作用力還勉強算同文同種，引力則傲然不群，獨來獨往。更何況，我們並沒有資格在它面前咆哮說天兵已至，為何還不服王化云云，因為它的統治者有著同樣高貴的血統和深厚的淵源：這裡的國王是愛因斯坦偉大的廣義相對論，其前身則是煌煌的牛頓力學！

物理學到了這個地步，只剩下了最後一個分歧，但也很可能是最難以調和和統一的分歧。量子場論雖然爭取到了狹義相對論的合作，但它還是難以征服引

力：廣義相對論拒絕與它聯手統治整個
世界，它更樂於在引力這片保留地上獨
立地呼風喚雨。從深層次的角度上說，
這裡凸顯了量子論和相對論的內在矛
盾，這兩個 20 世紀的偉大物理理論之
間必定要經歷一場艱難和痛苦的融合，
才能孕育出最後那個眾望所歸的王者，
完成「普天之下，莫非王土」的宏願。

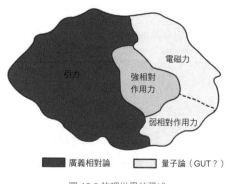

圖 12.8 物理世界的疆域

　　物理學家有一個夢想，一個深深植根於整個自然的夢想。他們夢想有一天，
深塹彌合、高山夷平、荊棘變沃土、歧路變通衢。他們夢想造物主的光輝最終被
揭示，眾生得以一起朝觀這一終極的奧祕。不過要實現這個夢想，就需要把量子
論和相對論真正地結合到一起，從而創造一個量子引力理論。它可以解釋一切的
力，進而闡釋一切的物理現象。這樣的理論是上帝造物的終極藍圖，它講述了這
個自然最深刻的祕密。只有這樣的理論，才真正有資格稱得上「大統一」，不過
既然大統一的名字已經被 GUT 所占用了，人們給這種終極理論取了另外一個名
字：萬能理論（Theory of Everything，TOE）。

　　愛因斯坦在他的晚年就曾經試圖去實現這個夢想，在普林斯頓的那些日子
裡，他的主要精力都放在如何去完成統一場論上（雖然他對強力和弱力這兩個王
國還不太了解）。但是，愛因斯坦的戰略思想卻是從廣義相對論出發去攻打電磁
力，這樣的進攻被證明是極為艱難而傷亡慘重的：不僅邊界上崇山峻嶺，有著無
法克服的數學困難，而且對方居高臨下，地形易守難攻，占盡了便宜。雖然愛因
斯坦執著不懈地一再努力，但整整三十年，直到他去世為止，仍然沒能獲得任何
進展。今天看來，這個失敗是不可避免的，廣義相對論和量子論之間有一條深深
的不可逾越的鴻溝，而愛因斯坦的舊式軍隊是絕無可能跨越這個障礙的。但在另
一面，愛因斯坦所不喜歡的量子論迅猛地發展起來，正如我們描述的那樣，它的
力量很快就超出了人們所能想像的極限。這一次，以量子論為主導，統一是否能
夠被真正完成了呢？

歷史上產生了不少量子引力理論，但由於篇幅原因，我只想在此極為簡單地描述一個。它就是近來大紅大紫，聲名遠揚，時髦無比的——超弦理論（Superstring Theory）。

名人軼聞：霍金打賭

西元 1999 年，霍金在一次演講中說，他願意以 1 賠 1，賭一個萬能理論會在二十年內出現。當然他最近聲稱自己放棄了追尋萬能理論的努力，不過霍金好打賭是出了名的，咱們順著這個話題來閒話幾句科學中的打賭。

我們所知的霍金打的最早的一個賭或許是他和兩個幼年時的夥伴所打的：他們賭今後他們之間是不是會有人出人頭地。霍金出名後，還常常和當初的夥伴開玩笑說，因為他打贏了，所以對方欠他一塊糖。

霍金 33 歲時，第一次就科學問題打賭，之後便一發不可收拾。今天我們所熟知的最有名的幾個科學賭局，幾乎都同他有關。或者也是因為霍金太出名，太容易被媒體炒作渲染的緣故吧！

西元 1974 年，黑洞的熱潮在物理學界內方興未艾。人們已經不太懷疑黑洞是一個物理真實，但在天文觀測上仍沒有找到一個確實的實體。不過已經有幾個天體非常可疑，其中一個叫做天鵝座 X-1，如果你小時候閱讀過 80 年代的一些科普書籍，你會對這個名字耳熟能詳。霍金對這個天體的身分表示懷疑，他和加州理工的物理學家索恩（Kip Thorne）立下字據，以一年的《閣樓》（Penthouse）雜誌賭索恩四年的《私家偵探》（Private Eye）。大家也許會對霍金這樣的大科學家竟然下這樣的賭注而感到驚奇 [4]，呵呵，不過飲食男女人之大慾，反正他就是這樣賭的。今天大家都已經知道，宇宙中的黑洞多如牛毛，天鵝 X-1 的身分更是不用懷疑。西元 1990 年霍金到南加州大學演講，當時索恩人在莫斯科，於是霍金大張旗鼓地闖入索恩的辦公室，把當年的賭據翻出來印上拇指

---

4. Penthouse 大家想必都知道，是和 Playboy 齊名的男性雜誌，可惜最近倒閉了。

印表示認輸。

霍金後來真的給索恩訂了一年的《閣樓》，索恩家裡的女性成員對此是有意見的。但那倒也不是對於《閣樓》有什麼反感，在美國這種開放社會這不算什麼。反對的原因來自女權主義：她們堅持索恩應該賭一份適合男性和女性閱讀的雜誌。當年索恩還曾贏了錢德拉塞卡的《花花公子》，出於同樣的理由換成了《聽眾》。

霍金輸了這個場子很是不甘，一年後便又找上索恩，同時還有索恩的同事，加州理工的另一位物理學家普雷斯基（John Preskill），賭宇宙中不可能存在裸奇點，負者為對方提供能夠包裹「裸體」的衣服。這次霍金不到 4 個月就發現自己還是要輸：黑洞在經過霍金蒸發後的確可能保留一個裸奇點！但霍金在文字上耍賴，聲稱由於量子過程而產生的裸奇點並不是賭約上描述的那個由於廣義相對論而形成的裸奇點，而且那個證明也是不嚴格的，所以不算。

逃得了初一逃不過十五，西元 1997 年德州大學的科學家用超級電腦證明了，當黑洞崩陷時，在非常特別的條件下裸奇點在理論上是可以存在的！霍金終於認輸，給他的對手各買了一件 T 恤衫。但他還是不服氣的，他另立賭約，賭雖然在非常特別的條件下存在裸奇點，但在一般情況下它是被禁止的！而且霍金在 T 恤上寫的字更是不依不饒：大自然討厭裸露！

說起這個讓霍金幾次吃虧的索恩，他最近在公眾中也算是名聲大噪，紅極一時：先是在好萊塢科幻大片《星際穿越》中擔任製片人及科學顧問，之後他創立的 LIGO 專案又因為證實了引力波的存在而登上了全球各大媒體的頭版頭條，索恩本人也因此獲得了 2017 年的諾貝爾物理學獎。可惜的是，LIGO 發現引力波還是太晚了，因為索恩早在 1978 年就跟義大利物理學家玻耳托蒂（Bruno Bertotti）打賭，誇口引力波將在 10 年內被發現，最後拖到 1992 年，只好開口認輸。另外，他還曾經和蘇聯人澤爾多維奇（Zel'dovich）在黑洞輻射的問題上打賭，結果同樣慘敗，輸了一瓶上好的名牌威士卡。

有時候霍金和索恩還會聯手，比如在黑洞蒸發後是否吐出當初吃掉的資訊這一問題上。霍金和索恩賭它不會，但普雷斯基賭它會，賭注是「資訊」本身——

勝利者將得到一本科全書！然而似乎霍金賭運不佳，連累了索恩一起失手：先是西元 2004 年初，俄亥俄州立大學的科學家用弦論分析了一個特殊情況，預言黑洞很可能將吐出資訊。然後，到了 7 月份，霍金自己宣布正式修改他長期以來提出的黑洞模型，承認黑洞將在湮滅後把資訊重新釋放出來，這也成為許多報紙的顯著標題，鬧得轟一時。

最後，在本史話首次出版的時候，霍金尚有一個賭局能夠支撐場面，就是他跟密歇根大學的凱恩（Gordon Kane）打賭 100 美金，賭希格斯玻色子不會被發現。不過好景不長，到了 2012 年，歐洲核子研究委員會（CERN）召開發佈會，宣佈他們終於找到了這個讓人苦苦追尋了數十年的「上帝粒子」。這樣一來，霍金就輸掉了他參與的所有科學賭局，賭運之衰，前無古人，恐怕比著名的「烏鴉嘴」球王貝利都要有過之而無不及了。

在科學問題上打賭的風氣由來已久，而根據西元 2002 年 Nature 雜誌上的一篇文章，目前在科學的各個領域內各種各樣的賭局也是五花八門 [5]。這也算是科學另一面的趣味和魅力吧！不知將來是否會有人以此為題材，寫出又一篇類似《環遊世界 80 天》的精彩小說呢？

五

在統一廣義相對論和量子論的漫漫征途中，物理學家一開始採用的是較為溫和的辦法。他們試圖採用老的戰術，也就是在征討強、弱作用力和電磁力時用過的那些行之有效的手段，把它同樣用在引力的身上。在相對論裡，引力被描述為由於時空彎曲而造成的幾何效應，而正如我們所看到的，量子場論把基本的力看成是交換粒子的作用，比如電磁力是交換光子，強相互作用力是交換膠子，弱相互作用力是交換中間玻色子。那麼，引力莫非也是交換某種粒子的結果？在還沒見到這個粒子之前，人們已經為它取好了名字，就叫「引力子」（graviton）。根據預測，它應該是一種自旋為 2，沒有質量的玻色子。

---

5. Nature 420, p354

可是，要是把所謂引力子和光子等一視同仁地處理，人們馬上就發現他們注定要遭到失敗。在量子場論內部，無論我們如何耍弄小聰明，也沒法叫引力子乖乖地聽話：計算結果必定導致無窮的發散項，無窮大！我們還記得，在量子場論創建的早期，物理學家是怎樣地被這個無窮大的幽靈所折磨的，而現在情況甚至更糟，就算運用重正化方法，我們也沒法把它從理論中趕跑。在這場戰爭中我們初戰告負，現在一切溫和的統一之路都被切斷，量子論和廣義相對論互相怒目而視，作了最後的割席決裂。我們終於認識到，它們是互不相容的，沒法叫它們正常地結合在一起！物理學的前途頓時又籠罩在一片陰影之中，相對論的支持者固然不忿氣，擁護量子論的人們也有些躊躇不前：要是橫下心強攻的話，結局說不定比當年的愛因斯坦更慘，但要是戰略退卻，物理學豈不是從此陷入分裂而不可自拔？

新希望出現在西元 1968 年，但卻是由一個極為偶然的線索開始的，它本來根本和引力毫無關係。那一年，CERN 的義大利物理學家維尼基亞諾（Gabriel Veneziano）隨手翻閱一本數學書，在上面找到了一個叫做「歐拉 β 函數」的東西。維尼基亞諾順手把它運用到所謂「雷吉軌跡」（Regge trajectory）的問題上面，作了一些計算，結果驚訝地發現，這個歐拉早於西元 1771 年就出於純數學原因而研究過的函數，它竟然能夠很好地描述核子中許多強相對作用力的效應！

維尼基亞諾沒有預見到後來發生的變故，他也並不知道他打開的是怎樣一扇大門，事實上，他很有可能無意中做了一件使我們超越了時代的事情。威頓（Edward Witten）後來常常說，超弦本來是屬於 21 世紀的科學，我們得以在 20 世紀就發明並研究它，其實是歷史上非常幸運的偶然。

維尼基亞諾模型不久後被三個人幾乎同時注意到，他們是芝加哥大學的南部陽一郎、耶希華大學（Yeshiva Univ）的薩斯金（Leonard Susskind）和波耳研究所的尼爾森（Holger Nielsen）。三人分別證明了，這個模型在描述粒子的時候，它等效於描述一根一維的「弦」！這可是非常稀奇的結果，在量子場論中，任何基本粒子向來被看成一個沒有長度也沒有寬度的小點，怎麼會變成了一根弦呢？

雖然這個結果出人意料，但加州理工的施瓦茨（John Schwarz）仍然與當時正在那裡訪問的法國物理學家謝爾克（Joel Scherk）合作，研究了這個理論的一些性質。他們把這種弦當作束縛夸克的紐帶，也就是說，夸克是綁在弦的兩端的，這使得它們永遠也不能單獨從核中被分割出來。這聽上去不錯，但是他們計算到最後發現了一些古怪的東西。比如說，理論要求一個自旋為 2 的零質量粒子，但這個粒子卻在核子家譜中找不到位置（你可以想像一下，如果某位化學家找到了一種無法安插進週期表裡的元素，他將會如何抓狂？）。還有，理論還預言了一種比光速還要快的粒子，也即所謂的「迅子」（tachyon）。大家可能會首先想到這違反相對論，但嚴格地說，在相對論中迅子可以存在，只要它的速度永遠不降到光速以下！真正的麻煩在於，如果這種迅子被引入量子場論，那麼真空就不再是場的最低能量態了，也就是說，連真空也會變得不穩定，它必將衰變成別的東西！這顯然是胡說八道。

更令人無法理解的是，如果弦論想要自圓其說，它就必須要求我們的時空是 26 維的！平常的時空我們都容易理解：它有三維空間，外加一維時間，那多出來的 22 維又是幹什麼的？這種引入多維空間的理論以前也曾經出現過，如果大家還記得在我們的史話中曾經小小地出過一次場的，波耳在哥本哈根的助手克萊恩，也許會想起他曾經把「第五維」的思想引入薛丁格方程。克萊恩從量子的角度出發，在他之前，愛因斯坦的忠實追隨者，德國數學家卡魯紮（Theodor Kaluza）從相對論的角度也作出了同樣的嘗試。後來人們把這種理論統稱為卡魯紮-克萊恩理論（Kaluza-Klein Theory，或 KK 理論），但這些理論最終都胎死腹中。的確很難想像，如何才能讓大眾相信，我們其實生活在一個超過四維的空間中呢？

最後，量子色動力學（QCD）的興起使得弦論失去了最後一點吸引力。正如我們在前面所述，QCD 成功地攻佔了強相互作用力，並占山為王，得到了大多數物理學家的認同。在這樣的內外交困中，最初的弦論很快就眾叛親離，被冷落到了角落中去。

在弦論最慘澹的日子裡，只有施瓦茨和謝爾克兩個人堅持不懈地沿著這條道

路前進。西元 1971 年，施瓦茨和雷蒙（Pierre Ramond）等人合作，把原來需要 26 維的弦論簡化為只需要 10 維。這裡面初步引入了所謂「超對稱」的思想，每個玻色子都對應於一個相應的費米子 [6]。與超對稱的聯盟使得弦論獲得了前所未有的力量，使它可以同時處理費米子，更重要的是，這使得理論中的一些難題（如迅子）消失了，它在引力方面的光明前景也逐漸顯現出來。可惜的是，在弦論剛看到一線曙光的時候，謝爾克出師未捷身先死，他患有嚴重的糖尿病，於西元 1980 年不幸去世。施瓦茨不得不轉向倫敦瑪麗皇后學院的邁克爾・格林（Michael Green），兩人最終完成了超對稱和絃論的結合。他們驚訝地發現，這個理論一下子猶如脫胎換骨，完成了一次強大的升級。現在，老的「弦論」已經死去了，新生的是威力無比的「超弦」理論，這個「超」的新頭銜，是「超對稱」冊給它的無上榮耀。

當把他們的模型用於引力的時候，施瓦茨和格林狂喜得能聽見自己的心跳聲。老的弦論所預言的那個自旋 2 質量 0 的粒子雖然在強子中找不到位置，但它卻符合相對論！事實上，它就是傳說中的「引力子」！在與超對稱同盟後，新生的超弦活生生地吞併了另一支很有前途的軍隊，即所謂的「超引力理論」。現在，謝天謝地，在計算引力的時候，無窮大不再出現了！計算結果有限而且有意義！引力的國防軍整天警惕地防衛粒子的進攻，但當我們不再把粒子當作一個點，而是看成一條弦的時候，我們就得以瞞天過海、暗渡陳倉，繞過那條苦心布置的無窮大防線，從而第一次深入到引力王國的縱深地帶。超弦的本意是處理強作用力，但現在它的注意力完全轉向了引力。天哪！要是能征服引力，別的還在話下嗎？

關於引力的計算完成於西元 1982 年前後，到了西元 1984 年，施瓦茨和格林打了一場關鍵的勝仗，使得超弦驚動整個物理界：他們解決了所謂的「反常」問題。本來在超弦中有無窮多種的對稱性可供選擇，但施瓦茨和格林經過仔細檢查後發現，只有在極其有限的對稱形態中，理論才得以消除這些反常而得以自洽。

---

6. 玻色子是自旋為整數的粒子，如光子。而費米子的自旋則為半整數，如電子。粗略地說，費米子是構成「物質」的粒子，而玻色子則是承載「作用力」的粒子。

這樣就使得我們能夠認真地考察那幾種特定的超弦理論，而不必同時對付無窮多的可能性。更妙的是，篩選下來的那些群正好可以包容現有的規範場理論，還有粒子的標準模型！偉大的勝利！

「第一次超弦革命」由此爆發了，前不久還對超弦不屑一顧，極其冷落的物理界忽然像著了魔似的，傾注出罕見的熱情和關注。成上千的人們爭先恐後，前仆後繼地投身於這一領域，以致後來格勞斯（David Gross）說：「在我的經歷中，還從未見過對一個理論有過如此的狂熱。」短短三年內，超弦完成了一次極為漂亮的帝國反擊戰，將當年遭受的壓抑之憤一吐為快。在這期間，像愛德華・威頓，還有以格勞斯為首的「普林斯頓超弦四重奏」小組都作出了極其重要的貢獻，不過我們沒法詳細描述了，有興趣的讀者可以參考一下有關的資料。(7)

第一次革命過後，我們得到了這樣一個圖像：任何粒子其實都不是傳統意義上的點，而是開放或者閉合（頭尾相接而成環）的弦。當它們以不同的方式振動時，就分別對應於自然界中的不同粒子（電子、光子……包括引力子！）。我們仍然生活在一個 10 維的空間裡，但是有 6 個維度是緊緊蜷縮起來的，所以我們平時覺察不到它。想像一根水管，如果你從很遠的地方看它，它細得就像一條線，只有一維的結構。但當真把它放大來看，你會發現它是有橫截面的！這第二個維度被捲曲了起來，以致看之下分辨不出。在超弦的圖像裡，我們的世界也是如此，有 6 個維度出於某種原因收縮得非常緊，以致看上去宇宙僅僅是四維的（三維空間加一維時間）。但如果把時空放大到所謂「普朗克空間」的尺度上（大約 10^{-33} 釐米），這時候我們會發現，原本當作是時空中一個「點」的東西，其實竟然是一個六維的「小球」！這 6 個蜷縮的維度不停地擾 ，從而造成了全部的量子不確定性！

看是一條線　　　放大後原來是有橫截面的管子

圖 12.9 維度的放大

---

7. 網上關於超弦的資料繁多，下面這個算是比較詳細的索引：http://arxiv.org/abs/hep-th/0311044
另外，關於超弦，B.格林的名著《宇宙的琴弦》自然也是很好的入門材料。

這次革命使得超弦聲名大振，隱然成為眾望所歸的萬能理論候選人。當然，也有少數物理學家仍然對此抱有懷疑態度，比如格拉肖、費因曼。霍金對此也不怎麼熱情。大家或許還記得我們在前面描述過，在阿斯派克特實驗後，BBC 的布朗和紐卡斯爾大學的大衛斯對幾位量子論的專家做了專門訪談。現在，當超弦熱在物理界方興未艾之際，這兩位仁兄也沒有閒著，他們再次出馬，邀請了九位在弦論和量子場論方面最傑出的專家到 BBC 做了訪談節目。這些紀錄後來同樣被集合在一起，於西元 1988 年以《超弦：萬能理論？》為名，由劍橋出版社出版。閱讀這些紀錄可以發現，專家們雖然吵得不像量子論那樣厲害，但其中的分歧仍是明顯的。當年以叛逆和搞怪聞名於世的費因曼甚至以一種飽經滄桑的態度說，他年輕時注意到許多老人迂腐地抵制新思想（比如愛因斯坦抵制量子論），但當他自己也成為一個老人時，他竟然也身不由己地做起同樣的事情，因為一些新思想確實古怪——比如弦論就是！

人們自然而然地問，為什麼有 6 個維度是蜷縮起來的？這 6 個維度有何不同之處？為什麼不是 5 個或者 8 個維度蜷縮？這種蜷縮的拓撲質是怎樣的？有沒有辦法證明它？因為弦的尺度是如此之小（普朗克空間），所以人們乏必要的技術手段用實驗去直接認識它，而且弦論的計算是如此繁難，不用說解方程，就連方程本身我們都無法確定，而只有採用近似法！更糟糕的是，當第一次革命過去後，人們雖然大浪淘沙，篩除掉了大量的可能的對稱，卻仍有五種超弦理論被保留了下來，每一種理論都採用 10 維時空，也都能自圓其說。這五種理論究竟哪一種才是正確的？人們一鼓作氣衝到這裡，卻發現自己被困住了。弦論的熱潮很快消退，許多人又回到自己的本職領域中去，第一次革命塵埃落定。

一直要到 90 年代中期，超弦才再次從沉睡中甦醒過來，完成一次絕地反攻。這次喚醒它的是愛德華·威頓。在西元 1995 年南加州大學召開的超弦年會上，威頓讓所有的人都吃驚不小，他證明了不同耦合常數的弦論在本質上其實是相同的！我們只能用微擾法處理弱耦合的理論，也就是說，耦合常數很小，在這樣的情況下五種弦論看起來相當不同。但是，假如我們逐漸放大耦合常數，會發現它們其實是一個大理論的五個不同的變種！特別是，當耦合常數被放大時，出

現了一個新的維度——第 11 維！這就像一張紙只有二維，但你把許多紙疊在一起，就出現了一個新的維度——高度！

換句話說，存在著一個更為基本的理論，現有的五種超弦理論都是它在不同情況的極限，它們是互相包容的！這就像那個著名的寓言——盲人摸象。有人摸到鼻子，有人摸到耳朵，有人摸到尾巴，雖然這些人的感覺非常不同，但他們摸到的卻是同一頭象——只不過每個人都摸到了一部分而已！格林（Brian Greene）在西元 1999 年的暢銷書《優雅的宇宙》中舉了一個相當搞笑的例子，我們把它發揮一下：想像一個熱帶雨林中的土著喜歡水，卻從未見過冰，與此相反，一個愛斯基摩人喜歡冰，但因為他生活的地方太寒冷，從未見過液態的水的樣子[8]，兩人某天在沙漠中見面，為各自的愛好吵得不可開交。但奇妙的事情發生了：在沙漠炎熱的白天，愛斯基摩人的冰融化成了水！在寒冷的夜晚，水又重新凍結成了冰！兩人終於意識到，原來他們喜歡的其實是同一樣東西，只不過在不同的條件下形態不同罷了。

這樣一來，五種超弦就都被包容在一個統一的圖像中，物理學家們終於可以鬆一口氣。這個統一的理論被稱為「M 理論」。這個「M」確切代表什麼意思，大家眾說紛紜。或許發明者的本意是指「母親」（Mother），說明它是五種超弦的母理論，但也有人認為是「神祕」（Mystery），或者「矩

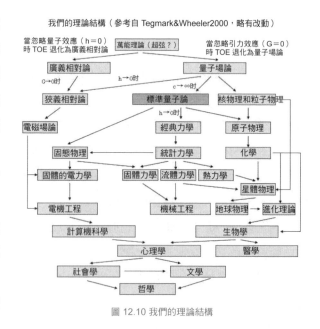

圖 12.10 我們的理論結構

---

8. 無疑地，現實中的愛斯基摩人肯定見過液態水，但我們可以進一步想像某個生活在土星光環上的生物，那就差不多了。

陣」（Matrix），或者「膜」（Membrane）。有些中國人喜歡稱其為「摸論」，意指「盲人摸象」！

在 M 理論中，時空變成了 11 維，由此可以衍生出所有五種 10 維的超弦論來。事實上，由於多了一維，我們另有一個超引力的變種，因此一共是 6 個衍生品！這時候我們再考察時空的基本結構，會發現它並非只能是一維的弦，而同樣可能是零維的點，二維的膜，或者三維的泡泡，或者四維的……我想不出四維的名頭。實際上，這個基本結構可能是任意維數的──從零維一直到九維都有可能！M 理論的古怪，比起超弦還要有過之而無不及。

不管超弦還是 M 理論，它們都剛剛起步，還有更長的路要走。雖然異常複雜，但是超弦/M 理論仍然取得了一定的成功，甚至它得以解釋黑洞熵的問題──西元 1996 年，施特羅明格（Strominger）和瓦法（Vafa）的論文為此開闢了道路。在那之前不久的一次講演中，霍金還挖苦說：「弦理論迄今為止的表現相當悲慘：它甚至不能描述太陽結構，更不用說黑洞了。」不過他還是一度改變了看法而加入弦論的潮流中來。在去世之前，霍金甚至出版了一本書，名叫《大設計》，在其中他乾脆直接把 M 理論稱作宇宙的「終極設計藍圖」。從一個嘲笑者瞬間變成超級粉絲，霍金對 M 理論的態度轉變如此之快，倒也令人百思不得其解。

不過，從整個物理學界來說，人們對 M 理論的熱情卻並沒有持續高漲。M 理論實際上是「第二次超弦革命」的一部分，而如今這次革命的硝煙也已經散盡，超弦又進入一個蟄伏期。雖然後來出了很多關於超弦/M 理論的科普書和電視節目，比如 PBS 頻道的紀錄片，還有著名的《生活大爆炸》（其主角 Sheldon 就是研究超弦理論的），這在公眾中引起了相當的熱潮，但從物理上講，科學家終究還是沒有取得更大的突破。或許將來會有第三次第四次超弦革命，最終完成物理學的統一，但這是否能變成現實，至少在今天，我們還無法預言。

值得注意的是，自弦論以來，我們開始注意到，似乎量子論的結構才是更為基本的。以往人們喜歡先用經典手段確定理論的大框架，然後在細節上做量子論的修正，這可以稱為「自大而小」的方法。但在弦論裡，必須首先引進量子論，

然後才導出大尺度上的時空結構！人們開始認識到，也許「自小而大」才是根本的解釋宇宙的方法。如今大多數弦論家都認為，量子論在其中扮演了關鍵的角色，量子結構不用被改正。不過廣義相對論的路子卻很可能是錯誤的，雖然它的幾何結構極為美妙，但只能委屈它退到推論的地位──而不是基本的基礎假設！許多人相信，只有更進一步地依賴量子的力量，超弦才會有一個比較光明的未來。我們的量子雖然是那樣的古怪，但神賦予它無與倫比的力量，將整個宇宙的命運都控制在它的掌握之下。

END
尾聲

我們的史話終於到了盡頭。量子論在奇妙的氣氛中誕生，在亂世中艱難地成長起來，與一些偉大的對手展開過激烈的交戰。它建築起經天緯地的巨構，卻也曾在其中迷失方向而茫然徘徊不已。它至今使我們深深困擾，卻又擔負著我們最虔誠和最寶貴的願望和夢想。它最終的歸宿是什麼？超弦？M 理論？我們仍不清楚，但我們深信會出現一個量子引力理論，把整個物理學最終統一起來，把宇宙最終極的奧祕驕傲地譜寫在人類的歷史之中。

在新世紀的開始，物理學終於又一次走到了決定命運的關頭。我們似乎又站在一個大時代的開端，光輝的前景令我們怦然心動，激動又慌亂，幾乎不敢去想像那是怎樣一個偉大的景象。最終的統一似乎已經觸手可及，甚至已經聽得到它的脈搏和心跳。歷史似乎在冥冥中峰迴路轉，兜了一個大圈後又回到一百多年前，回到經典物理一統天下時那似曾相識的場景。但這次的意義甚至更偉大，當年的牛頓力學和麥克斯威電磁論雖然彼此相容，但它們畢竟是兩個不同形式的理論！從這個意義上說，龐大的經典帝國最多是一個結合得比較緊密的邦聯。不過這次不同了，那個傳說中的萬能理論，它能夠用同一個方程去描述宇宙間所有的現象，在所有的領域中，它都實現了直接而有效的統治。這是有史以來第一次，我們有可能完成實質意義上的徹底統一，把所有的大權都集於一身，進而開創一

個真正磅礡的帝國時代。

　　人們似乎已經看到了天空中，金色的光輝再一次閃耀起來，神聖的詩篇再一次被吟誦，迴響在宇宙的每一個角落。當這個日子到來的時候，物理學將再一次到達它的巔峰，登上宇宙的極頂。極目眺望，眾山皆小，一切都在腳下。雖然很清楚歷史上這樣的神話最終歸於破滅，霍金仍然忍不住在《時間簡史》裡說：「在謹慎樂觀的基礎上，我仍然相信，我們可能已經接近於探索自然的終極定律的終點。」

　　但是，統一以後呢？是不是一切都大功告成了？物理學是不是又走到了它的盡頭，再沒有更多的發現可以作出了？我們的後代是不是將再一次陷入無事可做的境地，除了修正幾個常數在小數點後若干位的值而已？或者，在未來的某一天，地平線上又會出現小小的烏雲，帶來又一場迅猛的狂風暴雨，把我們的知識體系再一次砸爛，並引發新的革命？歷史是不是這樣一種永無止境的輪迴，大自然是不是永遠也不肯向我們展現它最終的祕密，而我們的探索，是不是永遠也沒有終點？

　　這一切都沒有答案，我們只能義無反顧地沿著這條道路繼續前進。或許歷史終究是一場輪迴，但在每一次的輪迴中，我們畢竟都獲得了更為偉大的發現。科學在不停地檢討自己，但這種謙卑的審視和自我否定不但沒有削弱它的光榮，反而使它獲得了永恆的力量，也不斷地增強著我們對於它的信心。人類居住在太陽系中的一顆小小行星上，他們的文明不過萬年的歷史，現代科學的創立不到四百年。但他們的智慧貫穿整個時空，從最小的量子到最大的宇宙尺度，從大爆炸的那一刻到時間的終點，從最近的白矮星到最遠的宇宙視界，沒有什麼可以阻擋我們探尋的步伐。這一切，都來自於我們對於成功的信念，對於科學的依賴，以及對於神奇的自然那永無休止的好奇。

　　我衷心地希望各位在這次的量子旅程中獲得了一些非凡的體驗，也許它帶來困惑，但它畢竟指向希望。我必須在這裡和各位告別，但量子論的路仍然沒有走完，它依舊處在迷宮之中，前途漫漫，還有無數未知的祕密有待發掘，我們仍然還要努力地去上下求索。而這剩下的旅程，必須由各位獨立去完成，因為前面尚

沒有路，它要靠我們親手去開闢出來。

也許有一天，你的名字也會成為量子歷史的一部分，被鐫刻在路邊的紀念碑上，再一次召喚後來的過路人對於一段偉大時光的深切懷念。誰又知道呢？

外一篇：海森堡和德國原子彈計畫

一

如果說波耳-愛因斯坦之爭是 20 世紀科學史上最有名的辯論，那麼海森堡在二戰中的角色恐怕就是 20 世紀科學史上最大的謎題。不知多少歷史學家為此費盡口水，牽涉到數不清的跨國界的爭論。甚至到現在，還有人不斷地提出異議。我們不妨在史話正文之外用一點篇幅來回顧一下這個故事的始末。

納粹德國為什麼沒能造出原子彈？戰後幾乎人人都在問這個問題。是政策上的原因？理論上的原因？技術上的原因？資源上的原因？或是道德上的原因？不錯，美國造出了原子彈，他們有歐本海默、費米、勞倫斯、貝特、西伯格、維格納、查德威克、佩爾斯、弗里西、塞格雷，後來又有了波耳，以致像費因曼這樣的小字輩根本就不起眼，而洛斯阿拉莫斯也被稱作「諾貝爾得獎者的集中營」。但德國一點也不差。是的，希特勒的猶太政策趕走了國內幾乎一半的精英，納粹上臺的第一年，就有大約 2600 名學者離開了德國，四分之一的物理學家從德國的大學辭職而去，到戰爭前夕已經有 40% 的大學教授失去了職位。是的，整個軸心國流失了多達 27 名諾貝爾獲獎者，其中甚至包括愛因斯坦、薛丁格、費米、波恩、包立、德拜這樣最傑出的人物，這個數字還不算間接損失的如波耳之類。但德國憑其驚人的實力仍保有對抗全世界的能力。

戰爭甫一爆發，德國就展開了原子彈的研究計畫。那時是西元 1939 年，全世界只有德國一家在進行這樣一個原子能的軍事應用專案。德國占領著世界上最

大的鈾礦（在捷克斯洛伐克），德國有世界上最強大的化學工業，他們仍然擁有世界上最好的科學家，原子的裂變現象就是兩個德國人——奧托·哈恩（Otto Hahn）和弗里茲·斯特拉斯曼（Fritz Strassmann）在前一年發現的，這兩人都還在德國，哈恩以後會因此發現獲得諾貝爾化學獎。當然不止這兩人，德國還有勞厄（西元 1914 年諾貝爾物理）、波特（Bothe，西元 1954 諾貝爾物理）、蓋革（蓋革計數器的發明者，他進行了 α 散射實驗）、魏札克（Karl von Weizsacker）、巴格（Erich Bagge）、迪布納（Kurt Diebner）、格拉赫、沃茲（Karl Wirtz）……當然，他們還有定海神針海森堡，這位 20 世紀最偉大的物理學家之一。所有的這些科學家都參與了希特勒的原子彈計畫，成為「鈾俱樂部」的成員之一，海森堡是這個計畫的總負責人。

然而，德國並沒能造出原子彈，它甚至連門都沒有入。從西元 1942 年起，德國似乎已經放棄整個原子彈計畫，而改為研究製造一個能提供能源的原子核反應爐。主要原因是因為西元 1942 年 6 月，海森堡向軍備部長斯佩爾（Albert Speer）報告說，鈾計畫因為技術原因在短時間內難以產出任何實際的結果，在戰爭期間造出原子彈是不大可能的。但他同時也使斯佩爾相信，德國的研究仍處在領先的地位。斯佩爾將這一情況報告希特勒，當時由於整個戰場情況的緊迫，德國的研究計畫被迫採取一種急功近利的策略，也就是不能在短時間，確切地說是 6 周內，見效的計畫都被暫時放在一邊。希特勒和斯佩爾達成一致意見：對原子彈不必花太大力氣，不過既然在這方面仍然「領先」，也不妨繼續撥款研究下去。當時海森堡申請附加的預算只有寥寥 35 萬帝國馬克，有它無它都影響不大。

這個計畫在被高層放任了近 2 年後，終於到西元 1944 年又為希姆萊所注意到。他下令大力撥款，推動原子彈計畫的前進，並建了幾個新的鈾

戰後的海森堡、哈恩和勞厄

工廠。計畫確實有所進展，不過到了那時，全德國的工業早已被盟軍的轟炸破壞得體無完膚，難以進一步支撐下去。而且為時也未免太晚，不久德國就投降了。

西元 1942 年的報告是怎麼一回事？海森堡在其中扮演了一個什麼樣的角色？這答案撲朔迷離，歷史學家們各執一詞，要不是新證據的逐一披露，恐怕人們至今仍然在雲裡霧中。這就是科學史上有名的「海森堡之謎」。

二

西元 1944 年，盟軍在諾曼地登陸，形成兩面夾攻之勢。到西元 1945 年 4 月，納粹德國大勢已去，歐洲戰場戰鬥的結束已近在眼前。擺在美國人面前的任務現在是盡可能地搜羅德國殘存的科學家和設備儀器，不讓他們落到別的國家手裡（蘇聯不用說，法國也不行）。和蘇聯人比賽看誰先攻佔柏林是無望的了，他們轉向南方，並很快俘獲了德國鈾計畫的科學家們，繳獲了大部分資料和設備。不過那時候海森堡已經提前離開逃回厄菲爾德（Urfeld）的家中，這個地方當時還在德國人手裡，但為了得到海森堡這個「一號目標」，盟軍派出一支小分隊，於 5 月 3 日，也就是希特勒夫婦自殺後的第四天，到海森堡家中抓住了他。這位科學家倒是表現得頗有風度，他禮貌地介紹自己的妻子和孩子們，並問那些美國大兵，他們覺得德國的風景如何。到了 5 月 7 日，德國便投降了。

10 位德國最有名的科學家被祕密送往英國，關在劍橋附近的一幢稱為「農園堂」（Farm Hall）的房子裡。他們並不知道這房子裡面裝滿了竊聽器，他們在此的談話全部被錄了音並記錄下來，我們在後面會談到這些關鍵性的記錄。8 月 6 日晚上，廣島原子彈爆炸的消息傳來，這讓每一個人都驚得目瞪口呆。關於當時的詳細情景，我們也會在以後講到。

戰爭結束後，這些科學家都被釋放了。但現在不管是專家還是公眾，都對德國為什麼沒能造出原子彈大感興趣。以德國科學家那一貫的驕傲，承認自己技不如人是絕對無法接受的。還在監禁期間，廣島之後的第三天，海森堡等人便起草了一份備忘錄，聲稱： 1. 原子裂變現象是德國人哈恩和斯特拉斯曼在西元 1938 年發現的。 2. 只有到戰爭爆發後，德國才成立了相關的研究小組。但是從當時

的德國來看並無可能造出一顆原子彈，因為即使技術上存在著可能性，仍然有資源不足的問題，特別是需要更多的重水。

返回德國後，海森堡又起草了一份更詳細的聲明。大致是說，德國小組早就意識到鈾 235 可以作為反應堆或炸彈來使用，但是從天然鈾中分離出稀少的同位素鈾 235 卻是一件極為困難的事情 [1]。

海森堡說，分離出足夠的鈾 235 需要大量的資源和人力物力，這項工作在戰爭期間是難以完成的。德國科學家也意識到了另一種可能的方法，那就是說，雖然鈾 238 本身不能分裂，但它吸收中子後會衰變成另一種元素—鈽。而這種元素和鈾 235 一樣，是可以形成鏈式反應的。不過無論如何，前提是要有一個核反應爐，製造核反應爐需要中子減速劑。一種很好的減速劑是重水，但對德國來說，唯一的重水來源是在挪威的一個工廠，這個工廠被盟軍的特遣隊多次破壞，不堪使用。

總而言之，海森堡言下之意是，德國科學家和盟國科學家在理論和技術上的優勢是相同的，但是因為德國缺乏相應的環境和資源，因此德國人放棄了這一計畫。他聲稱一直到西元 1942 年以前，雙方的進展還「基本相同」，只不過由於外部因素的影響，德國認為在戰爭期間沒有條件（而不是沒有理論能力）造出原子彈，因此轉為反應堆能源的研究。

海森堡聲稱，德國的科學家一開始就意識到了原子彈所引發的道德問題，這樣一種如此大殺傷力的武器使他們也意識到對人類所負有的責任，但是對國家（不是納粹）的義務又使得他們不得不投入到工作中去。不過他們心懷矛盾，消極怠工，並有意無意地誇大了製造的難度，因此在西元 1942 年使得高層相信原子彈並沒有實際意義。再加上外部環境的惡化使得實際製造成為不可能，這讓德國科學家鬆了一口氣，因為他們不必像悲劇中的安提戈涅，親自來作出這個道德上兩難的選擇了。

這樣一來，德國人的科學優勢得以保持，同時又捍衛了一種道德地位。兩全

---

1. 鈾有兩種同位素：鈾 235 和 238。只有鈾 235 是容易裂變的，但它在天然鈾中只占 1%不到。所以工程的關鍵是要把鈾 235 分離出來以達到足夠的濃度。

其美。

這種說法惹火了古茲密特。大家還記得古茲密特和烏倫貝克是電子自旋的發現者，但兩人的性格卻非常不同，烏倫貝克是最傑出的教師，古茲密特則是天生的外交家和政治家。在戰時，古茲密特在軍方擔任重要職務，是曼哈頓計畫的一位主要領導人，本來也是海森堡的好朋友。他認為說德國人和盟國一樣地清楚原子彈的技術原理和關鍵參數是胡說八道。西元 1942 年海森堡報告說難以短期製造出原子彈，那是因為德國人算錯了參數，他們真的相信不可能造出它，並不是什麼虛與委蛇，更沒有什麼消極。古茲密特地位特殊，手裡掌握著許多資料，包括德國自己的祕密報告，他很快寫出一本書叫做 ALSOS，主要是介紹曼哈頓計畫的過程，但同時也彙報德國方面的情況。海森堡怎肯苟同，兩人在 Nature 雜誌和報紙上公開辯論，斷斷續續地打了好多年筆仗，最後私下講和，不了了之。

雙方各有支持者。《紐約時報》的通訊記者 Kaempffert 為海森堡辯護，說了一句引起軒然大波的話：「說謊者得不了諾貝爾獎！」言下之意自然是說古茲密特說謊。這滋味對於後者肯定不好受，古茲密特作為電子自旋的發現者之一，以如此偉大發現卻終究未獲諾貝爾獎，很多人是鳴不平的 (2)。ALSOS 的出版人舒曼（Schuman）乾脆寫信給愛因斯坦，問「諾貝爾得獎者當真不說謊？」愛因斯坦只好回信說：「只能講諾貝爾獎不是靠說謊得來的，但也不能排除有些幸運者可能會在壓力下在特定的場合說謊。」

愛因斯坦大概想起了勒納德和斯塔克，兩位貨真價實、童叟無欺的諾貝爾得主，為了狂熱的納粹信仰而瘋狂攻擊他和相對論（所謂「猶太物理學」），這情景猶然在眼前呢。

三

玩味一下海森堡的聲明是很有意思的——討厭納粹和希特勒，卻忠實地執行對祖國的義務，作為國家機器的一部分來履行愛國的職責。這聽起來的確像一幅

---

2. 更何況，海森堡和古茲密特間的恩怨還不止這些。作為好朋友，海森堡在戰時對古茲密特保護其父母的請求反應冷淡，動作遲緩，結果兩位老人死在奧斯威辛的毒氣室，這使古茲密特極為傷心和憤怒。

典型的德國式場景。服從，這是德國文化的一部分，在英語世界的人們看來，對付一個邪惡的政權，符合道德的方式是不與之合作甚至摧毀它，但對海森堡等人來說，符合道德的方式是服從它——正如他以後所說的那樣，雖然納粹占領全歐洲不是什麼好事，但對一個德國人來說，也許要好過被別人占領，戰爭後那種慘痛的景象已經不堪回首。

原子彈，對於海森堡來說，是「本質上」邪惡的，不管它是為希特勒服務，還是為別的什麼人服務。戰後在西方科學家中有一種對海森堡的普遍憎惡情緒。當海森堡後來訪問洛斯阿拉莫斯時，那裡的科學家拒絕同其握手，因為他是「為希特勒製造原子彈的人」。這在海森堡看來是天大的委屈，他不敢相信那些「實際製造了原子彈的人」竟然拒絕與他握手！也許在他心中，盟軍的科學家比自己更加應該在道德上加以譴責。顯然在後者看來，只有為希特勒製造原子彈才是邪惡，如果以消滅希特勒和法西斯為目的而研究這種武器，那是非常正義和道德的。

這種道德觀的差異普遍存在於雙方陣營之中。魏札克曾經激動地說：「歷史將見證，是美國人和英國人造出了一顆炸彈，而同時德國人——在希特勒政權下的德國人——只發展了鈾引擎動力的和平研究。」這在一個美國人看來，恐怕要噴飯。

何況在許多人看來，這種聲明純粹是馬後炮。要是德國人真的造得出來原子彈，恐怕倫敦已經從地球上消失了，也不會囉哩囉嗦地講這一大堆風涼話。不錯，海森堡肯定在西元 1940 年就意識到鈾炸彈是可能的，但這不表明他確切地知道到底怎麼去製造啊！海森堡在西元 1942 年意識到以德國的環境來說分離鈾 235 十分困難，但這不表明他確切地知道到底要分離「多少」鈾 235 啊！事實上，許多證據表明，海森堡非常錯誤地估計了工程量，為了維持鏈式反應，必須至少要有一個最小量的鈾 235 才行，這個質量叫做「臨界質量」（critical mass），海森堡——不管他是真的算錯還是假裝不知——在西元 1942 年認為至少需要幾噸的鈾 235 才能造出原子彈！事實上，只要幾十千克就可以了。

誠然，即使只分離這麼一點點鈾 235 也是非常困難的。美國動用了 15000

人，投資超過 20 億美元才完成整個曼哈頓計畫。德國整個只有 100 多人在搞這事，總資金不過百萬馬克左右，相比之下簡直是笑話。不過這都不是關鍵，關鍵是海森堡到底知不知道準確的數字？如果他的確有一個準確數字的概念，那麼雖然這對德國來說仍然是困難的，但至少不是那樣的遙不可及，難以克服。英國也同樣困難，但他們知道準確的臨界質量數字，於是仍然上馬了原子彈計畫。

海森堡爭辯說，他對此非常清楚，他引用了許多證據說明在與斯佩爾會面前他的確知道準確的數字。可惜他的證據全都模糊不清，無法確定。德國的報告上的確說一個炸彈可能需要 10－100 千克，海森堡也描繪過一個「鳳梨」大小的炸彈，這被許多人看作證明。然而這些全都是指鈽炸彈，而不是鈾 235 炸彈。這些數字不是證明出來的，而是猜測的，德國根本沒有反應堆來大量生產鈽。德國科學家們在許多時候都流露出這樣的印象，鈾炸彈至少需要幾噸的鈾 235。

不過當然你也可以從另一方面去理解，海森堡故意隱瞞數字，只有天知地知他一個人知。他一手造成誇大了的假相。

至於反應堆，其實石墨也可以做很好的減速劑，美國人用的就是石墨。可是當時海森堡委派波特去做實驗，他的結果錯了好幾倍，顯示石墨不適合用在反應堆中，於是德國人只好在重水這一棵樹上吊死。這又是一個懸案，海森堡把責任推到波特身上，說他用的石墨不純，因此導致了整個計畫失敗。波特是非常有名的實驗物理學家，後來也得了諾貝爾獎，這個黑鍋如何肯背？他給海森堡寫信，暗示說石墨是純的，而且和理論相符合！如果說實驗錯了，那還不如說理論錯了，理論可是海森堡負責的。在最初的聲明中海森堡被迫撤回了對波特的指責，但在以後的歲月中，他、魏札克、沃茲等人仍然不斷地把波特拉進來頂罪。目前看來，德國人當年無論是理論還是實驗上都錯了。

對這一公案的爭論逐漸激烈起來，最有影響的幾本著作有：Robert Jungk 的《比一千個太陽更明亮》（Brighter Than a Thousand Suns，1956），此書讚揚了德國科學家那高尚的道義，在戰時不忘人類公德，雖然洞察原子彈的奧祕，卻不打開這潘朵拉盒子。西元 1967 年 David Irving 出版了《德國原子彈計畫》（The German Atomic Bomb），此時德國當年的祕密武器報告已經得見天日，給作品

帶來了豐富的資料。Irving 雖然不認為德國科學家有吹噓的那樣高尚的品德，但他仍然相信當年德國人是清楚原子彈技術的。然後是 Margaret Gowing 那本關於英國核計畫的歷史，裡面考證說德國人當年在一些基本問題上錯得離譜，這讓海森堡本人非常惱火。他說：「（這本書）大錯特錯，每一句都是錯的，完全是胡說八道。」他隨後出版了著名的自傳《物理和物理之外》（Physics and Beyond），自然再次地強調了德國人的道德和科學水準。

海森堡本人於西元 1976 年去世了。在他死後兩年，英國人 Jones 出版了《絕密戰爭：英國科學情報部門》（Most Secret War:British Scientific Intelligentce）一書，詳細地分析了海森堡當年在計算時犯下的令人咋舌的錯誤。不過他的分析卻沒有被 Mark Walker 所採信，在資料詳細的《德國國家社會主義及核力量的尋求》（German National Socialism and the Quest for Nubclear Power，西元 1989 年出版）中，Walker 還是認為海森堡在西元 1942 年頭腦清楚，知道正確的事實。這場爭論變得如此火爆，凡是當年和此事有點關係的人都紛紛發表評論意見，眾說紛紜，有如聚訟，誰也沒法說服對方。

西元 1989 年，楊振寧在上海交大演講的時候還說：「……很棒的海森堡傳記至今還沒寫出，目前已有的傳記對這件事則是語焉不詳……這是一段非常複雜的歷史，我相信將來有人會寫出重要的有關海森堡的傳記。」

幸運的是，從那時起到今天，事情總算是如其所願，有了根本性的變化。

四

西元 1992 年，Hofstra 大學的大衛・凱西迪（David Cassidy）出版了著名的海森堡傳記《不確定性：海森堡傳》，這至今仍被認為是海森堡的標準傳記。他分析了整件事情，並最後站在了古茲密特等人的立場上，認為海森堡並沒有什麼主觀的願望去「摧毀」一個原子彈計畫，他當年確實算錯了。

但是很快到了西元 1993 年，戲劇性的情況又發生了。Thomas Powers 寫出了巨著《海森堡的戰爭》（Heisenberg's War）。Powers 本是記者出身，非常了解如何使得作品具有可讀性。因此雖然這本厚書足有 607 頁，但文字奇巧，讀來引

人入勝，很快成了暢銷作品。Powers 言之鑿鑿地說，海森堡當年不僅僅是「消極」地對待原子彈計畫，他更是「積極」地破壞了這個計畫的成功實施。他繪聲繪色地向人們描繪了一幕幕陰謀、間諜、計畫，後來有人揶揄說，這本書的前半部分簡直就是一部間諜小說。不管怎麼樣說，這書在公眾中的迴響是很大的，海森堡作為一個高尚、富有機智和正義感的科學家形象也深入人心，更直接影響了後來的戲劇《哥本哈根》。從以上的描述可以見到，對這件事的看法在短短幾年中產生了多少極端不同的看法，這在科學史上幾乎獨一無二。

西元 1992 年披露了一件非常重要的史料，那就是海森堡他們當初被囚在 Farm Hall 的竊聽錄音抄本。這個東西長期來是保密的，只能在幾個消息靈通者的著作中見到一點蛛絲馬跡。西元 1992 年這份被稱為 Farm Hall Transcript 的解密檔案，由加州大學柏克萊出版，引起轟動。Powers 就借助了這份新資料，寫出了他的著作。

《海森堡的戰爭》一書被英國記者兼劇作家 Michael Frayn 讀到，後者為其所深深吸引，不由產生了一個巧妙的戲劇構思。在「海森堡之謎」的核心，有一幕非常神祕，長期為人們爭議不休的場景，那就是西元 1941 年他對波耳的訪問。當時丹麥已被德國占領，納粹在全歐洲的攻勢勢如破竹。海森堡那時意識到了原子彈製造的可能性，他和魏札克兩人急急地假借一個學術會議的名頭，跑到哥本哈根去會見當年的老師波耳。這次會見的目的和談話內容一直不為人所知，波耳本人對此隱諱莫深，絕口不談。唯一能夠確定的就是當時兩人鬧得很不愉快，波耳和海森堡之間原本情若父子，但這次見面後多年的情義一刀兩斷，只剩下表面上的客氣。發生了什麼事？

農園堂（Farm Hall, Powers 1993）

有人說，海森堡去警告波耳讓他注意德國的計畫；有人說海森堡去試圖把波耳也拉進他們的計畫中來；有人說海森堡想探聽盟軍在這方面的進展如何； 有人說海森堡感到罪孽，要向波耳這位「教皇」請求寬恕……

Michael Frayn 著迷於 Powers 的說法，海森堡去到哥本哈根向波耳求證盟軍

在這方面的進展，並試圖達成協議，雙方一起「破壞」這個可怕的計畫。也就是說，任何一方的科學家都不要積極投入到原子彈這個領域中去，這樣大家扯平，人類也可以得救。這幾乎是一幕可遇而不可求的戲劇場景，種種複雜的環境和內心衝突交織在一起，糾纏成千千情結，組成精彩的高潮段落。一方面海森堡有強烈的愛國熱情和服從性，他無法拒絕為德國服務的命令，但海森堡又掙扎於人類的責任感，感受到科學家的道德情懷，況且他又是那樣生怕盟軍也造出原子彈，給祖國造成永遠的傷痕。海森堡面對波耳，那個偉大的老師波耳、那個他當作父親一樣看待的波耳、曾經領導夢幻般哥本哈根派的波耳、卻也是「敵人」波耳、視德國為仇敵的波耳，卻又教人如何開口、如何遣詞…… 少年的回憶、物理上的思索、敬愛的師長、現實的政治、祖國的感情、人類的道德責任、戰爭年代……這些融在一起會產生怎樣的語言和思緒？還有比這更傑出的戲劇題材嗎？

《哥本哈根》的第一幕中為海森堡安排了如此的台詞：「波耳，我必須知道（盟軍的計畫）！我是那個能夠作出最後決定的人！ 如果盟軍也在製造炸彈，我正在為我的祖國作出怎樣的選擇？……要是一個人認為如果祖國做錯了，他就不應該愛她，那是錯誤的。德意志是生我養我的地方，是我長大成人的地方，她是我童年時的一張張面孔，我跌倒時把我扶起的那雙雙大手，是鼓起我的勇氣支持我前進的那些聲音，是和我內心直接對話的那些靈魂。德國是我孀居的母親和難纏的兄弟，德國是我的妻子，是我的孩子，我必須知道我正在為她作出怎樣的決定！是又一次的失敗？又一場惡夢，如同伴隨我成長起來的那個一樣的惡夢？波耳，我在慕尼黑的童年結束在無政府和內戰中，我們的孩子們是不是要再一次挨餓，就像我們當年那樣？他們是不是要像我那樣，在寒冷的冬夜裡手腳並用地爬過敵人的封鎖線，在黑暗的掩護下於雪地中匍匐前進，只是為了給家裡找來一些食物？他們是不是會像我 17 歲那年時，整個晚上守著驚恐的犯人，長夜裡不停地和他們說話，因為他們一早就要被處決？」

這樣的殘酷的兩難，造成觀眾情感上的巨大衝擊，展示整個複雜的人性。戲劇本質上便是一連串的衝突，如此精彩的題材，已經注定了這是一部偉大的戲劇作品。《哥本哈根》於西元 1998 年 5 月 21 日於倫敦皇家劇院首演，隨後進軍法

國和百老匯，引起轟動，囊括了包括英國標準晚報獎（Evening Standard），法國莫里哀戲劇獎和美國東尼獎等一系列殊榮。劇本描寫波耳和夫人瑪格麗特，還有海森堡三人在死後重聚在某個時空，不斷地回首前塵往事，追尋西元 1941 年會面的前因後果。時空維度的錯亂，從各個角度對前生的探尋，簡潔卻富予深意的對話，平淡到極點的布景，把氣氛塑造得迷離飄忽，如夢如幻，從戲劇角度說極其出色，得到好評如潮。後來 PBS 又把它改編成電視劇播出，獲得的成功是巨大的。

但從歷史上來說，這樣的美妙景象卻是靠不住的。Michael Frayn 自己承認說，他認為 Powers 有道理，因為他掌握了以前人們沒有的資料，也就是 Farm Hall Transcript，可惜他過於信任了這位記者的程度。《海森堡的戰爭》一書甚至早在《哥》劇大紅大紫之前，便遭到眾多歷史學家的批評，一時間在各種學術期刊上幾乎成為眾矢之的。因為只要對 Farm Hall Transcript 稍加深入研究，我們很快會發現事實完全和 Powers 說的不一樣。海森堡的主要傳記作者 Cassidy 在為 Nature 雜誌寫的書評裡說：「……該作者在研究中過於膚淺，對材料的處理又過於帶有偏見，以致他

《哥本哈根》的劇本
封面（Frayn 1998）

的精心論證一點也不令人信服。（Nature V363）」而 Science 雜誌的評論則說：「這本書，就像鈾的臨界質量一樣，需要特別小心地對待。（Science V259）」紐約大學的 Paul Forman 在《美國歷史評論》雜誌上說：「（這本書）更適合做一本小說，而不是學術著作。」他統計說在英美的評論者中，大約 3/5 的人完全不相信 Powers 的話，1/5 的人認為他不那麼具有說服力，只有 1/5 傾向於贊同他的說法。

而在西元 1998 年出版的《海森堡與納粹原子彈計畫》一書中，歷史學家 Paul Rose 大約是過於義憤填膺，用了許多在學者中少見的尖刻詞語來評價 Powers 的這本書，諸如「徹頭徹尾虛假的（entirely bogus）」、幻想（fanta-

sy）」、「學術上的災難（scholarly disaster）」、「臃腫的（elephantine）」等等。

OK，不管人們怎麼說，我們還是回過頭來看看海森堡宣稱的一切。首先非常明顯可以感受到的就是他對於德國物理學的一種極其的自負，這種態度是如此明顯，以致後來一位德國教授評論時都說：「我真不敢相信他們竟能有如此傲慢的態度。」海森堡大約是死也不肯承認德國人在理論上「技不如人」的了，他說直到西元 1942 年雙方的進展還「基本相當」，這本身就很奇怪。盟國方面在西元 1942 年已經對原子彈的製造有了非常清楚的概念，他們明確地知道正確的臨界質量參數，他們已經做了大量的實驗得到了充分的相關資料。到了西元 1942 年 12 月，費米已經在芝加哥大學的網球場房裡建成了世界上第一個可控反應堆，而德國直到戰爭結束也只在這方面得到了有限的進展。一旦萬事具備，曼哈頓計畫啟動，在盟國方面整個工程就可以順利地積極進行，但德國方面顯然不具備這樣的能力。

海森堡的這種驕傲心理是明顯的，當然這不是什麼壞事，但似乎能夠使我們更好地揣摩他的心理。當廣島的消息傳來，眾人都陷入震驚。沒心計的哈恩對海森堡說：「你只是一個二流人物，不如捲舖蓋回家吧！」而且……前後說了兩次。海森堡要是可以容忍「二流」，那也不是海森堡了。

早在西元 1938 年，海森堡因為不肯放棄教授所謂「猶太物理學」而被黨衛軍報紙稱為「白猶太人」，他馬上通過私人關係找到希姆萊要求澄清，甚至做好了離國的準備。海森堡對索末菲說：「你知道離開德國對我來說是痛苦的事情，不是萬不得已我不會這樣做。但是，我也沒有興趣在這裡做一個二等公民。」海森堡對個人榮譽還是很看重的。

但是，一流的海森堡卻在計算中犯了一個末流，甚至不入流的錯誤，直接導致了德國對臨界質量的誇大估計。這個低級錯誤實在令人吃驚，至今無法理解為何如此，或許，一些偶然的事件真的能夠改變歷史吧！

五

海森堡把計算臨界質量的大小當成一個純統計問題。為了確保在過多的中子逃逸而使鏈式反應停止之前有足夠的鈾 235 分子得到分裂，它至少應該能保證 280 個分子（大約 1 摩爾）進行了反應，也就是維持 80 次分裂。這個範圍是多大呢？這相當於問，一個人（分子）在隨機地前進並折返了 80 次之後大約會停留在多大的半徑裡。這是非常有名的「醉鬼走路」問題，如果你讀過蓋莫夫的老科普書《從一到無窮大》，也許你還會對它有點印象。海森堡就此算出了一個距離：54 釐米，這相當於需要 13 噸鈾 235，但在當時要分離出如此之多是難以想像的。

但是，54 釐米這個數字是一個上限，也就是說，在最壞的情況下才需要 54 釐米半徑的鈾 235。實際上在計算中忽略了許多的具體情況比如中子的吸收，或者在少得多的情況下也能夠引起鏈式反應，還有種種海森堡因為太過「聰明」而忽略的重要限制條件。海森堡把一個相當複雜的問題過分簡化，從他的計算中可以看出，他對快中子反應其實缺乏徹底的了解，這一切都導致他在報告中把幾噸的鈾 235 當作一個下限，也就是「最少需要」的質量，而且直到廣島原子彈爆炸後還帶著這一觀點（他不知道，佩爾斯在西元 1939 年已經做出了正確的結果！）。

這樣一個錯誤，不要說是海森堡這樣的一流物理學家，哪怕是一個普通的物理系大學生也不應該犯下，況且竟然沒有人對他的結果進行過反駁！這不免讓一些人浮想聯翩，認為海森堡「特地」炮製了這樣一個錯誤來欺騙上頭好阻止原子彈的製造。可惜從一切的情況來看，海森堡自己對此也是深信不疑的。

西元 1945 年 8 月 6 日，被囚在 Farm Hall 的德國科學家們被告知廣島的消息，個個震驚不已。海森堡一開始評論說：「我一點也不相信這個原子彈的消息，當然我可能錯了。我以為他們（盟國）可能有 10 噸的富鈾，但沒想到他們有 10 噸的純鈾 235！」海森堡仍然以為，一顆核彈要幾噸的鈾 235。哈恩對這個評論感到震驚，因為他原以為只要很少的鈾就可以製造炸彈（這是海森堡以前說

過的，但那是指一個「反應堆炸彈」，也就是反應堆陷入不穩定而變成爆炸物，哈恩顯然搞錯了）。海森堡糾正了這一觀點，然後猜測盟國可能找到了一種有效地分離同位素的辦法（他仍然以為盟國分離了那麼多鈾 235，並不是自己的估計錯了！）。

9 點整，眾人一起收聽了 BBC 的新聞，然後又展開熱烈討論。海森堡雖然作了一些正確的分析，但卻又提出了那個「54 釐米」的估計。第二天，眾人開始起草備忘錄。第三天，海森堡和沃茲討論了金不炸彈的可能性，海森堡覺得金不可能比想像得更容易分裂（他從報紙上得知原子彈並不大），但他自己沒有資料，因為德國沒有反應堆來生產金不。直到此時，海森堡仍然以為鈾彈需要幾噸的質量才行。

但是，海森堡不久便從報上得知了炸彈的實際重量：200 千克，真正分裂的只有幾千克 [3]。他顯得煩躁不已，對自己的估計錯在何處感到非常納悶。他對哈特克說：「他們是怎麼做到的？如果我們這些曾經幹過同樣工作的教授們連他們

（理論上）是怎麼做到的都搞不懂，我感到很丟臉。」德國人討論了多種可能性，但一直到 14 號，事情才起了決定性的轉變。

到了 8 月 14 號，海森堡終於意識到了正確的計算方法（也不是全部的），他在別的科學家面前進行了一次講授，並且

投向廣島的第一顆原子彈「小男孩」

大體上得到了相對正確的結果。他的結論是 6.2 釐米半徑——16 千克！在他授課時，別的科學家對此表現出一無所知，他們的提問往往幼稚可笑。德國人為他們的驕傲自大付出了最終的代價。

對此事的進一步分析可以在西元 1996 年出版的《希特勒的鈾俱樂部》（Jeremy Bernstein）和西元 1998 年出版的《海森堡與納粹原子彈計畫》（Paul

3. 200 千克是當時報紙上的數字，指的顯然是鈾彈核燃料的重量。整個原子彈則有好幾噸重。這個數字也並不準確，實際上投在廣島的「小男孩」含鈾燃料約 63.5 千克，真正分裂的不到 1 千克。

Rose）二書中找到非常詳盡的資料。大體上說，近幾年來已經比較少有認真的歷史學家對此事表示異議，至少在英語世界是如此。

關於西元 1941 年海森堡和波耳在哥本哈根的會面，也就是《哥本哈根》一劇中所探尋的那個場景，我們也已經有了突破性的進展。關於這場會面的討論是如此之多之熱烈，以致波耳的家屬提前 10 年（原定保密 50 年）公布了他的一些未寄出的信件，其中談到了西元 1941 年的會面（我們知道，波耳生前幾乎從不談起這些），為的是不讓人們再「誤解它們的內容」。這些信件於西元 2002 年 2 月 6 日在波耳研究所的官方網站（http://www.nbi.dk）上公布，引起一陣熱潮，使這個網站的日點擊率從 50 左右猛漲至 15000。

在這些首次被披露的信件中，我們可以看到波耳對海森堡來訪的態度。這些信件中主要的一封是在波耳拿到 Robert Jungk 的新書《比一千個太陽更明亮》之後準備寄給海森堡的，我們在前面已經說到，這本書讚揚了德國人在原子彈問題上表現出的科學道德（基於對海森堡本人的採訪！）。波耳明確地說，他清楚地記得當年的每一句談話，他和妻子瑪格麗特都留下了強烈的印象：海森堡和魏札克努力地試圖說服波耳他們，德國的最終勝利不可避免，因此採取不合作態度是不明智的。波耳說，海森堡談到原子彈計畫時，給他留下的唯一感覺就是在海森堡的領導下，德國正在按部就班地完成一切。他強調說，他保持沈默，不是海森堡後來宣稱的因為對原子彈的可行性感到震驚，而是因為德國在致力於製造原子彈這件事本身！波耳顯然對海森堡以及 Jungk 的書造成的誤導感到不滿。在別的信件中，他也提到，海森堡等人對別的丹麥科學家解釋說，他們對德國的態度是不明智的，因為德國的勝利十分明顯。波耳似乎曾經多次想和海森堡私下談一次，以澄清關於這段歷史的誤解，但最終他的信件都沒有發出，想必是思量再三，還是覺得恩恩怨怨就這樣讓它去吧 [4]！

容易理解，為什麼多年後波耳夫人再次看到海森堡和魏札克時，憤怒地對旁人說：「不管別人怎麼說，那不是一次友好的訪問！」

---

4. 這些檔可以在 http://www.nbi.dk/NBA/papers/docs/cover.html 找到。

這些檔案也部分支援了海森堡的傳記作者 Cassidy 在西元 2000 年的 Physics Today 雜誌上的文章（這篇文章是針對《哥本哈根》一劇而寫的）。Cassidy 認為海森堡當年去哥本哈根是為了說服波耳德國占領歐洲並不是最壞的事（至少比蘇聯占領歐洲好），並希望波耳運用他的影響力說服盟國的科學家不要製造原子彈，只是他剛想進入主題就被波耳憤怒地阻止了。

當年的波耳和海森堡

當然，仍然有為海森堡辯護的人。主要代表是他的一個學生 Klaus Gottstein，當年一起同行的魏札克也仍然認定，是波耳犯了一個「可怕的記憶錯誤」。

不管事實怎樣也好，海森堡的真實形象也許也就是一個普通人——毫無準備地被捲入戰爭歲月裡去的普通德國人。他不是英雄，也不是惡棍，他堅持教授所謂的「猶太物理學」，他對於納粹的不認同態度也是有目共睹。對於海森堡來說，他或許也只是身不由己地做著一切戰爭年代無奈的事情。儘管歷史學家的意見逐漸在達成一致，但科學界的態度反而更趨於對他的同情。Rice 大學的 Duck 和 Texas 大學的 Sudarshan 說：「再偉大的人也只有 10% 的時候是偉大的……重要的只是他們曾經做出過原創的、很重要的貢獻……所以海森堡在他的後半生是不是一個完人對我們來說不重要，重要的是他創立了量子力學。」

在科學史上，海森堡的形象也許一直還將是那個在赫爾格蘭島日出時分為物理學帶來了黎明的大男孩吧！

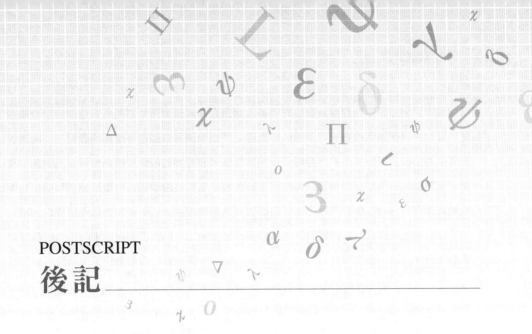

POSTSCRIPT
後記

　　《量子物理史話》本來是筆者利用業餘時間發表在網路論壇上的作品，沒想到讀者反應熱烈，才得以集結成書並出版。十多年來，它受到了很多人的歡迎，遠遠出乎我當初的預料，也讓我深深感動。這說明，在這個浮躁喧囂的網路時代，人們心中對於自然的好奇和嚮往，卻始終不曾更改。

　　當然，作為面向大眾的通俗讀物，本文仍以故事性和娛樂性為主。只要大家讀完後，覺得這是一個有趣的故事，這就已經是它最大的成功。我一直強調一個概念，如果科學是一種產品，那麼科普就好比是它的廣告。廣告的作用，並不在於讓人瞭解這個產品的技術細節，而只是引發人們對這個產品的購買興趣。因此，本文儘量以歷史敘述為主，同時降低理論的知識門檻。事實上，我僅僅假定讀者具有初中的數學水準和一點點高中物理知識，而就算你對數理完全不通，我也希望你可以從本文中得到一點感染和啟示。然而不可避免地，運用日常化的語言和比喻有時會顯得牽強附會，不符合物理上的嚴格概念。所以，如果各位想要獲得對量子論更好更準確的認識，還是要去參考教科書和專業書籍。因為上帝是數學家，惟一能夠描述宇宙的語言是數學！

　　另外，本文原是利用業餘時間斷斷續續而成的作品，其資訊全部來自於各種媒體，沒有任何第一手的資料。雖然經過多次修訂，但因為時間和水準有限，所

以難免仍然包含了一些錯誤。雖然我已經儘量使描述符合歷史與事實（一般來說，除了一些明顯的虛構情節外，本文中的歷史場景都是有據可查的），但仍可能在某些地方查證得不夠，對於那些態度認真的讀者來說，也需要小心對待。其實，我和各位一樣是門外漢，只是想和大家一起分享科學的快樂。如果各位也從中體味到了一點點量子論曾經給我帶來的激動和驚奇，此文的目的便已經達到。

作為網路作品，我有意使文字風格偏向網路化一些，雖然實體書經過修訂，類似的風格已經減少了許多，不過我很高興它仍然帶有一些可以辨認的痕跡，可以讓人回憶起當初那樣熱烈的討論。為了追求可讀性，在不改變基本事實的前提下，我有的時候做了一點文字上的誇張（比如歷史上的玻爾-愛因斯坦之爭很可能沒有我所描寫得那樣戲劇化），我為此表示抱歉，也希望這不會損害讀者對我的信心。

時間一晃，離本書首次出版已經過去了十多年，在這十多年裡，科學界又發生了許多重大突破。人們做出了首次貝爾不等式的無漏洞檢驗，發現了希格斯玻色子和引力波的存在，發明了第一台商用量子電腦，等等。此次再版時我做了一些修訂，將一些科學的新進展補充進了正文，希望使它能夠跟上時代的發展。

最後，關於本文任何的意見和回饋，都可以發信到 capo1234@qq.com 進行交流，我很樂意聽取各位的意見，也算是網路文字遺留的一種互動形式。

CAPO

2016 年 6 月於北京

參考資料

┃書：

◆《The Historical Development of Quantum Theory I-VI》, Jagdish Mehra & Helmut Rechenberg, Springer 1982；雖然科學史界有些異議，不過客觀地講，仍然算是到目前為止最詳盡和權威的量子力學發展史，共 6 大冊，收集了大量的資料。

◆《An Introduction to Quantum Theory》, Keith Hannabuss, Oxford 1997；不錯的量子力學教科書。

◆《Quantum Theory, David Bohm》, Constable 1951；波姆經典的量子教科書。

◆《The Strange Story of the Quantum》, Banesh Hoffmann, Dover 1959； 霍夫曼的經典量子科普。雖然年代久遠了一些，但它的敘述方法對我們的史話借鑒頗多。前幾章的主線是以其為藍本的。

◆《100 Years of Planck's Quantum》, Ian Duck & E.C.G. Sundarshan, World Scientific 2000；量子百年回顧，收集了量子發展史上的經典論文。

◆《Quamtum Generation》, Helge Kragh, Princeton 1999；20 世紀的物理學史。

◆《Beyond the Quantum》, Michael Talbot, Bantam Books 1988；關於量子思想和發展史的評述。

◆《Quantum Dialogue: The Making of a Revolution》, Mara Beller, University of Chicago 1999；有關量子論發展史的論評，提出了一些不同傳統的觀點。

◆《The Genius of Science: A Portrait Gallery》, Abraham Pais, Oxford 2000；派斯的科學家介紹。

◆《Heinrich Hertz: Classical Physicist》, Modern Philosopher, Kluwer Academic 1998；赫茲研究的論文集。

◆《The Construction of Modern Science》, R.S. Westfall, Cambridge 1977 介紹早期近代科學的發展，可以找到光學和力學的發展史。

◆《Giordano Bruno and the Hermetic Tradition》, F.A.Yates, Routledge & Kegan Paul 1977；《Giordano Bruno and Renaissance science》, Hilary Gatti, Cornell 1999；《Giordano Bruno : philosopher of the Renaissance》, Hilary Gatti, Ashgate 2002；《Giordano Bruno and the Kabbalah》, DeLeon-Jones, Yale 1997；以上是關於布魯諾的一些研究。

◆《Birth of New Physics》, I.B.Cohen, Doubleday 1960；Physic and Tradition before Galileo；《In Galileo Studies: Personality, Tradition and Revolution》, S.Drake, 1970；伽利略的一些資料。

◆《Newtonian Studies》, A. Koyré , Chapman & Hall 1965；《Never at Rest》, R.S. Westfall, Cambridge 1980；《The Newtonian Revolution》, I.B.Cohen, Cambridge 1980；《The Newton Handbook》, Gerek Gjertsen, Routledge & Kegan Paul 1986；《Isaac Newton : the Last Sorcerer》, Michael White, Fourth Estate 1997；《Newton: The Making of Genius》, P.Fara, Columbia 2002；牛頓的一些傳記和研究資料，關於他的論述繁多，這裡僅列出主要書目。

◆《The Man Who Knew Too Much》, Stephen Inwood, MacMilan 2002；最新的胡克傳記，參考了胡克的有關事蹟。

◆《Thomas Young: Natural Philosopher》, Alexander Wood, Cambridge 1954；楊的標準傳記。

◆《Niels Bohr: Gentle Genius of Denmark》，Spangenburg & Moser, Facts on File 1995；較新的波耳傳記，簡潔精悍。

◆《Niels Bohr: The Man》，His Science & The World They Changed, Ruth Moore, Knopf 1966；波耳標準傳記。

◆《Niels Bohr's Times: in Physics》，Philosophy and Polity, Abraham Pais, Oxford 1991；派斯寫的關於波耳的書，在一些問題上有補充價值。

◆《Niels Bohr: A Centenary Volume》，French & Kennedy, Harvard 1985 關於波耳的回憶錄，波耳檔案館的資料，哥本哈根研究所的故事。

◆《波耳傳》戈革，臺灣東大圖書公司 1992；戈革先生是公認的波耳專家，這是他撰寫的關於波耳的介紹。

◆《尼爾斯‧波耳哲學文選》，戈革譯；波耳的哲學思想。

◆《Uncertainty: The Life and Science of Werner Heisenberg》，David Cassidy, Freeman 1992；海森堡的標準傳記，著重參考矩陣力學和不確定原理的創立過程。

◆《物理學與哲學》，W. Heisenber, 範岱年譯；這是海森堡的一次講演錄的整理，可參考關於哥本哈根解釋。

◆《Schrö dinger: Life and Thought》，Walter Moore, Cambridge 1989；薛丁格的標準傳記，著重參考波動力學的創立過程。

◆《Dirac: A Scientific Biography》，Helge Kragh, Cambridge 1990；狄拉克的標準傳記。

◆《Albert Einstein: A Biography》，Albrecht Fö lsing (Translated by Ewald Osers), Viking 1997；愛因斯坦的傳記。

◆《In Search of Schrö dinger's Cat》，John Gribbin, Wildwood House 1984； Gribbin 的名著，一本量子力學極簡史。

◆《Schrö dinger's Kittens and the Search for Reality》，John Gribbin, Weidenfeld & Nicolson 1995；上一本的續作，介紹了一些新的發展。

◆《Copenhagen》，Michael Frayn, Methuen 1998；《哥本哈根》一劇的劇本。

◆《Hitler's Uranium Club》，Jeremy Bernstein, AIP 1996；《Heisenberg and the Nazi Atomic Bomb Project》，Paul Rose, UC Berkeley 1998；以上兩本是關於海森堡和德國原子彈計畫的詳盡歷史分析。

◆《The Emperor's New Mind》，Roger Penrose, Oxford 1989；彭羅斯關於電腦人工智慧和精神的名著。其中也討論了量子論、量子引力等問題。

◆《Speakable and Unspeakable in Quantum Mechanics》，J.S. Bell, Cambridge 1987；貝爾的論文集。

◆《The Ghost in the Atom》，P.Davis&J.Brown, Cambridge 1986；BBC 在阿斯派克特實驗後對於量子專家們的訪談記錄。

◆《The Metaphysics of Quantum Theory》，Henry Krips,Oxford 1987； 量子論的形而上學討論，有包括 Stapp 在內的主要不同見解者的介紹。

◆《The Philosophy of Quantum Mechanics》，Richard Healey, Cambridge 1989；關於量子哲學的討論。

◆《The Intepretation of Quantum Mechanics》，Roland Omnes, Princeton 1994；Omnè s 的量子教科書，有各種量子解釋的全面介紹和討論，主要有退相干歷史的說明。

◆《The Fabric of Reality》，David Deutsch, Allen Lane 1997；德義奇的通俗著作，可找到量子電腦和多宇宙的詳盡介紹。

◆《The Quark and the Jaguar》，Murray Gell-Mann, Freeman 1994；葛爾曼的通俗作品，可

以找到退相干歷史的通俗解釋。

◆《時間簡史》（A Brief History of Time），S.Hawking，許明賢、吳忠超譯大家都熟悉的名作。可參考關於打賭的某些片斷，以及一些量子引力問題。

◆《Black Holes and Time Warps》，Kip Thorne, W.W.Norton 1994；主要講黑洞問題，但可找到霍金打賭的一些片斷。

◆《時間之箭》（The Arrow of Time），P.Coveney&R. Highfield；這個是網上的中譯本，主要講時間之矢的問題，有量子論的一般介紹。

◆《Superstrings》, A Theory of Everything? P.Davis&J.Brown, Cambridge 1988；BBC 對於超弦專家們的訪談紀錄。

◆《The Elegant Universe》, Brian Greene, W.W. Norton 1999；暢銷的介紹弦論的新科普書。

◆《20 世紀物理學史》，魏鳳文&申先甲，江西教育出版社 1994；不錯的 20 世紀物理史簡介，參考量子場論的發展。

◆《物理學思想史》，楊仲耆&申先甲，湖南教育出版社 1993；一本物理學通史。

◆《波普爾文集》；網上有相當完整的波普爾文集，可以參考他對於量子論的看法。

II. 文章：

◆M. Nauenberg, Am《 J Phys》 Vol 62, No 4, April 1994, p331；M. Nauenberg,《Historia Mathematica》1998, p89；胡克對 ISL 定律認識的探討。

◆F.M.Muller,《Studies in the History and Philosophy of Modern Physics 》28(2), p219-247, 1997；關於矩陣力學和波動力學等價性的討論。

◆D. Cassidy,《Phys. Today》July 2000, p28；有關海森堡於西元 1941 年在哥本哈根同波耳的會面。

◆Max Tegmark,《 Fortschr. Phys. 46》p855；Tegmark 宣傳 MWI 的文章。

◆Aspect et al,《Phys. Rev. Lett. 49》1982, p91；阿斯派克特的實驗報告。

◆A. Aspect,《Nature》398 p189；阿斯派克特親自寫的關於貝爾不等式實驗的簡史。

◆Anton Zeilinger,《Nature》408 (2000), p639；Tegmark & Wheeler,《Scientific American》Feb 2001, p68；以上兩篇是量子論百年回顧和展望。

◆Yurke & Stoler,《Phys. Rev. Lett. 68》,p1251；Jennewein et al,《Phys. Rev. Lett. 88》,017903 (2002)；Aerts et al,《Found. Phys.30》, p1387；Rowe et al,《Nature》409, p791；Z.Zhao et al,《Phys. Rev. Lett. 90》207901；Hasegawa et al, oai:arXiv.org:quant-ph/0311121；L.Vaidman: arxiv.org:quant-ph/0102139；Pittman&Franson, Physical Review 90 240401 (2003)；M.Genovese et al,《Found.Phys. 32》2002, p589；一些關於貝爾不等式和量子通訊實驗的報告。

◆J.W.Pan et al,《Nature》403（2000），p515；潘建偉等人關於 GHZ 測試的報告。

◆Ghirardi, Rimini&Weber,《Phys. Rev. D34》1986, p470；Angelo Bassi, GianCarlo Ghirardi,《Phys.Rept. 379》2003 257；GRW 和動力縮減模型。

◆Wojciech H. Zurek, Rev.《Mod. Phys. 75》, p715；Wojciech H.《Zurek, Phys. Today》44 (1991), p36；Zurek 關於退相干理論的全面介紹。

◆R.B. Griffiths,《Phys. Lett. A 265》p12；退相干歷史的介紹。

◆Ghirardi,《Phys.Lett. A265》2000, p153；Bassi&Ghirardi,《J.Statist.Phys. 98》2000, p457；Bassi&Ghirardi,《Phys.Lett. A257》1999, p247；Ghirardi 等人對於 DH 解釋的質疑。

◆Jim Giles,《Nature》420, p354；科學家打賭的文章。
◆Maximilian Schlosshauer,《Rev.Mod.Phys. 76》2004, p1267；退相干以及其在量子論各種解釋中的作用。

III. 網頁：

　　許多參考過的網頁不記得地址了，不過我儘量引用比較可靠的資料。以下是一些經常光顧的網頁位址。

◆http://www.nbi.dk　波耳研究所的官方網站。
◆http://en.wikipedia.org/wiki/Main_Page　維基百科。
◆http://arxiv.org/　康乃爾大學的電子論文資料庫。
◆各大科學雜誌的主頁，比如 http://www.nature.com，http://www.sciencemeg.org，http://www.aip.org/pt，http://www.sciam.com 等等。
◆http://www-gap.dcs.st-and.ac.uk/~history/index.html　聖安德魯大學的科學家傳記網頁。
◆http://www.nobel.se/　諾貝爾獎電子博物館。
◆http://www.fortunecity.com/emachines/e11/86/qphil.html　量子哲學與物理實在。
◆http://www.quantumphil.org/　有關量子糾纏和量子哲學的網站。
◆http://home.earthlink.net/~johnfblanton/physics/epr.htm　EPR 與物理實在。
◆http://www-physics.lbl.gov/~stapp/stappfiles.html　史戴普的網頁，有各種關於量子論和量子意識的文章。
◆http://www.hep.upenn.edu/~max/everett/　埃弗萊特的網上傳記。
◆http://www.hedweb.com/everett/everett.htm　多世界解釋 FAQ。
◆http://superstringtheory.com/　號稱官方的超弦網站。

人名索引（依英文名字排序）

Carl Sagan 薩根

Carl Schmitt 施密特

Catherine Conduitt 凱薩琳・康杜伊特（即牛頓侄女）

Cecil Frank Powell 鮑威爾

Cecco d'Ascoli 阿斯寇里的塞科

（本名 Francesco degli Stabili）

Charlie Chaplin 卓別林

Charles Darwin 達爾文（進化論創立者之孫）

C.Habicht 哈比希特

Christiaan Huygens 惠更斯

C.J.Davisson 達維森

C.T.R.Wilson 威爾遜

Daniel Bernoulli 白努利

David Bohm 波姆

David Brewster 布魯斯特

David Deutsch 德義奇

David Gross 格勞斯

David Hilbert 希爾伯特

David Mermin 墨明

D. Bouwmeester 鮑密斯特

D.M. Greenberg 格林伯格

Dieter Zeh 澤

E.Bartholinus 巴塞林那斯

Edward Teller 泰勒

Edward W. Morley 莫立

Edward Lorenz 洛倫茲

Edward Witten 威頓

Empedocles 恩培多克勒

Enrico Fermi 費米

E.Joos 祖斯

Ernest Rutherford 拉塞福

Ernest Hemingway 海明威

Ernest Solvay 索爾維

Ernst Mach 馬赫

Ernest Marsden 馬斯登

Ernst Pringsheim 普林舍姆

Erich Maria Remarque 雷馬克

Erwin Schrö dinger 薛丁格

E.T.S Walton 沃爾頓

tienne Louis Malus 馬呂斯

Euclid 歐基里德

Eugene Wigner 維格納

Ferdinand von Lindemann 林德曼

Ferdinand Kurlbaum 庫爾班

Fran ois Arago 阿拉果

Francis Crick 克里克

Francesco Maria Grimaldi 格里馬第

Francis II 法蘭西斯二世

Freeman Dyson 戴森

Frederick Soddy 索迪

Friedrich Paschen 帕申

Friedrich Wohler 沃勒

Gabriel Veneziano 維尼基亞諾

Galileo Galilei 伽利略

Gerhart Hauptmann 霍普特曼

George Eugene Uhlenbeck 烏倫貝克

George Gamov 蓋莫夫

George FitzGerald 費茲傑惹

George Berkeley 貝克萊

George von Hevesy 赫維西

George Marshall 馬歇爾

Georg Simon Ohm 歐姆

Gian Carlo Ghirardi 吉拉爾迪

Giovanni Battista Belzoni 貝爾佐尼

Giovanni Benedetti 貝內德蒂

Giordano Bruno 布魯諾

Giosué Carducci 卡爾杜齊

Giuseppe Terragni 特拉尼

G.N.Lewis 路易斯

Gordon Kane 凱恩

Gustav Robert Kirchhoff 克希何夫

Gottfried Leibniz 萊布尼茲

Guglielmo Marconi 馬可尼

Hans Geiger 蓋革

Hans Bethe 貝特

Hans Marius Hansen 漢森

Hans Moravec 莫拉維奇

Hermann von Helmholtz 亥姆霍茲

Hermann Weyl 威爾

Heinrich Rudolf Hertz 赫茲

Heinrich Rubens 魯本斯

Henry Cavendish 卡文迪許

Henry Moseley 莫塞萊

Henry Stapp 史戴普

Hendrik A. Kramers 克拉默斯

Henry R. Labouisse 拉布伊斯

Henry Oldenburg 奧爾登伯格

Henri Poincaré 潘卡瑞

Hendrik Antoon Lorentz 洛倫茲

Hiero II 耶羅二世

Hilde March 瑪奇（薛丁格情人）

Holger Nielsen 尼爾森

Hugh Everett 埃弗萊特

Humphry Davy 大衛

Hypatia 希帕蒂亞

Ian Stewart 斯圖爾特

I.G. Pardies 帕迪斯

Innocent XI 英諾森十一世

Irene Joliot-Curie 約里奧・居禮

Isaac Newton 牛頓

James H Jeans 京士

James B Hartle 哈特爾

James Chadwick 查德威克

James Lighthill 萊特希爾

James Maxwell 麥克斯威

James Watt 瓦特

J.B.Biot 比奧

J. Conduitt 康杜伊特

383

J.C.Slater 斯雷特
J.D.Franson 弗蘭森
J.D. Van der Waals 范德瓦爾斯
Jean Bernard Lé on Foucault 傅科
Jean-Baptiste Lamarck 拉馬克
J.F.Clauser 克勞瑟
J. Franck 法蘭克
Joel Scherk 謝爾克
Johann J Balmer 巴耳末
Johannes Kepler 開普勒
Johannes Stark 斯塔克
John Taylor 泰勒
Joseph H. Taylor Jr.泰勒
John B.Watson 沃森
John Stewart Bell 貝爾
John Schwarz 施瓦茨
John Cockcroft 考克勞夫特
John G Cramer 克拉默
John Flamsteed 弗拉姆斯蒂德
John Philoponus 菲羅波努斯
John Preskill 普雷斯基
John Milton 彌爾頓
John Von Neumann 馮·諾曼
John Wheeler 惠勒
Josef Stefan 斯特凡
Joseph Fraunhofer 夫琅和費
Joseph Louis Lagrange 拉格朗日
Joseph McCarthy 麥卡錫
Joseph Spence 斯賓塞
Joseph John Thomson 湯姆生
Josiah Willard Gibbs 吉布斯
J.R.d'Alembert 達朗白
J. Robert Oppenheimer 歐本海默
Julian Brown 布朗
Julian S Schwinger 施溫格
J.W.Nicholson 尼科爾森
J.W.S Rayleigh 瑞立
Karl Siegbahn 卡爾·塞班
Karl Popper 波普爾
Kai Siegbahn 凱·塞班
King 金
Kip Thorne 索恩
Kurt Gottfried 戈特弗雷德
Lé on Nicolas Brillouin 小布里元
Lé on Rosenfeld 羅森菲爾德
Leonardo da Vinci 達芬奇
Leonard Susskind 薩斯金
Lev Landau 朗道
L. H. Germer 革末
Linus Carl Pauling 鮑林
Lord Kelvin 開爾文（即 William Thomson）
Lorrain Smith 史密斯
Lothar Nordheim 諾戴姆

Louis Marcel Brillouin 老布里元
Louis de Broglie 路易士·德布羅意
Louis Philippe 路易·腓力
Lov Grover 格鲁弗
Lucretius 盧克萊修
Ludwig Boltzmann 波茲曼
MA Horne 霍恩
M.A.Rowe 羅威
Margaret Bohr 瑪格麗特·波耳（即波耳夫人）
Marie Curie 居禮夫人
Martin Folkes 福爾克斯
Martin Heidegger 海德格爾
Maurice de Broglie 莫里斯·德布羅意
Matthew Wells 威爾斯
Max Born 波恩
Max Carl Ernst Ludwig Planck 普朗克
Max Tegmark 泰格馬克
Max Weber 韋伯
Max von Laue 勞厄
Michael Faraday 法拉第
Michele Besso 貝索
Michael Frayn 弗萊恩
Michael Green 格林
Mileva Maric 瑪利奇
Michael Servetus 塞爾維特
Muirhead 莫爾海德
Murray Gell-Mann 葛爾曼
Nathan Rosen 羅森
Nevill Francis Mott 莫特
Nicolas Carnot 卡諾
Niels Bohr 尼爾斯·波耳
N. Lobatchevsky 羅巴切夫斯基
O. Frisch 弗里西
Otto Hahn 哈恩
Otto Stern 斯特恩
Otto Richard Lummer 盧梅爾
Oskar Klein 克萊恩
O.W.Richardson 理查森
Parmenides 巴門尼德
Patrick M. S. Blackett 布萊克特
Paul Davies 大衛斯
Paul Dirac 狄拉克
Paul Ehrenfest 埃侖費斯特
Paul Langevin 朗之萬
Pascual Jordan 約爾當
Peter Coveney 柯文尼
Peter Higgs 希格斯
Peter Shor 肖
Pierre Curie 皮埃爾·居禮
Philip Pearle 珀爾
Philipp von Jolly 祖利
Pierre de Fermat 費爾馬
Pierre Ramond 雷蒙

專有名詞索引（依英文字母排序）

Particle theory of Light 微粒說
Path integral 路徑積分
Penthouse 《閣樓》
Phase Space 相空間
phase wave 相波
Philosophical Magazine 《哲學雜誌》
Phlogiston 燃素
Photoelectric Effect 光電效應
Photon 光子
Physics 《物理》
Physics Review 《物理評論》
Physics Review Letters 《物理評論快報》
Physikalisch Technische Reichsanstalt (PTR) 德國帝國技術研究所
Pickering line series 皮克林線系
Pilot wave 導波
Planck's Constant 普朗克常數
Planetary Model 行星模型
Poisson bracket 帕松括弧
Poisson's spot 帕松亮斑
Polarization 偏振
Preussische Akademie der Wissenschaften 德國普魯士科學院
Philosophiae Naturalis Principia Mathematica 《自然哲學之數學原理》
Private Eye 《私家偵探》
Quantus 量子
Quantum Chromodynamics (QCD) 量子色動力學
Quantum computer 量子電腦
Quantum Cryptography 量子加密術
Quantum electrodynamics (QED) 量子電動力學
Quantum Entanglement 量子態糾纏
Quantum field theory 量子場論
Quantum teleportation 量子傳輸
Quantum Theory 量子論
Quantum tunnel Effect 量子隧道效應
Quantum Zeno effect 量子芝諾效應
Quark 夸克
Quatum jump 量子躍遷
Qubit 量子位元
Radiation 放射
Rayleigh-Jeans law 瑞立-京士公式
Reality 實在性
Regge trajectory 雷吉軌跡
Renormalization 重正化
Reviews of Modern Physics 《現代物理評論》
Rhein 萊茵河
Rosetta Stone 羅塞塔碑
Royal Institution, Albemarle Street 阿爾伯馬爾街皇家研究所
Royal Society 皇家學會
Schr dinger equation 薛丁格方程

Schr dinger's Kittens and the Search for Reality 《薛丁格的小貓以及對現實的尋求》
Single family rule 同族原則
Solvay Conference 索爾維會議
Speakable and Unspeakable in Quantum Mechanics 《量子力學中的可道與不可道》
Special Relativity 狹義相對論
Spirit of Copenhagen 哥本哈根精神
Spontaneous Localization 自發定域理論
Stark Effect 斯塔克效應
Stern-Gerlach Experiment 斯特恩-革拉赫實驗
Superstring Theory 超弦理論
Tachyon 迅子
The arrow of time 《時間之箭》
The Demon-Haunted World 《魔鬼出沒的世界》
The Ghost in the Atom 《原子中的幽靈》
Theory of Everything，TOE 萬能理論
Theory of Relativity 相對論
Le Monde, ou Trait de la Lumi re 《光論》
Traité Élé mentaire de Chimie 《化學綱要》
Transactional model 交易模型
Trinity College 英國劍橋三一學院
Turing Test 圖靈檢驗
UC Santa Cruz 加州大學桑塔克魯茲分校
Ultraviolet Catastrophe 紫外災變
Un-American Activities Committee 非美活動調查委員會
Uncertainty Principle 不確定性原理
Universit t Breslau
波蘭布雷斯勞大學（弗羅茨瓦夫大學）
Universitä t Göttingen 德國哥廷根大學
Universiteit Leiden 荷蘭萊登大學
Vector 向量
Versailles Treaty 凡爾賽條約
Wave Function 波函數
Wave packet 波包
Wave theory of Light 波動說
Wave–Particle Duality 波粒二象性
Weimarer Republik 威瑪共和國
Western Electric 西部電氣公司
Whig Interpretation 輝格式解釋
Wien's Law 威恩定律
Wilson Cloud Chamber 威爾遜雲室
Wü rzburg 維爾茲堡
Yeshiva University 美國耶希華大學
Zeeman Effect 季曼效應
Zeitschrift für Physik 《物理學雜誌》
Zeno's paradoxes 芝諾悖論
Zero-point Energy 零點能

史上最好懂：量子物理史話：上帝擲骰子嗎？/曹
天元著. -- 初版. -- 臺北市：八方出版，2019.02
　面；　公分. -- (When ; 19)

ISBN　978-986-381-199-2(平裝)

1. 量子力學 2. 歷史
331.309　　　　　　　　　　　　　108000464

When 19

史上最好懂
量子物理史話：上帝擲骰子嗎？

作　　者 / 曹天元
發 行 人 / 林建仲
副總編輯 / 洪季楨
美術設計 / 王舒玗
國際版權室 / 本村大資、王韶瑜

出版發行 / 八方出版股份有限公司
地　　址 / 臺灣台北市 104 中山區長安東路二段 171 號 3 樓 3 室
電　　話 / (02)2777-3682　　傳　　真 / (02)2777-3672
郵政劃撥 / 19809050　　　　戶　　名 / 八方出版股份有限公司
總 經 銷 / 聯合發行股份有限公司
地　　址 / 臺灣新北市 231 新店區寶橋路 235 巷 6 弄 6 號 2 樓
電　　話 / (02)2917-8022　　傳　　真 / (02)2915-6275
定　　價 / 新台幣 420 元
I S B N / 978-986-381-199-2
初版三刷 2022年12月